Marketing Erneuerbarer Energien

Carsten Herbes · Christian Friege
(Hrsg.)

Marketing Erneuerbarer Energien

Grundlagen, Geschäftsmodelle, Fallbeispiele

Herausgeber
Carsten Herbes
HfWU Nürtingen-Geislingen
Nürtingen
Deutschland

Christian Friege
Stuttgart
Deutschland

ISBN 978-3-658-04967-6 ISBN 978-3-658-04968-3 (eBook)
DOI 10.1007/978-3-658-04968-3

Die Deutsche Nationalbibliothek verzeichnet diese Publikation in der Deutschen Nationalbibliografie; detaillierte bibliografische Daten sind im Internet über http://dnb.d-nb.de abrufbar.

Springer Gabler
© Springer Fachmedien Wiesbaden 2015
Das Werk einschließlich aller seiner Teile ist urheberrechtlich geschützt. Jede Verwertung, die nicht ausdrücklich vom Urheberrechtsgesetz zugelassen ist, bedarf der vorherigen Zustimmung des Verlags. Das gilt insbesondere für Vervielfältigungen, Bearbeitungen, Übersetzungen, Mikroverfilmungen und die Einspeicherung und Verarbeitung in elektronischen Systemen.
Die Wiedergabe von Gebrauchsnamen, Handelsnamen, Warenbezeichnungen usw. in diesem Werk berechtigt auch ohne besondere Kennzeichnung nicht zu der Annahme, dass solche Namen im Sinne der Warenzeichen- und Markenschutz-Gesetzgebung als frei zu betrachten wären und daher von jedermann benutzt werden dürften.
Der Verlag, die Autoren und die Herausgeber gehen davon aus, dass die Angaben und Informationen in diesem Werk zum Zeitpunkt der Veröffentlichung vollständig und korrekt sind. Weder der Verlag noch die Autoren oder die Herausgeber übernehmen, ausdrücklich oder implizit, Gewähr für den Inhalt des Werkes, etwaige Fehler oder Äußerungen.

Lektorat: Manuela Eckstein

Gedruckt auf säurefreiem und chlorfrei gebleichtem Papier

Springer Fachmedien Wiesbaden ist Teil der Fachverlagsgruppe Springer Science+Business Media
(www.springer.com)

Vorwort

Die Energiewende ist möglicherweise das umfassendste Veränderungsprojekt unserer Gesellschaft –, sorgfältig beobachtet von vielen Ländern der Welt. Sie wird angetrieben durch den Kampf gegen den Klimawandel und den Ausstieg aus der Kernenergie, begleitet durch die ständige Veränderung der Rahmenbedingungen sowie einen bestenfalls skizzenhaften Projektplan der Politik, und verändert die Energiewirtschaft in Deutschland derzeit grundlegend. Die Ende 2014 bekannt gegebene Teilung des größten deutschen Energiekonzerns EON in eine Gesellschaft für die Abwicklung der alten energiewirtschaftlichen Anlagen und eine Gesellschaft für die Zukunftsfelder basierend auf Erneuerbarer Energie (EE) unterstreicht dies eindrucksvoll: EE stehen im Zentrum der Energiewende. Sie haben nicht nur in Deutschland, sondern ebenso in vielen anderen Ländern in den letzten Jahren einen schnellen Ausbau erlebt.

Technisch wird die Erzeugung von Energie aus erneuerbaren Quellen ständig weiterentwickelt. Inzwischen werden aber andere Barrieren sichtbar. So sind in den Ländern, in denen ein besonders starker Ausbau erfolgt, zunehmend Akzeptanzprobleme zu beobachten, und zwar sowohl wegen der Auswirkungen von Erzeugungsanlagen auf die direkten Anwohner als auch ganz grundsätzlich, z. B. wegen der Verwendung von Energiepflanzen für die Bioenergieerzeugung. Eine Folge dieser Akzeptanzprobleme in der Bevölkerung kann eine sinkende Bereitschaft der politischen Akteure sein, den Ausbau der EE weiter zu forcieren. In Deutschland ist das am Beispiel der stark gekürzten Förderung für Biogas überdeutlich geworden. Eine weitere Barriere kann die ungenügende Integration der EE-Erzeugung in den Markt und – etwa für Grünstrom – in das Management der Transport- und Verteilnetze sein, Probleme, die mit steigender Erzeugung von EE immer stärker thematisiert werden.

Die beiden letzten Faktoren, also die veränderte politische Förderung und die zunehmende, auch politisch eingeforderte Integration der EE in die bestehenden und gleichzeitig weiterzuentwickelnden Strukturen der Energieverteilung, erfordern zunehmend eine echte Vermarktung.

Für die deutsche EE-Branche ist der Wechsel von der langfristig garantierten Einspeisevergütung nach EEG zu einem marktwirtschaftlichen System, in dem sie ihre Kunden identifizieren, überzeugen und zuverlässig mit guten Energieprodukten versorgen muss, nichts weniger als ein Paradigmenwechsel. Es war ja gerade das System des EEG, das nahezu alle Risiken des Absatzmarktes eliminiert hatte, das zu dem starken Ausbau der EE geführt hat, für den Deutschland vielfach bewundert wird. Eine echte Vermarktung an Kunden bringt aber nicht nur erhebliche zusätzliche Risiken auf der Absatzseite mit sich, sondern erfordert von den Akteuren der EE-Branche auch ganz neue Kompetenzen und Strategien.

Bei der Entwicklung dieser Kompetenzen und Strategien soll der vorliegende Band einen Beitrag leisten. Er entstand an der Schnittstelle zwischen Hochschule und Energiewirtschaft und richtet sich gleichzeitig an Fach- und Führungskräfte von Energieversorgern, seien dies große überregionale Versorger, Stadtwerke, Grünstromanbieter oder Energiegenossenschaften, und an Dozenten und Studierende. Die Beiträge sollen helfen, das Verständnis für basale Konzepte zu erweitern, die der Vermarktung von EE zugrunde liegen. Es sollen aber auch konkrete Instrumente und Strategien für die Vermarktung von EE aufgezeigt werden. Dabei gehen die Beiträge über den sonst üblichen Fokus auf Stromprodukte hinaus und zeigen Chancen für einzelne Branchen auf.

Im ersten Teil des Bandes „Grundlagen und Rahmenbedingungen" werden Themen behandelt, die für alle EE-Formen und Vermarktungszusammenhänge gleichermaßen Bedeutung haben. **Christian Friege und Carsten Herbes** identifizieren in ihrem einführenden Beitrag die wichtigsten vermarktungswirksamen Charakteristika von EE und entwickeln einen exemplarischen Marketing-Mix für EE. **Bloche-Daub et al.** zeigen in ihrem Beitrag die Potenziale für EE für Deutschland und die Welt auf und machen damit deutlich, wie groß die EE-Märkte perspektivisch werden können. Auch bei einer zunehmenden Marktintegration spielen gesetzliche Rahmenbedingungen für viele Vermarktungspfade noch eine große Rolle. Deshalb widmet sich der Beitrag von **Robert Kramer** diesen Rahmenbedingungen und ihren Auswirkungen. Zentral für die Vermarktung von EE an Konsumenten sind deren Präferenzen. Der Beitrag von **Roland Menges und Gregor Beyer** analysiert diese umfassend und systematisch und legt damit die Grundlage für ein Marketing-Konzept für private Endkonsumenten. EE-Produkte eröffnen auch besondere Chancen für ein Direktvertriebsmodell wie der Beitrag von **Christian Friege** aufzeigt. Schließlich widmen sich Ben Schlemmermeier und Björn Drechsler den Treibern und der Entwicklung neuer Geschäftsmodelle, die eine zunehmend regenerative und dezentrale Energiewelt hervorbringt.

Nachdem im ersten Teil die Basis gelegt wurde, werden im zweiten Teil spezifische Marketing-Strategien sowie -instrumente und erzeugungsartspezifische Zusammenhänge analysiert. **Tabi et al.** legen eine Zielgruppensegmentierung für Ökostrom-Privatkunden vor. Marketing-Strategien für Biomethan sind in der Regel besonders komplex, weil es anders als beim Ökostrom vier verschiedene Vermarktungspfade gibt. Diese werden von **Carsten Herbes** in seinem Beitrag einzeln mit ihren jeweiligen Rahmenbedingungen analysiert. EE sind ein Vertrauensgut, das in seinen umweltfreundlichen Eigenschaften vom Konsumenten nicht unmittelbar erfahren werden kann. Deshalb spielen Überlegungen zu Zertifikaten eine besonders wichtige Rolle bei der Konzipierung von Marketing-Strategien. Diesen Zertifikaten, ihrer Ausgestaltung und Wirkung widmet sich der Beitrag von Leprich et al. Mit der Vertrauensguteigenschaft hat auch der Beitrag von **Harald Eich-**

steller und **Patrick Godefroid** zu tun, können doch EE-Produkte in den sozialen Medien transparent sowie mit großer Reichweite diskutiert und im negativen Falle auch dekonstruiert werden.

Teil drei des Buches thematisiert besondere Absatzmärkte. Im Beitrag von **Ralf Klöpfer und Ulrich Kliemczak** geht es um den stetig wachsenden Contracting-Markt, der für den Einsatz von EE ganz spezifische Rahmenbedingungen bereithält. **Susanne Gervers** beleuchtet, wie EE im Marketing von Tourismusunternehmen eingesetzt werden können. Ein interessanter Markt, sind sich Reisende doch immer stärker ihrer ökologischen Verantwortung bewusst, wollen aber gleichzeitig auf Urlaubsreisen auch Probleme wie den Klimawandel für eine Weile ausblenden.

Es entstehen aber nicht nur Herausforderungen für die Vermarktung von EE an sich, sondern diese bilden auch die Grundlage für neue Geschäftsmodelle. **Marc Ringel** diskutiert in seinem Beitrag den Zusammenhang zwischen EE und Elektromobilität im Sinne eines neuen Geschäftsmodells „Grüne Mobilität". Auch im Bioabfallmarkt ändern sich aufgrund der Nutzung der Abfälle für die Erzeugung von Biogas die Geschäftsmodelle. Dies ist das Thema des Beitrags von **Henning Friege et al.** Schließlich lösen EE auch die bisher kaum infrage gestellte Unterscheidung zwischen Produzenten und Konsumenten auf und werden zum Katalysator für Prosumer-Modelle – das Thema des Beitrages von **Uli Huener und Michael Bez**.

Wir danken den Autoren der einzelnen Kapitel, die mit großem Engagement sowie ihrem konzeptionellen und vor allem umfangreichen praktischen Wissen dieses Buch erst möglich gemacht haben und damit einen Beitrag zur erfolgreicheren Vermarktung von Erneuerbaren Energien leisten. Frau Manuela Eckstein, unserer Ansprechpartnerin bei Gabler Springer, gebührt ebenso Dank für die exzellente Betreuung wie Frau Stefanie Bartels für die sorgfältige Bearbeitung der Abbildungen. Der Hochschule für Wirtschaft und Umwelt Nürtingen-Geislingen danken wir für die Bereitstellung von Ressourcen für die Erstellung des Buches.

Nürtingen und Stuttgart　　　　　　　　　　　　　　　　　　　Carsten Herbes
im Frühjahr 2015　　　　　　　　　　　　　　　　　　　　　　　Christian Friege

Inhaltsverzeichnis

Teil I Grundlagen und Rahmenbedingungen

1 Konzeptionelle Überlegungen zur Vermarktung von Erneuerbaren
  Energien 3
  Christian Friege und Carsten Herbes

2 Märkte und Trends von regenerativen Energien weltweit,
  in der EU und in Deutschland 29
  Karina Bloche-Daub, Janet Witt, Volker Lenz und Michael Nelles

3 Gesetzliche Rahmenbedingungen und ihre Auswirkungen auf die
  Vermarktung von Erneuerbaren Energien in Deutschland 61
  Robert Kramer

4 Konsumentenpräferenzen für Erneuerbare Energien 81
  Roland Menges und Gregor Beyer

5 Direktvertrieb für Erneuerbare-Energie-Produkte 111
  Christian Friege

6 Vom Energielieferanten zum Kapazitätsmanager – Neue
  Geschäftsmodelle für eine regenerative und dezentrale Energiewelt 129
  Ben Schlemmermeier und Björn Drechsler

Teil II Marketing für verschiedene Erneuerbare Energien-Produkte

7 Zielgruppensegmentierung im Ökostrom-Marketing – Ergebnisse
  einer Conjoint-Analyse deutscher Stromkunden 163
  Andrea Tabi, Stefanie Lena Hille und Rolf Wüstenhagen

8　**Marketing für Biomethan** 183
　　Carsten Herbes

9　**Zertifikate im Markt der Erneuerbaren Energien in Deutschland** 203
　　Uwe Leprich, Patrick Hoffmann und Martin Luxenburger

10　**Social Media im Grünstrom-Marketing** 241
　　Harald Eichsteller und Patrick Godefroid

Teil III　Besondere Absatzmärkte

11　**Erneuerbare Energien im Contracting-Markt** 261
　　Ralf Klöpfer und Ulrich Kliemczak

12　**Erneuerbare Energien im Marketing von Tourismusunternehmen** 279
　　Susanne Gervers

Teil IV　EE als Grundlage neuer Geschäftsmodelle

13　**Elektromobilität als Absatzmarkt für Strom aus Erneuerbaren Energien: Möglichkeiten und Grenzen des Geschäftsmodells „Grüne Mobilität"** 299
　　Marc Ringel

14　**Biogas als Treiber des Bioabfallmarkts** 317
　　Henning Friege, Christina Dornack und Nils Friege

15　**Erneuerbare Energien als Grundlage für Prosumer-Modelle** 335
　　Uli Huener und Michael Bez

Die Herausgeber

Prof. Dr. Carsten Herbes ist seit 2012 Professor für Internationales Management und Erneuerbare Energien sowie geschäftsführender Direktor des Institute for International Research on Sustainable Management and Renewable Energy. Zuvor war er knapp 10 Jahre bei Roland Berger Strategy Consultants in den Büros München und Tokyo tätig, danach in einem Bioenergieunternehmen, zuletzt als Vorstand. Er forscht zu Fragen der Vermarktung, den Kosten und der sozialen Akzeptanz von Erneuerbaren Energien, insbesondere Biogas sowie zur internationalen Entwicklung von Erneuerbaren Energien. Außerdem berät er Unternehmen und Verbände in Fragen der Nachhaltigkeit.

Dr. Christian Friege hat vielfältige Marketing- und Vertriebserfahrung und war von 2008–2012 Vorstandsvorsitzender der LichtBlick AG. Er berät heute zahlreiche Unternehmen zu Strategie, Marketing und Vertrieb, insbesondere in der Energiewirtschaft. Christian Friege hat in Mannheim Betriebswirtschaftslehre studiert und an der Katholischen Universität in Eichstätt/Ingolstadt promoviert. Er hat für die Bertelsmann AG in den USA und in UK Führungsaufgaben wahrgenommen, ehe er 2005 Vorstand der debitel AG wurde. Er ist Dozent an der Hochschule für Wirtschaft und Umwelt in Nürtingen und führt regelmäßig Lehrveranstaltungen an der Universität St. Gallen durch.

Die Herausgeber gaben zuletzt gemeinsam den Band „Handbuch Finanzierung von Erneuerbare-Energien-Projekten" (Konstanz/München: uvk-Lucius 2015) heraus.

Teil I
Grundlagen und Rahmenbedingungen

Konzeptionelle Überlegungen zur Vermarktung von Erneuerbaren Energien

Christian Friege und Carsten Herbes

▶ Vor dem Hintergrund eines modernen Marketingverständnisses, das Werteorientierung und interaktives Web herausstellt, sind die Eigenschaften von Erneuerbarer Energie (Commodity, Low Involvement Produkt, Vertrauensgut, partiell öffentliches Gut, doppelt erklärungsbedürftiges Produkt und Prosumer-Gut) sowie die Ziele der Konsumenten für den Konsum von Erneuerbaren Energien (EE) leitend zur Herausarbeitung eines Marketing-Mix für Ökostrom, Biomethan, nachhaltig erzeugte Wärme und komplexe Produkte wie Aufdach-PV-Anlagen im Pachtmodell. Produktpolitik, Preispolitik, Distributionspolitik und Kommunikationspolitik werden im Detail analysiert und auf die Besonderheiten für regenerativ erzeugte Energie hin dargestellt.

1.1 Einleitung

Warum ist eine gesonderte Analyse gerade der Vermarktung Erneuerbarer Energien nicht nur Erkenntnis fördernd, sondern geradezu eine notwendige Ergänzung des Marketingwissens? Richtig ist, dass die Grundlagen des Marketing natürlich auch auf die Vermarktung von EE anwendbar sind. Und dass die Herausforderung, Commodities zu differenzieren,

---

C. Friege (✉)
Oberwiesenstr 18, 70619 Stuttgart, Deutschland
E-Mail: cf@friege-consulting.de

C. Herbes
Hochschule für Wirtschaft und Umwelt Nürtingen-Geislingen, Neckarsteige 6-10, 72622 Nürtingen, Deutschland
E-Mail: carsten.herbes@hfwu.de

© Springer Fachmedien Wiesbaden 2015
C. Herbes, C. Friege (Hrsg.), *Marketing Erneuerbarer Energien*,
DOI 10.1007/978-3-658-04968-3_1

Low-Involvement-Produkte zu Markenartikeln zu entwickeln und neue Technologien an der Grenze zwischen Subventionen, Erprobung und Marktreife zu vermarkten, jeweils per se als Aufgabenstellung bekannt sind. Bei der Vermarktung von EE geht es aber um ein weit komplexeres Feld, das allein durch die umfassende öffentliche Diskussion über die Energiewende, den bahnbrechenden Ausstieg aus der Nutzung der Kernenergie und die Chance, EE zu einem Motor der Wirtschaft für das 21. Jahrhundert auszubauen, in unserer Zeit singulär ist. Damit steht die Vermarktung von EE in einem einzigartigen gesellschaftlichen Kontext und die Aufgaben für den Marketingexperten sind herausfordernd, vielfältig und ohne einfach heranziehbare Vorbilder aus anderen Branchen oder Zusammenhängen. Vor diesem Hintergrund sollen nachfolgend einige konzeptionelle Überlegungen zur Vermarktung von EE entwickelt werden. Dabei geht es um diese Fragen:

- Welches Marketingverständnis ist geeignet, einen Rahmen für die Vermarktung von EE aufzuspannen? Welche gesellschaftlichen Veränderungen müssen als Grundlage für die Vertriebs- und Marketingaktivitäten berücksichtigt werden – neben Rechtsrahmen und Subventionen?
- Welche Ziele der Konsumenten sind für die Vermarktung von EE entscheidend? EE sind aus der Umweltbewegung heraus entstanden und spielen in der Diskussion um die globale Klimaveränderung eine wichtige Rolle. Das hat große Auswirkungen auf die Vermarktung von EE.
- Welche besonderen Eigenschaften sind EE zuzuschreiben und welche Auswirkungen haben diese auf die Vermarktungsstrategien?
- Welche Bedeutung haben EE als Inputfaktoren für die Erstellung anderer Güter und Dienstleistungen? Wie kann dieser Input für deren Vermarktung genutzt werden?

Diesen Fragen ist nachfolgend jeweils ein Abschnitt gewidmet mit einer sich daran anschließenden handlungsorientierten Zusammenfassung.

Für alle diese Fragestellungen verstehen wir unter „Erneuerbarer Energie" Folgendes:
▶ Als „Erneuerbare Energie" werden solche Energieträger bezeichnet, die entweder praktisch unendlich vorhanden sind (etwa die Energie der Sonne, Wind oder Laufwasser) oder unmittelbar nachwachsen können bzw. stets erneut anfallen (Biomasse bzw. Bioabfälle) und alle vollständig aus diesen Energieträgern umgewandelten Formen der Energie (etwa Ökostrom oder Wärme).

1.2 Marketing 3.0

Widmen wir uns nun zunächst der Frage nach dem Marketingverständnis, das den Rahmen für die EE-Vermarktung darstellen kann. Kotler et al. (2010) haben sehr pointiert darauf verwiesen, dass sich in den letzten Jahren das Marketing fortentwickelt hat, hin

1 Konzeptionelle Überlegungen zur Vermarktung von Erneuerbaren Energien

zu einem Marketing 3.0. Damit bezeichnen sie ein modernes Marketing, das in Social Media eingebettet ist, auf Many-to-Many-Kommunikationsbeziehungen basiert und das vor allem die gesellschaftliche Verantwortung des Unternehmens aktiv annimmt und in die Marketingstrategie integriert (vgl. Abb. 1.1).

Dieses auf Werte fokussierte Marketingverständnis unterstreicht auch die American Marketing Association, die 2013 Marketing definiert hat als „the activity, set of institutions, and processes for creating, communicating, delivering, and exchanging offerings that have value for customers, clients, partners, **and society at large**" (AMA 2013, Hervorhebungen durch die Verfasser). Die Argumentation von Kotler et al. (2010) ordnet sich dabei um zwei Kristallisationspunkte, nämlich (1) die Werteorientierung und (2) das interaktive Web, die die Gesellschaft des 21. Jahrhunderts prägen und die jeder für sich genommen hilfreich sind, um konzeptionelle Grundlagen für die Vermarktung von EE zu entwickeln (vgl. Abb. 1.1).

	Marketing 1.0 Produkt-Fokus	**Marketing 2.0** Kunden-Fokus	**Marketing 3.0** Werte-Fokus
Zielsetzung	Produktabsatz	Kundenzufriedenheit und -bindung	Weltverbesserung
Katalysator	Industrielle Revolution	Informationstechnologie	Web 2.0+*
Marktsicht der Anbieter	Massenmarkt für physische Produkte	Intelligenter Konsument	Ganzheitliches Kundenbild
Haupt-Marketingkonzept	Produktentwicklung	Differenzierung	Werte
Marketing-Richtlinie	Produktspezifikation	Unternehmens- und Produktpositionierung	Corporate Mission, Vision and Values
Value Proposition	Funktionell	Funktionell und emotionell	Funktionell, emotionell und spirituell
Kunden-Interaktion	One-to-Many Transaktion	One-to-One Beziehung	Many-to-Many Zusammenarbeit

* Social Media getrieben durch (1) billige Computer und Mobiltelefone etc., (2) preiswerten Internetzugang und (3) Open Source Technology.

Abb. 1.1 Vergleich der Marketingkonzepte 1.0, 2.0 und 3.0. (Quelle: Kotler et al. (2010), S. 6; eigene Übersetzung/Adaption)

Ad 1: Werteorientierung

Kotler et al. (2010) nennen Weltverbesserung als Zielsetzung ihres Marketingverständnisses und fassen zusammen: „Instead of treating people simply as consumers, marketers approach them as whole human beings with minds, hearts and spirits. Increasingly, consumers are looking for solutions to their anxieties about making the globalized world a better place. In a world full of confusion, they search for companies that address their deepest needs for social, economic and environmental justice in their mission, vision and values. They look for not only functional and emotional fulfilment but also human spirit fulfilment in the products and services they choose. (…) Supplying meaning is the future value proposition in marketing" (S. 4, 20). Dazu gehören ein ganzheitliches Kundenbild als Marktsicht („Marketing 3.0 lifts the concept of marketing into the arena of human aspirations, values and spirit." [S. 4]) und eine Unternehmensausrichtung, die sich neben Mission und Vision auch einem eigenen Wertekatalog unterwirft.

Ad 2: Interaktives Web

Die „New Wave Technology" (Kotler et al. 2010, S. 6) ist in Abb. 1 als „Web 2.0+" übertragen worden, denn gemeint ist nicht allein das Internet als Plattform und Technologie, sondern dessen rasante Verbreitung weltweit durch preisgünstige Hardware (v. a. Smartphones und Tablet Computer, die mobilen Internetzugang ermöglichen), einfachen und preisgünstigen Internetzugang und die Open-Source-Technologien, die einfachen Zugang zu Software und schnelle Weiterentwicklung derselben erlauben. Ebenso von Bedeutung ist die sich entwickelnde Kultur der Zusammenarbeit online, sei es durch schnelle Kommunikation in den Sozialen Medien (Many-to-Many), sei es durch Zusammenarbeit online (Co-Creation, Crowdsourcing etc.).

Werteorientierung und interaktives Web kennzeichnen unsere gesellschaftliche Wirklichkeit und auch ein modernes Marketing 3.0. Insofern erscheinen sie ebenso als Maßstab, um die Besonderheiten von EE einzuordnen, geeignet, wie als konzeptioneller Rahmen für die weiteren Überlegungen.

1.3 Eigenschaften von EE und deren Auswirkungen auf die Vermarktung von EE

Erneuerbare Energien sind durch eine Reihe von gemeinsamen Eigenschaften charakterisiert: Sie sind (1) Commodities, (2) Low-Involvement-Produkte und gleichzeitig (3) Vertrauensgüter. Sie sind (4) partiell öffentliche Güter und dabei (5) in doppelter Hinsicht erklärungsbedürftig. Schließlich werden sie zunehmend (6) zu Prosumer-Gütern. Worin begründen sich und welche Auswirkungen haben diese Eigenschaften von EE? Welche Rolle spielen dabei die beiden o. g. Elemente von Marketing 3.0, nämlich das Web und die Werteorientierung?

1. *Commodities*
Commodities sind Güter, deren Qualität eindeutig definierten Kriterien unterliegt, die damit nicht differenziert und folglich fungibel, also untereinander austauschbar, sind. Typischerweise gibt es für Commodities Handelspunkte/Börsen, an denen die Preise gebildet werden. Strom und Gas gehören zu den klassischen Commodities ebenso wie Treibstoffe; der Wärmemarkt ist aus den Commodity-Märkten für Energie abgeleitet.
Die *Werteorientierung* führt nun dazu, dass bei EE nicht allein die definierte Beschaffenheit zählt, sondern der Herkunft der Energie entscheidende Bedeutung für die Kaufentscheidung des Kunden zukommt. Es geht also beispielsweise nicht mehr um die Commodities Strom oder Gas, sondern diese werden dadurch differenziert, dass sie aus erneuerbarer Primärenergie generiert wurden. Diese Differenzierung wird durch das *interaktive Web* unterstützt, indem einerseits detaillierte Informationen über die Energieproduktion vorgehalten werden und diese auch in den einschlägigen Communities diskutiert werden. Zudem ermöglicht das Internet eine ausführliche Darlegung der unterschiedlichen Zertifizierungen, durch die die Herkunft der EE garantiert wird (vgl. dazu Leprich et al. in diesem Band).

2. *Low-Involvement-Produkte*
Das Ausmaß, indem ein Konsument sich mit einem Produkt auseinandersetzt, bevor die Kaufentscheidung getroffen wird, wird als Involvement bezeichnet und ist definiert als „A person's perceived relevance of the object based on inherent needs, values and interests" (Zaichkowsky 1985, S. 342). Strom, Gas, Kraftstoffe werden gemeinhin als Low-Involvement-Produkte angesehen (z. B. Busch et al. 2009, S. 357; Lohse und Künzel 2011, S. 385).
Aufgrund der *Werteorientierung* kann eine Differenzierung des Angebots nun nicht allein durch den Markenaufbau (wie etwa bei Mineralölkraftstoffen), sondern vielmehr durch die gesellschaftliche Positionierung des Produktes als ein Beitrag zur Verlangsamung des Klimawandels, zu einer nachhaltigen Ressourcennutzung etc. erfolgen. Die „Weltverbesserung" als Zielsetzung des Marketings 3.0 wird hier besonders deutlich. Die aktivierende Wirkung des *interaktiven Web* verstärkt diese Positionierung noch (vgl. Eichsteller/Godefroid in diesem Band). So hat sich beispielsweise die Plattform utopia.de etabliert, die explizit „dazu beitragen [will, die Autoren], dass Millionen Menschen ihr Konsumverhalten und ihren Lebensstil nachhaltig verändern" (Utopia 2014). Dort sind Foren zu vielfältigen Fragen insbesondere zu Energie und Energiebezug angesiedelt.

3. *Vertrauensgüter*
Ökostrom und Biomethan sind Vertrauensgüter. Meffert et. al. (2015, S. 38 f.) definieren Vertrauenseigenschaften einer Dienstleistung oder eines Gutes wie folgt: „Hier kann der Nachfrager bestimmte Eigenschaften bzw. Qualitäten weder vor noch nach dem Kauf überprüfen, obwohl diese Eigenschaften für ihn wichtig sind und er hierfür auch einen entsprechenden Preis zu zahlen bereit ist." Dies trifft offensichtlich auch auf

EE zu, denn der Verbraucher hat – über die Zertifizierung hinaus (vgl. Leprich et al. in diesem Band) – keine Möglichkeit nachzuprüfen, ob die angegebenen Energiequellen tatsächlich genutzt wurden und welcher ökologische Zusatznutzen mit dem Kauf des Produktes tatsächlich erreicht wird. Ebenso verhält es sich mit der Nutzung von EE bei Verkehrsdienstleistungen, beim Angebot von Tourismusunternehmen (vgl. Gervers in diesem Band) oder bei E-Mobilität (vgl. Ringel in diesem Band). Stets ist der Kunde darauf angewiesen, dass die versprochene „grüne" Leistung enthalten ist bzw. erbracht wird.

Dulleck et al. (2011, S. 548) finden in ihrer Studie zu Vertrauensgütern heraus, dass ein signifikanter Anteil der Anbieter ohnehin ehrlich ist. Demgegenüber kommt der nachträglichen Verifikation der Eigenschaften eines Vertrauensgutes – selbst da, wo es möglich wäre – keine besondere Bedeutung zu. Eine viel entscheidendere Rolle spielt die Haftung für die versprochene Leistung – diese wird bei EE im Wesentlichen durch Reputation ersetzt.[1]

Grundsätzlich ist ein werteorientiertes Marketing besser geeignet, dieses notwendige Vertrauen aufzubauen. Wertefokussierte Unternehmen werden ihre Ausrichtung und Positionierung nämlich so konstruieren, dass Mission, Vision und Werte derart konsistent sind, dass ein Abweichen mit hohem Reputationsverlust verbunden wäre und somit Anreize bestehen, den selbst auferlegten Wertekanon einzuhalten. Die dabei notwendige Transparenz wird durch die soziale Kontrolle des *interaktiven Web* sichergestellt und das Reputationsrisiko als Garant des Wohlverhaltens erhöht.

4. *Partiell öffentliche Güter*

Der Klimaschutzaspekt macht EE partiell zu öffentlichen Gütern: Unterstellt man, dass je mehr EE nachgefragt werden, umso mehr EE produziert werden und somit umso mehr CO_2-Ausstoß vermieden wird, was wiederum dazu beiträgt, den Klimawandel zu verlangsamen, so profitieren von jeder Kaufentscheidung eines Einzelnen für EE-Produkte alle Menschen, auch die Nichtkäufer. Das fördert Trittbrettfahrerverhalten und führt letztlich zu einem suboptimalen Marktergebnis (vgl. z. B. Menges/Beyer in diesem Band).

Werteorientierung in der Vermarktung und seitens der Kunden wirkt diesem Trittbrettfahrerverhalten entgegen, und die Motivation, bewusste und sozial verantwortungsvolle Kaufentscheidungen zu treffen, wird durch das Herausstellen der Werte des Unternehmens, v. a. wenn diese grundsätzlich den Werten der Zielkunden entsprechen, gefördert. Auch der psychologische Nutzen des „Warm Glow", also des positiven, anderen überlegenen Gefühls der guten Tat, ist wertebasiert.

Das *interaktive Web* erleichtert in erheblicher Weise die Generierung eines weiteren psychologischen Nutzens aufseiten der Konsumenten durch demonstrativen Konsum: „self-expressive benefits from conspicuous environmentally sound consumption"

---

[1] Dulleck et al. (2011, S. 549) haben der Reputation allerdings nur dann eine hohe Bedeutung beigemessen, wenn Haftung und Wettbewerb nicht stark ausgeprägt waren; bei EE ersetzt Reputation allerdings die Haftung weitgehend.

(Hartmann und Apaloaza-Ibáñez 2012, S. 1254). Es ist also nicht nur die soziale Kontrolle, sondern auch die Selbstdarstellung des umweltbewussten Kaufs in besonderer Weise durch das Internet und die sozialen Medien erleichtert (vgl. zu EE als Inputfaktoren nachstehend Absatz 1.6).

5. *Doppelt erklärungsbedürftige Güter*
Es überrascht auf den ersten Blick, dass EE hier sowohl als Commodities als auch als erklärungsbedürftige Güter charakterisiert werden. Es ist die Herkunft, die differenzierend wirkt (s. o.) und damit auch die Erklärungsbedürftigkeit zur Folge hat. Und zwar in zweierlei Hinsicht: Zunächst sind die grundlegenden Eigenschaften des Produkts zu erläutern, insbesondere die Herkunft, aber ggf. auch weitergehende direkt produktbezogene Fragen (z. B. über einen Anschluss an ein Nahwärmenetz) zu beantworten. Daneben stellt sich auf einer zweiten Ebene stets die Frage nach der Wirkung der Kaufentscheidung auf umfassendere Ziele, etwa die Umsetzung der Energiewende oder die Eindämmung des Klimawandels (vgl. C. Friege in diesem Band).
Diese zweite Ebene der Erklärungsbedürftigkeit erfordert geradezu die im Marketing 3.0 postulierte *Werteorientierung*. Sie wirkt dadurch differenzierend und bietet insbesondere Ansatzpunkte für die Produkt- und Kommunikationspolitik. Verstärkend wirkt wiederum das *interaktive Web*, das nicht allein das Wissen und den Austausch der Zielkunden erleichtert, sondern auch die – zum Teil sicherlich nicht trivialen – Erläuterungen des Anbieters transportiert.

6. *Prosumer-Güter*
Gerade EE werden zunehmend gleichzeitig von den Endkunden der Energieversorger produziert und konsumiert und stellen damit ein typisches Prosumer-Gut dar (vgl. ausführlich Huener/Bez in diesem Band). Das wird die Energiewirtschaft fundamental verändern (vgl. Schlemmermeier/Drechsler in diesem Band) –, aber eben auch an die Vermarktung von EE neue Anforderungen stellen.
Besonders in der Übergangszeit zwischen einer hohen Subventionierung von EE, die bis zum EEG 2014 prägend war (vgl. Kramer in diesem Band), und der sich nun deutlich – etwa im neuen EEG, aber auch in den Diskussionen über das beste Strommarktdesign (vgl. Schlemmermeier/Drechsler in diesem Band) – abzeichnenden Hinwendung zu mehr Markt und neuen Marktmodellen sind viele Entscheidungen, und dabei gerade Kaufentscheidungen zu EE, eben auch durch die dahinter stehende *Werteorientierung* geprägt. Warum? Im Vergleich zur Situation vor einigen Jahren werfen Investitionen von Privathaushalten in Photovoltaikanlagen heute eher geringe Renditen ab. Finanzielle Ziele allein reichen also immer weniger als Investitionsmotiv aus und werteorientierte Ziele wie Umwelt- und Klimaschutz sowie stärkere Unabhängigkeit von großen Energieversorgern werden wichtiger.
Und hier erfordert die Vermarktung ein Zusammentreffen von vergleichbaren Werten bei Anbieter und Nachfrager. Dabei wirkt wiederum das *interaktive Web* verstärkend als Kommunikations- und Interaktionsplattform. Vor allem ist es aber auch die technologische Plattform für die informatorische Vernetzung der Energieverteilnetze, die eine

entscheidende Komponente von Smart Grids und der dazu gehörenden Steuerung von Demand- und Supply Side ist.

Als erstes Fazit der vorgetragenen Argumentation kann festgehalten werden, dass die sechs herausgestellten Eigenschaften von EE sich als kennzeichnend und für die Vermarktung relevant erweisen. Zudem zeigt sich in vielfältigen Aspekten, dass das Marketingverständnis, das Kotler et al. (2010) als Marketing 3.0 beschrieben haben, insbesondere durch die Werteorientierung und das interaktive Web, für die Vermarktung von EE besonders geeignet erscheint. Nicht überraschend finden also ein modernes, durch unsere gesellschaftliche Realität geprägtes Marketingverständnis und die aus dieser Realität entspringende Herausforderung, eine fundamental neue Kategorie von Produkten zu vermarkten, vielfältig zueinander.

1.4 Ziele von Konsumenten beim Bezug von EE

Der vorstehend für die Vermarktung von EE herausgearbeitete gesellschaftliche Rahmen wäre unvollständig, würde man nicht auch die besonderen Motive und Motivationen für Angebot und Nachfrage nach EE berücksichtigen.

Ausgangspunkt für die Diffusion von EE sind Sorgen um die langfristigen Umweltwirkungen der Atomenergie und das zunehmende Bewusstsein über den Klimawandel und dessen Folgen. Umweltbewusstsein ist einer der wichtigsten psychografischen Treiber von Kaufentscheidungen und Zahlungsbereitschaft für EE (Rowlands et al. 2002; MacPherson und Lange 2013). Es ging also nicht primär um eine neue Geschäftsidee, sondern um wertegetriebene Innovation im Sinne von Kotler et al. (2010).

Eine erste Annäherung an die Frage, was Verbraucher motiviert, EE zu beziehen und dafür oft mehr zu bezahlen als für vergleichbare Produkte ohne Nutzung von EE, kann die Antwort auf die Frage liefern, weshalb Privatleute ihr Erspartes in EE-Projekte investieren und was die Investitionsmotive von denen institutioneller Anleger unterscheidet. Analysiert man Motivationen für Investitionen in EE, sind bei institutionellen Investoren finanzielle Ziele dominierend (z. B. Taylor Wessing 2012, S. 12). Bei Privatinvestoren, die für die Ausbreitung von EE entscheidend sind und deren Engagement auch zur Entstehung einer immer dezentraleren Erzeugung geführt hat, spielen ganz klar die Nachhaltigkeitsmotive für eine Investition eine bedeutende Rolle (vgl. den Überblick bei Friege und Voss 2015): Investitionen von Privatinvestoren sind demnach sowohl durch die Nachhaltigkeits- und Werteerwägungen motiviert als auch durch finanzielle Anreize. Eine ähnliche Motivationslage kann man auch für den Konsum ebendieser Privatinvestoren unterstellen.

Dies zeigt sich im Detail auch in einer umfassenden Literaturanalyse (vgl. den Überblick bei Herbes und Ramme 2014 sowie in Abb. 1.2). Grundsätzlich lassen sich die Moti-

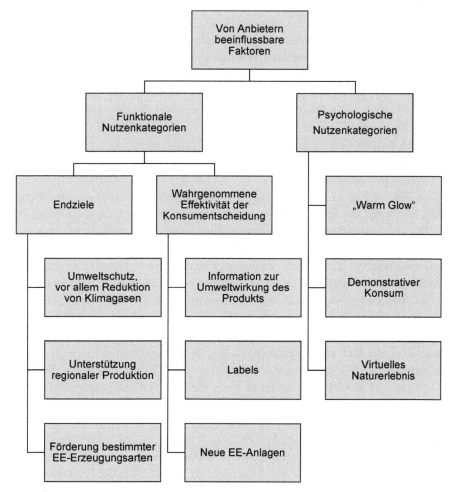

Abb. 1.2 Übersicht über die Ziele von Käufern von EE-Tarifen. (Herbes und Ramme 2014, S. 259, eigene Übersetzung)

ve von Verbrauchern in zwei unterschiedliche Gruppen einteilen: Zum einen sollen durch den Bezug tatsächliche Veränderungen erreicht werden, wie z. B. eine Begrenzung des Klimawandels. Zum anderen geht es auch darum, sich besser zu fühlen oder einen Statusgewinn zu erzielen.

Ad 1: Tatsächliche Veränderungen/utilitarian benefits

Verbraucher wollen Ziele bzw. Nutzen erreichen, die auf echte Veränderungen abzielen und von denen nicht nur sie selbst profitieren, sondern auch andere, und die als „utilitarian benefits" bezeichnet werden. Hier spielt Altruismus als Werthaltung eine Rolle (Litvine und Wüstenhagen 2011). Diese „utilitarian benefits" umfassen z. B. den Umwelt- und Klimaschutz, regionale Produktion oder auch die Förderung bestimmter EE-Erzeugungsarten. Gleichzeitig wollen die Konsumenten sichergehen, dass die von ihnen bezogenen EE-Tarife auch tatsächlich zur Erreichung der Ziele beitragen, ihre Kaufentscheidung also einen wirklichen Effekt hat („perceived consumer effectiveness"). Dies hängt mit der oben schon thematisierten Vertrauensguteigenschaft von EE zusammen. Die Effekte ihrer Kaufentscheidung können Konsumenten anhand von Informationen über das EE-Produkt oder anhand von Labels beurteilen.

Ad 2: Psychologischer Nutzen

Neben den „utilitarian benefits" können Konsumenten aber auch sogenannte psychologische Nutzen aus ihrer Kaufentscheidung ziehen (Hartmann und Apaolaza-Ibanez 2012), zum Teil sind sie sich aber dieser Nutzenkategorien nicht so bewusst wie der oben genannten Ziele wie Umwelt- bzw. Klimaschutz. Trotzdem sind diese Nutzenkategorien wichtig. Eine davon ist der sogenannte „Warm Glow" also das gute Gefühl moralischer Überlegenheit aufgrund einer guten Tat. Eine Zweite ist der soziale Distinktionsgewinn, der sich aus einem demonstrativen Konsum von EE ableitet. Für den „Warm Glow" ist eine Wahrnehmung der Konsumhandlung durch Dritte nicht nötig, für den demonstrativen Konsum ist sie entscheidend. Bei aller Werteorientierung muss allerdings auch konstatiert werden, dass der Durchschnitt der Grünstromtarife in Deutschland nur 2 % teurer ist als der entsprechende Graustromtarif und Verbraucher z. T. sogar eine Kostensenkung durch ihren Wechsel in einen grünen Tarif erreichen können (top agrar online 2012). Finanzielle Motive können also durchaus eine Rolle spielen.

Vermarkter von EE sollten sich das gesamte Zielportfolio ihrer (potenziellen) Kunden stets vor Augen führen und in ihrem Marketing-Mix, vor allem in der Produkt- und Kommunikationspolitik, adressieren.

1.5 Marketing-Mix für EE

Nachdem Marketing 3.0 als geeignetes grundsätzliches Marketingverständnis für die Vermarktung von EE identifiziert wurde und für die konzeptionelle Darstellung der Vermarktung sechs wesentliche Eigenschaften von EE vorgeschlagen wurden, soll es nun darum gehen, die wichtigsten, allen EE gemeinen Ausprägungen der „4 Ps" zu erarbeiten und dabei die Motivation der Nachfrage nach EE zu berücksichtigen (vgl. Abb. 1.3).

1 Konzeptionelle Überlegungen zur Vermarktung von Erneuerbaren Energien

	Produktpolitik	Preispolitik	Distributionspolitik	Kommunikationspolitik
Commodities	• Differenzierung durch Herkunft • Differenzierung der Leistung und der Kundenbindung	• Hohe Preistransparenz	• Differenzierung durch Vertriebskanäle	• Markierung • Entscheidend für Differenzierung von Commodities
Low-Involvement-Produkte	• Involvement steigernde Produktkomponenten • Zertifikate	• Hohe Preissensibilität	• Direktvertrieb oder Onlinevertrieb – viele klassische Kanäle problematisch	• Identifikation von Kommunikationsanlässen entscheidend
Vertrauensgüter	• Herkunft definiert das Produkt • Zertifizierung • Reputationseinsatz	• Wettbewerbspreis	• Direktvertrieb, Onlinevertrieb oder Freundschaftswerbung – immer Vertrauen im Fokus	• Markenaufbau • Empfehlung von Umweltverbänden • Sponsoring von Klimaschutzprojekten
Partiell öffentliche Güter	• Produkt muss Abgrenzung zu Trittbrettfahrern ermöglichen	• Preisbereitschaft durch Trittbrettfahrerverhalten begrenzt	• Überzeugung der Käufer zur Abgrenzung zu Trittbrettfahrerverhalten	• Nutzen für Käufer und für Allgemeinheit kommunizieren
Doppelt erklärungsbedürftige Güter	• Höhere Komplexität	• Differenzierung durch zweite Nutzenebene	• Geeignet für Direktvertrieb	• Unterschiedliche Perspektiven ermöglichen zusätzliche Kommunikation
Prosumer-Güter	• Stark von EE-Regulierung abhängig • Komplexität durch Unsicherheit über die Zukunft	• Führt zu deutlich geringerer Preistransparenz	• Innovative Distributionskanäle	• Komplexe Kommunikationsherausforderung

Abb. 1.3 Marketing-Mix für EE. (Quelle: eigene Darstellung)

1.5.1 Produktpolitik für EE

Auf die wesentliche Bedeutung der Herkunft des Ökostroms, des Biomethans, der Wärme etc. bei der Konfiguration von EE-Produkten ist bereits verwiesen worden. Die Herkunft wird dabei überwiegend nachgewiesen durch (1) Zertifikate und (2) die detaillierte Darstellung des Kraftwerkparks im Internet.

1. *Zertifikate bzw. Gütesiegel*
   haben mehrere Funktionen (vgl. Manta 2012, S. 8–10, sowie Leprich et al. in diesem Band):
   a. Der Commodity Strom bzw. Gas werden spezifische Eigenschaften zugeordnet, die zu einer „De-Commoditization" führen.
   b. Der Nachfrager hat die Möglichkeit, nunmehr anhand seiner Präferenzen zwischen unterschiedlichen Produktausprägungen zu wählen.
   c. Das Zertifikat/Gütesiegel belegt die zugesicherten Eigenschaften.
   d. Der Anbieter nutzt das Zertifikat zur Differenzierung seines Produktes.

Zertifikate haben eine Wechselwirkung mit dem Grad des Involvements der Kunden. Manta (2012, S. 37) konnte in ihrer Studie zeigen, dass Gütesiegel umso bedeutender sind, je geringer das Involvement der Kunden ist und in ihrer Bedeutung auch Produktmerkmale übertreffen. Insgesamt wurde für Grünstrom allerdings in vergangenen Studien eine relativ geringe Bedeutung von Zertifikaten für die Kaufentscheidung der Kunden festgestellt (Kaenzig et al. 2013).

Unternehmen und Zertifizierer haben kürzlich erstmals ein Gütesiegel präsentiert, das weitergeht und nicht mehr das Produkt prüft, sondern den Anbieter insgesamt. Als „Wegbereiter der Energiewende" wird Unternehmen bestätigt, dass die „Ziele und Anforderungen der Energiewende nicht nur in der Unternehmenspolitik fest verankert sind, sondern auch in der Praxis konsequent angewandt werden" (TÜV Süd 2014). Die Differenzierungsabsicht des Anbieters tritt hier in besonderer Weise zutage. Zudem wird immer deutlicher, dass es letztlich die Reputation des Anbieters ist, die die zugesicherten Eigenschaften absichert.

2. *Darstellung des Kraftwerkparks Online*
   Das Angebot von Ökostrom wird gelegentlich durch eine detaillierte Darstellung des genutzten Kraftwerkparks auf der Website des Anbieters unterstützt. Dabei erscheint die Transparenz hier prima facie bei „reinen Ökostromanbietern" größer zu sein als bei Anbietern von grünem und grauem Strom, wie die Zusammenstellung von einigen Ökostromanbietern in Abb. 1.4 belegt. Neben den vier „traditionellen Ökostromanbietern" (EWS, Greenpeace Energy, LichtBlick und Naturstrom) weist in dieser Selektion von großen, regionalen und lokalen Anbietern einzig die Nürnberger N-ERGIE im Detail nach, wo der als Ökostrom verkaufte Strom generiert wird. Alle anderen Anbieter verlassen sich einzig auf den gesetzlich vorgeschriebenen Herkunftsnachweis.

1 Konzeptionelle Überlegungen zur Vermarktung von Erneuerbaren Energien

Anbieter	Tarife	Kraftwerke	Anbieter	Tarife	Kraftwerke
enercity	grau + öko	nein	N-ERGIE	grau + öko	Online*
entega	grau + öko	nein	VORWEG GEHEN	grau + öko	nein
eprimo	grau + öko	nein	STAWAG	grau + öko	nein
EWE	grau + öko	nein	STADTWERKE KIEL	grau + öko	nein
EWS	öko	Online*	SWM Stadtwerke München	grau + öko	nein
GREENPEACE ENERGY	öko	Online*	swt Stadtwerke Tübingen	grau + öko	nein
LichtBlick	öko	Online*	VATTENFALL	grau + öko	nein
naturstrom	öko	Online*	Yello Strom	grau + öko	nein

* Kraftwerkslisten Online (Zugriff jeweils am 14.12.2014): http://www.ews-schoenau.de/fileadmin/content/documents/sauberer_Strom/Stromherkunft/EWS_Kraftwerke.pdf; http://www.greenpeace-energy.de/engagement/unsere-stromqualitaet/lieferantenkraftwerke.html; http://www.lichtblick.de/privatkunden/strom/; https://www.naturstrom.de/geschaeftskunden/strom/unsere-kraftwerke/; https://www.n-ergie.de/privatkunden/produkte/strom/purnatur.html;

Abb. 1.4 Darstellung des genutzten Kraftwerkparks einiger Ökostromanbieter. (Quelle: eigene Analyse)

Die potenzielle Bedeutung dieser Transparenz ergibt sich aus Ergebnissen einer Befragung des Bundesumweltamtes (UBA 2014). So beschaffen beispielsweise von 100 Nutzern von Herkunftsnachweisen nur 27 diese gekoppelt mit der physikalischen Lieferung (S. 60). Von diesen 27 gaben wiederum 2 an, ihren Strom über die EEX einzudecken (S. 64), offensichtlich ist so allerdings der gekoppelte Erwerb unmöglich.

Wie mit der Darstellung des Kraftwerkparks zur Stromerzeugung verhält es sich dem Grunde nach auch mit Gasangeboten. Die fünf Anbieter, die ihren Kraftwerkpark für Ökostrom offen legen (vgl. Abb. 1.4), bieten entweder kein Gasprodukt mit Biomethan an (N-ERGIE) oder sie bieten ein Gasprodukt zur Förderung von Windgas an (Greenpeace Energy) oder sie legen auch für den Biomethan-Anteil an den jeweiligen Gasprodukten ihre Lieferanten online offen (EWS, LichtBlick, Naturstrom).

Entscheidend für die Produktkonfiguration ist die Frage, ob und wenn ja welchen ökologischen Zusatznutzen man anbieten möchte (vgl. dazu ausführlich Leprich et al. in diesem Band). Nicht alle Zertifikate bieten dieselben Anforderungen. Vor allem aber ist es möglich, bei den Verbrauchern gut angesehene Zertifizierungen zu erreichen, ohne dass der Bezug von Ökostrom zu zusätzlichen Kraftwerksinvestitionen führt oder in anderer Weise die Energiewende beschleunigt. Das ist etwa der Fall, wenn der grüne Strom ausschließlich in alten Wasserkraftwerken generiert wird, die ohnehin und zum Teil seit mehr als 100 Jahren betrieben werden. Eine andere Möglichkeit, einen ökologischen Mehrwert zu erreichen, ist etwa der „Sonnencent" von EWS[2], der sich allerdings angesichts der funktionierenden Förderung durch das EEG und bei inzwischen erreichter Grid-Parität auch überlebt haben könnte. Vor diesem Hintergrund ist die o. a. Unternehmenszertifizierung ein interessanter Ansatz, durch den die Konsumenten eben besser erkennen können, wer es wie ernst mit der Energiewende als Energieanbieter meint.

Ein weiteres Beispiel für Produktmerkmale, die geeignet sind, eine De-Commoditization zu unterstützen, sind – insbesondere für Gewerbekunden – Herkunftsurkunden, die sichtbar in den Geschäftsräumen angebracht werden können. Letztere sind auch geeignet, eine gewisse Abgrenzung zu Trittbrettfahrern zu gestatten. Sowohl die Förderbeiträge als auch die Herkunftsurkunden sind gleichzeitig geeignet, das Involvement der Kunden zu steigern.

Diese produktpolitischen Maßnahmen zielen alle auf eine Differenzierung der Produktleistung ab. Daneben verweisen Enke et al. (2011, S. 16 ff.) darauf, dass eine De-Commoditization auch durch überlegene Kundenbeziehungen möglich ist. Dies ist selbstverständlich auch beim Angebot von EE ein möglicher Ansatz zur weiteren Produktdifferenzierung. Der Ökoenergieanbieter LichtBlick hat dies beispielsweise dokumentierbar umgesetzt, indem das Unternehmen aufgrund seiner überlegenen Kundenorientierung – neben vielen anderen Auszeichnungen – die Spitzenposition unter allen Energieversorgern, auch solchen, die Strom unbekannter Herkunft vertreiben, im Deutschen Kundenmonitor im sechsten Jahr in Folge erreichen konnte (LichtBlick 2014).

Alle diese Produktmerkmale führen letztlich zu einer höheren Komplexität, die dann in der doppelten Erklärungsbedürftigkeit von EE-Produkten resultiert. Diese vergrößert sich weiter, wenn die EE zunehmend als Prosumer-Güter marktfähig werden. Dann geht es nicht mehr allein um den Vertrieb von Ökostrom, nachhaltig erzeugter Wärme oder Biomethan, sondern deren Erstellung in der wirtschaftlichen Verantwortung des Kunden oder im Contracting (vgl. dazu die Beiträge von Klöpfer/Klimczak und Huener/Bez in diesem Band) werden Teil des Produktangebots. Hier sei nur auf die große Unsicherheit, die aus den regulatorischen Rahmenbedingungen und dem technologischen Fortschritt erwachsen, verwiesen, deren Auswirkungen in geeigneter Form bei der Produktkonzeption mit berücksichtigt werden müssen.

Insgesamt ist die Produktpolitik für EE dominiert durch die Produktkomponente „Herkunft der Energie" und deren Dokumentation den Kunden gegenüber, idealerweise als

---

[2] http://www.ews-schoenau.de/oekostrom/kundenfoerderung.html; Zugriff am 14.12.2014.

transparenter ökologischer Zusatznutzen. Mit steigender Bedeutung der Prosumer als Abnehmer wird dazu die Herausforderung treten, sehr komplexe Produkte durch geeignete Gestaltung erklärbar und damit auch vermarktbar zu machen.

1.5.2 Preispolitik für EE

Betrachtet man die Einträge in der Spalte „Preispolitik" in Abb. 1.3, so könnte man Widersprüche vermuten. Eine hohe Preistransparenz aus der Commodity-Eigenschaft wird gemindert durch die Zunahme der Prosumer-Güter innerhalb der EE. Das ist an sich plausibel, denn die Differenzierbarkeit von Kombinationen aus Erzeugung und Verbrauch ist – bei aller Arbeit an Zertifikaten und offen gelegten Erzeugungsparks – fraglos größer.

Interessanter hingegen sind die Auswirkungen bei Low-Involvement-Produkten und Vertrauensgütern, bei denen der Preis eine größere Rolle spielt als viele andere Merkmale: Aus unterschiedlichen Gründen steht in beiden Fällen der Preis besonders im Fokus bei der Kaufentscheidung. Bei Low-Involvement-Produkten ersetzt der Preis als einfacher Indikator die Auseinandersetzung mit Marke und Produkt für die Kaufentscheidung[3], bei Vertrauensgütern bestimmt in erster Linie der Wettbewerb den Preis (Dulleck et al. 2011). Hier kommt die Frage nach dem ökologischen Zusatznutzen als zweites Erklärungsproblem eines EE-Produktes ebenso zum Tragen wie die in der Produktpolitik erreichte Differenzierung.

Die aktuelle Forschung zur Zahlungsbereitschaft für EE (in diesem Band beschäftigen sich zwei Beiträge mit der Preisbereitschaft für Ökostromprodukte) ist vor allem von methodischen Diskussionen geprägt. Dies rührt daher, dass Studien zu Zahlungsbereitschaften regelmäßig ermutigende Ergebnisse präsentieren, der tatsächliche Wechsel von Konsumenten in hochwertige Ökostromtarife dahinter jedoch weit zurückbleibt (Rowlands et al. 2002; Kaenzig et al. 2013; Stigka et al. 2014).

In der Untersuchung von A. T. Kearney (2012; vgl. Abb. 1.5) werden für die Jahre 2011 und 2012 die Handlungsspielräume deutlich. Als „reine Ökostromanbieter" werden LichtBlick, Tchibo[4], Naturstrom und EWS analysiert. Betrachtet man den hier erhobenen Preis, so erzielt der reine Ökostromanbieter einen Preisaufschlag gegenüber dem Stadtwerk von 120 EUR bzw. gegenüber dem Discountanbieter von 125 EUR in 2012 und leicht darunter 80 bzw. 100 EUR im Jahr 2011.

---

[3] Z. B.: „Das Involvement bei (…) Energieversorgern dagegen ist tendenziell eher niedriger. Ohne Involvement kann wirkliche Markenbindung erst gar nicht entstehen. (…) Je niedriger das Involvement ist, desto wichtiger werden schließlich Marktfaktoren wie Marktpräsenz oder Preis." (TNS Infratest 2008).

[4] Das Kaffee- und Handelshaus bietet seit 2010 Ökostrom an, der ok-power bzw. TÜV zertifiziert ist, ohne jedoch Herkunftskraftwerke zu nennen. Das angebotene „klimaschonende Gas" entsteht durch eine vollständige Kompensation des CO_2-Ausstoßes durch Gold Standard Zertifikate. (Tchibo 2014).

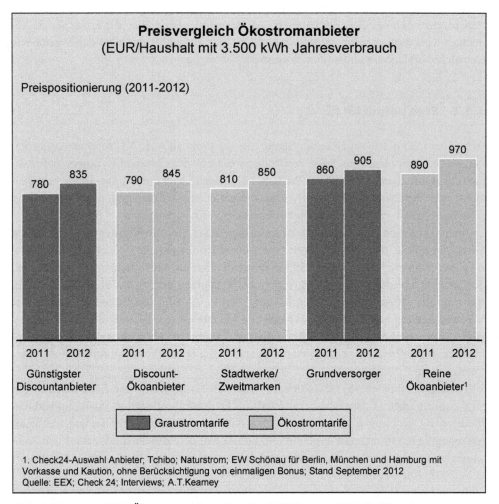

Abb. 1.5 Preisvergleich Ökostromanbieter. (Quelle: A. T. Kearney 2012, S. 27)

Unterstellt man, dass die Kosten für Herkunftsnachweise ca. 4 EUR pro MWh für 2012 gewesen sind (vgl. Abb. 1.6; das betrifft neuere österreichische Wasserkraft), so wird deutlich, dass für den in Abb. 1.5 als Berechnungsgrundlage angenommenen Verbraucher zunächst maximal eine Kostendifferenz von 14 EUR entstehen konnte. Es zeigt sich also, dass eine ökologische Ausgestaltung des EE-Produktes nicht nur zu einem erzielbaren Preisaufschlag führen kann, sondern auch relativ profitabler ist. Andererseits sind die in Abb. 1.6 dargestellten Preisdifferenzen zwischen Ökostrom und Graustrom von Discountanbietern so gering, dass man wohl unterstellen kann, dass hier eher die alte norwegische Wasserkraft mit anzulegenden Kosten für die Herkunftsnachweise von unter 1 EUR für die Berechnung in Abb. 1.5 zum Einsatz gekommen ist.

In der Tat vergleicht das Umweltbundesamt in seiner Studie (Abb. 1.6) die Kosten der Herkunftsnachweise indikativ mit den Kosten für einen Umbau des Energiesystems – repräsentiert durch das schwedisch-norwegische Zertifikatesystem elcert und die EEG-Um-

1 Konzeptionelle Überlegungen zur Vermarktung von Erneuerbaren Energien

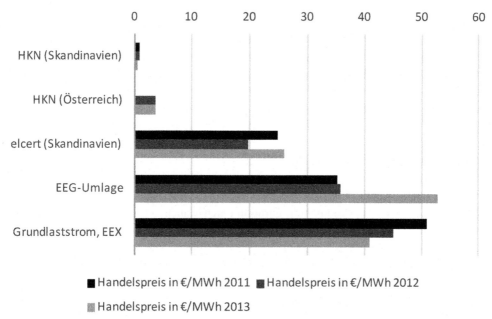

Abb. 1.6 Entwicklung der Preise für Herkunftsnachweise (zur Stromkennzeichnung), für Fördersysteme und für Strom (Großhandel) 2011 bis 2013. (Quelle: UBA 2014, S. 146)

lage – und kommt zu dem Schluss: „Unter diesen Voraussetzungen dürfen die Endkunden nicht damit rechnen, dass die Wahl eines Ökostromtarifs zur Finanzierung des Ausbaus der Erneuerbaren Energien beiträgt." (UBA 2014, S. 146).

Insgesamt werden die hohen Preisaufschläge der Vergangenheit dauerhaft nicht erreichbar sein. Für diese Sicht sprechen:

- Zunehmendes Angebot an EE, die durch die Fokussierung des EEG immer marktfähiger werden.
- Preisbereitschaft ist durch potenzielle Trittbrettfahrer begrenzt – je höher die Differenz zwischen „Marktpreis" ohne ökologischen Zusatznutzen und EE-Preis ist, umso mehr wird die Eigenschaft von EE als partiell öffentliches Gut zum Tragen kommen.
- Die nach wie vor hohe Zustimmung zur Energiewende (Losse 2014) sollte nicht darüber hinwegtäuschen, dass Energie gleichwohl ein Low-Involvement-Produkt bleibt und damit die Preisbereitschaft begrenzt ist.
- Dazu kommt, dass nach wie vor die Onlineportale, die ausschließlich preisgetrieben agieren, einen erheblichen Marktanteil halten: „Bereits 80 % der Haushaltskunden informieren sich über ein Vergleichsportal und nahezu 50 % führen einen Wechsel online aus." (A. T. Kearney 2012, S. 3).

Bei Biomethan ist die Preisgestaltung für die Anbieter anspruchsvoller als bei EE-Strom, da die Produktions- bzw. Einkaufskosten für Biomethan je nach den eingesetzten Produkten erheblich höher liegen als die für Erdgas. Anders als bei EE-Strom liegen die Mehrkosten nicht im einstelligen Prozentbereich, sondern können bei 100 %-Biomethan-

Produkten doppelt so hoch liegen. Für die Preispolitik für EE bedeutet all dies, dass sie unmittelbar der Produktpolitik folgt: Je transparenter sich das angebotene EE-Produkt im relevanten Markt, auch gegenüber anderen EE-Produkten, differenziert, je nachvollziehbarer der ökologische Nutzen kommuniziert werden kann und je größer das Involvement des Kunden gestaltet werden kann, umso eher wird auch in Zukunft ein Preisaufschlag erzielbar sein. Hilfreich wird dazu der Trend hin zu Prosumer-Gütern wirken.

1.5.3 Distributionspolitik für EE

Die Distributionspolitik folgt in gewisser Weise der Produkt- und Preispolitik (vgl. Abb. 1.3): Je stärker die Produktkonfiguration einen – auch gegenüber Grundversorgern in Strom und Gas – wettbewerbsfähigen Preis darstellbar sein lässt, umso mehr wird das EE-Produkt online zu vertreiben sein. Vertragsabschlüsse und umfassende Erklärungen sind heute nicht nur einfach online durchführbar, sondern dieser Distributionsweg ist geradezu State of the Art. Das gilt nicht allein für Strom-/Gasverträge, sondern beispielsweise für den Vertrieb von Aufdach-Solaranlagen in den USA, der in besonderem Maße auch online stattfindet.

Gleichzeitig erfordert die doppelte Erklärungsbedürftigkeit von EE-Produkten das Gespräch mit dem Kunden und EE-Produkte sind dadurch auch für den Direktvertrieb bestens geeignet – sowohl als Prosumer-Gut „Aufdach-Solaranlage zur partiellen Eigenversorgung" als auch Versorgungsprodukte wie grüner Strom und Ökogas. Dieser Vertriebsweg ist besonders dann geeignet, wenn der ökologische Zusatznutzen ausgeprägt ist, wenn das Produkt komplex wird oder wenn anders die Response durch die Low-Involvement-Eigenschaften nicht hinreichend ist (vgl. dazu C. Friege in diesem Band).

A.T. Kearney (2012, S. 33) berichtet, dass in der ersten Hälfte 2012 gut die Hälfte der Anbieter- und Tarifwechsel für Strom- und Gastarife online durchgeführt wurden, mehr als ein Viertel durch einen Direktvertrieb, und der nächst größere Distributionskanal Telefonvertrieb mit gut 10 % Anteil ist. Letzterer wird aufgrund der restriktiven Gesetzgebung in Deutschland im Wesentlichen auf den Tarifwechsel bei demselben Anbieter beschränkt sein.

Allerdings ist neben den dominierenden Kanälen Online und Direktvertrieb als wichtiger Vertriebskanal noch die Freundschaftswerbung (Kunden werben Kunden) zu nennen. Diese führt zwar nur bei einem hohen Kundenbestand zu absolut hohen Zuwächsen. Sie ist aber gleichzeitig eine dauerhafte und von den Werbekosten her günstige Werbeform. Und wenn das Marktforschungsinstitut YouGov feststellt: „Fast 20 % der Kunden geben derzeit an, sich in den vergangenen zwei Wochen mit anderen über EWS Schönau unterhalten zu haben. Bei anderen Unternehmen sind es maximal halb so viele." (Geißler 2014), kann man eben auch unterstellen, dass sich das auf die Freundschaftswerbung positiv auswirkt.

Gegenüber den drei Kanälen Online, Direktvertrieb und Freundschaftswerbung fallen alle übrigen in ihrer Effizienz und Effektivität ab: Telefonvertrieb ist rechtlich stark eingeschränkt, Direktmail hat meist zu geringe Responsequoten, Anzeigen-, Plakat-, Radio- und Fernsehwerbung führt selten zu befriedigenden messbaren Ergebnissen.

Schließlich ist darauf zu verweisen, dass sich für komplexere EE-Produkte, die als Prosumer-Güter zu kennzeichnen sind, innovative Multikanaldistributionen herausbilden werden, wobei eine breit anwendbare Konfiguration noch gefunden werden muss. Ein Rahmen für solche Mehrkanalstrategien ist allerdings schon etabliert (vgl. C. Friege in diesem Band).

Damit erweist sich auch die Distributionspolitik für EE als perfekt zu Marketing 3.0 passend: Vertrieb von EE ist wertegetrieben und diese Überzeugung wird persönlich (Direktvertrieb, Freundschaftswerbung) oder über das interaktive Web (Onlinewerbung, Verankerung in den sozialen Medien) übermittelt. Dabei steht das Vertrauen in den Vertriebsmitarbeiter, den empfehlenden Kunden und in die angebotene Leistung immer im Vordergrund mit der Versicherung, dass ein seriöser Anbieter den Reputationsverlust nicht riskieren wird.

1.5.4 Kommunikationspolitik für EE

Ein entscheidendes Instrument zur De-Commoditization ist das Markenmanagement, das selbstverständlich über alle Komponenten des Marketing-Mix implementiert werden muss, und hier doch im Rahmen der Kommunikationspolitik angeführt wird. Warum? Weil gerade im Kontext von EE entscheidend für die Wahrnehmung der Differenzierung der Leistung deren zielgruppengerechte Kommunikation ist. Wiedmann und Ludewig (2011) erarbeiten beispielsweise für ein Stadtwerk eine Markenpositionierung und fassen das Erarbeitete als „Corporate Branding Story" (S. 106) zusammen: Nun gilt es, die erarbeitete Markenpositionierung zu kommunizieren.

Bezogen auf die Kommunikationsaspekte der Markenführung kann man die eine oder andere Anregung der Mineralölindustrie entlehnen. So haben große Anbieter beispielsweise erfolgreich Premiumkraftstoffmarken etabliert, die etwa 5–10 Cent pro Liter teurer sind als Diesel bzw. Superbenzin. Dabei wurden eingesetzt: Werbung, Testimonials, Sponsoring, Kundenmanagement (Möller und Roltsch 2011, S. 465 ff.). Als Skizze übertragen auf EE wird man hier Motorsport-Sponsoring ersetzen durch Förderung von Klimaschutzprojekten oder Testimonials von Formel-1-Piloten durch Empfehlungen von Umweltverbänden, wie dies etwa 17 Umweltverbände getan haben, die in der Initiative „Atomausstieg selber machen" für einen Wechsel zu EWS, Greenpeace Energy, Licht-Blick oder Naturstrom werben.[5] Werbung wird für EE-Produkte vor allem in transparenter Information online und einer aktiven Teilnahme im interaktiven Web bestehen (vgl. dazu Eichsteller/Godefroid in diesem Band). Auf die Bedeutung des Kundenmanagements ist bereits bei der Darstellung der Produktpolitik für EE hingewiesen worden. Hier müsste dies nun um kundenorientierte Kommunikation ergänzt werden.

---

[5] http://www.atomausstieg-selber-machen.de/Zugriff am 2. Februar 2015.

In der transparenten Darstellung der EE-Produkte und des anbietenden Unternehmens wird man bestrebt sein, Vertrauen aufzubauen, was heute mehr denn je eine Folge der wahrheitsgetreuen, vollständigen und transparenten Kommunikation ist (vgl. Friege 2010). Dazu gehört auch, den Nutzen für den Käufer, aber auch für die Allgemeinheit herauszustellen, um das Trittbrettfahrerverhalten zu begrenzen (vgl. Abb. 1.3). Anders als bei vielen anderen Produkten wird die Kommunikation der Anbieter durch eine z. T. sehr rege politische und öffentliche bzw. mediale Diskussion begleitet. Dort bilden sich in den Diskursen zu Biogas etwa Storylines wie „Teller oder Tank" bzw. „Vermaisung" heraus (vgl. dazu Herbes et al. 2014), die der Kommunikation der Anbieter, die Biomethan vermarkten, zuwiderlaufen. Darauf müssen die Anbieter zeitnah reagieren.

Wichtig ist auch, die möglichen Nutzenkategorien des EE-Kunden (vgl. Abb. 1.2) durch die Kommunikation zu adressieren, d. h. zum Beispiel den Kunden zu helfen, demonstrativen Konsum zu betreiben, indem man ihnen als Anbieter Informationen bzw. Geschichten anbietet, die sich zur Kommunikation im eigenen sozialen Netzwerk eigenen.

Insgesamt muss es in der Kommunikationspolitik darum gehen, immer wieder neue Kommunikationsanlässe zu finden, um zielgruppengerecht das Leistungsspektrum darzustellen, oder zumindest einige Aspekte davon. Das gilt insbesondere, wenn es um komplexe Prosumer-Güter geht. Und je mehr unterschiedliche Perspektiven eingenommen werden können, um Kommunikation mit unterschiedlichen Teilsegmenten der Zielgruppe zu ermöglichen, umso nachhaltiger wird der Aufbau einer umfassenden und ganzheitlichen Markenkommunikation gelingen.

1.6 Die Bedeutung von EE als Inputfaktor für die Vermarktung anderer Güter und Dienstleistungen

In Abschn. 1.4. wurden schon die Ziele der Konsumenten beim Bezug von EE-Produkten dargestellt. Diese wirken direkt auf die Anbieter von EE-Produkten. EE können aber in der Wertschöpfungskette von vielen Akteuren eingesetzt werden, also z. B. von Konsumgüterherstellern oder Investitionsgüterherstellern. Diese können sich aus verschiedenen Gründen für den Einsatz von EE entscheiden. Zum einen können sie damit auf die Präferenzen von Konsumenten für nachhaltig hergestellte Produkte und Dienstleistungen reagieren und ihre Entscheidung für EE im Rahmen eines auf Nachhaltigkeitsziele von Konsumenten ausgerichteten Marketings nutzen. Prominentestes Beispiel ist dazu seit Kurzem die Bahncard der Deutschen Bahn. Die Bahncard weist inzwischen eine grüne Farbe auf und die Deutsche Bahn bezieht große Mengen EE-Strom, um den Energieverbrauch der Personenkilometer, die den Reisen von Bahncard-Inhabern entsprechen, CO_2-neutral zu gestalten. Reiseveranstalter setzen ebenfalls EE im Marketing ein (siehe den Beitrag von Gervers in diesem Band). Und auch im Marketing von Lebensmitteln werden EE genutzt. So findet sich auf den Verpackungen von Milka-Schokolade ein Hinweis, dass zur deren Herstellung ausschließlich EE eingesetzt wurden. Besonders vielversprechend ist ein solcher Einsatz im Marketing für Produkte, bei denen Nachhaltigkeit generell eine große Rolle für die Positionierung spielen, z. B. Bio-Lebensmittel. Was bedeutet das für die Vermarkter von EE? Sie müssen ihre Kunden in der Kommunikation der Vorteile des Einsatzes von EE gegenüber deren Endkunden unterstützen. Und genau das tun viele Anbieter auch schon und bieten Kommunikationsleitfäden, Wording-Bausteine oder druckfähige Versionen von Ökosiegeln an, die ihre Kunden dann im eigenen Marketing nutzen können.

Die Konsumentennachfrage nach nachhaltig hergestellten Produkten und Dienstleistungen kann aber auch noch weitere Akteure in der Wertschöpfungskette erfassen. Konsumgüterhersteller formulieren die Präferenzen ihrer Endkunden z. T. in Nachhaltigkeitsanforderungen an ihre Lieferanten, also z. B. die Hersteller von Investitionsgütern, um. Diese Nachhaltigkeitsanforderungen können auch den Einsatz von EE beinhalten. So wirken Konsumentenpräferenzen z. T. über mehrere Wertschöpfungsstufen.

Neben der Adressierung von Konsumentenforderungen nach dem Einsatz von EE können Hersteller auf allen Wertschöpfungsstufen aber auch weitere Ziele mit dem Einsatz von EE im Herstellungsprozess verfolgen. Dies können zum Ersten finanzielle Motive sein. So konnte bis zum EEG 2014 die Verstromung von Biomethan ein Weg für produzierende Betriebe sein, ihre Wärmekosten zu senken und langfristig zu stabilisieren. Zum Zweiten kann sich der Einsatz von EE auch aus einer umfassenden Nachhaltigkeitsstrategie herleiten, ohne dass Konsumenten oder institutionelle Kunden Druck in diese Richtung ausgeübt haben.

Allerdings wird sich dieser Einsatz von EE stets in der „Markensubstanz" (Meffert et al. 2010, S. 30) insgesamt zeigen müssen. Diese besteht aus drei Komponenten (vgl. ebenda S. 30 f.), jeweils bezogen auf EE:

- Nachhaltigkeit in den Zielen und der Strategie bedeutet für den Einsatz von EE, dass dieser nur glaubwürdig ist, wenn er zur Unternehmensstrategie und -positionierung konsistent erfolgt.
- Nachhaltigkeit in der Wertschöpfungskette bedeutet bezogen auf EE, solche Prozesse und Kennzahlen zu entwickeln, die das Kundenversprechen „Produziert mit EE" dann auch umsetzbar und ggf. sogar kommunizierbar werden lassen.
- Nachhaltigkeit im Leistungsangebot macht den Einsatz von EE als Inputfaktoren nur dann sinnvoll, wenn dies der Produktdifferenzierung dient bzw. wenn dies von relevanten Stakeholdern (z. B. Konsumenten, Medien) gewürdigt wird. Maßstab bleibt dort die nachhaltige Profitabilität der Entscheidung.

Zusammengefasst: EE können auf verschiedenen Stufen der Wertschöpfungskette eingesetzt werden und dort auch Bestandteil der Marketingstrategie werden, wenn dies in der Markensubstanz angelegt ist. Die Vermarkter von EE müssen in ihrem Marketing dann also nicht nur ihren unmittelbaren Kunden ansprechen, sondern auch Hilfestellungen leisten, die Präferenzen ihrer Endkunden durch den Einsatz von EE zu adressieren (vgl. Abb. 1.7).

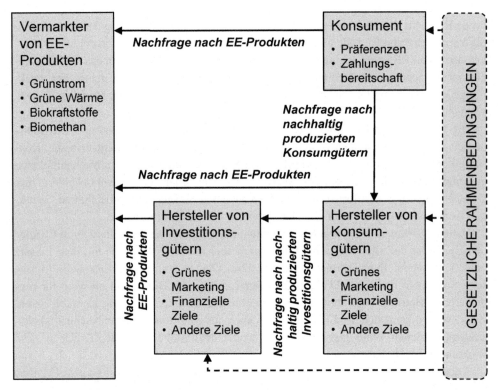

Abb. 1.7 Nachfragewirkungen nach EE-Produkten in der Wertschöpfungskette. (eigene Darstellung)

1.7 Zusammenfassung: Die wichtigsten Schritte für die erfolgreiche Vermarktung von EE

Das Umfeld für die Vermarktung von EE ist durch Werteorientierung und das interaktive Web gekennzeichnet. Dieser Rahmen wird unserer Zeit und unserer gesellschaftlichen Wirklichkeit gerecht und ist umfassend geeignet für das Marketing von EE. Innerhalb dieses Rahmens sind die Ziele für den Konsum von EE zu beachten, die nicht allein die Kosten-/Nutzenabwägung betreffen, sondern die sowohl tatsächliche Änderungen anstreben als auch individuelle psychologische Ziele verfolgen. Und es sind die Eigenschaften von EE zu berücksichtigen, die vielfach den Handlungsspielraum des Vermarkters bestimmen. In diesem Rahmen erfolgt die Vermarktung von EE (vgl. Abb. 1.8).

Dabei sind als die wesentlichen Schritte der Vermarktung von EE festzuhalten:

1. Von überragender Bedeutung in der Produktpolitik ist die Transparenz über die Erzeugung. Hier unterscheiden sich nachhaltige Produkte von solchen, denen man „Green-

1 Konzeptionelle Überlegungen zur Vermarktung von Erneuerbaren Energien

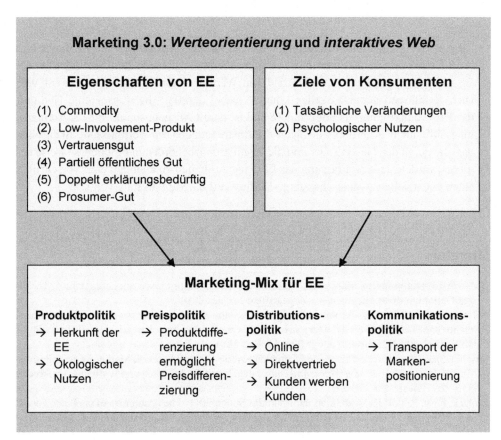

Abb. 1.8 Einflüsse auf den Marketing-Mix. (eigene Darstellung)

washing" unterstellen muss.[6] Idealerweise beinhaltet das Produkt einen ökologischen Mehrwert, insbesondere, wenn es die Motivation für einen tatsächlichen Wandel aus Sicht der Konsumenten bedienen will.

2. Daraus ergibt sich das Potenzial für die Erzielung eines Mehrerlöses.
3. Neben dem größten Distributionskanal „Internet", der allerdings durch die hohe Preistransparenz das Potenzial für Mehrerlöse wieder begrenzt, sind der Direktvertrieb sowie die Freundschaftswerbung für den Vermarktungserfolg entscheidend.
4. Höchstes Ziel der Kommunikationspolitik ist der Transport der Markenpositionierung. Dies ist bedingt durch das Spannungsfeld zwischen Low Involvement einerseits und Vertrauensgut sowie der doppelten Erklärungsbedürftigkeit andererseits keineswegs einfach.

---

[6] Low-Involvement- und Vertrauensgut-Eigenschaften führen allerdings tatsächlich dazu, dass auch Produkte, denen Greenwashing zu unterstellen ist, zumindest kurzfristig erfolgreich verkauft werden können.

> **Fazit**
>
> Zusammenfassend bleibt festzustellen, dass es für die Vermarktung von EE einige klar identifizierte Erfolgsfaktoren und Gestaltungsbereiche gibt, die den Eigenschaften der EE entspringen und in einem Umfeld von Werteorientierung und interaktivem Web auch zielführend genutzt werden können. Dabei definiert die transparente Herkunft das EE-Produkt mehr als alles andere und ist damit Ausgangspunkt für die Vermarktungsaktivitäten. Allerdings erfolgen die Anstrengungen zur Vermarktung nicht ohne dass sie durch den Gesetzgeber und die Regulierungsbehörden in besonderer Weise begrenzt würden: Jede Neufassung des EEG hat zusätzlich zu allen anderen Vorschriften einen potenziellen „Game-changing"-Einfluss auf die Vermarktung von EE.

Literatur

AMA. 2013. Definition of Marketing; approved July 2013. https://www.ama.org/AboutAMA/Pages/Definition-of-Marketing.aspx. Zugegriffen: 12. Dez 2014.

A.T. Kearney. 2012. Der Strom- und Gasvertrieb im Wandel. http://www.atkearney.de/documents/856314/1214638/BIP_Der_Strom_und_Gasvertrieb_im_Wandel.pdf/ee091e7c-9406-4b23-b5b3-608 f936cbecc. Zugegriffen: 14. Dez 2014.

Busch, Holger, Franz-Rudolf Esch, und Christian Knörle. 2009. Integrierte Markenwertplanung der EnBW. In *Best Practice der Markenführung*, Hrsg. Franz-Rudolf Esch und Wolfgang Armbrecht, 355–269. Wiesbaden: Gabler.

Dulleck, Uwe, Rudolf Kerschbamer, und Matthias Sutter. 2011. The economics of credence goods: An experiment on the role of liability, verifiability, reputation, and competition. *American Economic Review* 101:526–555.

Friege, Christian. 2010. Kundenmanagement und Nachhaltigkeit – erfolgreiche Positionierung im Internetzeitalter. *Marketing Review St. Gallen* 27 (4): 42–46.

Friege, Christian, und Heiko Voss. 2015. Motive von Privatinvestoren bei Investitionen in EE-Projekte. In *Handbuch Finanzierung von Erneuerbare-Energien-Projekten*, Hrsg. Carsten Herbes und Christian Friege. München: uvk (Luzius), S.89–105.

Geißler, Holger. 2014. Verbraucher strafen Unternehmen für Strompreise nicht noch weiter ab. WirtschaftsWoche Online; http://www.wiwo.de/unternehmen/energie/brandindex-verbraucher-strafen-unternehmen-fuer-strompreise-nicht-noch-weiter-ab/9528742.html. Zugegriffen:14. Dez 2014.

Hartmann, Patrick, und Vanessa Apaolaza-Ibáñez. 2012. Consumer attitude and purchase intention toward green energy brands: The roles of psychological benefits and environmental concern. *Journal of Business Research* 65:1254–1263.

Herbes, Carsten, und Iris Ramme. 2014. Online marketing of green electricity in Germany – A content analysis of providers' websites. *Energy Policy* 66:257–266.

Herbes, Carsten, Eva Jirka, Jan-Philipp Braun, und Klaus Pukall. 2014. Der gesellschaftliche Diskurs um den „Maisdeckel" vor und nach der Novelle des Erneuerbare-Energien-Gesetzes (EEG) 2012. In GAIA 23/2, S. 100–108.

Kaenzig, Josef, Stefanie L. Heinzle, und Rolf Wüstenhagen. 2013. Whatever the customer wants, the customer gets? Exploring the gap between consumer preferences and default electricity products in Germany. *Energy Policy* 53:311–322.

Kotler, Philip, Hermawan Kartaja, und Iwan Setiawan. 2010. *Marketing 3.0*. Hoboken: Wiley.

LichtBlick. 2014. Vertrauen schaffen – mit ausgezeichneten Produkten und ausgezeichnetem Kundenservice. http://www.lichtblick.de/privatkunden/strom/ Zugegriffen: 14. Dez 2014.

Litvine, Dorian, und Rolf Wüstenhagen. 2011. Helping „light green" consumers walk the talk: Results of a behavrioral intervention survey in the Swiss electricity market. *Ecological Economics* 70 (3): 462–474.

Lohse, Lutz, und Manuela Künzel. 2011. Customer relationship management im Energiemarkt. In *Commodity marketing*. 2. Aufl., Hrsg. Margit Enke und Antje Geigenmüller, 382–400. Wiesbaden: Gabler.

Losse, Bernd. 2014. Hohe Zustimmung für Energiewende; WirtschaftsWoche Online: http://www.wiwo.de/politik/deutschland/allensbach-umfrage-hohe-zustimmung-fuer-energiewende/10037578.html. Zugegriffen: 14. Dez 2014.

MacPherson, Ronnie, und Ian Lange. 2013. Determinants of green electricity tariff uptake in the UK. *Energy Policy* 62:920–933. doi:10.1016/j.enpol.2013.07.089.

Manta, Marion. 2012. *Bedeutung von Gütesiegeln*. München: FGM.

Meffert, Heribert, Christian Rauch, und Hanna Lena Lepp. 2010. Sustainable Branding – mehr als ein neues Schlagwort?! *Marketing Review St. Gallen* 27 (5): 28–35.

Meffert, Heribert, Christoph Burmann, und Manfred Kirchgeorg. 2015. *Marketing*. 12. Aufl. Wiesbaden: Springer Gabler.

Möller, Sabine, und Sebastian Roltsch. 2011. Differenzierung von Commodities am Beispiel von Hochleistungskraftstoffen. In *Commodity marketing*. 2. Aufl., Hrsg. Margit Enke und Antje Geigenmüller, 458–477. Wiesbaden: Gabler.

Rowlands, Ian H., Paul Parker, und Daniel Scott. 2002. Consumer perceptions of „green power". *Journal of Consumer Marketing* 19 (2): 112–129. doi:10.1108/07363760210420540.

Stigka, Eleni K., John A. Paravantis, und Giouli K. Mihalakakou. 2014. Social acceptance of renewable energy sources: A review of contingent valuation applications. *Renewable & Sustainable Energy Reviews* 32:100–106.

Taylor Wessing LLP. 2012. Private capital and clean energy; http://www.taylorwessing.com/fileadmin/files/docs/Private-Capital-and-Clean-Energy-Report.pdf. Zugegriffen: 21. Dez. 2014.

Tchibo. 2014. Ökostrom & Gas; http://www.tchibo.de/oekostrom-gas-nachhaltige-energie-zum-tchibo-tarif-c400001066.html#. Zugegriffen: 14. Dez 2014.

TNS Infratest. 2008. Markenwahl mit Herz und Verstand. http://www.tns-infratest.com/presse/ftd-archiv/2008-01-21_ursachenforschung-2.asp. Zugegriffen: 21. Dez 2014.

Top agrar online. 2012. Teurer Ökostrom ist ein Irrglaube. http://www.topagrar.com/news/Energie-Energienews-Oekostrom-nichtteurer-als-herkoemmliche-Tarife-909404.html. Zugegriffen:12. April 2013.

TÜV Süd. 2014. Wegbereiter der Energiewende; http://www.tuev-sued.de/anlagen-bau-industrietechnik/technikfelder/umwelttechnik/energie-zertifizierung/wegbereiter-der-energiewende. Zugegriffen: 14. Dez 2014.

UBA. 2014. Marktanalyse Ökostrom – Endbericht. http://www.umweltbundesamt.de/sites/default/files/medien/376/publikationen/texte_04_2014_marktanalyse_oekostrom_0.pdf. Zugegriffen: 14. Dez 2014.

Utopia. 2014. Über Utopia. http://www.utopia.de/utopia. Zugegriffen: 21. Dez 2014.

Wiedmann, Klaus-Peter, und Dirk Ludewig. 2011. Commodity branding. In *Commodity marketing*. 2. Aufl., Hrsg. Margit Enke und Antje Geigenmüller, 82–114. Wiesbaden: Gabler.

Zaichkowsky, Judith Lynne. 1985. Measuring the involvement construct. *Journal of Consumer Research* 12 (3): 341–352.

Dr. Christian Friege hat vielfältige Marketing- und Vertriebserfahrung und war von 2008-2012 Vorstandsvorsitzender der LichtBlick AG. Er berät heute zahlreiche Unternehmen zu Strategie, Marketing und Vertrieb, insbesondere in der Energiewirtschaft. Christian Friege hat in Mannheim Betriebswirtschaftslehre studiert und an der Katholischen Universität in Eichstätt/Ingolstadt promoviert. Er hat für die Bertelsmann AG in den USA und in UK Führungsaufgaben wahrgenommen, ehe er 2005 Vorstand der debitel AG wurde. Er ist Dozent an der Hochschule für Wirtschaft und Umwelt in Nürtingen und führt regelmäßig Lehrveranstaltungen an der Universität St. Gallen durch.

Prof. Dr. Carsten Herbes ist seit 2012 Professor für Internationales Management und Erneuerbare Energien sowie geschäftsführender Direktor des Institute for International Research on Sustainable Management and Renewable Energy. Zuvor war er knapp 10 Jahre bei Roland Berger Strategy Consultants in den Büros München und Tokyo tätig, danach in einem Bioenergieunternehmen, zuletzt als Vorstand. Er forscht zu Fragen der Vermarktung, den Kosten und der sozialen Akzeptanz von Erneuerbaren Energien, insbesondere Biogas sowie zur internationalen Entwicklung von Erneuerbaren Energien. Außerdem berät er Unternehmen und Verbände in Fragen der Nachhaltigkeit.

2

Märkte und Trends von regenerativen Energien weltweit, in der EU und in Deutschland

Karina Bloche-Daub, Janet Witt, Volker Lenz und Michael Nelles

▶ Regenerative Energien (RE) haben spätestens seit der ersten weltweiten Ölkrise in den 1970er-Jahren an Bedeutung gewonnen und ihr Ausbau wird seit den 1990er-Jahren stetig vorangetrieben. Die zunehmende Nutzung des alternativen Energieangebots stellt sich bei den verschiedenen Technologie- und Nutzungsoptionen jedoch sehr unterschiedlich dar. Trotz einer aktuell beachtlichen Ausbaugeschwindigkeit der Wind- und Solarenergienutzung in einigen der größeren Volkswirtschaften (u. a. in China, Deutschland, USA, Brasilien, Indien, Japan) decken diese Energiebereitstellungstechnologien noch nicht einmal 1 % des gesamten Primärenergieverbrauchs weltweit. Traditionell leisten dabei Biomasse und Wasserkraft immer noch die höchsten Beiträge und werden diese Spitzenposition auch in den kommenden Jahren mit deutlichem Abstand halten können. In diesem Kontext ist es das Ziel des Kapitels, den weltweiten Stand der Nutzung regenerativer Energien darzustellen. Zusätzlich wird

---

K. Bloche-Daub (✉)
Deutsche Biomasseforschungszentrum gGmbH, Torgauerstr. 116, 04347 Leipzig
E-Mail: karina.bloch-daub@dbfz.de

J. Witt
Deutsche Biomasseforschungszentrum gGmbH, Torgauerstr. 116, 04347 Leipzig

V. Lenz
Deutsche Biomasseforschungszentrum gGmbH, Torgauerstr. 116, 04347 Leipzig

M. Nelles
Deutsche Biomasseforschungszentrum gGmbH, Torgauerstr. 116, 04347 Leipzig

ein Ausblick auf die potenzielle Entwicklung der Märkte bis 2020 weltweit, in der Europäischen Union (EU) und in Deutschland gegeben.

2.1 Primärenergieverbrauch fossiler Energieträger und Kernenergie

Als fossile Primärenergieträger werden Kohle, Torf, Erdgas und Erdöl bezeichnet. Fossile Brennstoffe basieren auf Abbauprodukten organischer Substanz (tote Pflanzen und Tiere) und speichern aufgrund des Kohlenstoffkreislaufes hohe Mengen an Sonnenenergie aus geologischen Vorzeiten. Durch thermochemische Prozesse kann die gespeicherte Energie in Wärme, Strom und Kraftstoff umgewandelt werden. Als Kernenergieträger hingegen werden radioaktive Materialien bezeichnet, die in Kernkraftwerken durch die neutroneninduzierte Kernspaltung thermische Energie freisetzen.

2.1.1 Status quo

Weltweit: Aktuell werden etwa 550 EJ an Primärenergie verbraucht. Fossile Energieträger und Kernenergie dominieren dabei den globalen Primärenergieverbrauch. Weltweit wurden 2012 rund 495 EJ (rund 90 % am gesamten Primärenergiebedarf) an fossilen Brennstoffen und Kernenergie eingesetzt, wobei Erdöl mit einem Anteil von ca. 36 % den größten Marktanteil unter den fossilen Brennstoffen hat (vgl. Abb. 2.1). Kohle (Stein- und Braunkohle) trägt mit 34 % zur Deckung der nicht regenerativen Primärenergienachfrage bei. Aber auch Erdgas wird global in einem bedeutenden Maße (26 %) eingesetzt. Kernenergie trug 2012 im Vergleich zum Vorjahr deutlich reduziert mit rund 5 % global zur nicht regenerativen Energienachfragedeckung bei. Diese Abnahme resultiert im Wesentlichen (zu 82 %) aus den Konsequenzen der Ereignisse in Japan, wo ein Jahr nach dem Reaktorunfall in Fukushima etwa 89 % weniger Strom aus Kernkraftwerken produziert wurde.

Im Gegensatz zu der seit Jahren relativ konstanten Verteilung der fossilen Primärenergieträger zeigen sich regional deutliche, z. T. konjunkturell bedingte, Unterschiede des Primärenergieverbrauchs. Beispielsweise sank dieser 2012 in den USA um 3,3 % und stieg in China sowie Deutschland um 4,7 bzw. 1,7 % an (BP Statistical Review of World Energy 2013).

EU: Der europäische Primärenergieverbrauch liegt bei etwa 78 EJ pro Jahr. Erdöl bestimmt den Markt mit einem Anteil von 41 % und ist damit der am häufigsten genutzte fossile Energieträger. Zu etwa 27 % dient Erdgas zur Deckung der Primärenergienachfrage und steht damit an zweiter Stelle bei den eingesetzten fossilen Primärenergieträgern. In einem etwa gleichen Niveau werden Kohle und nukleare Energie mit einem Anteil von 19 und 13 % genutzt. Dies geschieht vor allem in Frankreich, Deutschland, Großbritannien

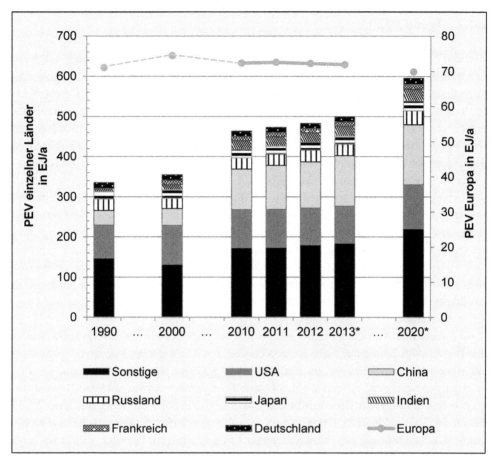

Abb. 2.1 Primärenergieverbrauch (PEV) ausgewählter Staaten (*Abschätzung) erstellt nach. (AG Energiebilanzen e.V. (AGEB))

und Schweden. Insgesamt tragen fossile und nukleare Energieträger mit 62 EJ (79 %) zur Deckung des europäischen Primärenergiebedarfs bei (BP Statistical Review of World Energy 2013).

Deutschland: Der größte Anteil an Primärenergie wird in Deutschland mit 39 % durch Erdöl (4,7 EJ) bereitgestellt. Kohle (Stein- und Braunkohle) ist mit einem Anteil von 28 % der am zweithäufigsten genutzte Energieträger (3,4 EJ) im deutschen Markt und deckt damit etwas mehr des fossilen und nuklearen Energiebedarfs als Erdgas (26 %, 3,2 EJ). Kernenergie trägt nur mit 1 EJ (7,6 %) zur Deckung der bundesweiten fossilen und nuklearen Primärenergienachfrage bei. Insgesamt werden in Deutschland jährlich etwa 13,9 EJ an Primärenergie genutzt, wovon etwa 12,2 EJ (88 %) durch fossile Energieträger sowie durch die Nutzung von Kernenergie bereitgestellt werden („AG Energiebilanzen e.V.").

2.1.2 Trend 2020

Weltweit: Bis zum Jahr 2020 werden weltweit weiterhin mehr fossile sowie nukleare Energieträger eingesetzt werden und damit die Handelsmärkte bestimmen. Höhere Absatzmärkte sind insbesondere in den bevölkerungsstarken Schwellenländern (primär China, Indien, Brasilien) zu finden, die ihre industrielle Produktion weiter ausbauen und dies mit einem entsprechenden (fossilen) Primärenergieeinsatz verbunden ist. Parallel dazu wird sich – insbesondere in den genannten Staaten, aber nicht nur dort – im Durchschnitt der Lebensstandard der Bevölkerung insgesamt weiter verbessern und damit die Nachfrage zur Deckung des steigenden Energiebedarfs erhöhen. Diese Entwicklung wird jedoch stark von globalen konjunkturellen Faktoren beeinflusst. Dazu gehört u. a., dass es in den nächsten Jahren nicht zu größeren überregionalen bzw. flächendeckenden kriegerischen Auseinandersetzungen, Hungersnöten oder Epidemien kommt, die sowohl einen Einfluss auf die Ressourcenverfügbarkeit als auch monetäre Preisschwankungen mit sich bringen. Unter Berücksichtigung derartiger Randbedingungen ist für das Jahr 2020 von einem fossilen Primärenergieverbrauch zwischen 595 und 610 EJ auszugehen. Dabei dürften sich aus heutiger Sicht die Marktanteile der einzelnen fossilen Primärenergieträger nicht signifikant verändern.

EU: Geht man von einer ähnlichen Entwicklung des Primärenergieverbrauchs wie in den letzten zehn Jahren aus, ist in Europa ein leichtes Absinken des Primärenergiebedarfs um etwa 1 EJ auf 77 EJ/Jahr bis zum Jahr 2020 zu erwarten. Trotz Rückgang des Primärenergieeinsatzes insgesamt werden fossile Energieträger sowie nukleare Brennstoffe auch hier weiterhin den Brennstoffmarkt dominieren. Erdöl wird dabei mit etwa 23 EJ der am meisten eingesetzte Energieträger sein. Erdgas dürfte mit etwa 16 EJ und Kohle mit 11 EJ zur Deckung der Primärenergienachfrage beitragen. Deutlich abnehmen wird voraussichtlich die Nachfrage nach Kernenergie in der EU, was vor allem dem beschlossenen Ausstieg aus der Kernenergienutzung in Deutschland zuzuschreiben ist. Bis 2020 ist durch diese Technologie nur noch eine Primärenergienutzung von 8 EJ anzunehmen. Zusammengenommen wird das EU-Marktvolumen der nicht regenerativen Energieträger auf etwa 57 EJ (74 % des Gesamtenergiebedarfs) geschätzt.

Deutschland: Ziel der Bundesregierung ist, den jährlichen Primärenergieverbrauch bis 2020 um 20 % gegenüber dem Niveau von 2008 zu senken. Nimmt man die durchschnittliche Steigerung der Entwicklung der Nachfrage nach fossilen sowie nuklearen Primärenergieverbrauch der letzten Jahre als Basis, werden im Jahr 2020 in der Bundesrepublik etwa 11,4 EJ Energie aus diesen Quellen genutzt werden. Dabei dürfte Erdöl mit 38 % (4,4 EJ) nach wie vor den größten Anteil zur Deckung der fossilen Primärenergienachfrage bereitstellen und den Absatzmarkt für Primärenergieträger bestimmen. Kohle und Erdgas tragen mit jeweils etwa 27 % (3,3 bzw. 3,1 EJ) zur Deckung der nicht erneuerbaren Primärenergienachfrage bei. Die Nachfrage nach Kernenergie dürfte gerade im Hinblick auf den beschlossenen Ausstieg aus deren Nutzung deutlich weiter abnehmen. Unter der Voraussetzung, dass der politisch gewollte Atomausstieg bis 2020 entsprechend des Fahrplans der Bundesregierung umgesetzt wird, dürfte der Anteil der Kernenergie am Gesamtprimärenergieverbrauch max. noch 5,8 % (0,7 EJ) betragen.

2 Märkte und Trends von regenerativen Energien weltweit, in der ...

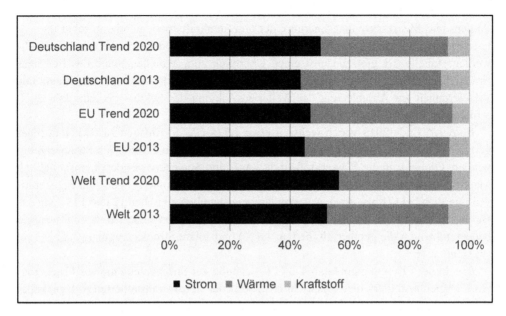

Abb. 2.2 Prozentuale Verteilung der Produktion von Strom, Wärme und Kraftstoff aus regenerativen Energien, aktueller Stand und Trend 2020. (Werte für 2020 sind Abschätzungen)

2.2 Nutzung regenerativer Energien

Regenerative Energien können solaren Ursprungs sein, auf der Nutzung der im Erdinneren gespeicherten Energie oder auf Planetengravitation und -bewegung basieren. Unterschiedliche Technologien zur Nutzbarmachung der Strahlungsenergie der Sonne – dazu zählen auch die in biogenen Energieträgern gespeicherten Ressourcen – der Erdwärme, der Windenergie sowie der Wasserkraft, einschließlich der Gezeitenströme sind bereits bekannt und werden weiter ausgebaut. Nachfolgend wird ihr Beitrag zur Strom-, Wärme- und Kraftstoffbereitung aufgezeigt (vgl. Abb. 2.2).

2.2.1 Status quo

Stromerzeugung
Zur regenerativen Stromerzeugung trägt seit der Erfindung der Dampfmaschine, neben der bereits aus Wasser- und Wind genutzten Energie, seit Ende des 17. Jahrhunderts auch Bioenergie bei. Im letzten Jahrhundert hinzugekommen sind unterschiedliche Technologien zur Nutzung der Windenergie an Land (Onshore) und auf See (Offshore-Windanlagen,

Wellen- und Meeresströmungsenergie), der Gezeitenkraft sowie geothermischer und solarer Energiequellen – Letztere in Form von Photovoltaik oder solarthermischen Kraftwerken. Tabelle 2.1 gibt zunächst einen Überblick zum aktuellen Stand des Beitrages Erneuerbarer Energien zur Stromerzeugung weltweit, in der EU und in Deutschland. Die Erläuterungen zur Abschätzung der Weiterentwicklung des Sektors bis zum Jahr 2020 erfolgen im Abschn. 2.2.2.

Weltweit: Ende 2013 waren weltweit etwa 1.575 GW in Anlagen zur Nutzung regenerativer Energien installiert, mit denen zwischen 4.995 und 5.465 TWh Strom erzeugt wurden. Global trug die Wasserkraft (d. h. Lauf- und Speicherwasserkraft einschließlich Meeresenergie) mit 3.800 bis 3.900 TWh am meisten zur Stromerzeugung aus regenerativen Energien bei (71 bis 76 %). Aus Windenergie stammen zwischen 12 und 13 % und aus Biomasse zwischen 8 und 11 % des Stroms aus Erneuerbaren Energien. Global weniger bedeutend waren die geothermische (ca. 1,4 %) und solare Stromerzeugung (2,8 bis 3 %) (vgl. Tab. 2.1).

EU: In der EU sind momentan 473 GW Leistung zur Stromerzeugung aus Erneuerbaren Energien installiert, dies entspricht etwa 30 % der weltweit installierten Anlagenkapazitäten. Mit diesen Anlagen kann eine Strommenge zwischen 787 und 852 TWh bereitgestellt werden. Der größte Anteil an installierter Kapazitäten ist dabei in Wasserkraftwerken vorhanden (ca. 230 GW), mit denen etwa 321 TWh elektrischer Energie erzeugt werden. Windenergie stellt mit 117 GW die zweitgrößte Erneuerbare Energietechnologie, mit der zwischen 211 und 258 TWh Strom erzeugt werden. Auch Solarenergie und hier insbesondere die Photovoltaik ist eine Technik, die seit einigen Jahren in einem nennenswerten Umfang eingesetzt wird. Hiervon sind in der EU etwa 85 GW installiert, mit denen zwischen 88 und 106 TWh elektrischer Energie bereitgestellt werden. Solarthermische Systeme zur Stromerzeugung fließen in diese Summe mit einem Anteil von nicht mal 7 % ein und haben somit aus energiewirtschaftlichen Gesichtspunkten nahezu keine Bedeutung.

Deutschland: Auch wenn der Ausbau der Stromerzeugung aus regenerativen Energien 2013 an Fahrt verloren hat und zudem das Wasserangebot unterdurchschnittlich war, hat infolge des Ausbaus der Photovoltaik, der Windenergie und der Bioenergie die Strombereitstellung um rund 2 % auf rund 147 TWh zugenommen (2012: 144 TWh). Bezogen auf den im Vergleich zum Vorjahr leicht gestiegenen Bruttoinlandsstromverbrauch von rund 596 TWh (2012: 594 TWh), trägt damit Strom aus Erneuerbaren Energien mit rund 24,6 % zur Deckung der Brutto Strom-Nachfrage bei (2012: 23,6 %); bezogen auf die Bruttostromerzeugung sind dies 23,4 %. Eine Übersicht der installierten Leistung von Anlagen zur Nutzung regenerativer Energiequellen zur Stromerzeugung sowie die Stromerzeugung aus diesen Energiequellen sind in Abb. 2.3 dargestellt (Agora Energiewende 2013; „AG Energiebilanzen e.V.").

- *Windkraft:* Diese trug 2013 mit etwas mehr als ein Drittel zur regenerativen Stromerzeugung bei (2013: 51 TWh). Zurzeit sind deutschlandweit insgesamt 23.645 Windkraftanlagen an Land mit einer installierten elektrischen Leistung von insgesamt 33,7 GW in Betrieb. Die meisten Anlagenleistungen sind dabei im Nordwesten Deutschlands

Tab. 2.1 Installierte Leistung regenerativer Energietechnologien zur Stromerzeugung und Stromerzeugung aus regenerativen Energien, Stand 2013 und Ausblick 2020

	Leistung in GW			Stromerzeugung in TWh/Jahr					
	Stand 2013			Welt		EU		Deutschland	
	Welt	EU	Deutschland	Stand 2013	Ausblick 2020	Stand 2013	Ausblick 2020	Stand 2013	Ausblick 2020
Wasserkraft	*1.010–1.021*	*ca. 231*	*4,4*	*3.800–3.901*	*4.401–4.601*	*ca. 321*	*322–353*	*21,2*	*23*
Lauf-/Speicher-KW	*1.010–1.020*	*ca. 230*	*4,4*	*3.800–3.900*	*4.400–4.600*	*ca. 320*	*320–350*	*21,2*	*23*
Gezeiten- & Wellen-KW	*ca. 0,6*	*ca. 0,4*	–	*0,8–1*	*1,2–1,3*	*0,7–0,8*	*max. 1*	–	–
Windenergie	*318*	*117*	*34,2*	*573–700*	*1.152–1.410*	*211–258*	*310–381*	*50,9*	*100*
Solarenergie	*141,5*	*85*	*35,7*	*145–177*	*536–639*	*88–106*	*140–166*	*29,7*	*44*
Solarthermie	*4,5*	*2,3*	–	*9–11,5*	*max. 18*	*4,6–5,8*	*max. 10*	–	–
Photovoltaik	*137*	*83*	*35,7*	*136–165*	*515–618*	*83–100*	*130–156*	*29,7*	*44*
Geothermie	*11,7*	*0,95*	*0,029*	*72*	*97*	*6,5*	*8,7*	*0,08*	*0,3*
Biomasse	*88,5*	*39,4*		*405–615*	*489–687*	*160*	*240*	*45*	*54,3*
Festbrennstoffe	*ca. 60*	*27,7*		*236–420*	*264–462*	*ca. 86*	*145*	*11,1*	*16*
Organische Müllfraktion	*ca. 12*	*ca. 2,7*		*74–90*	*95*	*ca. 19*	*30*	*4,7*	*5*
Biogas[a]	*15–16*	*ca. 8*	*3,5*	*90–100*	*125*	*50*	*65*	*28,9*	*32*
Pflanzenöl	*ca. 1*	*ca.1*	*0,19*	*ca. 5*	*5*	*ca. 5*	*k. A.*	*0,3*	*0,3*
Summe	*1.575*	*473*		*4.995–5.465*	*6.675–7.455*	*787–852*	*1.021–1.149*	*146,9*	*221,6*

Werte z. T. geschätzt, *k. A.* keine Angaben, *KW* Kraftwerke, [a] Biogas inkl. Verstromung von Biomethan, Klär-, Deponie- und Grubengas. (Arbeitsgruppe Erneuerbare Energien – Statistik (AGEE-Sta) 2013; Bloche-Daub et al. 2014; Bundesnetzagentur 2014; Bundesverband Solarwirtschaft e. V. (BSW-Solar) 2013; Deutsche WindGuard 2014; ESHA – European Small Hydropower Association 2014; GtV- Bundesverband Geothermie e. V. a; Lenz et al. 2014)

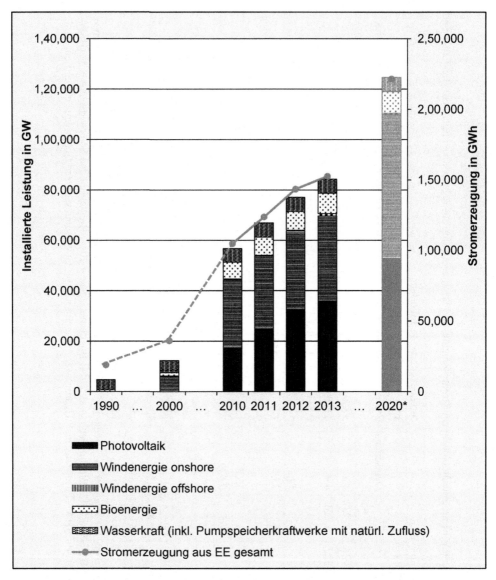

Abb. 2.3 Installierte Leistung und Stromerzeugung aus EE in Deutschland, aktueller Stand und Trend 2020

(Schleswig-Holstein und Niedersachsen) sowie in Mittel- und Ostdeutschland (Sachsen, Sachsen-Anhalt und Brandenburg) installiert. Ein Trend bei der Windkraftnutzung ist das Repowering, also der Zubau an Anlagenleistung durch den Austausch bestehender Anlagen. Das Repowering trägt zu den oben genannten Zahlen mit etwa 269 Anlagen die eine Leistung von rund 766 MW haben bei. In Bezug auf die insgesamt neu installierte Leistung wurden somit etwa 25 % der Anlagenleistungen durch Repower-

ing-Maßnahmen zugebaut. Ältere Anlagen werden bereits in nennenswertem Umfang zurückgebaut (2013, S. 257).
Parallel zum Ausbau der Onshore-Windkraftnutzung werden in Deutschland zunehmend auch Offshore-Windparks errichtet. Ende 2013 waren insgesamt 116 Offshore-Windkraftanlagen in der deutschen Nord- und Ostsee in Betrieb. Diese Anlagen haben eine Gesamtleistung von etwas über 0,5 GW und speisen jährlich rund 1,1 TWh Strom ins Netz ein (Arbeitsgruppe Erneuerbare Energien – Statistik (AGEE-Stat) 2013; Deutsches Biomasseforschungszentrum gemeinnützige GmbH 2014a; Deutsche WindGuard 2014; ISET und IWET 2010; Lenz et al. 2014).

- *Bioenergie:* An zweiter Stelle bei der Stromerzeugung durch regenerative Energieträger steht die Bioenergie (einschließlich des biogenen Müllanteils) mit einer erzeugten Strommenge in Höhe von 45 TWh. Deutschlandweit sind momentan mehr als 7.750 Biogasanlagen mit einer Gesamtleistung von knapp 3,5 GW und einer jährlichen Strombereitstellung von 25,5 TWh installiert. Zusätzlich zu den landwirtschaftlichen Biogasanlagen werden jährlich etwa 0,6 TWh elektrischer Energie in Deponiegasanlagen erzeugt, wobei die Tendenz der Nutzung abnehmend ist. Hinzukommen des Weiteren etwa 160 MW installierter Leistung in Klärgasanlagen und eine daraus erzeugte jährliche Strommenge von 1,3 TWh. Inklusive dem durch in Kraft-Wärme-Kopplung produzierten Strom aus aufbereitetem Biomethan werden momentan etwa knapp 30 TWh elektrischer Energie jährlich durch die anaerobe Fermentation von Biomasse bereitgestellt. Außerdem wird aus Festbrennstoffen etwa 15,8 TWh Strom erzeugt. Neben den Anlagen, welche nachwachsende Rohstoffe als Energieträger einsetzen, werden des Weiteren etwa 4,7 TWh Strom in Anlagen zur Verbrennung von Abfall generiert (Arbeitsgruppe Erneuerbare Energien – Statistik (AGEE-Stat) 2013; Deutsches Biomasseforschungszentrum gemeinnützige GmbH 2014b; Lenz et al. 2013).
- *Solarenergie:* Nach der Windkraft und den biogenen Energieträgern ist die Nutzung an Solarenergie in Deutschland quantitativ die dritte regenerative Energieform, trotz eines etwa halbierten Ausbauvolumens im letzten Jahr. 2013 wurde der Bestand an Photovoltaik(PV)-Anlagen um rund 3,3 GW ausgebaut; damit sind momentan rund 35,7 GW in rund 1,4 Mio. PV-Anlagen installiert. Mit diesem Anlagenbestand wurden 2013 etwa 29,7 TWh Strom eingespeist. Gegenüber der photovoltaischen Stromerzeugung spielt die Nutzung von solarthermischen Systemen zur Stromerzeugung in Deutschland nahezu keine Rolle (Bundesnetzagentur 2014; Bundesverband Solarwirtschaft e. V. (BSW-Solar) 2013; „AG Energiebilanzen e.V."").
- *Wasserkraft:* Der Beitrag der Wasserkraft (ohne Pumpstrom) hat mit 21,2 TWh Stromerzeugung (2012: 21,8 TWh) im Mix der Erneuerbaren Energien mit einem Anteil von nur noch 14 % weiter an Bedeutung verloren. Ende 2013 lag die insgesamt installierte elektrische Leistung dieser Lauf- und Speicherkraftwerke bei rund 4,4 GW. Hinzu kommen rund 0,7 GW an nicht inländischen Anteilen der Grenzwasserkraftwerke sowie ca. 6,6 GW der 33 in Deutschland existierenden Pumpspeicherkraftwerke mit und ohne natürlichem Zufluss mit einer Speicherkapazität von rund 0,04 TWh. Im langjährigen Mittel werden in Deutschland rund 17,5 TWh in Wasserkraftanlagen mit

mindestens 1 MW installierter elektrischer Leistung – von denen rund 20 % Speicherwasser- und 80 % Laufwasserkraftwerke sind – und 2,8 TWh aus Kleinwasserkraftanlagen mit weniger als 1 MW elektrischer Leistung bereitgestellt. Der natürliche Zufluss in Pumpspeicherkraftwerken trägt mit rund 0,6 TWh pro Jahr dazu bei (ESHA – European Small Hydropower Association 2014; Wagner und Rindelhardt 2007; Wikipedia).

- *Geothermie:* Obwohl sich die geothermische Stromproduktion mit rund 0,08 TWh fast verdreifacht hat, spielt sie weiterhin eine vernachlässigbare Rolle im deutschen Strommix. Zusammengenommen sind rund 29 MW geothermische Stromerzeugungsleistung in Deutschland installiert. Durch diesen geothermischen Kraftwerkspark wurden 2013 geschätzte 0,07 bis 0,08 TWh in das öffentliche Netz eingespeist; zusätzlich dazu stellten diese Anlagen etwa 0,6 PJ an gekoppelter Wärme für die jeweils angeschlossenen Wärmenetze bereit (GtV – Bundesverband Geothermie e.V. a, b; Pester et al. 2007).

Wärmebereitstellung

Die regenerative Wärmebereitstellung ist so alt wie die Menschheit. Mit der Entdeckung des Feuers begann die Biomassenutzung zur Wärmeerzeugung. Noch heute wird die traditionelle Form des Drei-Steine-Ofens in vielen Entwicklungsländern zum Kochen und Heizen genutzt und damit die einfachste (und ineffizienteste) Form der biogenen Brennstoffnutzung in einigen Regionen noch immer verfolgt. Weltweit gibt es jedoch den Trend, die begrenzte Ressource Biomasse zunehmend effizienter und nachhaltiger zu nutzen, was Hoffnung gibt, auch in Zukunft noch mit innovativen Technologien auf diesen vielseitigen Brennstoff zurückgreifen zu können. Neben Biomasse hat vor allem die solarthermische Warmwassererzeugung eine längere Tradition, die noch heute vorrangig im dezentralen Bereich zum Einsatz kommt. Die oberflächennahe geothermische Wärmebereitstellung ist in einigen geologisch prädestinierten Regionen der Erde seit Längerem bekannt, wird jedoch – neben einigen anderen geothermischen Technologieoptionen – erst seit wenigen Jahrzehnten mithilfe von Wärmepumpen weltweit genutzt. Tabelle 2.2 stellt eine Zusammenfassung des Beitrages der regenerativen Energieträger zur Wärmebereitung dar und wird nachfolgend erläutert. Die Erläuterungen zur Abschätzung der Weiterentwicklung des Sektors bis zum Jahr 2020 erfolgen im Abschn. 2.2.2.

Weltweit: Die globale Wärmebereitstellung aus erneuerbaren Energien liegt bei rund 10 bis 19 EJ Nutzwärme. Sie ist und bleibt die Domäne biogener Festbrennstoffe (ca. 90 %); im Vergleich zu den biogenen Festbrennstoffen (primär Holz) sind alle anderen Optionen zur Wärmebereitstellung (d. h. oberflächennahe und tiefe Geothermie, Solarthermie, Biogas) bisher von untergeordneter Bedeutung. Jedoch konnte in der Vergangenheit auch bei anderen Technologien zur Wärmebereitstellung auf erneuerbarer Basis zumindest in einzelnen Ländern ein bedeutender Zubau registriert werden.

Dabei ist die solarthermische Wärmenutzung insbesondere in einigen asiatischen Ländern, wie China und Thailand, auf dem Vormarsch und der Ausbau dieser wird durch die dortigen Regierungen explizit vorangetrieben; so ist China beispielsweise der größte Markt für solarthermische Wärmeerzeugung. Allein hier waren 2012 etwa 178 GW mit einer potenziellen Wärmeerzeugung von 223 PJ pro Jahr installiert. Dabei sind insbeson-

Tab. 2.2 Installierte Leistung in regenerative Energietechnologien zur Wärmebereitstellung sowie Wärmeerzeugung durch regenerative Energien in 2013 und Ausblick 2020

	Installierte Leistung in GW			Wärmeerzeugung in PJ/Jahr					
	Stand 2013			Welt		EU		Deutschland	
	Welt	EU 27	Deutschland	Stand 2013	Ausblick 2020	Stand 2013	Ausblick 2020	Stand 2013	Ausblick 2020
Solarenergie	*335*	*32*	*14*	*525–670*	*918–1.168*	*50–62*	*74–94*	*26*	*36–37*
Geothermie	*55,6*	*19,2*	*5,6*	*464*	*544*	*135*	*162*	*34*	*59–64*
Wärmepumpen-systeme	*40*	*16*	*5,4*	*244*	*300*	*95*	*117*	*32,3*	*55–60*
Tiefe Geothermie	*15,6*	*3,2*	*0,2*	*220*	*244*	*40*	*45*	*1,9*	*4*
Biomasse[a]	mind. 302	k. A.	*77.153–154.132*	*9.000–18.000*	*10.000–21.000*	*3.011*	*3690*	*507*	*570–580*
Biogene Festbrennstoffe (inkl. biogenem Abfall)				*9.000–18.000*	*10.000–21.000*	*2.917*	*3500*	*459*	*520–530*
Biogas	k. A.	k. A.		k. A.	k. A.	*94*	*190*	*48*	*50*
Summe				*9.989–19.134*	*11.462–22.712*	*3.196–3.208*	*3.926–3.946*	*567*	*665–681*

Werte z. T. geschätzt, *k. A.* keine Angaben, [a]biogene Öle wurden aufgrund ihrer geringen Bedeutung im Wärmemarkt nicht aufgeführt. (Bloche-Daub et al. 2014; Bundesverband Solarwirtschaft e. V. (BSW) und Bundesindustrieverband Deutschland Haus-, Energie- und Umwelttechnik e. V. (BDH) 2014; GtV- Bundesverband Geothermie e.V. b; Lenz et al. 2013) dere die USA als auch China bedeutende Absatzmärkte. Im erstgenannten Land ist aktuell ca. 1/3 der weltweit installierten Leistung zu finden (Bloche-Daub et al. 2014; Matek 2013; Wilson 2014).

EU: Europaweit ist die Wärmebereitstellung aus Biomasse absolut dominierend. Von den insgesamt etwa 3.200 PJ jährlicher Wärme auf Grundlage erneuerbarer Energieträger stellt die Biomasse mind. 90 % der gewandelten Energie. Biogene Festbrennstoffe sind dabei mit einem Anteil von 2.800 PJ jährlicher Wärmebereitstellung die am meisten genutzte regenerative Energieform. Neben festen Bioenergieträgern wird zudem ein kleiner Anteil Wärme durch die energetische Verwertung von biogenen Abfällen (117 PJ) sowie durch Biogas (94 PJ) bereitgestellt, sodass durch die energetische Biomassenutzung insgesamt etwa 3.010 PJ Wärme erzeugt werden. Gegenüber dem Einsatz von Biomasse zur Wärmebereitstellung haben die solarthermische und geothermische Wärmenutzung mit 32 bzw. 19 GW installierter Leistung und einer Wärmeerzeugung von 50 bis 62 sowie 135 PJ (jährlich) im europäischen Wärmemarkt nahezu keine Bedeutung (Bloche-Daub et al. 2014).

Deutschland: Auch in Deutschland wird traditionell vor allem Bioenergie zur regenerativen Wärmebereitstellung genutzt. Aufgrund eines kalten Jahres 2013 (nach einem überdurchschnittlich warmen Jahr 2012) ist die Nachfrage nach erneuerbarer Wärme auf insgesamt 567 PJ gestiegen; bezogen auf den Endenergieverbrauch (ohne Verkehr) an Brennstoffen und an Fernwärme sind dies rund 10,3 %. Eine Zusammenfassung der installierten Leistungen zur Wärmebereitstellung sowie die erzeugte Wärmmenge sind in Abb. 2.4 aufgeführt.

- *Bioenergie:* Der Beitrag der Erneuerbaren Energien an der Wärmebereitstellung in Deutschland wird von den biogenen Festbrennstoffen dominiert; sie tragen mit 507 PJ bzw. einem Anteil von 89 % zur Wärmebereitstellung aus Erneuerbaren Energien bei. Der Anlagenpark zur Nutzung der festen Biomasse setzt sich dabei vorwiegend aus Anlagen mit einer Leistung < 1 MW zusammen. In diesem Größenbereich sind zwischen 12 und 15 Mio. Anlagen mit einer installierten Leistung von 150 bis 200 GW und einer Wärmebereitstellung von 320 PJ jährlich in Betrieb. Aus den etwa 1.000 installierten Anlagen mit einer Leistung > 1 MW werden knapp 40 PJ Wärme pro Jahr bereitgestellt. Zusätzlich zur Nutzung von biogenen Festbrennstoffen wird zudem in einem immer größeren Umfang die beim KWK-Prozess bei Biogasanlagen erzeugte Abwärme genutzt. Mit 48 PJ stellt sie einen bedeutenden Anteil der biogenen Wärme (8 %) (Lenz et al. 2014).
- *Solarthermie:* Deutschlandweit sind etwa 17,5 Mio. m^2 solarthermischer Kollektorfläche installiert (Vergleich: Die Insel Hiddensee ist 19 Mio. m^2 groß). Ausgehend von mittleren Energieerträgen stellen diese Anlagen jährlich knapp 26 PJ Wärme bereit. Solarthermische Systeme werden vor allem zur Brauchwassererwärmung – vermehrt mit Heizungsunterstützung – eingesetzt. Des Weiteren werden etwa 0,6 Mio. m^2 zur Beheizung von privaten und kommunalen Schwimmbädern eingesetzt. Verbesserte Förderbedingungen für die Erzeugung von Prozesswärme haben in den letzten Jahren

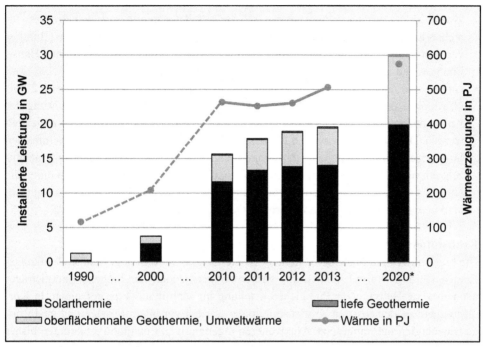
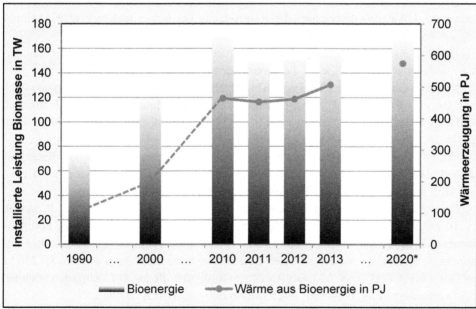

Abb. 2.4 Installierte Leistung und Wärmeerzeugung aus EE in Deutschland, aktueller Stand und Trend 2020 (*linke* Abb. Geothermie und Solarthermie, *rechte* Abb. Biomasse [beinhaltet feste Bioenergieträger und Wärme aus Biogas])

zwar Wirkung gezeigt, jedoch bewegt sich der Anteil der solarthermischen Prozesswärmebereitstellung mit ca. 0,01 PJ noch immer auf einem sehr geringen Niveau (Bundesverband Solarwirtschaft e. V. (BSW) und Bundesindustrieverband Deutschland Haus-, Energie- und Umwelttechnik e. V. (BDH) 2014; Lenz et al. 2013).

- *Geothermie:* Zur ausschließlichen Bereitstellung von Wärme werden nur etwa 20 bis 30 Anlagen der tiefen Geothermie betrieben. Die geschätzte installierte Leistung des Anlagenparks beträgt etwa 210 MW, mit welchem etwa 1,3 PJ an Wärme bereitgestellt werden. Dazu kommen etwa 0,6 PJ (Ab-)Wärme aus Kraftwerken zur geothermischen Stromerzeugung. Im Vergleich dazu tragen Wärmepumpen, die Umgebungswärme nutzen, mit rund 32 PJ zur Deckung der Wärmenachfrage bei. Insgesamt werden durch die Nutzung von geothermischen Wärmequellen etwa 34 PJ Wärme jährlich in Deutschland bereitgestellt (GtV- Bundesverband Geothermie e.V. a; Lenz et al. 2014).

Kraftstofferzeugung

Die regenerative Kraftstoffbereitstellung ist die jüngste der drei angewandten Nutzungsformen (Strom, Wärme, Kraftstoff). Bisher können jedoch nur biogene Energieträger nennenswerte Beiträge zur Energiebereitstellung im Mobilitätssektor aufzeigen. In Korrespondenz zu den fossilen Kraftstoffoptionen werden vor allem flüssige und gasförmige Bioenergieträger eingesetzt. Alle weiteren regenerativen Energieträger konnten bisher lediglich Einzelbeispiele (z. B. Solarflächenflugzeuge) oder Nischenanwendungen aufzeigen (z. B. Wasserstoffspeicher), deren Umsetzung sich bisher noch nicht als ein technologisch und ökonomisch tragfähiges Konzept dargestellt hat.

Tabelle 2.3 zeigt den aktuellen Einsatz biogener Energieträger zur Kraftstoffbereitstellung und gibt einen Ausblick auf die kommenden Jahre.

Weltweit: Global wurden 2013 rund 82 Mrd. l Bioethanol (1851 PJ, dominiert von USA und Brasilien) und etwa 22 Mrd. l Biodiesel (704 PJ, primär Deutschland, Frankreich und die USA) abgesetzt. Davon werden in der EU rund 17 % erzeugt (Bloche-Daub et al. 2014).

EU: In der EU werden momentan etwa 5 Mrd. l Ethanol und 9 Mrd. l Biodiesel produziert. Die Hauptproduzenten sind hierbei Deutschland und Frankreich mit 3,4 bzw. 3,2 Mrd. l an erzeugten Biokraftstoffen jährlich (Bloche-Daub et al. 2014).

Deutschland: Aufgrund steigender Nutzungskonkurrenzen um biogene Rohstoffe (z. B. zur Verstromung) und nicht abgestimmter sektoraler Förderinstrumente und Ausbauziele ist der Einsatz biogener Kraftstoffe im Jahr 2013 auf 115 PJ gesunken. Dies entspricht einem Anteil von rund 4,8 % am Kraftstoffverbrauch von insgesamt etwa 2.230 PJ in Deutschland (vgl. Abb. 2.5). Der Anteil der Biokraftstoffe lag 2012 hingegen noch bei 5,8 % (Bundesamt für Wirtschaft und Ausfuhrkontrolle (BAFA) 2014).

Einordnung ins Energiesystem

Weltweit: Bezogen auf den gesamten Primärenergieverbrauch (ca. 550 EJ) werden etwa 10 % durch Erneuerbare Energien (ca. 53 EJ) gedeckt (vgl. Tab. 2.4). Dabei ist Biomasse mit etwa 33 EJ Primärenergieeinsatz der am häufigsten eingesetzte erneuerbare Energie-

Tab. 2.3 Kraftstoffbereitstellung durch regenerative Energien 2013 und Ausblick 2020 (Werte z. T. geschätzt) (Bloche-Daub et al. 2014; Bundesamt für Wirtschaft und Ausfuhrkontrolle (BAFA) 2014)

	Produktion in Mrd. l			Energiegehalt in PJ/Jahr					
	Welt	EU	Deutschland	Welt		EU		Deutschland	
	Stand 2013			Stand 2013	Ausblick 2020	Stand 2013	Ausblick 2020	Stand 2013	Ausblick 2020
Bioethanol	82	5	0,7	1.851	1.895	120	135	18	20
Biodiesel	22	9	2,7	704	756	327	345	97	95
Summe	*104*	*14*	*3,4*	*2.555*	*2.651*	*447*	*480*	*115*	*115*

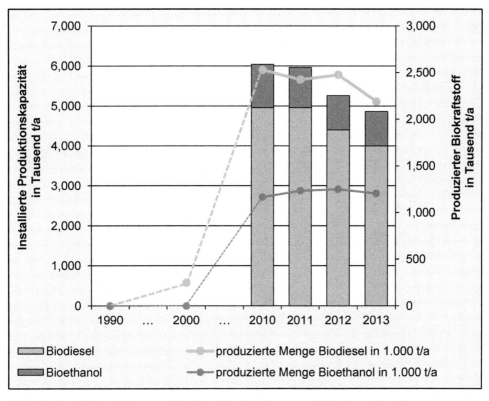

Abb. 2.5 Installierte Leistung und Kraftstoffbereitstellung aus EE in Deutschland

Tab. 2.4 Primärenergieverbrauch bei der Energiebereitstellung durch fossile Energieträger, Kernenergie und Erneuerbare Energien – Gegenüberstellung 2013 und Abschätzung der Entwicklung bis 2020)

		Welt in PJ/Jahr		EU		Deutschland	
		Stand 2013	Ausblick 2020	Stand 2013	Ausblick 2020	Stand 2013	Ausblick 2020
Fossile Energieträger		*494.500*	*608.200*	*62.108*	*56.861*	*12.171*	*11.426*
	Erdöl	175.400	194.000	25.338	22.651	4.693	4.367
	Erdgas	128.300	155.000	16.509	15.684	3.153	3.132
	Nuklear	23.300	22.300	8.311	7.607	921	657
	Kohle	167.900	236.900	11.949	10.919	3.404	3270
Regenerative Energien		*53.408*	*75.311*	*15.859*	*19.891*	*1.638*	*1.974–1.997*
Wasserkraft	Lauf-/Speicher-KW	13.863	16.205	1.155	1.192	76,3	82,8
		13.860	16.200	1.152	1.188	76,3	82,8
	Gezeiten- & Wellen-KW	3	5	2,7	3,6	-	-
Windenergie		2.291	4.612	844	1.244	183,2	360
Solarenergie		1.104	3.154	403	635	133	195
	Solarthermie	634	1.115	74	120	25,6	36–37
	Photovoltaik	542	2.039	329	515	106,9	158,4
Geothermie		723	893	158	193	36	60–65
	Wärmepumpensysteme	244	300	95	117	32,3	55–60
	Tiefe Geothermie	479	593	63	76	2,2	5
Biomasse		32.872	50.118	11.690	14.900	1.094	1.162–1.179
	Biogene Festbrennstoffe	30.600	47.300	10.330	12.870	640	664–680
	Organische Müllfraktion	886	1.000	200	330	88	92
	Biogas[a]	1.368	1.800	1.100	1.700	362	402

Tab. 2.4 (Fortsetzung)

		Welt in PJ/Jahr		EU		Deutschland	
		Stand 2013	Ausblick 2020	Stand 2013	Ausblick 2020	Stand 2013	Ausblick 2020
Biokraftstoffe	Pflanzenöl	18	18	18	k. A.	4	4
	Bioethanol	2.555	2.650	1.609	1.727	115	115
	Biodiesel	1.851	1.895	1.177	1.241	18	20
		704	756	432	486	97	95
Summe		*549.874*	*687.091*	*77.967*	*76.752*	*13.809*	*13.412*

[a] nur Anlagen zur Stromerzeugung berücksichtigt, Umrechnung elektrischer und thermischer Energie aus Wasserkraft, Wind- und Solarenergie sowie Geothermie nach der Wirkungsgradmethode und aus Biomasse gemäß Brennstoffeinsatz

träger; dies entspricht etwa 6 % des weltweiten Primärenergieverbrauchs. Die Wasserkraftnutzung entspricht 13,9 EJ, dies sind 2 bis 3 % bezogen auf den weltweiten Primärenergieverbrauch. Alle anderen Erneuerbaren Energien trugen nur unwesentlich zur Deckung der Primärenergienachfrage bei.

EU: In der EU werden fast 20 % der gesamt benötigten Primärenergie (77.957 EJ) durch Erneuerbare Energien bereitgestellt. Der größte Anteil wird dabei mit 11.690 PJ (15 %) jährlich durch Biomasse gedeckt. Dominierend sind hierbei mit fast 90 % biogene Festbrennstoffe, die zum größten Teil zur Wärmebereitstellung eingesetzt werden. Insbesondere die skandinavischen Länder sowie Österreich als auch Deutschland sind Vorreiter bei der energetischen Biomassenutzung. Die Stromerzeugung durch Wasserkraft und Windenergie trägt mit jeweils etwa 1 % ebenfalls zur Deckung der Primärenergienachfrage bei. Alle anderen Technologien zur Nutzung regenerativer Energieressourcen sind zum jetzigen Zeitpunkt im europäischen Raum energiewirtschaftlich weniger relevant.

Deutschland: Für die diskutierte Wärme-, Strom- und Kraftstoffbereitstellung aus Erneuerbaren Energien errechnet sich ein Primärenergieäquivalent von etwa 1.638 PJ. Bei einem Primärenergieverbrauch von 13.885 EJ entspricht dies 12 %. Mit rund 79 % dominiert auch im deutschen Energiesystem Biomasse als die bedeutendste erneuerbare Primärenergiequelle; dabei handelt es sich zum größten Teil um Holz zur Wärmebereitstellung im häuslichen Bereich. Die Windenergie trägt mit fast 13 %, die Wasserkraft und die Solarenergie (Photovoltaik und Solarthermie) mit jeweils rund 1 % und die Umgebungswärme, oberflächennahe Erdwärme und tiefe Geothermie weniger als 1 % bei (AG Energiebilanzen e.V. (AGEB) 2013).

2.2.2 Trend 2020

Die hohe regenerative Wärmebereitstellung wird auch in den kommenden Jahren weiterhin von globaler Bedeutung sein, auch wenn in Industrienationen der Trend des Ausbaus mit innovativen Technologien vermehrt im Stromsektor stattfindet bzw. gekoppelte Systeme zur Strom- und Wärmebereitstellung die Investitionsbereitschaft erhöhen.

Stromerzeugung
Weltweit: Werden die sich abzeichnenden Entwicklungen bis 2020 fortgeschrieben, ist eine Stromerzeugung aus Erneuerbaren Energien von 6.675 bis 7.455 TWh möglich (vgl. Tab. 2.1). Der größte Anteil stammt dabei nach wie vor aus der Nutzung der Wasserkraft (etwa 4.500 TWh). Ein weiterer bedeutender Anteil stammt auch aus der Windkraftnutzung (rund 1.280 TWh), die 2020 einen Anteil von etwa 18 % an der Stromproduktion aus regenerativen Energien haben könnte. Auch zukünftig wird der Beitrag der Solarenergie (primär Photovoltaik), der Geothermie und der Biomasse (d. h. biogene Festbrennstoffe und Biogas) zunehmen, aber bis 2020 nicht annähernd die Bedeutung der Wasserkraft oder der Windenergie erlangen (Bloche-Daub et al. 2014).

EU: Der Ausbau der Nutzung der Erneuerbaren Energien wird in Zukunft auch in Europa weiter voranschreiten. Hier ist jedoch aufgrund von restriktiven Gesetzgebungen in einigen Ländern, z. B. durch die Novelle des EEG in Deutschland, als auch die weiterhin anhaltende schwierige wirtschaftliche Lage in vielen süd- und osteuropäischen Ländern und die damit eingedämmten Förderungen für Erneuerbare Energien, mit einem deutlich verlangsamten Wachstum der Zubauraten zu rechnen. In der EU und auch in Nordamerika sind die vorhandenen Potenziale der Wasserkraftnutzung bereits weitgehend erschlossen bzw. aufgrund von hohen Umweltschutzvorgaben nicht weitergehend wirtschaftlich nutzbar; deshalb fokussiert sich hier der Ausbau der Wasserkraft auf die Modernisierung bzw. den Ausbau bestehender Anlagen und die weitergehende Erschließung der Kleinwasserkraft. Für die EU ist daher bis 2020 mit keinen signifikanten Änderungen bei der Strombereitstellung durch Wasserkraft zu rechnen; d. h. bis 2020 dürfte die Stromerzeugung weitgehend vergleichbar sein bzw. nur leicht oberhalb der derzeitigen Gegebenheiten (320 bis 350 TWh) liegen.

Demgegenüber wird die Windkraftnutzung in der EU weiter ausgebaut. Wird das durchschnittliche Wachstum der Jahre 2003 bis 2013 fortgeschrieben, ergibt sich für 2020 eine installierte Leistung von 173 GW. Damit könnten etwa 345 TWh pro Jahr Strom erzeugt werden. Die Offshore-Windenergienutzung wird ebenfalls ausgebaut. Die sich aktuell in Bau und in Planung befindlichen Projekte lassen eine Zunahme der Offshore-Windkapazitäten auf bis zu 37 GW erwarten. Dies entspricht einer potenziellen Jahresstromerzeugung von 126 bis 148 TWh (Renewable Energy Medium-Term Market Report 2013 und Market Trends and Projections to 2018 2013).

Bei der Bereitstellung von Strom aus PV haben viele europäische Länder bereits 2012 ihre nationalen Ausbauziele für 2020 erreicht und auch das europäische Gesamtziel von 83,4 TWh pro Jahr PV-Stromerzeugung wurde Ende 2013 bereits erfüllt. Dennoch wird bis 2020 von einem weiteren Anstieg der installiertem Leistung auf 130 GW ausgegangen, auch wenn einige Länder (u. a. Deutschland, Spanien) die Subventionen zunehmend reduzieren und damit den Bau von Neuanlagen nicht mehr in dem Maße unterstützen wie in den vergangenen fünf bis zehn Jahren (Masson et al. 2013).

Weiter vorangetrieben wird der Zubau bzw. die Anlagenerweiterung an Biogasanlagen zur Stromerzeugung – wenn auch deutlich verlangsamt. Sie könnte bis 2020 auf jährlich 65 TWh ansteigen, wobei Länder wie Tschechien, Frankreich, Spanien und Polen einen merklichen Anteil haben dürften. Parallel dazu dürfte der elektrische Output durch einen effizienteren Anlagenbetrieb weiter gesteigert werden (Liébard et al. 2013).

Deutschland: Die Bundesrepublik wird den Ausbau der Nutzung Erneuerbarer Energien zur Bereitstellung elektrischer Energie bis 2020, wenn auch in einem verzögerten Tempo gegenüber den letzten Jahren, weiter vorantreiben (vgl. Abb. 2.2).

- Windenergie: Der weitere Ausbau der On- und Offshore-Windenergie richtet sich stark nach den Anforderungen und Konditionen im Erneuerbare-Energien-Gesetz. Aus heutiger Sicht kann für 2014 von einer installierten Leistung von rund 2,6 GW ausgegangen werden. Auch für die Folgejahre ist zu erwarten, dass der politisch angestrebte Ausbaukorridor von 2,4 bis 2,6 GW pro Jahr eingehalten wird. Damit erscheint es nicht unmöglich, dass die Onshore-Windkraftnutzung eine der tragenden Säulen im Umbau der Stromversorgung in Deutschland werden könnte. Unklar ist derzeit, inwieweit diese Entwicklung auch bei einer weiteren Vergütungsabsenkung und der absehbaren zunehmenden Verschärfung des Genehmigungsrechtes (Abstandsregeln) umgesetzt werden kann. Geht man vom guten Willen aller Beteiligten aus, könnten bis Ende 2020 rund 85 TWh Strom pro Jahr bereitgestellt werden. Die laufenden Aktivitäten inklusive der bereits errichteten Anlagen ohne Netzanschluss und der 2013 installierten Fundamente lassen im Bereich der Offshore-Windkapazitäten eine insgesamt installierte Leistung Ende 2014 von rund 1,2 GW und Ende 2020 von rund 3 bis 4 GW erwarten. Bei einem durchschnittlichen Windangebot könnten dann unter Berücksichtigung des über das Jahr verteilt stattfindenden Netzanschlusses 2014 rund 2,5 TWh und 2020 rund 15 TWh an Offshore-Strom ins Netz eingespeist werden. Die entscheidende Frage für das Erreichen der Ausbauziele der Bundesregierung bleibt aber weiterhin der Netzanschluss. Auch sind aufgrund der Diskussionen um die Novellierung des EEG im letzten und in diesem Jahr weitergehende Pläne zur Offshore-Stromerzeugung nahezu vollständig „auf Eis gelegt" worden. Aus heutiger Sicht ist es fraglich, ob – nach der erfolgreichen Inbetriebnahme der derzeit bereits in der Errichtung befindlichen Windparks – unmittelbar weitere gebaut werden (Bundesministerium für Wirtschaft und Energie; Deutsche WindGuard 2014; Finanzen. net 2013).

- *Solarenergie:* Ausgehend vom vorliegenden EEG erscheint ein Ausbau der Photovoltaik in 2014 um rund 3 GW realistisch (vergleichbar mit 2013). Fraglich ist, wann der gesetzte Ausbaukorridor von 52 GW erreicht sein wird. Der Verfall der Modulpreise in den letzten Jahren führte zudem dazu, dass PV-Anlagen bereits heute mit nur geringen Subventionen betrieben werden können. Daher ist für die kommenden Jahre zusätzlich zu den netzgekoppelten Anlagen mit einem Zubau an nicht netzgekoppelten Anlagen und somit an Anlagen, welche unabhängig vom EEG für den Eigenverbrauch betrieben werden, zu rechnen. Bis Ende 2020 könnte sich die Jahresstromerzeugung aus PV-Anlagen auf bis zu 44 TWh steigern (Lenz et al. 2014).
- *Bioenergie:* Wie auch bei den anderen Technologien der regenerativen Energien, entscheidet die Ausgestaltung der gesetzlichen Grundlagen als Treiber oder Bremser maßgeblich über den weiteren Ausbau der energetischen Nutzung der Biomasse. Aufgrund der höheren Grenzkosten der Bioenergietechnologien stellen sich die meisten Optionen der energetischen Biomassenutzung bis dato ohne Subventionen nicht als wirtschaftlich dar. Sollten sich die gesetzlichen Rahmenbedingungen bezüglich der energetischen Biomassenutzung in den nächsten Jahren nicht deutlich positiver gestalten, ist bis 2020 max. mit einer Ausweitung der Stromerzeugung aus Biogas auf etwa 33 TWh pro Jahr zu rechnen. Neben der weiteren Nutzung von Biogas ist auch mit einem Ausbau der Nutzung an Festbrennstoffen zu rechnen. Bis 2020 könnten aus festen Bioenergieträgern etwa 16 TWh Strom zuzüglich etwa 5 TWh aus organischem Abfall bereitgestellt werden (Lenz et al. 2014).
- *Wasserkraft:* Aufgrund der begrenzten Ausbaupotenziale in Deutschland konzentrieren sich die wenigen Neuerrichtungen primär auf kleinere Laufwasserkraftanlagen.

Daneben führen Sanierungen und Leistungserhöhungen an älteren Anlagen zu weiteren Produktionssteigerungen; hier wurden jedoch 2013 keine größeren Einzelprojekte bekannt. Unter sehr günstigen Bedingungen (bessere oder zumindest gleichbleibende Konditionen im EEG) könnte die insgesamt verfügbare Wasserkraftleistung in den kommenden drei Jahren auf 4,5 bis 4,7 GW ansteigen. Damit ist bei durchschnittlichen Niederschlägen von einer jährlichen Stromproduktion von etwa 22 TWh auszugehen. Darüber hinaus ist bis 2020 mit keinen erheblichen Ausweitungen der Wasserkraftkapazitäten mehr zu rechnen, sodass zu diesem Zeitpunkt eine Stromerzeugung aus Wasserkraft von rund 23 TWh pro Jahr angenommen werden kann.

Weiterhin befindet sich eine Reihe von Pumpspeicherkraftwerken mit einer Kapazität von rund 3 bis 4 GW in Planung, um zum Ausgleich der fluktuierenden Einspeisung aus Wind- und Solarenergie beizutragen. Aufgrund der derzeit geringen Börsenpreisunterschiede zwischen Stromein- und -verkauf kommen diese Projekte jedoch nur sehr zögerlich voran. Bis 2020 ist deshalb nur mit einem sehr begrenzten Ausbau der Pumpspeicherkapazitäten zu rechnen (ESHA – European Small Hydropower Association 2014; Ingenieurbüro Floecksmühle et al. 2010; IWR – INternationales Wirtschaftsforum Regenerative Energien 2014).

- *Geothermie:* Momentan sind in Deutschland rund zehn Geothermievorhaben mit dem Ziel der Strom- bzw. gekoppelten Strom- und Wärmeproduktion in Entwicklungs- oder Baustadium. Dabei haben mehrere dieser Vorhaben die Bohrungen 2013 erfolgreich abgeteuft und Zirkulationstests durchgeführt. Sind die derzeit abzusehenden Entwicklungsaktivitäten erfolgreich, könnten bis 2020 jährlich rund 0,3 TWh elektrischer Energie aus geothermischen Anlagen erzeugt werden (Dr. Baumgärtner Management- und Kommunikationsberatung; GtV – Bundesverband Geothermie e.V. a, b; Janczik und Kaltschmitt, 2013; Pester et al. 2007).

Wärmebereitstellung
Weltweit: Bei aktuellen Tendenzen wird auch mehr Wärme aus Erneuerbaren Energien bereitgestellt werden. Bis 2020 könnte der Beitrag zwischen 11,5 und 22,7 EJ pro Jahr liegen. Feste Biomasse (10 bis 21 EJ) hat dabei einen Anteil zwischen 87 bis 93 % der gesamten erneuerbaren Wärme. Die Wärmebereitstellung aus Solarenergie (0,9 bis 1,2 EJ bzw. 5 bis 8 % Wärmebereitstellung aus regenerativen Energien) und Geothermie (0,5 EJ bzw. 2 bis 4 %) wird auch bis 2020 von untergeordneter Bedeutung sein (Bloche-Daub et al. 2014).

EU: Auch in der EU wird feste Biomasse zur Wärmeerzeugung stärker genutzt werden. Der größte Anteil des Wärmebedarfs wird dabei nach wie vor von biogenen Festbrennstoffen gedeckt werden. Prognosen gehen hier von einer Zunahme von etwa 0,5 EJ bis 2020 aus. Dies würde einer Wärmebereitstellung aus fester Biomasse und von organischen Abfällen von knapp 3,5 EJ/a (Brennstoffenergie) bedeuten. Auch die Biogasnutzung wird bis 2020 weiter ausgebaut. Da bisher nur ein Teil der Abwärme aus den Biogasanlagen genutzt wird, sind zudem für eine vermehrte Wärmenutzung aus Biogas nicht zwangsläufig Anlagenneuinstallationen erforderlich; auch die ohnehin bei bestehenden Anlagen anfallende Abwärme könnte z.T. besser genutzt werden. Werden derartige Konzepte umgesetzt, könnten bis 2020 knapp 190 PJ Wärme jährlich aus Biogasanlagen bereitgestellt werden. Solarthermische und geothermische Systeme werden auch in absehbarer Zukunft keine bedeutende Rolle bei der Deckung der Wärmenachfrage auf dem europäischen Markt spielen. Beide Optionen werden zwar weiter ausgebaut, jedoch wird sich die gesamte installierte Leistung im Vergleich mit anderen Optionen der Wärmeerzeugung immer noch auf einem geringen Level bewegen (Bloche-Daub et al. 2014; Liébard et al. 2013).

Deutschland: Auch in Deutschland wird die Nutzung von regenerativer Wärme weiter ausgebaut werden. Bis 2020 könnten somit knapp 100 PJ Wärme mehr – im Vergleich zur momentanen Nutzung – aus regenerativen Quellen gewonnen werden, was einer gesamten erneuerbaren Wärmenutzung von 665 bis 681 PJ pro Jahr entspräche.

- *Bioenergie:* Hohe Preise für fossile Energieträger unterstützen auch weiterhin den Umstieg auf biogene Wärmebereitstellungsoptionen. Dieser Trend dürfte sich auch in den kommenden Jahren fortsetzen und zu einem weiteren moderaten Wachstum von Biomasse-Kleinfeuerungsanlagen führen. Die weitergehende Bereitstellung von Biowärme aus großen Anlagen hängt hingegen stark am zukünftigen Ausbau von Stromerzeugungsanlagen auf der Basis von Biomasse und damit am EEG; wobei Letzteres eher restriktiv zu werten ist. Bis 2020 könnte die Wärmenutzung aus biogenen Festbrennstoffen auf 520 bis 530 PJ jährlich ansteigen. Neben der weitergehenden Nutzung von festen Bioenergieträgern zur Wärmebereitstellung wird auch die durch die Biogasnutzung erzeugte Abwärme in Zukunft stärker genutzt werden. Bis 2020 ist hier ein Ausbau der Nutzung auf 50 PJ pro Jahr möglich. In der Summe wäre somit eine jährliche Wärmebereitstellung aus Biomasse bis 2020 zwischen 570 und 580 PJ denkbar.
- *Solarenergie:* Richtungsweisend für den im letzten Jahr sogar rückläufigen Zubau an solarthermischer Kollektorfläche wird die seit Längerem diskutierte Anpassung im EE-WärmeG sein. Sollten hier positivere Anreize für den weiteren Ausbau geschaffen werden, ist bis 2016 ein Zubau von bis zu 4,5 Mio. m^2 neue Kollektorfläche denkbar. Sollte sich der Trend dementsprechend fortsetzen, könnten bis 2020 9 Mio. m^2 neue Kollektorfläche zugebaut werden, was einer gesamtinstallierten Fläche von 26,5 Mio. m^2 und einer potenziellen Wärmebereitstellung von 36 bis 37 PJ/a entspräche.
- *Geothermie:* Für die nächsten Jahre kann mit einem weiteren leichten Zubau bei der Nutzung von geothermischen Heizwerken gerechnet werden. Aufgrund der immer noch erheblichen Herausforderungen bei der Nutzung der Tiefengeothermie (geologische Bedingungen, Anbindung an Nah- und Fernwärmenetze etc.) wird der Ausbau dieser Technologie jedoch auf einem überschaubaren Niveau bleiben. Bis 2020 dürfte nach aktuellen Tendenzen eine jährliche Wärmebereitstellung aus tiefer Geothermie von etwa 1,4 PJ/a zuzüglich etwa 3 PJ aus der Nutzung der Geothermie zur Stromerzeugung realisiert werden. Der größte Anteil der geothermischen Wärme dürfte weiterhin über die Nutzung der Umgebungstemperatur generiert werden. Hier wird auch in

den kommenden Jahren ein Ausbau der Nutzung zu verzeichnen sein, sodass bis 2020 zwischen 55 und 60 PJ Wärmebereitstellung aus dieser Option möglich sind.

Kraftstofferzeugung
Weltweit: Treten keine signifikanten Änderungen an den Bedingungen für die Produktion von Biokraftstoffen ein, dürfte das heutige Marktvolumen auch bis 2020 weitgehend erhalten bleiben. Dann könnten etwa 2.651 PJ Kraftstoff aus Biomasse bereitgestellt werden. Der größte Anteil dürfte weiterhin aus Bioethanol mit etwa 1.895 PJ pro Jahr kommen; der Beitrag des Biodiesels wird tendenziell bei etwa 756 PJ liegen (Bloche-Daub et al. 2014).

EU: Aufgrund von restriktiven Förderbedingungen sowie einer kontroversen Diskussion biogener Kraftstoffe ist bis 2020 in der EU nur von marginalen Änderungen der Bereitstellung von Kraftstoffen auf biogener Basis auszugehen. Damit dürfte sowohl weltweit als auch in der EU die jährliche Ethanolerzeugung bis 2020 etwa auf dem heutigen Niveau verbleiben bzw. nur marginal auf ca. 84 Mrd. l (1.895 PJ) und für die EU auf maximal 6 Mrd. l (135,4 PJ) ansteigen.

Deutschland: Die Erzeugung und Bereitstellung von Kraftstoffen auf biogener Basis wird auch in den kommenden Jahren bis 2020 keinen signifikanten Änderungen unterliegen, sofern es zu keinen erheblich günstigeren Anreizsetzungen seitens der Politik kommt. 2020 könnten daher etwa 20 PJ Bioethanol und 95 PJ Biodiesel bereitgestellt werden.

Einordnung ins Energiesystem
Weltweit: Bezogen auf den ebenfalls weiter steigenden fossilen Primärenergieverbrauch könnten Erneuerbare Energien 2020 mit rund 11 % zur Energienachfragedeckung beitragen (vgl. Tab. 2.4). Dabei sind signifikante Verschiebungen bei den bereits heute genutzten regenerativen Energieoptionen nicht zu erwarten; d. h. der größte Anteil der Erneuerbaren Energien stammt weiterhin aus der traditionellen und modernen Biomassenutzung (50 EJ), gefolgt von der Wasserkraftnutzung (16 EJ bzw. 2 % an der geschätzten weltweiten Primärenergienachfrage im Jahr 2020). Weitere nennenswerte Anteile werden durch die Nutzung der Wind- und Sonnenenergie bereitgestellt (4,6 und 3,2 EJ, ca. 1 % des gesamten Primärenergieverbrauchs). Alle weiteren Optionen zur Nutzung Erneuerbarer Energien werden auch 2020 nur marginal zur Primärenergienachfrage beitragen (vgl. Abb. 2.6).

EU: Bis 2020 ist von einer deutlichen Veränderung des Beitrags der fossilen Energieträger zur Energienachfragedeckung auszugehen. Der Anteil Erneuerbarer Energien an der Gesamtenergienachfrage wird nach aktuellen Tendenzen – insbesondere aufgrund des Rückgangs bei der Primärenergienachfrage (etwa − 1 EJ auf 77 EJ) – auf etwa 26 % steigen. Auch ist davon auszugehen, dass Biomasse immer noch den größten Beitrag zur Deckung der Primärenergienachfrage leisten wird. Dieser wird bis 2020 voraussichtlich um knapp vier Prozentpunkte auf insgesamt 19 % steigen. Biokraftstoffe tragen zu etwas mehr als 2 % zur Deckung der Primärenergienachfrage in der EU bei. Windenergie wird bis 2020 seine Kapazitäten im Vergleich zur gegenwärtigen Situation nicht zuletzt durch die Errichtung von großen Offshore-Windfarmen weiter ausbauen und damit wird die

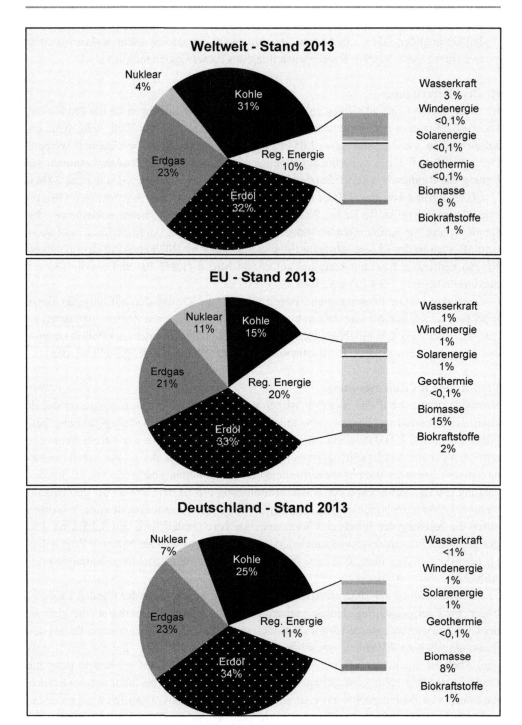

Abb. 2.6 Weltweite Primärenergiebereitstellung nach Energieträgern für das Jahr 2013 (*linke Grafik*) und 2020 (*rechte Grafik*, Abschätzung)

2 Märkte und Trends von regenerativen Energien weltweit, in der … 53

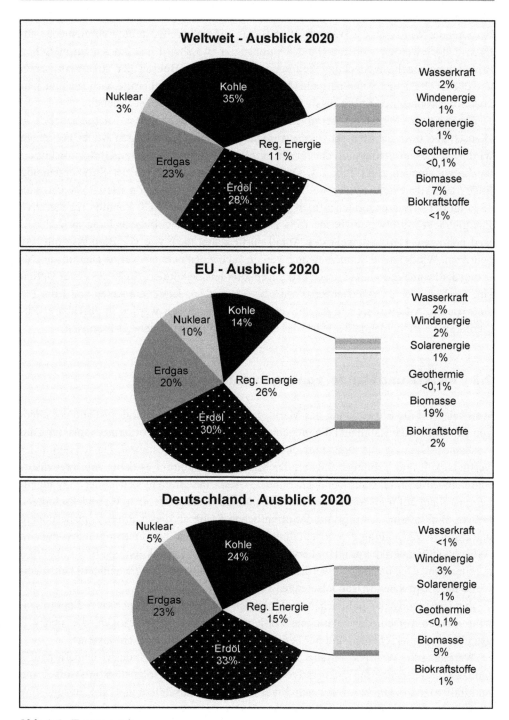

Abb. 2.6 (Fortsetzung)

Nutzung der Windkraft die Wasserkraft in Bezug auf die bereitgestellte Energiemenge ablösen. Jedoch werden auch dann beide Optionen nur zwischen 1 und 2 % zur europäischen Primärenergienachfragedeckung beitragen können. Dem Beitrag der solarthermischen und photovoltaischen Solarenergiebereitstellung sowie der Geothermie wird auch im Jahr 2020 im europäischen Energiesystem keine bedeutende Rolle zugeschrieben.

Deutschland: Insgesamt ist zu erwarten, dass das regenerative Energieangebot in Deutschland trotz deutlich schwierig werdender Rahmenbedingungen weiter ausgebaut wird. Eine Zusammenfassung der für die einzelnen erneuerbaren Energieträger diskutierten Entwicklungen zeigt Tab. 2.4. Damit kann beispielsweise bei der Stromerzeugung Ende 2013 von einem Marktanteil der regenerativen Energien von rund 25 % und von 12 % an der Primärenergienachfrage gerechnet werden. Für 2020 könnten regenerative Energieträger mit etwas mehr als 15 % zur Primärenergienachfragedeckung in Deutschland beitragen. Den bedeutendsten Anteil dürfte dabei nach wie vor Biomasse mit 9 % beitragen. Wind- sowie Sonnenenergie werden auch einen nennenswerten Beitrag zur Deckung der Primärenergienachfrage in der Republik leisten können. So ist aus erster Option eine Deckung der Energienachfrage von 2 bis 3 % und aus letzter ein Anteil von 1 bis 2 % zu erwarten. Alle weiteren regenerativen Energiealternativen werden in absehbarer Zukunft keine entscheidende Rolle bei der Befriedigung des Energiebedarfs spielen.

2.3 Märkte und Handel von regenerativen Energien

Weltweit wird die Entwicklung des Marktes der regenerativen Energiesysteme vor allem von den nationalen Rahmenbedingungen und insbesondere von Fördermechanismen zum Ausbau der Nutzung von regenerativen Energietechnologien bestimmt. Je nach regionaler Verfügbarkeit und Zahlungsfähigkeit der Marktkunden kommt es dabei zum grenzüberschreitenden und transkontinentalen Handel. Dieser beschränkte sich in der Vergangenheit vor allem auf transportfähige feste und flüssige Brennstoffe, d. h. Holzhackschnitzel, Pellets, Biokraftstoffe. Aufgrund der öffentlichen Kritik an dieser Praxis – insbesondere den damit in Verbindung gebrachten direkten und indirekten Landnutzungsänderungen in Asien und Südamerika vor allem hervorgerufen durch die Produktion von Biokraftstoffen („Teller-Tank-Diskussion") – werden zunehmend Herkunfts- bzw. Nachhaltigkeitsnachweise für entsprechende Handelsmengen verlangt.

Zur Umsetzung der politischen Zielvorgaben zur Nutzung regenerativer Energiesysteme werden verschiedene nationale Fördermechanismen herangezogen, die sich z.T. grundlegend unterscheiden und nur bedingt länderübergreifend steuern lassen.

Wärmemarkt: Während im eher dezentralen Wärmemarkt in Industrieländern häufig reduzierte Steuersätze für regenerative Brennstoffe (z. B. für Holzpellets in Deutschland und Italien), nationale bzw. regionale Investitionskostenzuschüsse und/oder zinsgünstige Kredite für die Installation oder Sanierung von regenerativen Wärmebereitstellungssystemen angeboten werden, erfolgen in Entwicklungs- und Schwellenländern nur partiell vergleichbare Maßnahmen. Generell sind die Fördermaßnahmen zum Einbau/Umbau regenerativer Wärmebereitstellungssysteme meist zeitlich befristet und die zur Verfügung stehende Förderhöhe unterliegt konjunkturellen Schwankungen.

Strommarkt: Nachfolgend werden typische Modelle zur Förderung der regenerativen Stromeinspeisung kurz vorgestellt (Renewable Energy Policy Network for the 21th century 2014):

- Einspeisevergütungen: Für den von einem Anlagenbetreiber regenerativ erzeugten Strom, der in das Leitungsnetz eingespeist wird, zahlt der Netzbetreiber eine bestimmte Vergütung. Die Vergütungshöhe kann vom Staat reguliert werden (z. B. EEG in Deutschland) oder einer individuellen Vertragsabstimmung entsprechen (z. B. zwischen Anlagenbetreiber und Ökostromanbietern). Als Sonderform existiert das Net Metering. Dabei verbrauchen die Erzeuger einen Teil des erzeugten Stroms selbst, der Rest wird ins Netz eingespeist. Dies wird zum Beispiel in Dänemark und den Niederlanden praktiziert.
- Quotenmodelle: Den Energieunternehmen wird eine (z. B. vom Staat oder einer Kommune) Quote vorgegeben, wie viel Strom sie aus regenerativen Energien bereitstellen müssen (u. a. in Großbritannien angewandt).
- Ausschreibungen: Hierbei werden Technologiespezifische Ausschreibungen bezüglich der Mengen der neu zu installierenden Kapazitäten von staatlicher Seite vorgegeben (soll u. a. zur Ablösung des EEG ab 2017 in Deutschland eingeführt werden und bestimmt vor allem die Märkte in Zentral- und Südamerika).
- Handel mit Zertifikaten: Es wird eine begrenzte Anzahl Zertifikate für den Ausstoß von treibhausgasrelevanten Emissionen vergeben. Durch die Einsparung von Treibhausgasemissionen, z. B. durch Effizienzsteigerungen oder den Betrieb von Anlagen der regenerativen Energiebereitstellung, können fossile Emissionen kompensiert werden. Durch die stetige Reduktion bzw. Wertsteigerung der am Markt verfügbaren Zertifikate soll ein Anreiz zu weiteren fossilen Emissionsminderungsmaßnahmen gesetzt werden. Angewandt wird dieser Mechanismus z. B. in der Europäischen Union seit 2003 als European Union Emissions Trading System (ETS) als erstes grenzüberschreitendes Handelssystem; bisher jedoch mit begrenztem Erfolg.

Die Direktvermarktung von Strom (z. B. mit dem Label „Ökostrom") aus regenerativen Energiequellen ist global gesehen bisher noch keine etablierte Option. Dennoch bieten insbesondere in Europa Energieversorger, Energieplattformen oder Stromhandelsbörsen bereits begrenzte Mengen zum Handel an. Beispielsweise wurden in Deutschland im Jahr 2013 auf diesem Weg etwa 69 TWh Strom direkt vermarktet („EEG Mengentestat 2013 auf Basis von WP-Bescheinigungen" 2014). Dies entspricht von der gesamten elektrischen Energieerzeugung (147 TWh) etwa 47 %. Für weitere Länder ist an dieser Stelle keine Aussage möglich.

Kraftstoffmarkt: Im Biokraftstoffmarkt werden typischerweise Quotenmodelle angewandt, die sich sowohl auf die von Kraftstoffhändlern im Markt abgesetzte Menge an reinem (100 %) Biokraftstoff oder der Beimischmenge zu fossilem Kraftstoff beziehen kann. In Deutschland erfolgt mit der Novellierung des Biokraftstoffquotengesetzes (BioKraftQuG) ab 2015 eine Umstellung der Absatzmengenquote auf eine Dekarbonisierungsquote, d. h. auch hier wird die Bilanzierung zur Bemessung der Zielerreichung auf die reduzierten Treibhausgasemissionen durch den Einsatz von Biokraftstoffen umgestellt. Für die Luftfahrt sind bisher keine nationalen Fördermechanismen zum Einsatz regenerativer Kraftstoffe bekannt. Dennoch gibt es Bemühungen von Organisationen, wie z. B. der Aviation Initiative for Renewable Energy e. V. (Aireg), eine Zielquote (bis 2025 Anteil an Biokraftstoff von 10%) für die Nutzung alternativer Kraftstoffe in der Luftfahrt voranzubringen (Aireg e. V.).

Fazit

In den letzten Jahren konnten die Kapazitäten zur Nutzung der Erneuerbaren Energien deutlich ausgebaut werden. Insgesamt stellt Energie aus erneuerbaren Quellen etwa ein Zehntel der weltweiten Energienachfrage zur Verfügung. Die werden Erneuerbare Energieträger zu etwas mehr als der Hälfte zur Stromproduktion, zu 41% zur Wärmebereitstellung und nur zu 7% zur Erzeugung von Kraftstoffen genutzt. Trotz Bemühungen vieler Länder, diesen Anteil der regenerativen Energien weiter voranzubringen, z. B. durch das Einführen von gesetzlichen Vorgaben, die zur Subvention dieser Energieträger führen soll, ist davon auszugehen, dass bis 2020 der Anteil der Erneuerbaren Energien an der Gesamtenergiebereitstellung nur geringfügig auf etwa 11% zunehmen wird. Dabei wird sich die prozentuale Verteilung zwischen den einzelnen Energieoptionen – Strom, Wärme und Kraftstoff – nur geringfügig verändern.

Wie auch der Ausbau des Anteils der erneuerbaren Energiebereitstellung weltweit, als auch in der EU sowie in Deutschland nur langsam voranschreitet, so entwickeln sich entsprechende Märkte auch gemächlich. Jedoch ist davon auszugehen, dass die bisher vor allen Dingen durch Subventionen für Erneuerbare Energien geprägten Märkte in der Zukunft mehr und mehr in freie Märkte, und damit verbunden zu einer direkten Vermarktung regenerativer Energien, übergehen werden.

Literatur

AG Energiebilanzen e. V. 2013. *Bruttostromerzeugung in Deutschland von 1990 bis 2013 nach Energieträgern.*
AG Energiebilanzen e. V. (AGEB). 2013. *Energieverbrauch steigt moderat|Pressemitteilung Arbeitsgemeinschaft Energiebilanzen.* http://www.presseportal.de/pm/53343/2624243/energieverbrauch-steigt-moderat-ag-energiebilanzen-mit-jahresprognose-langer-winter-steigert. Zugegriffen: 28. Juli 2014.
AG Energiebilanzen e. V. – AGEB. http://www.ag-energiebilanzen.de/DE/startseite/arbeitsgemeinschaft.html. Zugegriffen: 2. Juni 2014.
Agora Energiewende. 2013. *Dezember 2013 – Faktencheck: Die Energiewende, Neuer Rekord: Ein Viertel des Stroms stammt 2013 von Wind, Sonne und Co.* http://www.agora-energiewende.

de/themen/die-energiewende/detailansicht/article/neuer-rekord-ein-viertel-des-stroms-stammt-2013-von-wind-sonne-und-co/. Zugegriffen: 25. Juli 2014.

Aireg e. V. Aireg (Aviation Initiative for Renewable Energy in Germany e. V.). http://www.aireg.de.

Arbeitsgruppe Erneuerbare Energien – Statistik (AGEE-Stat). 2013. *Erneuerbare Energien in Zahlen. Internet-Update ausgewählter Daten zur Broschüre auf der Grundlage der Daten der Arbeitsgruppe Erneuerbare Energien – Statistik (AGEE-Stat)*.

BEE – Bundesverband Erneuerbare Energien e. V. Wasserkraft. *Erneuerbare Energie mit Tradition*. http://www.bee-ev.de/Energieversorgung/ErneuerbareEnergien/Wasserkraft.php. Zugegriffen: 12. Juli 2014.

Bloche-Daub, Karina, Janet Witt, Martin Kaltschmitt, und S. Janczik. 2014. Erneuerbare Energien. In *BWK – Das Energie Fachmagazin*, Ausgabe 6.

BP Statistical Review of World Energy: BP. 2013.

Bundesamt für Wirtschaft und Ausfuhrkontrolle (BAFA). 2014. *Mineralöldaten für die Bundesrepublik Deutschland, Dezember 2013, Tab. 9: Aufkommen zum Inlandsverbrauch an Otto-, Diesel- und Biokraftstoffen*. http://www.bafa.de/bafa/de/energie/mineraloel_rohoel/amtliche_mineraloeldaten/2013/index.html. Zugegriffen: 29. Juli 2014.

Bundesministerium für Wirtschaft und Energie. Entwurf eines Gesetzes zur grundlegenden Reform des Erneuerbare-Energien-Gesetzes und zur Änderung weiterer Vorschriften des Energiewirtschaftsgesetzes, Referentenentwurf.

Bundesnetzagentur. 2014. *Auswertung Anlagendatenbanken: Bundesnetzagentur: Datenmeldungen Photovoltaikanlagen*. www.bundesnetzagentur.de/Shared/Docs/Downloads/DE/Sachgebiete/ner-gie/Unternehmen_Institutionen/ErneuerbareEnergien/Photovoltaik/Datenmeldungen/Meldungen_2013_01-12.xls?_blob=publicationFile&v=1.

Bundesverband Solarwirtschaft e. V. (BSW), und Bundesindustrieverband Deutschland Haus-, Energie- und Umwelttechnik e. V. (BDH). 2014. *Solarkollektorabsatz 2013 rückläufig – Solar- und Heizungsbranche fordern: Wärmewende jetzt einläuten*. http://www.solarwirtschaft.de/presse-mediathek/pressemeldungen/pressemeldungen-im-detail/news/solarkollektorabsatz-2013-rueckläufig-solar-und-heizungsbranche-fordern-waermewende-jetzt-einl.html. Zugegriffen: 17. Juli 2014.

Bundesverband Solarwirtschaft e. V. (BSW-Solar). 2013. Statistische Zahlen der deutschen Solarbranche (Photovoltaik).

Deutsches Biomasseforschungszentrum gemeinnützige GmbH, Hrsg. 2014a. Eigene Abschätzung.

Deutsches Biomasseforschungszentrum gemeinnützige GmbH, Hrsg. 2014b. Eigene Recherche, eigene Datenbanken zur Energieerzeugung aus Biomasse und Quellenauswertungen.

Deutsche WindGuard. 2014. *Status des Windenergieausbaus an Land in Deutschland. Jahr 2013* (im Auftrag von BWM und VDMA).

Dr. Baumgärtner Management- und Kommunikationsberatung: *Geothermie-News*. http://geothermienews.blogspot.de/.

EEG Mengentestat 2013 auf Basis von WP-Bescheinigungen, Netztransparenz.de – Informationsplattform der deutschen Übertragungsnetzbetreiber. 2014.

ESHA – European Small Hydropower Association. 2014. *Stream Map*. www.streammap.esha.be.

Finanzen. net. 2013. *Erster Offshore-Windpark eingeweiht – Netzanbindung fehlt 11.08.2013|Nachricht|finanzen.net*. http://www.finanzen.net/nachricht/aktien/Erster-Offshore-Windpark-eingeweiht-Netzanbindung-fehlt-2596937. Zugegriffen: 28. Juli 2014.

GtV – Bundesverband Geothermie e. V. *Aktuelles*. www.geothermie.de. Zugegriffen:25. Juli 2014.

GtV – Bundesverband Geothermie e. V. *Geothermie in Zahlen*. http://www.geothermie.de/aktuelles/geothermie-in-zahlen.html. Zugegriffen: 17. Juli 2014.

Ingenieurbüro, Floecksmühle, IHS, Stuttgart, Hydrotec, Fichtner. 2010. *Potentialermittlung für den Ausbau der Wasserkraftnutzung in Deutschland*. Kurzfassung für das BMU. Aachen, 2010.

ISET, und IWET. 2010. *Räumliche Verteilung aller in Deutschland installiertet Windenergieanlagen.* http://windmonitor.iwes.fraunhofer.de/windwebdad/www_reisi_page_new.show_page?page_nr=20.-Windmonitor.
IWR – INternationales Wirtschaftsforum Regenerative Energien. 2014. *Regenerative Energiewirtschaft Monatsreport.* Münster: Institut für Regenerative Energiewirtschaft.
Janczik, S., und M. Kaltschmitt. 2013. Statusreport 2013: Nationale und Globale Nutzung der tiefen Geothermie. *Erdöl, Erdgas, Kohle* 129 (7/8).
Lenz, V., S. Janczik, und M. Kaltschmitt. 2013. Erneuerbare Energien in Deutschland, Stand 2012. In *BWK – Das Energie Fachmagazin.*
Lenz, V., K. Naumann, S. Janczik, und M. Kaltschmitt. 2014. Erneuerbare Energien in Deutschland, Stand 2013. In *BWK – Das Energie Fachmagazin.*
Liébard, Alain, Yves-Bruno Civel, und Romain David. 2013. *The state of renewable Energies in Europe, Edition 2013.* Paris: Observ'ER (FR), Renac (DE), Institute for Renewable Energy (IEO/EC BREC, PL), Jozef Stefan Institute (Sl), ECN (NL), Frankfurt School of Finance & Management (DE).
Masson, Gaëtan, Marie Latour, Manoël, Rekinger, Ioannis-Thomas, Theologitis, und Myrto, Papoutsi. 2013. *Global Market Outlook For Photovoltaiks 2013–2017.* Brussels: European Photovoltaic Industry Association.
Matek, Benjamin. 2013. *2013 Geothermal Power: International Market Overview.* Washington, DC: Geothermal Energy Association.
Pester, S., R. Schellschmitt, und R. Schulz. 2007. Verzeichnis geothermischer Standorte- Geothermische Anlagen in Deutschland auf einen Blick. In *Geothermische Energie,* Bd. 56/57.
Renewable Energy Medium-Term Market Report 2013, Market Trends and Projections to 2018. 2013. International Energy Agency.
Renewable Energy Policy Network for the 21th century. 2014. *Renewables 2014 – Global Status Report.*
Wagner, E., und U. Rindelhardt. 2007. Stromgewinnung aus Wasserkraft in Deutschland – Überblick. In *ew 25–26 das Magazin für die Energiewirtschaft,* 52–55. Frankfurt a. M.: VWEW Energieverlag GmbH.
Wikipedia – Die freie Enzyklopädie. *Liste von Pumpspeicherkraftwerken.* http://de.wikipedia.org/wiki/Liste_von_Pumpspeicherkraftwerken. Zugegriffen: 21. Juli 2014.
Wilson, Lindsay. 2014. *Which country has more solar capacity than rest of world combined?: Renew Economy.* http://reneweconomy.com.au/2014/which-country-has-more-solar-capacity-than-rest-of-world-combined-41821. Zugegriffen: 13. Mai 2014.

Karina Bloche-Daub studierte Versorgungstechnik an der dualen Hochschule in Mannheim. Im Anschluss arbeitet sie für zwei Jahre als Projektentwicklerin für Energiedienstleistungen in Hamburg. Von 2009 bis 2011 spezialisierte Karina Bloche-Daub sich im Master-Studium der Hochschule für Technik Stuttgart im Bereich Erneuerbare Energien. Seit Abschluss des Studiums ist sie am DBFZ als wissenschaftliche Mitarbeiterin tätig. Vorrangig bearbeitete sie dabei die technisch-ökonomische Begleitforschung zum bundesdeutschen Fördervorhaben Bioenergie-Regionen. Momentan fertigt Karina Bloche-Daub ihre Promotion zum Thema regionaler Mehrwert durch Bioenergie mit besonderem Fokus auf die Abwärmenutzung von Biogasanlagen an.

Dr. Janet Witt studierte Versorgungstechnik an der Fachhochschule Erfurt und arbeitete von 1999 bis 2000 als Fachplaner für Heizungs-, Klima- und Sanitärtechnik in einem Planungsbüro für Haustechnik. Nach Abschluss des Masterstudiums zum Project Manager (Energy and Environment) an der University of Northumbria in Newcastle (GB) ist sie seit 2002 im Deutschen Biomasseforschungszentrum (vormals Institut für Energetik und Umwelt gGmbH) tätig. Hier leitet sie die Arbeitsgruppe „Märkte und Nutzung" im Fachbereich Bioenergiesysteme, die im Rahmen verschiedener nationaler und internationaler Projekte den Einsatz von Biomasse zur Strom- und Wärmebereitstellung untersuchen, den Stand der Technik und der Marktentwicklung von Bioenergieanlagen analysieren sowie einen Beitrag zur Standardisierung und Qualitätssicherung von Festbrennstoffen leisten. In ihrer Promotion an der Technischen Universität Hamburg-Harburg (2008 bis 2012) untersuchte sie verschiedene Optionen zur Optimierung der Brennstofffestigkeit von Holzpellets während der Produktion und Brennstoffbereitstellung. Janet Witt ist Mitglied im DIN-Ausschuss Biogene Festbrennstoffe und im Lenkungsausschuss der „European Technology Platform on Renewable Heating & Cooling".

Dr. Volker Lenz ist seit 2008 am Deutschen Biomasseforschungszentrum gemeinnützige GmbH (DBFZ) Bereichsleiter für Thermo-chemische Konversion. Er ist u. a. Mitglied der KRdL-Arbeitsgruppen DIN 33999 und VDI 3670. Zuvor war er fünf Jahre bei einer Landesenergieagentur und danach für drei Jahre im Vorläuferinstitut des DBFZ als Berater und Projektleiter tätig. Volker Lenz hat von 1991 bis 1994 an der Universität der Bundeswehr in München Luft- und Raumfahrttechnik und in der Zeit von 1999 bis 2000 AEnergiewirtschaft an der Fachhochschule Darmstadt studiert. 2011 hat er an der Technischen Universität in Hamburg-Harburg über Feinstaubemissionen aus Biomassefeuerungen promoviert. Seine Arbeitsschwerpunkte sind die Optimierung biogener Festbrennstoffe, Emissionsminderung (insbesondere Feinstaub), Entwicklung von Mikro-KWK-Lösungen für biogenen Festbrennstoffe sowie Systemreglerkonzepte für erneuerbare Wärmeverbundlösungen mit Stromnetzstabilisierung.

Prof. Dr. Michael Nelles absolvierte sein Studium mit der Fachrichtung Technischer Umweltschutz an der technischen Universität Berlin. Im Anschluss arbeitete er als Projektingenieur in Traboch (A) und als Oberingenieur an der Universität Leoben (A), wo er 1998 seine Promotion abschloss. Von 2000 bis 2006 war er Professor und Leiter des Fachbereichs Technischer Umweltschutz an der Hochschule für Angewandte Wissenschaft und Kunst in Hildesheim/Holzminden/Göttingen an der Fakultät Ressourcenmanagement. Seit 2006 ist Michel Nelles Professor für Abfall- und Stoffstromwirtschaft an der Agrar- und Umweltwissenschaftlichen Fakultät der Universität Rostock und seit 2012 zudem wissenschaftlicher Geschäftsführer am Deutschen Biomasseforschungszentrum in Leipzig. Daneben hat Michel Nelles verschiedene Gastprofessuren in China inne. Seit 2002 ist er an der Fakultät für Umwelt- und Biotechnologie der Universität Hefei, seit 2011 an der Energie- und Umweltwissenschaftlichen Fakultät der Luftfahrt Universität Shenyang und seit 2014 am Institut für Erneuerbare Energien an der China Petroleum Universität in Peking tätig. Neben diesen Tätigkeiten engagiert sich Michel Nelles zudem in unterschiedlichen Gremien und Ausschüssen. So ist er z. B. Mitglied des Vorstandes der Deutschen Gesellschaft für Abfallwirtschaft (DBAW), des Wissenschaftlichen Beirates des Umweltforschungszentrums (UFZ), des Bioeconomy e. V. BMBF-Exellenz-Cluster Bioökonomie sowie der Leistungsgruppe Forschung des Bundesministerium für Ernährung und Landwirtschaft (BMEL).

3. Gesetzliche Rahmenbedingungen und ihre Auswirkungen auf die Vermarktung von Erneuerbaren Energien in Deutschland

Robert Kramer

> Mit dem Erneuerbare-Energien-Gesetz (EEG) hat der deutsche Gesetzgeber ein international beachtetes Modell zur Förderung der Entwicklung und des Ausbaus der Energiegewinnung aus erneuerbaren Energiequellen geschaffen. Gegenstand des Gesetzes ist ein im Ziel zeitlich befristetes System zur mittelbaren Förderung des Absatzes von Strom aus Erneuerbaren Energien, um die bislang gegenüber herkömmlichen Energiequellen höheren Gestehungskosten der Stromerzeugung zu überwinden. Auf diesem Weg sollen die zuletzt vor dem Hintergrund der Energiewende formulierten ambitionierten politischen Ziele zum Ausbau der Erneuerbaren Energien verwirklicht werden. Während die dadurch entstehenden Mehrkosten über ein Umlageverfahren anlassbezogen von der Gesamtheit der Stromabnehmer getragen werden, versucht das Gesetz über entsprechende Anreize einerseits und eine Systematik der degressiv abnehmenden Fördersätze andererseits die Weiterentwicklung der technischen Grundlagen der Erzeugung, Speicherung und Verteilung elektrischer Energie aus erneuerbaren Energiequellen dergestalt zu unterstützen, dass das förderungsbedürftige Kostendelta gegenüber der Stromerzeugung aus herkömmlichen Energieträgern zunehmend verringert wird.

R. Kramer (✉)
GSK Stockmann + Kollegen, Karl-Scharnagl-Ring 8, 80539 München, Deutschland
E-Mail: kramer@gsk.de

3.1 Entwicklung des EEG und deren Gründe

Die stetig zunehmende Weltbevölkerung, verbunden mit einer kontinuierlich fortschreitenden Entwicklung von Technik und Industrie, bedingen unweigerlich eine erhöhte Nachfrage an Energie. Und auch wenn jenes Bedürfnis noch nie so massiv gestillt werden musste wie heutzutage, so ist dennoch eine Entwicklung nicht mehr aufzuhalten, die eine Abkehr von dem ausbeutenden Umgang mit unserer Umwelt und ihren Ressourcen zum Zweck der Energiegewinnung sucht.

Wissenschaft und Politik haben spätestens vor über einem Vierteljahrhundert erkannt, dass die herkömmliche Art der Energiegewinnung mit ihrer überbordenden Ausbeutung v. a. fossiler Energieträger und einer enormen Produktion an Treibhausgasen nicht nur Auswirkungen auf die Gesundheit der Bevölkerung hat, sondern die Umwelt nachhaltig belastet. Nicht zuletzt die kaum abschätzbaren Gefahren der Atomenergie haben zuletzt zu einem Umdenken der Politik geführt. In Übereinstimmung mit der Europäischen Union sollten weltweit erste Schritte unternommen werden, die Energiegewinnung aus umweltfreundlichen Energiequellen schrittweise auszubauen (Bartsch et al. 2002, Kap. 40, Rn. 4). Die internationalen Bestrebungen mündeten mit ersten völkerrechtlich verbindlichen Grundpfeilern in dem Kyoto-Protokoll zur Klimarahmenkonvention vom Dezember 1997 (Ohms 2014, Rn. 7).

Auf nationaler Ebene verpflichtete erstmals das Stromeinspeisungsgesetz von 1990 (BGBl 1990 I, S. 2633) Netzbetreiber dazu, Strom aus Erneuerbaren Energien abzunehmen und in das Netz einzuspeisen, um den zumeist kleineren Energieerzeugern einen Netzzugang zu ermöglichen.

Das Gesetz führte zwar zu ersten merklichen Erfolgen, z. B. einer Verdoppelung des Anteils der Erneuerbaren Energien an der Stromversorgung auf ca. 9 % (Oschmann 2004, S. 911), jedoch waren die bis dato vorwiegend genutzten Energieträger, die Wasserkraft bzw. die Windkraft, aufgrund der nur begrenzten Ausbaumöglichkeit schnell an ihre Grenzen gelangt. Nach einer Novellierung des Stromeinspeisungsgesetzes im Jahre 1998 (BGBl 1998 I, S. 730) ergab sich weiterer Reformbedarf nicht zuletzt vor dem Hintergrund der veränderten Marktbedingungen infolge der Liberalisierung der Energiemärkte durch das Energiewirtschaftsgesetz vom 24.04.1998 (EnWG, BGBl. 1998 I, S. 730). Eine Neuregelung, die notwendig wurde, um die europaweit gesetzten Ziele zum Ausbau der Erneuerbaren Energien erreichen zu können, musste den Fokus auf jene Energiesektoren richten, welchen in der Vergangenheit zu wenig Aufmerksamkeit zuteil wurde. Im Mittelpunkt standen nunmehr die solare Strahlungsenergie, Energie aus Biomasse und Laufwasserkraft, welche ihre erste gesetzliche Regelung in dem Gesetz über den Vorrang Erneuerbarer Energien (Erneuerbare-Energien-Gesetz – EEG) aus dem Jahre 2000 fanden (EEG 2000; vgl. BGBl 2000 I, S. 305).

Darin vorrangig enthalten waren erstmals differenzierte Vergütungssätze der pflichtweise abzunehmenden Energiemengen, um den auf diesem Wege privilegierten Energieträgern bzw. der hieraus zu fördernden Energiegewinnung das Marktrisiko abzunehmen und eine gewisse Investitionssicherheit zu gewährleisten (Raabe und Meyer 2000, S. 1298).

Die mit dem EEG 2000 verknüpften Förderprogramme für solare Strahlungsenergie (100.000-Dächer-Solarförderprogramm; vgl. Sailer und Kantenwein in HK-EEG 2014, Einleitung, Rn. 63) waren jedoch schnell ausgeschöpft und so wurden die Fördersätze bereits im Jahre 2003 im Rahmen einer zweiten EEG-Novelle (BGBl 2003 I, S. 3074) nachgebessert, um ein Zusammenbrechen des relevanten Marktes zu verhindern.

Der dynamische Charakter der technischen Entwicklung und der Energiemärkte ließ schon im Jahre 2004 eine weitere Erneuerung der gesetzlichen Rahmenbedingungen für die Förderung der Energieerzeugung aus erneuerbaren Energieträgern ihren Lauf nehmen (EEG 2004; vgl. BGBl 2004 I, S. 1918). Mit der Gesetzesnovelle war zum einen das Ziel verbunden, die Nachhaltigkeitsstrategie der Bundesregierung erneut mit Leben zu füllen, da die gesetzlichen Regelungen des EEG und die damit bestrebten Auswirkungen auf den Ausbau im Bereich der Erneuerbaren Energien bis dato noch weit hinter den tatsächlich angestrebten Zielen der Bundesregierung zurücklagen. Zum anderen sollte auch der bisher eher vernachlässigte Bereich der Bioenergie weiter vorangebracht werden (Oschmann 2004, S. 911). Für die Betreiber von Erzeugungsanlagen machte die ausdrückliche Kodifizierung des Abnahme- und Vergütungsanspruchs den Abschluss gesonderter Einspeiseverträge verzichtbar (Oschmann 2004, S. 912).

Die Novellierung des EEG aus dem Jahre 2008 (EEG 2009; vgl. BGBl. 2008 I, S. 2074) sollte das politische Ziel umsetzen, den Anteil der Erneuerbaren Energien an der Energieerzeugung bis 2020 auf 30 % zu erhöhen. Zwar wurden die Grundstrukturen des EEG 2004 im Wesentlichen beibehalten, allerdings wurde das Gesetzeswerk des EEG um eine beträchtliche Anzahl an Detailregelungen erweitert, was seinen Ausfluss u. a. in der neu eingeführten Meldepflicht der Betreiber fand und einer verbesserten Transparenz in dem geförderten Sektor dienen sollte. Eine neuartige Ausgleichsregelung für Engpässe bei der Stromeinleitung in die übergeordneten Stromnetze ermächtigten die Netzbetreiber, unter dem Vorbehalt der Entschädigung direkt auf die Steuerung der Erzeugungsanlagen zuzugreifen und die Leistung gezielt abzusenken. Risiken aus einer potenziellen Überlastung der Netze infolge intensiver Einspeisephasen wurden auf diesem Weg einer gesetzlichen Ausgleichslösung zugeführt.

Am 1. Januar 2012 ist schließlich das Gesetz zur Neuregelung des Rechtsrahmens für die Förderung der Stromerzeugung aus Erneuerbaren Energien vom 28. Juli 2011 in Kraft getreten (EEG 2012; vgl. BGBl. 2011 I, S. 1634; siehe hierzu nachfolgend unter Abschn. 1.3), bevor das EEG nach diversen Anpassungen zuletzt durch das Gesetz zur grundlegenden Reform des Erneuerbare-Energien-Gesetzes vom 21. Juli 2014 (EEG 2014; vgl. BGBl. 2014 I S. 1066) letztmals novelliert wurde (siehe hierzu nachfolgend unter Abschn. 1.4).

3.2 Die Förderung durch Einspeisetarife als zentrales Steuerungsinstrument zur Förderung des Ausbaus und der Nutzung von EE

Wie bereits ausgeführt, verfolgt der Gesetzgeber mit dem Erneuerbare-Energien-Gesetz ein Bündel an Zielen, die in ihrem Ansatz mit einer Systementscheidung zugunsten von Einspeise- und Vergütungsregelungen umgesetzt wurden. Das Gesetz dient nach seinem gesetzgeberischen Ziel vorrangig dem Klima- und Umweltschutz sowie als Wegbereiter einer nachhaltigen Entwicklung der Energieversorgung unter möglichst zurückhaltender Inanspruchnahme fossiler Energiequellen. Mithilfe einer fortschreitenden technischen Entwicklung soll bei gleichzeitiger Absenkung der volkswirtschaftlichen Kosten der Energieversorgung eine zunehmende Verlagerung auf erneuerbare Energiequellen sichergestellt werden.

Da die technischen Möglichkeiten zur Energiegewinnung aus erneuerbaren Energiequellen jedenfalls in der Frühphase des EEG – aber auch heute noch – nicht in der Lage waren bzw. sind, mit den Kosten der herkömmlichen Stromerzeugung aus fossilen Energieträgern Schritt zu halten, sah sich der Gesetzgeber gefordert, den Ausbau und die Nutzung erneuerbarer Energiequellen einer staatlich angeordneten Förderung zu unterziehen.

Inwieweit der Vergleich zwischen den Stromgestehungskosten aus fossilen Energieträgern einerseits bzw. aus erneuerbaren Energiequellen andererseits tatsächlich einen Vorteil zugunsten fossiler Energieträger aufweist, ist letztlich mit der Frage verbunden, in welchem Umfang auch langfristige volkswirtschaftliche Kosten in eine Gesamtbetrachtung mit einbezogen werden. Als Stichworte seien hier beispielsweise die Endlagerung atomarer Brennstäbe bzw. die Inanspruchnahme von Lebensräumen im Rahmen des Kohleabbaus über Tage genannt.

Anders als bei einer klassischen staatlichen Subvention, bei der bestimmte Leistungen oder Produkte eines zu fördernden Wirtschaftszweiges durch unmittelbare Förderungen der öffentlichen Hand unterstützt werden, um eine Marktteilnahme wirtschaftlich zu ermöglichen, hat sich der Gesetzgeber in Zusammenhang mit dem EEG für eine indirekte Förderung im Rahmen eines sogenannten Umlageverfahrens entschieden (Sailer/Kantenwein in HK-EEG 2014, Einleitung, Rn. 13).

Während die direkte staatliche Förderung über Subventionen durch das Steueraufkommen der öffentlichen Hand finanziert wird, was eine im Verhältnis möglichst gleichmäßige Belastung der Gesamtheit aller Bürger zur Folge hat, wird im Rahmen eines Umlageverfahrens, wie dem des EEG, anlassbezogen die Gesamtheit derer belastet, die die förderungswürdige Leistung sowie Leistungen, die mit dieser im Wettbewerb stehen, in Anspruch nehmen. Der Vergleich beider Systeme mag insoweit auf den ersten Blick nur marginale Unterschiede in Bezug auf den Kreis der wirtschaftlich Betroffenen aufweisen, da sicherlich der weitaus überwiegende Teil aller Steuerzahler auch Bezieher von elektrischer Energie sein wird. Anders als beim Subventionsmodell, das die anteilige Belastung des Einzelnen über den Weg der allgemeinen Besteuerung letztlich am jeweiligen Einkommen des Steuerzahlers festmacht, kann beim Umlageverfahren jedoch das individuelle Verhalten des Energieverbrauchers Berücksichtigung finden, da die nominale Höhe der Belastung über die hier relevante Umlage im Rahmen der Netznutzungsentgelte bzw. der EEG-Umlage im Wesentlichen vom Umfang des Stromverbrauchs abhängt.

Die Besonderheit des Umlageverfahrens des EEG liegt darüber hinaus in dem Umstand begründet, dass der Energieverbraucher lediglich auf vertraglicher Ebene bzw. „virtuell" über die Wahl des Anbieters die Erzeugungsart des bezogenen Stroms beeinflussen kann. Rein tatsächlich werden bei der leitungsgebundenen Energieversorgung die aus unterschiedlichsten Energiequellen erzeugten Strommengen in ein im Wesentlichen geschlossenes System an Stromnetzen auf unterschiedlichen Spannungsebenen eingespeist, was dazu führt, dass die unterschiedlichen „Beiträge" im Netz miteinander „vermischt" bzw. „vereint" werden. Die Ware Strom ist technisch nicht individualisierbar.

Das Grundkonzept des EEG beruht insoweit darin, dass (im Wesentlichen) jeder Abnehmer von Strom über die sogenannte EEG-Umlage die anteilig auf die von ihm bezogene Strommenge entfallenden und – nach Ansicht des Gesetzgebers – förderungswürdigen Mehrkosten, die im Zusammenhang mit der Erzeugung von Strom aus erneuerbaren Energiequellen anfallen, mit trägt.

Das ursprüngliche Umlagekonzept sah und sieht daher vor, dass die im Rahmen des EEG normierten Einspeisevergütungssätze, die in Abhängigkeit der jeweiligen Energiequelle, des Zeitpunkts der Inbetriebnahme der jeweiligen Erzeugungsanlage, deren technischen Standards sowie teilweise deren Dimensionierung in aller Regel gestaffelt (abnehmende Eingangstarife in Abhängigkeit des Inbetriebnahmezeitpunktes der Anlage) festgelegt sind, zwingend von dem jeweils abnahmeverpflichteten Netzbetreiber zu vergüten sind. Die entsprechenden Kosten werden anschließend von den jeweils vergütungspflichtigen Netzbetreibern über die unterschiedlichen Netzebenen auf die Betreiber der höchsten Übertragungsnetzebene transferiert, von denen sie letztlich als Bestandteil der Stromnebenkosten gleichmäßig auf alle Stromabnehmer verteilt werden.

Aufseiten des Anlagenbetreibers, dessen unternehmerischer Einsatz durch das EEG wirtschaftlich gefördert werden sollte, bedeutete dies – jedenfalls bis zur Novellierung des EEG durch das EEG 2014 – einen unbedingten, unmittelbaren gesetzlichen Anspruch auf Anschluss der Erzeugungsanlage, Abnahme der darin erzeugten elektrischen Energie sowie auf Vergütung derselben mit den gesetzlich vorgesehenen Einspeisetarifen. Ziel dieser gesetzlichen Konstruktion war es, dem Anlagenbetreiber insbesondere unter Berücksichtigung der Festschreibung der einmal einschlägigen Fördertarife entsprechend dem individuellen Inbetriebnahmezeitpunkt (wenn auch in der Folge ohne darüber hinausgehenden Inflationsausgleich) für 20 Jahre eine komfortable Planungssicherheit zu gewähren. Dies sollte den Anlagebetreiber in die Lage versetzen, die anfänglich verhältnismäßig hohen Investitionskosten seiner Unternehmung am Markt finanzieren zu können.

Die Entwicklung des EEG seit seiner Entstehung bis heute war vor allem durch einen politischen Diskurs über die Frage geprägt, inwieweit die Anpassung der dynamischen Einspeisetarife im Verhältnis zu der gesetzgeberisch gewünschten Absenkung der tatsächlichen Gestehungskosten von Strom aus Erneuerbaren Energien infolge technischer Weiterentwicklungen angemessen Schritt halten konnte.

Inzwischen hat die Annäherung der betriebswirtschaftlichen Gestehungskosten der Stromerzeugung aus Erneuerbaren Energien an den Wettbewerb den Gesetzgeber dazu veranlasst, die Anlagenbetreiber vom Prinzip der weitgehenden Planungssicherheit hin zu mehr unternehmerischer Mitverantwortung zu führen. Die sich daraus entwickelnden Instrumente sind in Abschn. 1.4 erläutert.

3.3 Das EEG vor der Novellierung 2014

3.3.1 Grundprinzipien des EEG

Das EEG regelt gemäß § 2 EEG 2012 den vorrangigen Anschluss sowie die vorrangige Abnahme, Übertragung, Verteilung und Vergütung von Strom aus Wasserkraft, Windenergie, solarer Strahlungsenergie, Geothermie, Energie aus Biomasse einschließlich Biogas, Biomethan, Deponie-, Gruben- und Klärgas sowie aus dem biologisch abbaubaren Anteil von Abfällen aus Haushalten und Industrie.

Kern des Gesetzes ist ein gesetzlich kodifizierter Anspruch der Betreiber von Anlagen zur Erzeugung von Strom aus den genannten erneuerbaren Energiequellen gegenüber Netzbetreibern, die nach dem Gesetz förderfähigen Anlagen über den örtlich nächstgelegenen Anschlusspunkt an die allgemeinen Versorgungsnetze anzuschließen und den erzeugten Strom gegen Zahlung der gesetzlich normierten Einspeisetarife vorrangig einzuspeisen. Das so geartete gesetzliche Schuldverhältnis zwischen Anlagenbetreiber und Netzbetreiber hat zur Folge, dass Anlagenbetreiber nicht auf den Abschluss eines zivilrechtlichen Anschluss- und Einspeisevertrags angewiesen sind, sondern ihre Ansprüche unmittelbar aus dem Gesetz ableiten können (vgl. § 4 EEG 2012). Gleichwohl werden entsprechende Netzanschluss- und Einspeiseverträge zur Regelung der über die Fragen des Anschlusses, der Abnahme und der Vergütung hinausgehenden Vertragsdetails in der Praxis überwiegend abgeschlossen.

Den genannten Ansprüchen der Anlagenbetreiber, die auch eine gegebenenfalls erforderliche Optimierung bzw. die Verstärkung und den Ausbau relevanter Netze auf Kosten der Netzbetreiber zum Gegenstand haben können (vgl. § 9 ff. EEG 2012), stehen gewisse technische Anforderungen an die Erzeugungsanlagen gegenüber, insbesondere die Ausstattung mit Techniken zur ferngesteuerten Regelung und Messung der Einspeiseleistung, um den Netzbetreiber in die Lage zu versetzen, die Einspeiseleistung etwa bei drohenden Netzüberlastungen zu reduzieren (vgl. § 6 EEG 2012).

Im Bereich der Stromerzeugung aus Photovoltaikanlagen hat der Gesetzgeber in § 20a f. EEG 2012 neben dem Regulierungsinstrument der Einspeisevergütung eine zusätzliche Steuerung des Zubaus von förderungsfähigen Anlagen normiert. Das Gesetz sieht insoweit einen variablen Zubaukorridor von 2500 bis 3500 MW Leistung pro Kalenderjahr vor. Anlagen in diesem Bereich sind zu diesem Zweck vor einer vollständigen Inanspruchnahme der Fördersätze entsprechend zu registrieren. Neben der regelmäßigen Absenkung der Einspeisetarife im Wege der Degression (siehe hierzu nachfolgend unter

Abschn. 1.3.2) wirkt sich eine Überschreitung des Zubaukorridors zusätzlich reduzierend auf die Einspeisetarife aus (sog. atmender Deckel). Auf diese Weise kann die ansonsten lediglich prognostizierte Entwicklung der Stromgestehungskosten – und die hiernach gebotene Rückführung der Förderungshöhe – über das Ausmaß des Ausbaus an die tatsächlichen Marktentwicklungen angekoppelt werden.

3.3.2 System der Einspeisevergütung und laufende Anpassung

Neben dem Anspruch auf Anschluss und Abnahme des Stroms aus Erneuerbaren Energien sieht das EEG im Grundsatz einen Anspruch auf Zahlung einer Mindestvergütung nach diversifizierten Einspeisetarifen vor (vgl. §§ 16, 18 ff. EEG 2012).

Die Höhe der individuellen Einspeisevergütung je Anlage hängt von einer Vielzahl von Kriterien ab. Hierzu zählt zunächst der jeweilige Energieträger, aus dem der Strom gewonnen wird; für jede der eingangs genannten erneuerbaren Energiequellen sieht das EEG insoweit in den §§ 23 bis 32 EEG 2012 ein gesondertes Vergütungsmodell vor. Innerhalb dieser Modelle haben darüber hinaus weitere Unterscheidungsmerkmale einstufende Funktionen für die jeweilige Förderhöhe. Hierzu zählen, ohne an dieser Stelle auf die detaillierten Einzelheiten der Tarifsystematik eingehen zu können, u. a. die Dimensionierung der Anlage im Hinblick auf die installierte Leistung, bestimmte Einsatzstoffe im Bereich der Biomassen und artverwandten Energieträgern, die Art der Aufbereitung und des Transportes von Gasen, der Standort und Typ der Anlage unter Berücksichtigung von Referenzerträgen sowie der Umstand der Ersetzung veralteter Anlagen im Bereich der Onshore-Windenergie, der Standort der Anlage im Bereich der Offshore-Windenergie sowie die Auswahl und Inanspruchnahme unterschiedlich förderwürdiger Flächen zur Installation von Photovoltaikanlagen.

Unbeschadet der genannten anlagenspezifischen Kriterien entscheidet darüber hinaus im Wesentlichen der Zeitpunkt der Inbetriebnahme einer Anlage über die Höhe ihrer dauerhaften Förderung. Während das Vergütungsmodell des EEG im Sinne der angestrebten Investitionssicherheit aufseiten des Anlagenbetreibers im Grundsatz[1] eine einmalige Festschreibung des Vergütungssatzes vorsieht, die sodann für die gesamte Förderdauer von 20 Kalenderjahren, zuzüglich des Inbetriebnahmejahres (wenn auch ohne darüber hinausgehenden Inflationsausgleich), Gültigkeit behält (vgl. § 21 EEG 2012), unterliegt dieser Eingangstarif einer laufenden Absenkung in Abhängigkeit des Zeitpunktes der Inbetriebnahme der Anlage (Degression). Die Degressionsstufen greifen in der Regel einmal jährlich, jeweils zum Beginn eines Kalenderjahres.

Abweichend hiervon reduzieren sich die Vergütungssätze im Bereich der Photovoltaik nicht in jährlichen, sondern in monatlichen Schritten um jeweils 1 %. Damit solle dem

---

[1] Abweichend hiervon sieht etwa die Vergütung im Bereich der Windenergie eine in Abhängigkeit der Erreichung von Referenzerträgen zeitlich variable Kombination aus Anfangs- und (anschließender) Grundvergütung vor.

Phänomen entgegengetreten werden, in welchem wiederholt vor einem relevanten Degressionsschritt ein evidenter Anbau von PV-Anlagen auszumachen war (Thomas 2012, S. 671).

Insbesondere im Bereich der Photovoltaik wurden die entsprechenden Vergütungssätze vor dem Hintergrund der beschleunigten Kostensenkung in diesem Sektor und der absehbaren Überschreitung der von der Bundesregierung vorgesehenen Zubaukorridore durch die sog. PV-Novelle 2012 erneut vorgezogen reduziert (vgl. BGBl 2012 I, S. 1754; siehe hierzu auch bereits unter Abschn. 1.3.1).

3.3.3 Wesentliche Neuerungen durch das EEG 2012

Grundpfeiler der Gesetzesnovelle durch das EEG 2012 waren die veränderten Ausbauziele der Bundesregierung für den Anteil Erneuerbarer Energien an der Stromversorgung auf min. 35 % bis 2020, 50 % bis 2030, 65 % bis 2040 und 80 % bis 2050 (vgl. § 1 Abs. 2 EEG 2012; Ohms 2014, Rn. 486).

Mit der Einführung einer „Flexibilitätsprämie" zur Bauförderung von Gasspeichern an Biogasanlagen sollen die technischen Möglichkeiten für eine zunehmend ausgeglichene Inanspruchnahme der Stromnetze genutzt werden. Die zeitweise Zwischenspeicherung von Gas hat das Ziel, den mit entsprechenden Biogasanlagen zu erzeugenden Strom antizyklisch, d. h. in weniger ausgelasteten Netzphasen, zu erzeugen und einzuspeisen.

Unter dem Aspekt des Umweltschutzes hat der Gesetzgeber das bereits zuvor gängige „Grünstromhändlerprivileg" trotz Begrenzung der Entlastung auf Ebene der EEG-Umlage auf 2 ct pro kWh beibehalten. Gefördert werden mit diesem Instrument Stromanbieter, die in einer Gesamtbetrachtung vermehrt zu privilegierenden Strom aus erneuerbaren Energiequellen vertreiben (vgl. § 39 EEG 2012).

Mit der Verlängerung des befristeten Systemdienstleistungsbonus für Onshore-Windkraftanlagen soll die verbesserte Netzintegration von EEG-Anlagen fortgesetzt werden. Der Bonus honoriert die Ausstattung von Erzeugungsanlagen mit bestimmten Steuerungselementen nach der Systemdienstleistungsverordnung (SDLWindV vom 3. Juli 2009; vgl. BGBl 2009 I, S. 1734).

Darüber hinaus standen neben der regelmäßigen Anpassung von Einspeisevergütungssätzen[2] die Direktvermarktung und das Marktprämienmodell im Vordergrund (siehe hierzu Abschn. 1.3.4).

---

[2] Von der Benennung konkreter Einspeisetarife und der hierfür maßgeblichen, energieträgerspezifischen Kriterien wird im Rahmen dieser überblicksartigen Darstellung abgesehen.

3.3.4 Marktprämien- und Marktintegrationsmodell

Besondere Aufmerksamkeit verdient das mit dem EEG 2012 neu eingeführte Marktprämien-Modell, welches den Anlagenbetreibern erstmals eine Wahlmöglichkeit dahingehend einräumt, ob sie den erzeugten Strom wie bisher auf Grundlage der Einspeisetarife des EEG durch den Netzbetreiber vergüten lassen möchten oder selbständig auf den Markt treten, um den erzeugten Strom zu veränderlichen Marktkonditionen an Händler bzw. Endabnehmer zu verkaufen.

Hintergrund dieser Regelung ist das wachsende Bedürfnis, die Erzeuger von Strom aus Erneuerbaren Energien zunehmend in den Wettbewerb zu integrieren. Dies soll durch den Anreiz einer maximierten Gewinnzielung erreicht werden. Indem der Anlagenbetreiber die erzeugten Strommengen selbst am Markt anbietet, hat er die Möglichkeit, durch geschicktes Reagieren auf aktuelle Marktbewegungen höhere Preise zu erzielen.

Tritt ein Anlagenbetreiber auf diese Weise in die Direktvermarktung, verbleibt zum Ausgleich des noch unüberwindbaren Deltas zwischen niedrigeren Marktpreisen und höheren Gestehungskosten gleichwohl ein paralleler Ausgleichsanspruch in Form einer sog. Marktprämie, den er gegen den Netzbetreiber geltend machen kann. Die Marktprämie ist hierbei an zweierlei Komponenten geknüpft. Die gleitende Prämie ist anhand des konkreten EEG-Vergütungssatzes zu berechnen, abzüglich eines fiktiven Strombörsenpreises. Höhere Kosten bei der Selbstvermarktung werden durch eine Managementprämie ausgeglichen (Thomas 2012, S. 671).

Da die Marktprämie ein lediglich fiktives Delta zu dem energieträgerspezifischen Referenzmarktwert abbildet (vgl. Anlage 4 zum EEG 2012; Ohms 2014, Rn. 928), verbleiben potenziell über die Strombörsenpreise hinausgehende Veräußerungserlöse bei dem Anlagenbetreiber. Der damit verbundene Anreiz führt unweigerlich zu einer verbesserten Systemintegration von Strom aus Erneuerbaren Energien. Jedoch geht mit dieser „Wahlschuld" auch die Verpflichtung einher, den Netzbetreiber rechtzeitig über die getroffene Entscheidung zu unterrichten (Thomas 2012, S. 671).

Nachdem erkannt worden war, dass die Marktprämie auf Grundlage der Anlage 4 zum EEG 2012 unter Berücksichtigung der starken Schwankungen bei der Stromerzeugung aus Wind- und Strahlungsenergie im Verhältnis zu den zu kompensierenden Kosten zu einer deutlichen „Überförderung" führen würde, hat der Gesetzgeber mit der Managementprämienverordnung (MaPrV) mit Wirkung zum 01. Januar 2013 eine jährlich abgestufte Kürzung der Managementprämie als Bestandteil der Marktprämie für aus Wind- und Strahlungsenergie erzeugten Strom beschlossen. Hierbei erfolgt eine Besserstellung von fernsteuerbaren Anlagen. Gleichzeitig partizipiert die Marktprämie von einer Umsatzsteuerbefreiung.

Ähnlichen Zielen, d. h. der verstärkten Heranführung der Anlagenbetreiber an den Markt, dient das Marktintegrationsmodell im Bereich der Stromerzeugung aus solarer Strahlungsenergie. Nach diesem Modell greift das klassische Vergütungsmodell nur mehr für jeweils 90 % der erzeugten Strommengen. Die darüber hinaus gehenden 10 % hat der Anlagenbetreiber eigenständig zu vermarkten bzw. selbst zu verbrauchen. Gelingt dies nicht, kann er im Wege der Einspeisung vom Netzbetreiber lediglich den Marktpreis, nicht jedoch den ansonsten geltenden Vergütungssatz verlangen (Bönning in HK EEG 2014, § 33, Rn. 8 ff.)

3.3.5 Ausgleichsmechanismus

Unter dem Ausgleichsmechanismus versteht man die bereits abstrakt beschriebene Systematik des dem EEG zugrundeliegenden Umlageverfahrens (vgl. bereits oben, Abschn. 1.2).

Während das EEG die Vermarktung der erzeugten Energie aus der Perspektive des Anlagenbetreibers regelt, und dort – wie zu sehen sein wird – zunehmend eine Anbindung an die Preisbildung der Märkte stattfindet, findet die Vermarktung aus Perspektive der als „Sammelstelle" fungierenden Übertragungsnetzbetreiber ihr Pendant in der Ausgleichsmechanismusverordnung[3], wonach diese den auf Grundlage des EEG vergüteten Strom nach weiteren Maßgaben der Bundesnetzagentur an den Spotmärkten der Strombörsen vermarkten (vgl. § 2 AusglMechV). Im Gegenzug berechnen die Übertragungsnetzbetreiber als Bestandteil der Netzentgelte die sog. EEG-Umlage.

Die EEG-Umlage bildet die bei den Netzbetreibern zunächst verbleibenden Mehrkosten ab, die aus der Abnahme und Vergütung des Stroms aus erneuerbaren Energiequellen bzw. nach Vermarktung und Ausgleich über das Marktprämienmodell verbleiben. Diese werden auf die Ebene der Übertragungsnetzbetreiber gewälzt und unter diesen verrechnet. Die Übertragungsnetzbetreiber wiederum sind berechtigt, die entsprechenden Mehrkosten nach Abzug der Einnahmen aus der Vermarktung – als EEG-Umlage – den Endabnehmer beliefernden Elektrizitätsversorgungsunternehmen in Rechnung zu stellen. Die so bei den Stromanbietern verbleibenden Mehrkosten aus der EEG-Umlage fließen als Kostenbestandteil im Rahmen der Netznutzungsentgelte anteilig in die Stromkosten der Endabnehmer ein.

Um die dezentrale Stromerzeugung ohne Inanspruchnahme öffentlicher Netze zu fördern, entfällt nach dem EEG 2012 die EEG-Umlage für Strom, den Anlagenbetreiber aus der eigenen Anlage selbst im räumlichen Zusammenhang mit der Anlage verbrauchen („Eigenverbrauchsprivileg"; vgl. § 37 Abs. 3 EEG 2012).

Umstritten sind die besonderen Ausgleichsregelungen für u. a. stromintensive Unternehmen in den §§ 40 ff. EEG 2012. Sinn und Zweck jener Vorschriften ist es, besonders stromintensive Unternehmen bei der Kostentragung zum Ausgleich der Mehrkosten aus der Stromerzeugung aus Erneuerbaren Energien soweit wie möglich zu entlasten, um deren internationale Wettbewerbsfähigkeit nicht zu gefährden.

Die Kritik richtet sich zum einen gegen die Höhe des Schwellenwertes von 1 GWh pro Geschäftsjahr, ab welchem die Privilegierung greift. Sie sei, so die Kritiker, evident zu niedrig. Für Unternehmen mit einem solch vergleichbar geringen Energieverbrauch sei

---

[3] Verordnung zur Weiterentwicklung des bundesweiten Ausgleichsmechanismus.

es schon gar nicht attraktiv, den deutschen Markt zu verlassen (Kachel 2012, S. 32). Zum anderen muss die EEG-Umlage, soweit sie von privilegierten Abnehmern nicht entrichtet wird, von den verbleibenden Abnehmern getragen werden. Durch die verstärkte Privilegierung ist die Belastung der Nichtprivilegierten umso höher und trifft bis heute v. a. auch die privaten Endverbraucher.

Dies ist deutlicher anhand eines Beispiels auszumachen. So entfallen auf privilegierte Unternehmen ca. 18 % des gesamten Stromverbrauchs, diese leisten jedoch nur einen Beitrag zur EEG-Umlage von 0,3 %. Diese Privilegierung führe dort zu einer wirtschaftlichen Entlastung von 2,5 Mrd. € jährlich (Schultz 2012), welche von den bereits oben erwähnten nichtprivilegierten Parteien zu tragen sind.

3.4 Die EEG-Novelle 2014

Am 21. Januar 2014 legte Bundeswirtschaftsminister Sigmar Gabriel ein Eckpunktepapier für eine erneut anstehende EEG-Novelle im Jahre 2014 vor, welche am 1. August 2014 in Kraft getreten ist. Primäres Ziel der Bundesregierung war es, die EEG-Umlage nach Möglichkeit stabil zu halten und die „Bezahlbarkeit" von Strom sicherzustellen. Dahingehende Bedenken resultierten aus dem Umstand, dass der weitere – gewollte – Ausbau Erneuerbarer Energien zu einem massiven Anstieg der daraus resultierenden Umlage führen würde.

Gleichzeitig wurden die Ziele zum Ausbau der Erneuerbaren Energien gegenüber dem EEG 2012 nahezu unverändert erneut festgeschrieben (vgl. § 1 Abs. 2 EEG 2014).[4]

Beinahe regelmäßig müssen Stromabnehmer vor dem Hintergrund des Ausbaus der Erneuerbaren Energien mit einer Erhöhung der Strompreise rechnen, was insbesondere für private Endverbraucher, aber auch – unter Wettbewerbsgesichtspunkten – für nicht privilegierte Unternehmen eine enorme Belastung darstellt. Knapp 20 Mrd. € mussten die Stromnutzer 2013 aufbringen, um an erster Stelle die Stromerzeuger aus Sonne, Wind und Biomasse zu subventionieren.[5]

Vor dem Hintergrund dieser zwingenden Abwägung wirtschaftlicher Interessen mit den eigentlichen Zielen des Umweltschutzes entstand die inzwischen in Kraft getretene Reform des EEG mit dem EEG 2014 (vgl. hierzu bereits oben unter Abschn. 1.1). Kernelemente und Ziele der Reform sind die zunehmende Steuerung des Ausbaus der Erzeugungskapazitäten, die Senkung der Kosten des zukünftigen Ausbaus sowie die Stärkung der Eigeninitiative im Rahmen der Vermarktung.

---

[4] Das Gesetz verfolgt gemäß § 1 Abs. 2 das Ziel, den Anteil des aus Erneuerbaren Energien erzeugten Stroms am Bruttostromverbrauch stetig und kosteneffizient auf mindestens 80 % bis zum Jahr 2050 zu erhöhen. Hierzu soll der Anteil 40 bis 45 % bis zum Jahr 2025 und 55 bis 60 % bis zum Jahr 2035 betragen. Dieses Ziel diene auch dazu, den Anteil Erneuerbarer Energien am gesamten Bruttoendenergieverbrauch bis zum Jahr 2020 auf mindestens 18 % zu erhöhen.
[5] faz.net: „2013 erreichte die EEG-Umlage mit 19,4 Mrd. € einen Rekordwert." (Mihm und Kafsack 2014).

3.4.1 Unveränderte Regelungsbestandteile

Wenngleich mit dem EEG 2014 die zuletzt massivsten Änderungen für die Branche zu erwarten sind, sind einige Grundpfeiler des EEG nach wie vor Gegenstand des Gesetzes.

Hierzu zählen das Prinzip des gesetzlichen Schuldverhältnisses zwischen Anlagenbetreiber und Netzbetreiber, der generelle Vorrang des Anschlusses von Anlagen zur Erzeugung von Strom aus Erneuerbaren Energien sowie der Abnahme, Übertragung und Verteilung des damit erzeugten Stroms, der Anspruch der Anlagenbetreiber auf Erweiterung der Netzkapazitäten sowie gewisse technische Anforderungen an anschlusswürdige Anlagen. Ebenso unverändert bleiben die Regelungen zur Kostentragung des Netzanschlusses zulasten der Anlagenbetreiber sowie des Netzausbaus zulasten der Netzbetreiber und die Förderdauer von 20 Kalenderjahren zuzüglich des Inbetriebnahmejahres.

Darüber hinaus sind mit der Gesetzesnovelle aber eine ganze Reihe von Veränderungen verbunden, die aufgrund des noch sehr jungen Gesetzes noch keiner abschließenden Bewertung aus der Praxis zugeführt werden können und zum Teil auch noch einer detaillierteren Regelung durch Verordnungen bedürfen (siehe hierzu insbesondere nachfolgend unter Abschn. 1.4.3); sie sollen im Folgenden gleichwohl überblicksartig dargestellt werden.

3.4.2 Steuerung des Ausbaus

Während das EEG 2012 eine Steuerung des Ausbaus lediglich im Bereich der Photovoltaik vorsah (Ausbaukorridor, vgl. hierzu bereits Abschn. 1.3.1), enthält das EEG 2014 entsprechende Ausbaupfade auch für die Bereiche Onshore- und Offshore-Windenergie und Biomasse (vgl. § 3 EEG 2014).

Mit den kontrollierten Ausbaupfaden Erneuerbarer Energien soll nicht zuletzt eine bessere Abstimmung bez. des Netzanbaus ermöglicht werden, der vor dem Hintergrund der Energiewende und der zunehmend dezentralen Energieerzeugung zwingend erforderlich geworden ist (Schütte und Winkler 2014, S. 304).

Besonders Umweltorganisationen haben im Zuge des Gesetzgebungsprozesses diesbezüglich starke Kritik geäußert. Man dürfe aufgrund finanzieller Fehlplanung der Vergangenheit nicht das ehrenvolle Ziel des Umweltschutzes hintanstellen, indem man den hierfür erforderlichen Ausbau künstlich ausbremst. Vielmehr seien jene Faktoren mehr in die Verantwortung zu ziehen, welche die erhöhte Umlage zumindest teilweise mit verursachten. Mit anderen Worten sollten privilegierte, stromintensive Unternehmen stärker an der Finanzierung durch eine Einbeziehung in die EEG-Umlage beteiligt werden (Becker 2014, S. 13; Schütte und Winkler 2014, S. 305).

Die Deckelung der Ausbaukapazitäten sehen Zuwächse im Bereich der Onshore-Windenergie in Höhe von 2500 MW p. a. (netto), im Bereich der Offshore-Windenergie in Höhe von 6500 MW bis 2020 und in Höhe von 15.000 MW bis 2030, im Bereich der Photovoltaik in Höhe von 2500 MW p. a. (brutto) sowie in Höhe von 100 MW p. a. im Bereich der Biomasse vor.

Damit einher geht eine generelle Pflicht zur Registrierung von Anlagen zur Erzeugung von Strom aus Erneuerbaren Energien in einem bei der Bundesnetzagentur geführten Anlagenregister.

Für die genannten Energieträger wird das schon für den Bereich der Photovoltaik entwickelte Prinzip des atmenden Deckels (siehe hierzu bereits Abschn. 1.3.1) entsprechend erweitert.

3.4.3 Direktvermarktung: Abkehr vom Grundsatz der Einspeisevergütung

§ 2 Abs. 2 EEG 2014 normiert erstmals den grundsätzlichen Vorrang der Direktvermarktung, in dem es heißt: „Strom aus Erneuerbaren Energien und aus Grubengas soll zum Zweck der Marktintegration direkt vermarktet werden." Anlagenbetreiber müssen den erzeugten Strom hiernach in Zukunft grundsätzlich direkt vermarkten.

Dem entsprechen die veränderten Förderbedingungen, wonach der Anlagenbetreiber vorrangig einen Anspruch auf Zahlung einer Marktprämie zum Ausgleich der über die Einnahmen der Direktvermarktung hinausgehenden Mehrkosten („geförderte Direktvermarktung") und lediglich nachrangig, unter bestimmten Voraussetzungen, einen Anspruch auf Zahlung einer Einspeisevergütung erhält (vgl. § 19 Abs. 1 EEG 2014).

Die Direktvermarktung soll durch den Verkauf an Endabnehmer, Großhändler oder Börsen realisiert werden. Praktisch bedeutet dies v. a. neue Umsatzchancen für Direktvermarktungsunternehmen, die den einzelnen Anlagebetreibern als Zwischenhändler oder Makler die mit der Direktvermarktung verbundenen Vertriebsaktivitäten abnehmen.

Um insbesondere die Vielzahl der Betreiber von Kleinanlagen von einem unverhältnismäßigen Aufwand in Zusammenhang mit der Direktvermarktung zu entlasten, sieht das Gesetz für bestimmte Schwellenwerte eine Befreiung vor. Sie betrifft Anlagen mit einer Leistung bis 500 kW, die vor dem 1. Januar 2016 in Betrieb genommen werden sowie Anlagen mit einer Leistung bis 100 kW, die nach dem 31. Dezember 2015 in Betrieb genommen werden. Konsequenz der Befreiung ist jedoch eine pauschale Reduktion der Fördersätze um die ersparten Direktvermarktungskosten (vgl. § 37 EEG 2014).

Die Direktvermarktung ist aber auch für Betreiber größerer Anlagen nicht generell verpflichtend. Weitere Ausnahmeregelungen bestehen für den Fall, dass die Direktvermarktung vorübergehend nicht realisiert werden kann. Der „Anspruch auf Einspeisevergütung in Ausnahmefällen" gemäß § 38 EEG 2014 hat in diesem Fall eine reduzierte Vergütung i. H. v. 80 % des Fördersatzes zur Folge (auch „Ausfallvermarktung").

3.4.4 Eigenversorgung

Als Pendant zur Direktvermarktung sieht auch das EEG 2014 das Vermarktungsmodell der Eigenversorgung, die sog. Vor-Ort-Vermarktung, vor. Bei der Vor-Ort-Vermarktung muss die Stromlieferung unter Ausschluss einer Netzdurchleitung, d. h. unabhängig vom öffentlichen Netz, erfolgen. Auch wenn die vollständige Befreiung der Eigenversorgung von der EEG-Umlage weggefallen ist, wird die in unmittelbarer örtlicher Nähe zum Erzeuger vermarktete Energie noch immer über die Privilegierung bei der EEG-Umlage gefördert. Technisch muss dafür eine direkte Verbindung zwischen der Erzeugungsanlage und der Abnahmestelle des Verbrauchs bestehen. In der Praxis ist das Modell der Eigenversorgung vor allem in Mietobjekten sowie innerhalb größerer gewerblicher Gelände von Bedeutung. Die Übertragungsnetzbetreiber veranschlagen in diesen Konstellationen lediglich eine reduzierte EEG-Umlage im Bereich zwischen 30 und 40 %. Bei Anlagen unter 10 kW Leistung entfällt die EEG-Umlage komplett.

3.4.5 Weitere Anpassungen

Weitere Anpassungen gegenüber dem EEG 2012 ergeben sich im Besonderen durch eine Vielzahl von Veränderungen im Bereich der konkreten Fördersätze, die an dieser Stelle nur ausschnittsweise dargestellt werden sollen.

Im Bereich der Offshore-Windenergie beträgt die Grundvergütung nunmehr 3,9 ct/kWh und die erhöhte Anfangsvergütung 15,4 ct/kWh, die grundsätzlich für einen Zeitraum von zwölf Jahren gewährt wird, wobei eine Anpassung der Laufzeit der Anfangsvergütung nach Küstenentfernung und Wassertiefe vorgenommen wird. Unter bestimmten Voraussetzungen kann der Anlagenbetreiber nach dem sog. Stauchungsmodell eine Kürzung der Phase der Anfangsvergütung bei entsprechend höherem Vergütungssatz von 19,4 ct/kWh, dann für die Dauer von acht Jahren, verlangen.

Bei der Onshore-Windenergie wurde die Grundvergütung auf 4,95 ct/kWh und die erhöhte Anfangsvergütung auf 8,9 ct/kWh angepasst, wobei unverändert eine Anpassung der für die Anfangsvergütung maßgeblichen Phase nach dem Erreichen der jeweiligen Referenzerträge stattfindet.

Entgegen der Gewährung eines Systemdienstleistungsbonus für die technische Ausstattung von Windenergieanlagen mit Fernsteuereinheiten, ist diese technische Systemanforderung mit Einführung des EEG 2014 verbindlich geworden, ohne dass deren Erfüllung gesondert honoriert würde. Die Ausstattungspflicht gilt ab dem 1. Januar 2015 auch für Bestandsanlagen. Auch der Bonus für Repowering-Maßnahmen entfällt mit dem EEG 2014. Entsprechende Maßnahmen werden lediglich im Zuge der Inanspruchnahme von Kapazitäten im Rahmen der Ausbaukorridore berücksichtigt.

Auch der Bereich der Photovoltaik musste eine deutliche Reduzierung der Vergütungssätze hinnehmen. Anlagen mit einer Leistung bis 10 MW werden beispielsweise zukünftig mit 9,23 ct/kWh gefördert, während die entsprechende Förderung nach dem EEG 2012 noch 13,5 ct/kWh betrug.

Weitere Reduktionen ergaben sich auch in den Bereichen Biomasse bzw. -gase. Im Vordergrund steht hier indes eine generelle Begrenzung der Förderung auf Fördersatzbasis für denjenigen Anteil der erzeugten Strommenge, der einer Bemessungsleistung der

Anlage von 50 % des Wertes der installierten Leistung entspricht, soweit die Anlage über 100 kW Leistung dimensioniert ist. Darüber hinaus erfolgt lediglich eine Förderung auf Marktwertbasis, d. h., der Anspruch auf Einspeisevergütung verringert sich auf den Monatsmarktwert. Ferner beinhaltet das Modell zur Förderung der Stromgewinnung aus Biomasse und -gasen eine technologiespezifische Degression bei Neuanlagen.

Bei den sonstigen Energieträgern wie der Geothermie und der Wasserkraft haben sich gegenüber dem EEG 2012 lediglich geringfügige Veränderungen in der Förderhöhe ergeben.

3.4.6 Pilotprojekt Ausschreibung von Photovoltaik-Freiflächen

Gänzlich neu ist mit dem EEG 2014 das Instrument der Ausschreibung für die Förderung von Photovoltaik-Freiflächenanlagen in das EEG aufgenommen worden. Damit ist eine weitere Weichenstellung weg von der staatlichen Förderung und hin zu mehr Wettbewerb im Bereich der Erzeugung von Energie vorgenommen worden.

Das Ausschreibungsmodell sieht vor, dass die Höhe der Förderung für Strom aus Photovoltaik-Freiflächenanlagen über Ausschreibungsverfahren ermittelt und festgeschrieben wird. Das Ausschreibungsmodell gilt zunächst lediglich für den genannten Bereich der Photovoltaik auf Freiflächenanlagen. Ab 2017 soll das Modell auch auf andere erneuerbare Energiequellen übertragen werden (vgl. § 2 Abs. 5 EEG 2014).

§ 88 EEG 2014 ermächtigt die Bundesregierung, in einer Rechtsverordnung die Details der Ausschreibung für Photovoltaik-Freiflächenanlagen zu regeln. Auf dieser Grundlage soll noch in diesem Jahr eine Rechtsverordnung erarbeitet werden. Nach dem bei Redaktionsschluss vorliegenden Eckpunktepapier (BMWi 2014)[6] sollen bis 2017 insgesamt 600 MW p. a. in Projekten bis zu 25 MW ausgeschrieben werden. Gegenstand der Ausschreibung sind installierte Leistungen von PV-Freiflächenanlagen. Es soll lediglich die Förderhöhe durch die Ausschreibung ermittelt werden, nicht jedoch die übrigen Parameter der Förderung, die sich nach wie vor nach den Regelungen des EEG 2014 ergeben. Die im Rahmen einer solchen Auktion vergebenen Kapazitäten werden auf den sogenannten atmenden Deckel für PV-Anlagen angerechnet.

Nach dem Vorschlag des Bundeswirtschaftsministeriums wird es sich um eine sogenannte statische Pay-as-Bid-Auktion handeln. Jeder Teilnehmer an der Auktion kann einmalig ein verdecktes Gebot abgeben. Sofern die gebotene Menge die ausgeschriebene Menge überschreitet, erhalten diejenigen Bieter einen Zuschlag, die die kostengünstigsten Gebote abgegeben haben. Der Zuschlag entspricht dann dem jeweils gebotenen Preis.

Ergebnis des Zuschlages ist eine Förderberechtigung nach der Höhe des jeweiligen Gebotes, wobei bislang offen ist, ob diese projektbezogen oder personenbezogen sein soll. In jedem Fall soll durch den Ausschluss des Handels mit Förderberechtigungen vermieden

---

[6] Eckpunktepapier des BMWi: „Eckpunkte für ein Ausschreibungsdesign für Photovoltaik-Freiflächenanlagen".

werden, dass mit Förderberechtigungen aufgrund erhaltener Zuschläge ein Zweitmarkt betrieben wird. Das nun vorgeschlagene Verfahren sieht Methoden zur Vermeidung von Angeboten mit mangelnder Ernsthaftigkeit vor, wobei bestimmte Qualitätsanforderungen und Vertragsstrafen vorgesehen werden. Ebenso soll durch virtuelle Höchstpreise vermieden werden, dass im Rahmen einer Auktion überteuerte Angebote zu einem Zuschlag führen.

Die mit dem Ausschreibungsmodell bezweckte Marktöffnung führt konsequenterweise zu einem merklichen Rückgang der Planungssicherheit, die insbesondere für Anlagenbetreiber bisher einer der bedeutendsten Eckpfeiler des EEG war. Aber auch andere Marktteilnehmer werden die sich hieraus ergebenden Veränderungen der Marktbedingungen zu spüren bekommen. Angefangen bei den Projektierern, die bereits frühzeitig in eine Projektplanungsphase zu integrieren sind, nunmehr jedoch bis zu einem potenziellen Zuschlag in Ungewissheit über die eigentliche Projektrealisierung verharren müssen, bis hin zu den Anlagenherstellern, die sich auch unter Berücksichtigung bislang akzeptierter Lieferfristen auf ein verändertes Nachfrageverhalten einstellen müssen.

Darüber hinaus müssen wichtige Fragen der Projektfinanzierung geklärt werden. Soweit ein abschließendes Finanzierungskonzept einschließlich etwa einer Finanzierungszusage einer Bank zur Voraussetzung für die Teilnahme an einer Ausschreibung würde, stellte sich die Frage, auf welcher Basis eine solche Zusage ohne abschließende Projektkalkulation erfolgen kann. Das zu Konsultationszwecken erstellte Eckpunktepapier sieht insoweit zunächst die Stellung einer finanziellen Sicherheit (sog. Bid-Bond) als finanzielle Qualifikationsanforderung zur Teilnahme an der Ausschreibung vor, um die Ernsthaftigkeit des Gebots nachzuweisen. Nach Zuschlagserteilung sei dann eine im Vergleich zum Bid-Bond größere Sicherheit zu hinterlegen, welche eine Pönale im Fall der Verzögerung oder Nichtrealisierung des Projekts absichern soll. Die Höhe entsprechender finanzieller Sicherheiten sei aber noch festzulegen. Liegt hiernach bei Abgabe des Angebots im Rahmen der Ausschreibung – aus nachvollziehbaren Gründen – noch kein Finanzierungskonzept vor, bedeutet die drohende Pönale für den Fall der ausbleibenden oder scheiternden Finanzierung trotz Zuschlagserteilung ein nicht zu vernachlässigendes zusätzliches Risiko für den Teilnehmer an der Auktion.

Das Ausschreibungsmodell soll im Übrigen in einem Umfang von mindestens 5 % der jährlich neu installierten Leistung europaweit geöffnet werden (vgl. § 2 Abs. 6 EEG 2014).

3.4.7 Bewertung und Kritikpunkte

Unter Berücksichtigung der Entwicklung der jeweiligen Fördersätze ist eine klare Tendenz erkennbar, dass der Gesetzgeber vor dem Hintergrund der Kosten der EEG-Förderung verstärkt „günstigere" Energieträger, wie die Bereiche der Windenergie und der Photovoltaik, fördern wird.

Zu wesentlicher Kritik an dem Gesetzesvorhaben, die unter anderem über den Bundesrat auch durch die Länder eingebracht wurde, zählt der Umstand, dass nach § 61 EEG 2014 zukünftig auch Betreiber von Eigenversorgungsanlagen abgestuft an der EEG-Umlage beteiligt werden. Die Beteiligung entfällt vollständig lediglich für Kleinanlagen mit weniger als 10 MWh Eigenverbrauch p. a. bzw. bei einer Nennleistung von bis zu 10 kW (s. Abschn. 1.4.4).

Weitere Kritik beruht auf den Übergangsbestimmungen des Gesetzes, denen eine teilweise Verletzung des Vertrauensschutzes für genehmigte bzw. bereits in Betrieb genommene Anlagen zur Last gelegt wird. Hintergrund ist die Stichtagsregelung zum Inkrafttreten des EEG 2014 zum 1. August 2014, die generell für Anlagen gilt, die ab dem 1. August 2014 in Betrieb genommen wurden. Daneben sieht das Gesetz in den §§ 100 ff. EEG 2014 jedoch auch eine eingeschränkte Geltung für Bestandsanlagen, d. h. für Anlagen mit einer Inbetriebnahme vor dem 1. August 2014, sowie für Anlagen vor, die ab dem 1. August 2014 in Betrieb genommen wurden, jedoch bereits vor dem 23. Januar 2014 (Zeitpunkt der Veröffentlichung des Eckpunktepapiers) genehmigt worden waren.

3.5 Vermarktungsmodelle außerhalb des EEG

Die regulatorischen Rahmenbedingungen, die der Gesetzgeber für die Vermarktung von Energie aus erneuerbaren Energiequellen geschaffen hat, finden neben dem EEG ihren Ausfluss auch in zahlreichen weiteren Spezialgesetzen und Verordnungen. Lediglich beispielhaft seien an dieser Stelle die folgenden Regelwerke erwähnt.

3.5.1 Erneuerbare-Energien-Wärmegesetz

Obwohl rund 50 % des Energieverbrauchs in die Erzeugung von Wärme „investiert" wird, wird jener Bedarf lediglich über 8,4 % durch Erneuerbare Energien gedeckt (Stand 2009[7]).

Mit dem EEWärmeG[8] versucht der Gesetzgeber, dieser ernüchternden Statistik mit dem Ziel entgegenzuwirken, den Anteil Erneuerbarer Energien am Endenergieverbrauch für Wärme und Kälte bis zum Jahr 2020 auf 14 % zu erhöhen (vgl. § 1 II EEWärmeG).

Dies soll dadurch bewerkstelligt werden, dass bei der Wärme- und Kälteversorgung von Gebäuden der Wärme- bzw. Kälteenergiebedarf zu einem Teil durch Erneuerbare Energien gedeckt werden. Der verpflichtende Anteil ist abhängig vom Baujahr des Gebäudes, seiner Größe und der Art des verwendeten Primärenergieträgers. Relevante Energieressourcen stellen dabei solare Strahlungsenergie, Biomasse, Geothermie und Umweltwärme dar (vgl. § 5 EEWärmeG).

Einen Anreiz zur über das jeweils verpflichtende Maß hinausgehenden Nutzung erneuerbarer Energiequellen schafft das Gesetz über ein separates Förderinstrument. Hierbei wird insbesondere die Errichtung oder Erweiterung von Anlagen zur Wärme- bzw. Kälteerzeugung aus Erneuerbaren Energien finanziell gefördert.

---

[7] Vgl. *BEE*, http://www.bee-ev.de/Energieversorgung/Waerme/index.php.
[8] Erneuerbare-Energien-Wärmegesetz.

3.5.2 Biokraftstoffquotengesetz und Biokraftstoff-Nachhaltigkeitsverordnung

Mit dem Biokraftstoffquotengesetz[9] aus dem Jahre 2006 bezweckte der Gesetzgeber die Einführung einer Quote für Biokraftstoffe, um den weiteren Ausbau der Biokraftstoffe neben bzw. anstelle von Steuerbegünstigungen von Biokraftstoffen durch eine unternehmensbezogene Quotenpflicht bei gleichzeitigem Abbau von Subventionen zu fördern.

Das Gesetz war notwendig geworden, nachdem die Europäische Kommission den sogenannten Spitzenausgleich nach dem Stromsteuergesetz nur befristet genehmigt hatte.

Adressat des Gesetzes ist die Mineralölindustrie, die verpflichtet wird, einen ansteigenden Anteil am Gesamtabsatz an Kraftstoffen durch Biokraftstoffe abzudecken. Hierfür wurde im Bundes-Immissionsschutzgesetz eine entsprechende Quotenregelung mit flankierenden Sanktionsregelungen implementiert, wobei die Quotenpflicht vertraglich auf Dritte delegiert werden kann.

Mit flankierenden Verordnungen soll gewährleistet werden, dass Nachhaltigkeits- und CO_2-Kriterien in das Quotensystem implementiert werden können.

Die Systematik des Spitzenausgleichs im Rahmen des Energie- und Stromsteuergesetzes bleibt mit der Maßgabe erhalten, dass diese unter dem Vorbehalt der beihilferechtlichen Genehmigung stehen.

Eine der hierauf erlassenen Verordnungen stellt die Biokraftstoff-Nachhaltigkeitsverordnung[10] über die Anerkennung und Nachweise sowie Zertifizierungsverfahren zu Biokraftstoffen dar.

3.5.3 Kraft-Wärme-Kopplungsgesetz

Einen von den bisher genannten Regelwerken abweichenden Ansatz verfolgt das Kraft-Wärme-Kopplungsgesetz (KWKG).[11] Im Mittelpunkt des KWKG steht nicht die Verwendung bestimmter Primärenergieträger, sondern die Technik der Energieerzeugung durch gleichzeitige Umwandlung der verwendeten Primärenergie in Strom und Wärme in einer Anlage (KWK-Anlage). Die angestrebten Umwelt- und Klimaziele werden dabei mit einem um etwa ein Drittel reduzierten Energieverbrauch, nicht mit dem alternativen Einsatz bestimmter erneuerbarer Energiequellen, verfolgt. Ziel ist die Steigerung der Stromerzeugung aus KWK-Anlagen in der Bundesrepublik Deutschland auf 25 % bis zum Jahr 2020 (vgl. § 1 KWKG).

---

[9] Gesetz zur Einführung einer Biokraftstoffquote durch Änderung des Bundes-Immissionsschutzgesetzes und zur Änderung energie- und stromsteuerrechtlicher Vorschriften.

[10] Verordnung über Anforderungen an eine nachhaltige Herstellung von Biokraftstoffen aus dem Jahre 2009, zuletzt geändert im November 2011.

[11] Gesetz für die Erhaltung, die Modernisierung und den Ausbau der Kraft-Wärme-Kopplung vom 19.03.2002, zuletzt geändert durch Gesetz vom 21.07.2014.

Förderfähige Anlagen im Sinne des KWKG arbeiten gem. § 2 KWKG – anders als im Rahmen des EEG – auf Basis von Steinkohle, Braunkohle, Abfall, Abwärme, Biomasse, gasförmigen oder flüssigen Brennstoffen. Die Förderung von KWK-Anlagen unter Einsatz zumindest auch fossiler Energieträger steht somit in einer gewissen Konkurrenz zu den Förderinstrumenten etwa des EEG, wobei eine theoretische Doppelförderung ausgeschlossen wird.

Die Funktionsweise der Fördermechanismen des KWKG ist im Wesentlichen vergleichbar mit derjenigen des EEG, wobei dem Anlagenbetreiber ein Wahlrecht zwischen der Direktvermarktung und einem Vergütungsanspruch gegenüber dem Netzbetreiber zusteht. Auch beim KWKG verfügt der Anlagenbetreiber im Grundsatz über einen Anschluss-, Abnahme- und Vergütungsanspruch für mit KWK-Anlagen erzeugte und eingespeiste elektrische Energie. Hinzu kommt die Zuschlagsberechtigung gegenüber dem Netzbetreiber für Betreiber von Wärme- bzw. Kältenetzen sowie von entsprechenden Speicheranlagen (vgl. §§ 5a ff. KWKG). Die den betroffenen Netzbetreibern hieraus entstehenden Lasten werden über einen bundesweiten Ausgleichsmechanismus unter den Übertragungs- bzw. nachgelagerten Netzbetreibern (vgl. § 9 KWKG) verrechnet.

> **Fazit**
>
> Die Entwicklung des EEG und flankierender gesetzlicher Regelungen offenbart den Zwiespalt, den der Gesetzgeber vor dem Hintergrund der Energiewende unweigerlich mit der politischen Entscheidung zum Ausbau der Energiegewinnung aus erneuerbaren Energiequellen einerseits und dem Wunsch nach einer maßvollen Entwicklung der Energiekosten andererseits eingegangen ist. Mit der jüngsten Reform des EEG wurden vielversprechende Ansätze gefunden, diesen Zielkonflikt durch eine verstärkte Anbindung der Branche an den Wettbewerb langfristig beherrschbaren Kompromisslösungen zuzuführen. Wenngleich viele Details noch klärungsbedürftig sind, verspricht insbesondere das Instrument des Ausschreibungsmodells, neue Impulse zu setzen. Es bleibt abzuwarten, wie die Marktteilnehmer die damit verbundenen Herausforderungen annehmen werden und inwieweit entsprechende Modelle neben der Photovoltaik auch auf andere Bereiche übertragbar sind. Dies wird auch zu einem zunehmenden Wettbewerb unter den Anbietern der unterschiedlichen Energieträger führen.
>
> Soweit dem notwendigen Ausbau der Erneuerbaren Energien unwidersprochen Priorität eingeräumt wird, darf jedoch konsequenterweise keiner der bislang geförderten Bereiche außen vor bleiben, da die ambitionierten Ausbauziele ansonsten kaum erreichbar sein dürften. Trotz der wichtigen Schritte, die der Gesetzgeber mit dem EEG in seiner jüngsten Fassung beschreiten will, werden die gesetzten Ziele der Energiewende und des Ausbaus der Erneuerbaren Energien nicht ohne einen weiteren, spürbaren Anstieg der Energiekosten zu verwirklichen sein. Es ist fraglich, welche Bürden die Unternehmen und auch die Endverbraucher bereit sind, dauerhaft zu tragen, um diese Ziele mitzutragen. Um im internationalen Wettbewerb bestehen zu können, bleibt zu wünschen, dass andere Länder, allen voran aus der Europäischen Union, dem Schritt der Bundesregierung folgen werden.

Literatur

Bartsch, Michael, Andreas Röhling, Peter Salje, und Ulrich Scholz, Hrsg. 2002. *Stromwirtschaft – Ein Praxishandbuch*. 1. Aufl., S. 325 f.

Becker, Thorben. 2014. *Umwelt Aktuell*, 13 (03/2014).

BMWi. 2014. Eckpunkte für ein Ausschreibungsdesign für Photovoltaik-Freiflächenanlagen. http://www.bmwi.de/BMWi/Redaktion/PDF/E/eckpunktepapier-photovoltaik-freiflaechenanlagen,property=pdf,bereich=bmwi2012,sprache=de,rwb=true.pdf. Zugegriffen: 3. Sept. 2014.

HK EEG, Jan Reshöft, und Andreas Schäfermeier, Hrsg. 2014. Erneuerbare-Energien-Gesetz, Handkommentar. 4. Aufl. Baden-Baden: Nomos (zit. Autor, HK EEG).

Kachel, Markus. 2012. Die besondere Ausgleichsregelung im EEG als Instrument zur Entlastung der stromintensiven Industrie. *Zeitschrift für Umweltrecht (ZUR)* 32 ff.

Mihm, Andreas, und Frankfurter Allgemeine Zeitung, Hrsg. 2014a. EU torpediert die EEG-Reform. (20.06.2014)

Mihm, Andreas, und Frankfurter Allgemeine Zeitung, Hrsg. 2014b. Das EEG-Monster lebt. (28.06.2014)

Mihm, A., und H. Kafsack. 2014. Ökostrom kostet jeden Deutschen 240 € im Jahr. http://www.faz.net/aktuell/wirtschaft/wirtschaftspolitik/eeg-umlage-oekostrom-kostet-jeden-deutschen-240-euro-im-jahr-12743150.html. Zugegriffen: 3. Sept. 2014.

Ohms, Martin. 2014. *Recht der Erneuerbaren Energien*. München: Beck.

Oschmann, Volker. 2004. Die Novelle des Erneuerbare-Energien-Gesetzes. *Neue Zeitschrift für Verwaltungsrecht (NVwZ)* 8:910 ff.

Raabe, Marius, und Niels Meyer. 2000. Das Erneuerbare-Energien-Gesetz. *Neue Juristische Wochenschrift (NJW)* 18:1298.

Schulz, Stefan (Spiegel), Hrsg. 2012. Ökostrom-Umlage. Netzagentur kritisiert Entlastungen für Industrie. (15.05.2012)

Schütte, Peter, und Martin Winkler. 2014. Aktuelle Entwicklungen im Bundesumweltrecht/Berichtszeitraum: 16.01.2014 bis 12.03.2014. *Zeitschrift für Umweltrecht (ZUR)* 5:303 ff.

Thomas, Henning. 2012. Das EEG 2012. *Neue Zeitschrift für Verwaltungsrecht (NVwZ)* 11:670 ff.

Robert Kramer ist Rechtsanwalt und seit 2011 Partner bei GSK Stockmann + Kollegen. Nach seinem Studium an der Ludwig-Maximilians-Universität München und der Freien Universität Berlin sowie einem Auslandsaufenthalt in London startete er seine berufliche Karriere bei GSK in Berlin. 2002 wechselte Robert Kramer mit GSK zurück in seine Heimatstadt München und berät seither im Bereich „Regulierte Industrien", insbesondere im Bankaufsichtsrecht, zur Strukturierung und Prospektierung geschlossener Fonds, zu allen Themen rund um die Regulierung auf Grundlage der AIFM-Richtlinie sowie zum Versicherungsaufsichtsrecht. Daneben zählt das Energiewirtschaftsrecht mit den Bereichen Erneuerbare Energien, Nah- und Fernwärmeversorgung sowie Contracting in der Immobilienwirtschaft zu seinen Beratungsschwerpunkten. Neben seiner Vortragstätigkeit zum Energiewirtschafts- und zum Bankaufsichtsrecht hat Robert Kramer zahlreich zum nationalen und europäischen Bank- und Finanzmarktrecht veröffentlicht.

Konsumentenpräferenzen für Erneuerbare Energien

4

Roland Menges und Gregor Beyer

▶ Erneuerbare Energien versprechen angesichts des gesellschaftlichen Meta-Themas „Klimawandel" in ihrem jeweiligen Nutzungskontext Antworten auf die Herausforderungen eines wenig nachhaltigen Lebensstils. Dieser Beitrag beschäftigt sich mit dem Begriff und der empirischen Literatur zu Konsumentenpräferenzen für EE. Hierzu wird zunächst der Begriff der Präferenzen präzisiert. Zudem wird die Frage diskutiert, unter welchen Bedingungen individuelle Präferenzen einen normativen Charakter für die Gestaltung von Energiepolitik und Vermarktungsstrategien entfalten können. Fast alle empirischen Studien zeigen, dass die Verwendung von EE auf eine hohe gesellschaftliche Akzeptanz stößt. Darüber hinausgehende einheitliche Aussagen sind jedoch kaum zu treffen. Dies liegt allerdings nur zum Teil an der Heterogenität des Untersuchungsobjektes EE und an den unterschiedlichen Untersuchungsmethoden. Die wesentliche Besonderheit von EE liegt in dem Grundproblem der öffentlichen Güter, das sich hier in seiner reinsten Form zeigt. Für die Vermarktung von EE auf wettbewerblichen Märkten bedeutet dies, dass die Konsumenten gleichzeitig zwei recht widersprüchliche Anforderungen stellen: Einerseits wollen sie einen individuellen moralischen Zusatznutzen aus ihrer Aktivität realisieren und andererseits präferieren sie solche Bereitstellungsmechanismen für EE, die

R. Menges (✉)
Institut für WiWi, Abt. VWL, TU Clausthal, Julius-Albrecht-Straße 6,
38678 Clausthal-Zellerfeld, Deutschland
E-Mail: roland.menges@tu-clausthal.de

G. Beyer
Calvördestr. 13, 38118 Braunschweig, Deutschland
E-Mail: gregor.beyer@tu-clausthal.de

© Springer Fachmedien Wiesbaden 2015
C. Herbes, C. Friege (Hrsg.), *Marketing Erneuerbarer Energien*,
DOI 10.1007/978-3-658-04968-3_4

aufgrund ihrer kollektiven Verbindlichkeit die Möglichkeit des Trittbrettfahrens anderer Individuen weitgehend reduzieren.

4.1 Einleitung

Der zunehmende Ausbau der Erneuerbaren Energien ist nicht nur ein zentrales, sondern auch ein sehr symbolträchtiges Element der Energiewende und des Klimaschutzes. Im Stromsektor führt er bei gleichzeitiger Abschaltung der Kernkraftwerke zu strukturellen Veränderungen, die sich u. a. in einer Verdrängung von Stromerzeugung auf fossiler Basis zeigen. In diesem Beitrag soll analysiert werden, wie Erneuerbare Energien aus Sicht der individuellen Konsumentenpräferenzen bewertet werden. Da der Begriff der Präferenzen sich notwendigerweise immer auf subjektive Bewertungszusammenhänge bezieht, treten andere, z. B. technische oder gesamtwirtschaftliche, Zusammenhänge eher in den Hintergrund der Betrachtung. Diese sind für die Belange dieser Untersuchung nur insoweit relevant, wie sie aus Sicht der Konsumenten als subjektives Nutzenkriterium erscheinen.

- So wird etwa aus umweltökonomischer Sicht der Beitrag Erneuerbarer Energien zum Umwelt- und Klimaschutz nicht absolut, sondern nur in Kosten- und Nutzenrelationen zu anderen Optionen des Klimaschutzes (etwa im Zusammenhang des Emissionshandels) beurteilt.
- Aus energieökonomischer Sicht werden mögliche Beeinträchtigungen der gesamtwirtschaftlichen Versorgungssicherheit aufgrund volatiler Einspeisungen oder auch Fragen des grundsätzlichen Marktdesigns (etwa in Bezug auf die vorrangige Einspeisung des Stroms) problematisiert.

Bei der Erforschung der Konsumentenpräferenzen treten derartige Aspekte jedoch eher in den Hintergrund. Die meisten Studien zeigen, dass technische oder abstrakte ökonomische Hintergründe – anders als gut kommunizierbare ökologische Produkteigenschaften der Energieversorgung – nur schwer in das Entscheidungsumfeld zu integrieren sind, in dem sich die Präferenzen privater Haushalte entfalten. Zudem weisen viele Studien darauf hin, dass die privaten Konsumenten an den technischen Hintergründen der Stromversorgung ganz überwiegend kaum interessiert sind.[1]

Fast alle empirischen Studien, die in diesem Beitrag betrachtet werden, weisen darauf hin, dass die Konsumenten den Ausbau der Erneuerbaren Energien als einen Wandel in Richtung einer umwelt- und klimafreundlichen Energieversorgung begrüßen. Wenn die Beiträge der Erneuerbaren Energien nicht nur im Stromsektor, sondern auch bei der Wär-

---

[1] Dies gilt beispielsweise für Studien, die sich mit der Zahlungsbereitschaft der Konsumenten für die Versorgungssicherheit der Stromversorgung (Praktiknjo 2014) oder die Verwendung der Erdkabeltechnik anstatt von Hochspannungsleitungen beim Ausbau der Übertragungsnetze beschäftigen (Menges und Beyer 2013).

meerzeugung oder im Mobilitätssektor (über den Umweg der Elektromobilität) diskutiert werden, wird hiermit häufig der Übergang zu einer insgesamt nachhaltigen Wirtschafts- und Lebensweise verbunden. Doch über die Frage, welche konkreten Schlussfolgerungen politische Entscheidungsträger oder Energieunternehmen aus diesen von den meisten Studien geteilten Befunden zu ziehen sind, herrscht wenig Konsens.

- Aus normativer Sicht wird beispielsweise in der ökologischen Ökonomik die Frage aufgeworfen, inwiefern wichtige Projekte, die dem Schutz der Umwelt und den Interessen späterer Generationen dienen, überhaupt einer Bewertung durch die (möglicherweise instabilen oder schlecht informierten) individuellen Präferenzen der derzeitigen Generation unterzogen werden sollen. Eine Bindung derart zentraler Aufgaben an Konstrukte wie Konsumentensouveränität oder die Zahlungsbereitschaft von Konsumenten wird hier eher abgelehnt.
- Aus ordnungstheoretischer Sicht wird hingegen die Bindung der Politik an die individuellen Präferenzen betont, allerdings ist nicht klar, anhand welcher Instrumente und welcher Finanzierungsmechanismen der Ausbau der Erneuerbaren Energien vorangetrieben werden soll. Soll dies beispielsweise auf Basis eher wettbewerblicher Mechanismen geschehen oder soll der Ausbau der Erneuerbaren Energien im Sinne eines Primats der Politik zentral und „von oben" verordnet werden? Wie hoch sind die aus Sicht der Konsumenten akzeptablen Kostensteigerungen? Soll der Ausbau der Erneuerbaren Energien eher durch allgemeine Steuermittel, öffentliche Verschuldung oder (wie derzeit praktiziert) eine Abgabe auf den Strompreis finanziert werden? Soll es aus sozialpolitischen Gründen eine Kostenentlastung einkommensschwacher Haushalte oder energieintensiver Unternehmen geben, die im internationalen Wettbewerb stehen?

Die empirische Literatur zu den Konsumentenpräferenzen erlaubt keine eindeutigen Antworten auf diese Fragen. Ein Grund hierfür besteht auch darin, dass die Vorgehensweisen und Ergebnisse vieler Studien nicht direkt miteinander vergleichbar sind. Sie weisen einerseits starke Unterschiede in Bezug auf die verwendete *Erhebungsmethode* (und damit in Bezug auf die theoretischen Grundlagen der Präferenzerfassung) und andererseits in Bezug auf die Gestaltung des *Untersuchungsobjektes* „Erneuerbare Energien" in der jeweiligen Erhebungssituation auf. Vor diesem Hintergrund sollen die derzeit vorliegenden Studien methodisch strukturiert verglichen und in Bezug auf ihre wesentlichen Aussagen analysiert werden. Hierzu wird im zweiten Abschnitt dieses Beitrags der Begriff der Konsumentenpräferenzen zunächst aus theoretischer Sicht präzisiert, bevor im dritten Abschnitt eine Übersicht über die in der empirischen Literatur verwendeten Erhebungsmethoden entwickelt wird. Im vierten Abschnitt werden die verschiedenen Dimensionen des Untersuchungsobjektes „Erneuerbare Energien" herausgearbeitet, die einer Bewertung durch die Konsumentenpräferenzen unterzogen werden. Es schließt eine Sichtung der empirischen Literatur zum Thema „Konsumentenpräferenzen für EE" anhand dieses Analyserasters an. Der Beitrag endet im sechsten Abschnitt mit einem zusammenfassenden Ausblick.

4.2 Zum Begriff der Präferenzen

Da sich dieser Beitrag mit empirischen Studien beschäftigt, die den Anspruch erheben, die Konsumentenpräferenzen für EE zu messen, soll zunächst der Begriff der Präferenzen theoretisch präzisiert werden. Auch wenn individuelle Präferenzen nicht direkt bzw. objektiv messbar sind, stellen sie aus ökonomischer Sicht eine deutlich komplexere Größe dar als etwa unverbindliche Meinungsäußerungen zu wünschenswerten oder weniger wünschenswerten Projekten. Das Konzept der Präferenzen stellt in der ökonomischen Theorie die Grundlage individueller Entscheidungen dar. Aber nicht nur in der ökonomischen Theorie, sondern auch in vielen anderen Bereichen der Sozialwissenschaften werden auf der Basis des methodologischen Individualismus alle Werte immer auf individuelle Werte und damit auf die individuellen Präferenzen zurückgeführt. Individuelle Präferenzen lassen allerdings keine Aussage über den absoluten Wert von Gütern zu, sondern sind immer gebunden an einen bestimmten, d. h. konkreten Entscheidungskontext. Dieser entsteht dadurch, dass Individuen auf der einen Seite potenziell unbegrenzte Bedürfnisse haben, auf der anderen Seite jedoch nur über begrenzte Ressourcen verfügen, um diese Bedürfnisse zu befriedigen. Individuen müssen also zwischen ihren unterschiedlichen materiellen und immateriellen Bedürfnissen abwägen und dabei die Fähigkeit von alternativen Gütern einschätzen, ihre Bedürfnisse zu befriedigen.

Aus dem Konsum von Gütern resultiert ein individuell und subjektiv empfundener *Nutzen*. Obwohl die Fragen, welche Eigenschaften dieser Nutzen hat (ob er beispielsweise zwischen verschiedenen Individuen vergleichbar ist) und wie er gemessen werden kann (z. B. als rein ordinale Größe oder als metrisches, in Geldeinheiten ausgedrücktes Maß), in den verschiedenen Teildisziplinen der ökonomischen Theorie nicht einheitlich beantwortet werden, wird doch immer die Existenz individueller Präferenzen vorausgesetzt. Hierbei wird in der Regel von stabilen, d. h. gegebenen, Präferenzen ausgegangen. Die Annahme, dass Individuen sich durch stabile Präferenzen auszeichnen, ist hierbei weniger als eine Annäherung an ein realistisches Menschenbild zu verstehen, sondern Ausdruck eines methodologisch geprägten Vorgehens und einer Art Arbeitsteilung zwischen den verschiedenen sozialwissenschaftlichen Disziplinen. Während beispielsweise die Psychologie oder auch die Soziologie die Entstehung und Veränderung von Verhaltens- oder Bedürfnismustern in der Gesellschaft untersuchen, wird in der Ökonomik der Prozess der Formation der individuellen Präferenzen eher vernachlässigt, da es hier im Kern um die Frage des objektiv beobachtbaren Entscheidungsverhaltens der Individuen angesichts der o. g. Knappheiten geht. Allerdings muss betont werden, dass beispielsweise im Bereich der deskriptiven Entscheidungstheorie oder des Marketings auch die Vorstellung veränderbarer Präferenzen untersucht wird und dass adaptive, d. h. lernende, Präferenzen unter bestimmten Voraussetzungen auch mit dem Lehrgebäude der Neoklassik vereinbar sind (z. B. Weizsäcker 2014).

Da der Nutzen, den Individuen aus ihren Entscheidungen ziehen, nicht objektiv messbar ist, gleichwohl aber die Zielgröße der Entscheidungen darstellt, offenbaren die Individuen ihre Präferenzen erst im Zuge ihrer Entscheidungen (für die entscheidungstheoretischen Details wie etwa die damit verbundenen Rationalitätsaxiome vgl. z. B. Pindyck und Rubinfeld 2009). Die ökonomische Theorie geht davon aus, dass Individuen in der Lage sind, eine Menge verfügbarer Alternativen zu bewerten und in eine Rangfolge, d. h. eine *Präferenzordnung*, zu bringen, die beispielsweise Aussagen darüber zulässt, ob eine Alternative A der Alternative B vorgezogen wird, ob B gegenüber A vorgezogen wird, oder ob das Individuum zwischen B und A gerade indifferent ist. Eine für Präferenzerfassungsmethoden zentrale Operationalisierung des Begriffs der Präferenzen besteht in der Zahlungsbereitschaft (Willingness to pay): Der Wert, den das Individuum einer Alternative A in einer konkreten Entscheidungssituation einräumt, besteht in der Anzahl von Geldeinheiten, die es maximal bereit ist, herzugeben, um in den Genuss von A zu kommen, ohne dass sich sein Nutzenniveau hierbei ändert.[2] Mit anderen Worten: Der Wert, den Individuen einem Gut beimessen, drückt sich in der Bereitschaft aus, auf andere Güter zu verzichten.

Nun könnte man an dieser Stelle versucht sein, zu fragen, weshalb derartige grundlagentheoretische Überlegungen für eine Bewertung von Erneuerbaren Energien relevant sein sollen. Während das Konstrukt der Zahlungsbereitschaft von Konsumenten bei der Bewertung von Marktgütern wie etwa einer neuen Generation Smartphones eines bestimmten Herstellers gut funktionieren mag und der auf der Zahlungsbereitschaft der Konsumenten basierende Marktwert eines Smartphones einen gesellschaftlich akzeptablen Wertmaßstab für dieses Produkt darstellt, könnte man eine Bewertung von Erneuerbaren Energien anhand der individuellen Zahlungsbereitschaft von Konsumenten aus zwei Gründen anzweifeln:

- *Erstens* handelt es sich bei Erneuerbaren Energien ja im weitesten Sinne um Güter, deren Wert nicht unbedingt anhand des Einkaufs- und Investitionsverhaltens von Konsumenten auf herkömmlichen Märkten zu beobachten ist, weil derartige Märkte allenfalls eingeschränkt, jedenfalls kaum unabhängig von marktexogenen, politischen Setzungen existieren.
- Und *zweitens* berühren EE – anders als Smartphones – nicht nur die Interessen und Bedürfnisse eines einzelnen Konsumenten, sondern sind im gesellschaftlichen Interesse.

Beide Aspekte werden im folgenden Abschnitt näher betrachtet, in dem die unterschiedlichen Präferenzerfassungsmethoden vorgestellt werden, die bei der Analyse von individuellen Präferenzen zum Einsatz kommen. Die Grundüberlegung, dass die Stärke einer Präferenz für ein bestimmtes Gut daran gemessen wird, was man bereit ist herzugeben, um in den Genuss dieses Gutes zu kommen, ist jedoch konstituierend für alle ökonomischen

---

[2] Wenn in einer konkreten Entscheidungssituation der Preis, den das Individuum tatsächlich zahlen muss, um in den Genuss von A zu kommen, niedriger ist als seine Zahlungsbereitschaft (WTP), resultiert hieraus eine Verbesserung des Nutzens in Form einer sog. Konsumentenrente. Alternativ könnte auch nach der sog. Willingness to accept (WTA) gefragt werden. In diesem Fall wird der Wert des Gutes daran sichtbar, wie viele Geldeinheiten der Konsument für die Hergabe von Alternative A als Kompensation mindestens fordern würde. Zur Theorie der sog. kompensierten Wohlfahrtsmaße vgl. Weimann (2009).

Bewertungsverfahren. Sie wird beispielsweise im Rahmen umweltökonomischer Bewertungsmethoden auf die Erfassung von individuellen Präferenzen für die Verbesserung von Umweltqualität durch konkrete, d. h. räumlich und zeitlich spezifizierte, Maßnahmen des Umweltschutzes wie etwa den Ausbau der Erneuerbaren Energien angewandt: Auch wenn es sich bei der Umweltqualität um ein nicht marktfähiges, immaterielles Gut handelt, das die Interessen vieler Individuen berührt und dessen Nutzen als *öffentliches Gut* von ihnen gemeinsam konsumiert wird, so wird auch hier die Stärke der individuellen Präferenzen daran sichtbar, welche Mengen anderer Güter die Individuen bereit sind aufzugeben, um eine Verbesserung der Umweltqualität zu erreichen. In ähnlicher Weise funktionieren Marktforschungsmethoden von Energieunternehmen, wenn etwa bei der Entwicklung eines neuen, noch nicht marktgängigen Ökostromproduktes anhand bestimmter Methoden nach der Zahlungsbereitschaft der Konsumenten für den Wechsel zu ihrem Produkt gefragt wird.

4.2.1 Konsumentenpräferenzen und Konsumentenverantwortung

In der Nachhaltigkeitsforschung steht die normative Frage, wer für die Umsetzung nachhaltiger Konsummuster die Verantwortung trägt, an zentraler Stelle (Belz und Bilharz 2007). Während markt-optimistische Positionen mit der Entdeckung des „Lifestyles of Health and Sustainability" (LOHAS) davon ausgehen, dass die Verbraucher staatliche Regelungen zwar als notwendig akzeptierten, echte Veränderungen jedoch nur von verantwortungsvollen Konsumentscheidungen ausgingen (Müller-Friemauth 2009), warnen eher marktskeptische Positionen vor einer kontraproduktiven „Privatisierung der Nachhaltigkeit" (Grunwald 2010). In ähnlicher Weise betonen Verbraucherverbände, die Defizite der Politik könnten nicht durch ökologisch korrekten Konsum überwunden werden, und weisen der Politik die Hauptverantwortung zu, „durch Regeln und Gesetze die Rahmenbedingungen für nachhaltiges Wirtschaften und damit auch für einen nachhaltigen Konsum" (Lell 2012, S. 38) zu setzen. Als Kompromisslösung wird häufig das *Modell der geteilten Verantwortung* genannt, das davon ausgeht, dass privates Konsumhandeln ebenso nachhaltigkeitsrelevant wie politisches Handeln sei und beide Bereiche kaum voneinander zu unterscheiden seien (Bilharz et al. 2011). Bezogen auf das Untersuchungsobjekt „Erneuerbare Energien" bedeutet dies, dass staatliches Handeln bei der Förderung Erneuerbarer Energien (z. B. durch ihre Förderung im Rahmen des EEG) neben eigenverantwortlichem Handeln der Konsumenten (z. B. durch den Wechsel zu einem Ökostromanbieter) zum Einsatz kommen sollte.

Aus ökonomischer Sicht ist die normative Forderung, der Staat oder die Konsumenten müssten Verantwortung übernehmen, zunächst wenig aussagekräftig, wenn es nicht gelingt, diese in konkrete Anreizstrukturen für das individuelle Verhalten zu übersetzen. Normative Ideale sind „positiv abzuarbeiten" (Homann 1994) und werden erst durch die Spiegelung an den empirischen Bedingungen zu begründbaren, moralischen Forderungen

(Suchanek 2007).³ Hinzu kommt, dass umweltpolitische Probleme wie der Klimawandel gerade nicht dadurch gekennzeichnet sind, dass selbstverantwortliches Handeln der Individuen zu einem sozialen Optimum und zu einer auf Märkte „transformierten Verantwortung" führt. Vielmehr liegt hier Marktversagen in Form externer Effekte vor, sodass gesellschaftlich-institutionelle Regelungen benötigt werden (Stübinger 2005, S. 132).

Die ökonomische Theorie behandelt Umwelt- und Nachhaltigkeitsgesichtsaspekte des individuellen Verhaltens aus der Perspektive des Altruismus. Das Untersuchungsobjekt ökonomischer Altruismustheorien sind das empirisch beobachtbare *Entscheidungsverhalten* und die daraus resultierenden *sozialen Ergebnisse* (für eine Übersicht vgl. Ockenfels 1999). Auf individueller Ebene entstehen diese aus dem Zusammenspiel individueller Präferenzen und (Budget-)Restriktionen, auf der sozialen Ebene durch die Interaktion aller beteiligten Individuen. Bezogen auf die obige Frage nach der Verantwortlichkeit für die soziale und ökologische Qualität von Entscheidungsergebnissen gilt es also zu untersuchen, ob individuelle und kollektive Entscheidungen zueinander komplementär sind oder in einer Substitutionsbeziehung stehen.

Klimaschutz reduziert externe Effekte ökonomischer Aktivitäten und stellt daher ein reines öffentliches Gut dar, dessen Niveau sich aus der Summe aller individuellen Bemühungen um Emissionsreduktion ergibt.⁴ Auf individueller Ebene würde Altruismus (also ein positiver Nutzen aus dem Klimaschutz) ökonomische Akteure zu nachhaltigem Verhalten motivieren; da es dem *reinen* Altruisten jedoch prinzipiell egal ist, wer das öffentliche Gut bereitstellt, kommt es durch Trittbrettfahrerverhalten zu dem bekannten sozialen Dilemmakonstellationen, in denen das Marktergebnis systematisch nicht dem sozialen Optimum entsprechen kann. Zudem würden staatliche (über Steuern finanzierte) Beiträge zum Klimaschutz von den Akteuren als *perfekte Substitute* zu ihren freiwilligen Beiträgen angesehen werden. Dieser Verdrängungseffekt („Crowding-out") wird in der Literatur in der Neutralitätshypothese formuliert (Bergstrom et al. 1986).

Die tatsächlich beobachtbare Koexistenz staatlicher Finanzierung und freiwilliger Beiträge zur Umweltqualität, wie sie insbesondere im Bereich der Nutzung Erneuerbarer Energien sichtbar wird, kann hingegen durch *unreinen* Altruismus erklärt werden: Individuen empfinden einen intrinsischen Nutzen des Beitragens, einen „warm glow of giving" (Andreoni 1989). Somit sind weder die freiwilligen Beiträge der anderen Akteure noch die des Staates perfekte Substitute zum eigenen nachhaltigen Verhalten und es kommt nur

---

³ Der Vorschlag, normativ begründete Verantwortungszuschreibung empirisch zu untersuchen, indem gefragt wird, „welchen Akteuren Verantwortung für nachhaltigen Konsum von wem zugeschrieben wird und inwiefern sich die Akteure selber Verantwortung für nachhaltigen Konsum zuschreiben und auch tatsächlich wahrnehmen" (Belz und Bilharz 2007, S. 40), erscheint zur Untersuchung der empirischen Bedingungen des *Verhaltens* wenig geeignet.

⁴ Das Beispiel Klimaschutz zeigt sehr anschaulich, dass externe Effekte und öffentliche Güter zwei Seiten derselben Medaille sind. Die Nutzer der Gemeinschaftsressource Umwelt vernachlässigen bei ihren Aktivitäten die negativen Folgen für die jeweils anderen Nutzer, sodass es zu einer Überausnutzung kommt. Reduziert nun ein Nutzer freiwillig seine Aktivität, dann profitieren davon alle anderen Nutzer gleichzeitig und nicht ausschließbar.

zum unvollständigen „Crowding-out" (für eine empirische Literaturübersicht siehe z. B. Crumpler und Grossman (2008); Croson (2007) findet sogar „Crowding-in", während Brooks (2000) und Menges et al. (2005) nichtlineare Beziehungen finden). Eine implizite Annahme dieser ökonomischen Altruismusmodelle ist die Reversibilität von durch staatliche (Zwangs-)Maßnahmen ausgelösten Verhaltensänderungen bei den Individuen. In bestimmten Konstellationen kann eine Politik, die über extrinsische Anreize wie Bestrafungen oder Subventionen ein erwünschtes soziales oder ökologisches Verhalten der Individuen motiviert, die intrinsische Motivation der Individuen dauerhaft verändern (siehe z. B. Frey 1997) und zu Pfadabhängigkeiten führen. Theoretisch wird dies durch eine mit der extrinsischen Belohnung verbundene, subjektive Abwertung der internen Rechtfertigung des eigenen Handelns (Akerlof und Dickens 1982) oder einen externen Ansehensverlust (Benabeau und Tirole 2006) erklärt.[5]

4.2.2 Präferenzen, Einstellungen und Verhalten

Bei der Frage, inwiefern individuelles Verhalten zur Lösung von Umweltproblemen beitragen kann, stehen sich in den Sozialwissenschaften zwei unterschiedliche Konzeptionen gegenüber.

- Aus Sicht der ökonomischen Theorie werden Umweltprobleme eher den institutionellen Bedingungen des individuellen Verhaltens zugeschrieben. Da Individuen entsprechend dem ökonomischen, präferenzbasierten Verhaltensmodells systematisch, d. h. vorhersagbar, auf eine Veränderung von Anreizen reagieren, kann beispielsweise eine Veränderung relativer Preise (etwa durch die Einführung oder Erhöhung einer Steuer) zu einer Problemlösung beitragen. Ziel sollte es daher sein, dass rational handelnde Individuen gleichzeitig auch umweltbewusst handeln.
- Demgegenüber wird in anderen Bereichen der Sozialwissenschaften – wie etwa in der Psychologie – die Bedeutung von *Einstellungen* und *individueller Umweltmoral* betont. Wenn Umweltprobleme aus einem Konflikt zwischen kurzfristig egoistischen Interessen und langfristigen kollektiven Interessen resultieren, erfordert die Lösung aus dieser Perspektive eher eine Änderung der Einstellungen und der Moral der Individuen. Viele Studien, die eine Lücke zwischen den allgemeinen, positiven Umwelteinstellungen der Individuen und ihrem tatsächlichen beobachtbaren Verhalten diagnostizieren, betonen

---

[5] Goeschl und Perino (2009) entwickelten beispielsweise ein Experiment, in dem Versuchspersonen Entscheidungen über individuelle Auszahlungen für Konsumzwecke und reale CO_2-Emissionsreduktionen trafen. Sie kamen zu dem Ergebnis, dass die Besteuerung des Konsums die intrinsische Motivation reduziert, freiwillig Emissionsreduktionen zu erwerben. Es sei also fragwürdig, gleichzeitig die freiwillige Zahlungsbereitschaft moralisch motivierter Konsumenten und extrinsische Anreize zur Erzwingung des gewünschten Verhaltens zu nutzen (siehe auch Falk und Kosfeld 2006; Meier 2007). Der Befund dauerhafter bzw. irreversibler moralischer Verdrängungseffekte wird von einer Vielzahl von Studien bestätigt (Frey und Jegen 2001).

hier eher die Rolle verbesserter Informationsangebote zur Stärkung des ökologischen Wissens (etwa hinsichtlich der Verhaltenskonsequenzen).

Diese Diskussion kann an dieser Stelle nicht ausführlich geführt werden (für eine Übersicht vgl. Menges et al. 2004a). Es verbleibt aber die aus Sicht der Konsumentenforschung relevante Frage, in welcher Beziehung Präferenzen und Einstellungen zueinander stehen.

- Sozialwissenschaftliche und psychologisch motivierte Untersuchungen zum Thema „Ökostrompräferenzen" (siehe etwa Rowlands et al. 2003; Wortmann et al. 1996) gehen oftmals von der Hypothese aus, dass das individuelle Umweltbewusstsein die Bewertung der Entscheidungssituation und damit etwa auch die Ökostromwahl der Konsumenten beeinflusse. Daher wird in diesen Studien die *individuelle Umwelteinstellung* anhand bestimmter Befragungsmethoden erfasst, um anschließend von den erhobenen Einstellungsvariablen auf das Umweltverhalten schließen zu können. Vereinfacht gesprochen wird hier also *vom Bewusstsein auf das Verhalten geschlossen*.[6]
- Eher ökonomisch motivierte Untersuchungen konstruieren hingegen Erhebungssituationen, die für die Befragten reale Handlungen und Konsequenzen abbilden und gehen auf Basis des ökonomischen Modells individueller Entscheidungen den entgegengesetzten Weg, schließen also *vom beobachtbaren Verhalten auf die Präferenzen*.

Präferenzen werden daher in der ökonomischen Theorie vereinfachend als „Einstellungen des Entscheiders zu Konsequenzen oder zu Handlungsalternativen" (Eisenführ und Weber 2003, S. 31) definiert. Somit stehen Präferenzen in Relation zu Handlungsalternativen, während Einstellungen – wie z. B. das Umweltbewusstsein – genereller Natur sind und allenfalls als Prädispositionen des Individuums betrachtet und im Zuge der Präferenzerfas-

---

[6] Aus methodischer Sicht kritisch zu bewerten sind diese Verfahren, wenn sie in die Nähe einer sog. aktivierenden Befragung geraten. Die aktivierende Befragung gilt als eine in der Gemeinwesenarbeit entwickelte Methode, mit der beispielsweise die Bewohner eines Stadtteils zum Engagement für eigene Interessen ermutigt werden (vgl. etwa Lüttringhaus und Richers 2003). So wurden beispielsweise die Ergebnisse einer sozialwissenschaftlichen Marktanalyse von Ökostrom bei Birzle-Harder und Götz (2001) auf Basis von Gruppendiskussionen entwickelt, bei denen die Umweltorganisation BUND eine explizite Rolle „als ratgebende Experteninstitution" übernommen hatte (S. 21). Ergebnisse dieser Studie sind beispielsweise, dass ein Ökostrompreisaufschlag in Höhe von 10 % bei den Kunden als „gerade noch akzeptabel" gilt, dass die Marketingbemühungen der Ökostromanbieter in Kooperationen mit lokalen Klimaschutzorganisationen stattfinden sollten (S. 35) und dass hierzu die „Blätter der engagierten Presse" sowie der „Organe der engagierten Gruppen" immer mitbedacht werden sollten (S. 23). Es stellt sich die Frage, ob solche Ergebnisse tatsächlich Einsichten in das individuelle Konsumentenverhalten liefern und den aus methodischer Sicht relevanten Kriterien der Reliabilität und Validität standhalten können. Derartige Vermischungen normativer und positiver Fragestellungen werfen beispielsweise auch ein kritisches Licht auf die im Bereich der Nachhaltigkeitsforschung zu beobachtende Tendenz zur Transdisziplinarität, die vom Forschungsansatz verlangt, schon bei der theoretischen Konzeptionierung die Interessen der relevanten gesellschaftlichen Gruppen einzubinden.

sung berücksichtigt werden. Die empirische Beobachtung der individuellen Präferenzen als Zahlungsbereitschaft werden somit als geäußerte Präferenzen interpretiert, aus denen die Struktur der dahinterliegenden Ökostrompräferenzen der Individuen rekonstruiert bzw. anhand eines theoretischen Modells erklärt werden.

4.3 Methoden zur Erfassung der Präferenzen

Bei der Erfassung der individuellen Zahlungsbereitschaft als Operationalisierung von Konsumentenpräferenzen kann zwischen drei Gruppen von Methoden unterschieden werden. Erstens können – so vorhanden – Marktdaten zur Ermittlung der Zahlungsbereitschaft herangezogen werden. Primärforschungsverfahren wie Marktbeobachtungen oder Feldexperimente liefern belastbarere Resultate als auf hypothetischen Fragen beruhende Methoden, da hier das Verhalten der Individuen weitgehend „unverzerrt" (beispielsweise vom Einfluss des Interviewers) erfasst werden kann. Zudem ist eine hohe externe Validität zu erwarten, da tatsächliche Käufe erfasst werden (Skiera und Revenstorff 1999, S. 224). Allerdings ist die Erfassung von Marktdaten sehr kostenintensiv (Hüttner et al. 1999, S. 50). Wird nicht auf eigens über Preisexperimente generierte Daten zurückgegriffen, besteht zumeist das Problem einer geringen Preisvarianz. Durch experimentelle, systematische Preisvariation, z. B. auf Testmärkten, kann der Aussagegehalt der Methode zwar erhöht werden, allerdings ist dieses Vorgehen mit erheblichen Kosten verbunden. Da Daten zudem i. d. R. nur auf aggregiertem Niveau vorliegen, erlaubt diese Methode nur eingeschränkte Aussagen über die individuelle Zahlungsbereitschaft. Problematisch ist auch, dass durch Marktdaten naturgemäß nur die Präferenzen der Käufer, nicht jedoch die der Nichtkäufer erfasst werden.

Zweitens werden in der Praxis, in der keine „echten" Marktdaten vorliegen, Präferenzdaten mittels direkter oder indirekter Methoden erhoben (Wricke und Herrmann 2002, S. 573; Gabor und Granger 1966, S. 45 f.; Kalish und Nelson 1991, S. 328 f.). Bei den direkten Erfassungsmethoden wird i. d. R. die maximale Zahlungsbereitschaft bestimmt, die als theoretisch exaktes Maß einer Wohlfahrtsänderung gilt. Dabei können viele Varianten unterschieden werden, z. B. wird in der Contingent Valuation oft direkt nach der maximalen Zahlungsbereitschaft gefragt oder es werden Preiskarten genutzt, um die Zahlungsbereitschaft zu ermitteln. Hierbei wählen Probanden die Karte mit dem Preis aus, den sie zum Erwerb des Produkts maximal zu zahlen bereit wären. Demgegenüber gewinnen die indirekten Erfassungsmethoden die individuelle Zahlungsbereitschaft über die Auswertung anderer Informationen über das Verhalten und die Präferenzen der Individuen. Beispiele hierfür sind die hedonische Preisanalyse, die Reisekostenmethode und die Conjoint-Analyse. Bei der hedonischen Preisanalyse wird auf Basis von beobachtbaren Marktpreisen die implizite Zahlungsbereitschaft von Kunden für bestimmte Produktmerkmale berechnet (Baumgartner 1997, S. 16). In ähnlicher Weise wird bei der Reisekostenmethode von den Reiseaufwendungen auf die individuelle Wertschätzung bzw. die Zahlungsbereitschaft für ein bestimmtes Gut, wie z. B. einen Naturpark, geschlossen. Die

Conjoint-Analyse ist eine multivariate Analysemethode, die Gesamturteile über Merkmalskombinationen so zu zerlegen sucht, dass auf das Gewicht bzw. den Teilnutzen der einzelnen Merkmalsausprägung geschlossen werden kann.

Die dritte Gruppe von Methoden beruht darauf, dass Probanden „echte" Kaufangebote gemacht werden. Objekte werden z. B. mittels Auktionen versteigert. Dabei ist die Vickrey-Auktion (Zweitpreis-Auktion mit verdeckten Geboten) wegen ihrer Anreizkompatibilität von besonderer Bedeutung (Vickrey 1961, S. 20 ff., vgl. hierzu die Ausführungen in den beiden folgenden Abschnitten). Alternativ kann als Anreizmechanismus das Becker-DeGroot-Marschak-Verfahren (BDM, siehe Becker et al. 1964) eingesetzt werden, bei dem der zu zahlende Preis per Lotterie bestimmt wird. Abbildung 4.1 gibt eine Übersicht über die Methoden, die bei der Erfassung der Zahlungsbereitschaft zum Einsatz kommen.

Von den o. g. Ansätzen zur Bestimmung der Zahlungsbereitschaft ist die diskrete Entscheidungsanalyse (Discrete Choice) zu unterscheiden, bei der es v. a. um die Quantifizierung von Kaufwahrscheinlichkeiten auf Basis der Zufallsnutzentheorie geht. Der Prozess der Produktbewertung wird hier probabilistisch verstanden (Balderjahn 1993, S. 134 ff.), sodass ein Konsument auch das Produkt, das ihm den höchsten Nutzen bringt, nur mit einer bestimmten Wahrscheinlichkeit von kleiner als eins kauft. Im Unterschied zur Conjoint-Analyse lässt die diskrete Entscheidungsanalyse keine Berechnung individueller Nutzenwerte zu (Weiber und Rosendahl 1997, S. 109).

Marktdaten	Experimentell (z.B. regionaler Testmarkt, Feldexperiment)		
	Nicht experimentell (z.B. Marktbeobachtung)		
Präferenzdaten	Direkte Befragung (z.B. Contingent Valuation)		
	Indirekte Befragung (z.B. Reisekostenmethode, Conjoint-Analyse)		
Kaufangebotsdaten	Auktionen	Anreizkompatibel (z.B. Vickrey-Auktion)	
		Nicht anreizkompatibel (z. B. Höchstpreisauktion)	
	Lotterien	Anreizkompatibel (BDM-Mechanismus)	
		Nicht anreizkompatibel	

Abb. 4.1 Methoden zur Erfassung der Zahlungsbereitschaft (Menges et al. 2004b, S. 249)

4.3.1 Besonderheiten bei der Erhebung von Präferenzen für Umweltgüter

Bei der Messung der Zahlungsbereitschaft für umweltfreundliche Produkte wie etwa Strom aus Erneuerbaren Energien muss berücksichtigt werden, dass die damit verbundene Umweltqualität bestimmte Charakteristika eines öffentlichen Gutes aufweist, weil von den Umweltentlastungen alle Individuen profitieren (Nicht-Ausschließbarkeit) und weil der Nutzen, den die Individuen aus dieser Umweltentlastung ziehen, nicht durch den gleichzeitigen Konsum anderer Individuen abnimmt (Nicht-Rivalität). Die positive Theorie öffentlicher Güter postuliert, dass die Individuen in dieser Konstellation einen systematischen Anreiz haben, ihre „wahren" Präferenzen in Form von ihrer Zahlungsbereitschaft zu verschleiern. Sie verhalten sich strategisch, sozusagen als Trittbrettfahrer, weil sie davon ausgehen, dass die Beiträge, die die übrigen Individuen zur Finanzierung des öffentlichen Gutes und somit zum Sozialnutzen aufbringen, von ihrem eigenen Beitrag unabhängig sind (siehe etwa Bergstrom et al. 1986, S. 26). Die These, dass sich Individuen hinsichtlich privater Zahlungen für ein öffentliches Gut in jedem Fall als Trittbrettfahrer verhalten, wurde in den vergangenen Jahren sowohl empirisch (Rondeau et al. 1999, S. 456) als auch theoretisch widerlegt (Andreoni 1989, S. 1448 f.). Als bedeutsam erweist sich hierbei die Annahme, dass die Individuen ihre Zahlungsbereitschaft nicht ausschließlich aus rein altruistischen Motiven ableiten, sondern dass sie hieraus auch einen privaten Nutzen (Zusatznutzen) ziehen, der mit den bereits oben erläuterten Begriffen des unreinen Altruismus bzw. „Warm Glow of Giving" (Andreoni 1990, S. 1446) oder „Purchase of Moral Satisfaction" (Kahneman und Knetsch 1992, S. 64) umschrieben wird.

Nutzungsunabhängige, altruistische oder intrinsische Wertschätzungen stellen die verschiedenen Präferenzerfassungsmethoden jedoch vor bedeutende Probleme (Meyerhoff 2001, S. 393). Indirekte Erfassungsmethoden wie die Marktpreismethode oder die Reisekostenmethode, die „nur" auf die Erfassung von Preisen und Mengen abstellen, sind kaum in der Lage, eine von der aktuellen Nutzung unabhängige Bewertung des Gutes vorzunehmen (Degenhardt und Gronemann 1998, S. 1 ff.). Erstens liegen Marktdaten z. B. für den Erhalt von Umweltgütern in der Regel nicht vor. Zweitens bildet der Marktpreis nur die Zahlungsbereitschaft des marginalen Nachfragers ab und erfasst nicht die gesamte Konsumentenwohlfahrt. Aus diesem Grund spielt die Methode der Contingent Valuation als direkte, auf die maximale Zahlungsbereitschaft zielende Präferenzerfassungsmethode insbesondere bei der Bewertung von öffentlichen Gütern und Umweltprojekten eine besondere Rolle. Hierbei werden Individuen im Rahmen einer konstruierten, hypothetischen Entscheidungssituation zu einer monetären Bewertung ihrer Präferenzen veranlasst.

4.3.2 Das Problem der Anreizkompatibilität von Erhebungsmethoden

Um sicherzustellen, dass die über das Verhalten der befragten Personen erhobenen Daten valide sind, muss der Versuchsaufbau den Teilnehmern einen Anreiz liefern, „wahre", d. h. von nicht ökonomischen Motiven unverzerrte, Aussagen zu machen. Zur Wahrung dieses

Anspruches müssen Erhebungsmethoden eine Reihe von Anforderungen erfüllen, die der „Vater" der experimentellen Ökonomie und Nobelpreisträger Vernon Smith am Beispiel von Experimenten in einem Forderungskatalog an anreizkompatible Erhebungsdesigns zusammengefasst hat (Smith 1982). Neben der Forderung, dass befragte Personen ihre Entscheidungen autonom treffen sollen (Privacy) und dass ihre Kosten für die Teilnahme an der Untersuchung durch die Entlohnung mehr als abgedeckt sein sollen (Dominance), soll das Untersuchungsdesign sicherstellen, dass „bessere" Entscheidungen grundsätzlich mit einer höheren Entlohnung einhergehen (Saliency) und dass die Versuchsteilnehmer im Zweifel immer die Alternative wählen, welche die höhere Entlohnung, z. B. in Geldeinheiten, liefert (Nonsatiation). Ein Erhebungsaufbau, der diesen Kriterien genügt, könne als ein institutioneller Rahmen angesehen werden, in dem die Befragten rationale Entscheidungen treffen.

Gemessen an diesen Kriterien sind die hypothetischen Präferenzerfassungsmethoden, also sowohl die direkten Methoden wie die Contingent Valuation (Cummings et al. 1986) als auch die indirekten Erfassungsmethoden wie das Conjoint Measurement (Roe et al. 2001, S. 917, 1996, S. 158) als problematisch einzustufen, weil mit einer systematischen Überschätzung der Zahlungsbereitschaft zu rechnen ist: „In choice experiments, customers can have a tendency to de-emphasize price, since they do not have to actually pay the price" (Goett et al. 2000, S. 27).[7] Ökonomische Quasi-Feldexperimente, wie sie zur Erforschung der Zahlungsbereitschaft von Ökostromkonsumenten als direkte Erfassungsmethoden erstmalig von Menges et al. (2004b, 2005) eingesetzt wurden, umgehen derartige Probleme, da den Entscheidungen und Präferenzangaben der Versuchspersonen mittels eines geeigneten Erhebungsdesigns „echte" monetäre Konsequenzen zugeordnet werden. Gleichwohl konnte auch für die übrigen Methoden gezeigt werden, dass die Einhaltung bestimmter Grundsätze des Erhebungsdesigns die Validität hypothetischer Präferenzmessungen erheblich steigert. Im „Report of the NOAA Panel on Contingent Valuation" listen Arrow et al. (1993) beispielsweise die Ursachen nicht wahrheitsgemäßer Präferenzangaben auf und nennen methodische Kriterien, die zu einer Abschwächung oder Vermeidung dieser Verzerrungen („Biases") führen. Die Problematik der Anreizkompatibilität wird bei Einhaltung dieser Kriterien erheblich reduziert, weshalb hypothetische Präferenzerfassungen mithin aufgrund der relativ einfachen methodischen Beherrschbarkeit zu den weitverbreitetsten Methoden der Zahlungsbereitschaftsanalyse zählen.

4.4 Zum Untersuchungsobjekt „Erneuerbare Energien"

Unabhängig von der Frage, anhand welcher Methode die individuellen Präferenzen erhoben werden, besteht auch bei der Bestimmung und Konkretisierung des Untersuchungsobjektes „Erneuerbare Energien" große Differenzen. In diesem Abschnitt soll

---

[7] Hasanov (2010) spricht daher bei ihren auf einer Telefonbefragung gewonnenen Präferenzdaten von der „Zahlungswilligkeit" (relativ zu einem Referenzaufwandsniveau) für Ökostromprodukte anstatt von der Zahlungsbereitschaft.

untersucht werden, anhand welcher räumlichen, sachlichen und zeitlichen Abgrenzungen EE einer Bewertung durch die individuellen Präferenzen unterzogen werden. Vereinfacht formuliert: EE können bei der Bewertung durch die individuellen Präferenzen gar nicht „objektiv" im Sinne eines alle relevanten Aspekte umfassenden Totalmodells dargestellt werden –, vielmehr steht jede einzelne Erhebung der individuellen Präferenzen vor der Aufgabe, die Eigenschaften der Erneuerbaren Energien anhand einiger mehr oder weniger willkürlich ausgewählter Nutzen- und Kostendimensionen zu beschreiben. Angesichts des oben erläuterten Grundsatzes, nach dem sich die individuellen Präferenzen ausschließlich in konkreten Entscheidungssituationen offenbaren, die nahezu beliebig konstruiert werden können, ist die Anzahl der Forschungsansätze theoretisch unbegrenzt.

Die Heterogenität von Studien entsteht zunächst durch die Vielschichtigkeit und Heterogenität des Begriffs der „Erneuerbaren Energien" selbst. Als Oberbegriff können EE unter unterschiedlichsten Gesichtspunkten betrachtet werden: Präferenzen werden hier beispielsweise für unterschiedliche *Energiequellen* (z. B. Sonnenstrahlung versus Windkraft, siehe Borchers et al. 2007) oder *Technologien* zur deren Nutzbarmachung (z. B. Solarthermie versus Photovoltaik, siehe Scarpa und Willis 2010) gemessen. Nicht zuletzt werden in Bezug zu den Erneuerbaren Energien auch *politische Maßnahmen* (z. B. EEG und Energiewende) und *Infrastrukturmaßnahmen der Energieversorgung* (z. B. Ausbau der Stromübertragungsnetze) diskutiert, die ebenfalls im Zentrum von Präferenzerhebungen stehen (siehe z. B. Grieger 2013 bzw. Menges und Beyer 2013).

Ein weiteres Unterscheidungsmerkmal besteht in den Nutzenaspekten, die in der Formulierung der jeweiligen Entscheidungskonstellationen herausgestellt werden. Auch bei einheitlicher Konzeption des Untersuchungsobjektes unterscheiden sich Präferenzmessungen hier deutlich, wie sich am Beispiel von Zahlungsbereitschaftsanalysen für Strom aus erneuerbaren Quellen zeigen lässt. Henry et al. (2011) beispielsweise erheben diese Zahlungsbereitschaft, ohne die Auswirkungen einer Umgestaltung des Kraftwerkparks im Erhebungsmodell zu benennen. Bigerna und Polinori (2014) hingegen heben in ihrer Erhebung die positive Umweltwirkung einer regenerativen Stromerzeugung ausdrücklich, aber unspezifisch hervor. Noch weiter reicht der Entscheidungsaufbau von Roe et al. (2001), die explizit auf einzelne Klimagase und deren Konzentrationen hinweisen. Wieder andere Arbeiten greifen zusätzliche Aspekte der erneuerbaren Stromerzeugung auf, wie z. B. die Schaffung von Arbeitsplätzen, die Versorgungssicherheit, der Landschaftserhalt und die energiepolitische Unabhängigkeit (siehe z. B. Kaenzig et al. 2013). Die empirische Literatur ist hier durch sog. Framing-Effekte gekennzeichnet: Unterschiedliche Beschreibungen der Nutzen- und Kostendimensionen des gleichen Untersuchungsobjektes führen zu unterschiedlichen Ergebnissen hinsichtlich der Präferenzdaten. Das Kriterium der Verfahrensinvarianz, d. h. einer Unabhängigkeit der Ergebnisse von der Darstellung der Informationen über das Untersuchungsobjekt, ist offenbar nicht gegeben (siehe zum sog. Framing-Effekt Tversky und Kahnemann 1986).

Der *Zeitbezug* ist ebenfalls ein Kriterium, in dem sich Präferenzmessungen unterscheiden. Zeitbezüge werden in Präferenzerhebungen verschiedenartig hergestellt und erhöhen die Entscheidungskomplexität im Erhebungsdesign. Dabei wird in Zahlungsbereitschaftsanalysen häufig keine Angabe über Zeitpunkte und Fristen gemacht – der Referenzpunkt der Entscheidung ist die Gegenwart, und Präferenzen werden für eine unmittelbare Zustandsänderung erhoben (siehe z. B. Mozumder et al. 2011). Demgegenüber stehen Arbeiten wie die von Guo et al. (2014), in der die Zahlungsbereitschaft für eine zukünftige Änderung der Energieversorgung in den „nächsten fünf Jahren" erhoben wird. In beiden Fällen ist das Untersuchungsobjekt die Zahlungsbereitschaft für eine Energieversorgung aus erneuerbaren Quellen, gleichwohl werden mit den unterschiedlichen Zeitbezügen unterschiedliche Präferenzordnungen ermittelt. Im Fall anreizkompatibler Methoden kann diese Argumentation auch auf den Zeitpunkt angewandt werden, in dem die (Opportunitäts-)Kosten einer Präferenzäußerung anfallen. So kann das Zahlungsmodell, das zur Bestimmung der Zahlungsbereitschaft genutzt wird, auf einer gegenwärtigen (siehe z. B. Andor et al. 2014) oder auf zukünftigen (siehe z. B. Abdullah und Jeanty 2011) Zahlungen basieren. Sind Zahlungszeitpunkt und Referenzpunkt der Entscheidung zudem zeitlich voneinander getrennt, ergibt sich die Notwendigkeit der Diskontierung. Auch wenn diese Komponente der Präferenzmessung nur implizit veranlagt ist, erschwert sie doch den Vergleich der Ergebnisse von Studien mit und ohne Zeitbezug.

Auf ganz ähnliche Weise wirkt die Darstellung und Behandlung von *Unsicherheiten* in der Präferenzermittlung. Besonders im Bereich der Erneuerbaren Energien sind Unsicherheiten ein erheblicher Bestandteil der Entscheidungsfindung (Soroudi und Amraee 2013), der sich für Konsumenten in der kurzen Frist in Konsumentscheidungen und in der langen Frist in Investitionskalkülen niederschlägt. Ob und in welcher Form subjektive Unsicherheiten in der Präferenzermittlung bedacht werden, hat deswegen entscheidenden Einfluss auf die gemessenen Präferenzen.

Trotz der beschriebenen methodischen Unterschiede lassen sich aus der Breite der Studien über Konsumentenpräferenzen für EE einige übereinstimmende Ergebnisse ableiten. Hierbei kann unterschieden werden, ob die Individuen in der Erhebungskonstellation in ihrer Rolle als Akteure auf wettbewerblichen Märkten (z. B. als Konsumenten oder Investoren) angesprochen werden, oder ob sich die Erforschung der Präferenzen auf das Handeln und die Abwägungen der Individuen im politischen Raum bezieht (z. B. bei Wahlentscheidungen oder Abstimmungen über konkrete Energieprojekte).

4.4.1 Individuelle Präferenzen für Erneuerbare Energien auf wettbewerblichen Märkten

Zunächst werden Untersuchungen betrachtet, die sich auf individuelle Konsumentscheidungen auf wettbewerblichen Märkten beziehen. Dabei können Konsumentscheidungen weiter systematisiert werden in direkte und indirekte Entscheidungen über den Bezug Erneuerbarer Energien in den verschiedenen energiewirtschaftlichen Verbrauchssektoren. Privatpersonen und -haushalte verbrauchen (End-)Energie vornehmlich in den Formen Wärme und Elektrizität im Haushalt. Der zweitgrößte Verbrauchssektor ist der Verkehr.

Die Wahl von *Versorgungstarifen* (der Wärme- und Stromversorgung) beschreibt damit eine bedeutende *direkte* Entscheidung über den Konsum von Erneuerbaren Energien, während etwa die Wahl des *Verkehrsmittels indirekt* Präferenzen für Erneuerbare Energien offenlegt.

a. Präferenzen für Erneuerbare Energien im Versorgungssektor

Anschaulich lassen sich Konsumentenpräferenzen für einen direkten Bezug von Erneuerbaren Energien am Beispiel des Nachfrageverhaltens nach Strom aus erneuerbaren Quellen, nachfolgend „Ökostrom", diskutieren. Eine Reihe von Studien untersucht die Zahlungsbereitschaft für Ökostrom und die Bedeutung verschiedener Tarifbestandteile bzw. Produktmerkmale für ebendiese. Dabei ist zunächst festzustellen, dass, obwohl der Begriff höchst unterschiedlich interpretiert wird (forsa 2011), grundsätzlich aber eine positive Zahlungsbereitschaft für Ökostrom besteht (Andor et al. 2014; Anselm 2012; Bigerna und Polinori 2014; Zorić und Hrovatin 2012; Henry et al. 2011; Grösche und Schröder 2011; Seung-Hoon und So-Yoon 2009; Menges et al. 2005, u. v. m.).

Die Höhe der Zahlungsbereitschaft für Ökostrom variiert zwischen den Studien allerdings erheblich.

Ein eigenständiger Forschungsbereich beschäftigt sich mit den Faktoren, welche die Nachfrage nach und die Zahlungsbereitschaft für Ökostrom beeinflussen. Ein zentrales Ergebnis ist hier, dass für die Bewertung von Ökostromtarifen durch Konsumenten die Energiequelle von großer Bedeutung ist, und dass verschiedene erneuerbare Energieträger keineswegs gleich bewertet werden. Strom aus Sonnenenergie wird präferiert, und Strom aus Windkraft wird solchem aus Wasserkraft vorgezogen. Auch ist hervorzuheben, dass ein heterogener Strommix eher nachgefragt wird als ein Stromtarif, der Strom aus nur einer erneuerbaren Energiequelle beinhaltet (Burkhalter et al. 2009). Ganz allgemein gilt ferner, dass Strommixe besser bewertet werden, je größer der beinhaltete Anteil von Strom aus erneuerbaren Quellen ist (Menges et al. 2005, später unter Verwendung eines ähnlichen Versuchsaufbaus auch: Grösche und Schröder 2010).

Konsumenten können aufgrund der Homogenität des Gutes Elektrizität die zur Erzeugung des verbrauchten Stroms genutzte Energiequelle nur bedingt nachvollziehen bzw. kontrollieren. Angesichts der hohen Bedeutung des Strommixes für die Zahlungsbereitschaft für Ökostrom überrascht deshalb beispielsweise der Befund von Anselm (2012), wonach keine Zahlungsbereitschaft für Nachweise der Stromherkunft besteht. Winther und Ericson (2012), Kaenzig et al. (2013) und Mattes (2012) bestätigen diesen Befund und argumentieren, dass Herkunftsnachweise wie Zertifikate und/oder Gütesiegel unter Konsumenten überwiegend unbekannt sind, weitgehend unverstanden bleiben und auf geringes Interesse stoßen. Hier offenbart sich zumindest auf den ersten Blick ein Widerspruch zu den Bemühungen der Stromlieferanten, die in Herkunftsnachweisen einen Erfolgsfaktor bei der Vermarktung von Ökostrom vermuten (Reichmuth 2014).

Der Befund, dass trotz den in den Untersuchungen bekundeten positiven Zahlungsbereitschaften die Anzahl der Konsumenten, die freiwillig zu Ökostromtarifen wechseln, gering bleibt, ist ebenfalls Untersuchungsgegenstand einiger Studien. Die Barrieren, die Konsumenten in deregulierten Elektrizitätsmärkten vom Anbieterwechsel abhalten, reichen von hohen Such- und Wechselkosten über Loyalitäten gegenüber bestehenden Anbieterbeziehungen bis zu unzureichenden finanziellen Anreizen (siehe z. B. Yang 2014; MacPherson und Lange 2013; Gamble et al. 2009; Sunderer 2006). Andere Wechselbarrieren bestehen in Informationsdefiziten und Wahrnehmungsverzerrungen potenzieller Nachfrager (siehe z. B. Sunderer 2006 zum ipsativen Handlungsraum). Zudem zeigen Boardman et al. (2006), dass Konsumenten hinter Ökostromangeboten häufig „umetikettierte" konventionelle Stromerzeugungen vermuten und diese aufgrund von Misstrauen meiden. Dieser Befund schließt an die obige Diskussion um Herkunftsnachweise an und offenbart ein fundamentales Problem der Vermarktung von Ökostrom: Einerseits hegen Konsumenten Zweifel an der Zusammensetzung von Ökostromangeboten, andererseits sind auch Labels und Zertifikate offenbar nur bedingt geeignet, diese Vorbehalte abzubauen.

Hier schließt ein weiterer Strang der Präferenzforschung an, der die genannten Wechselbarrieren aufgreift und Aussagen für das Marketing von Ökostrom ableitet (siehe z. B. Hübner und Müller 2012). In einigen Studien wird beispielsweise die optimale Organisationsstruktur von Ökostromanbietern untersucht, denen zum Aufbau von Vertrauen und Kundenbeziehungen eher lokal ausgerichtet Vermarktungsstrategien empfohlen werden (Wiser 1998). Zudem weisen einige Studien darauf hin, dass Ökostromerzeugungen aus lokalen Anlagen eine höhere Zahlungsbereitschaft auf sich ziehen als überregionale Produkte oder Erzeugungsmixe (Mattes 2012; Bethke 2011). Bei der Präsentation von Ökostromprodukten wird zudem zu einer Darstellung subjektiver psychologischer Nutzenkomponenten des Ökostromkonsums geraten. Ökostrommarketing sollte vor allem das Verantwortungsgefühl der Konsumenten für die Umwelt adressieren und moralische Befriedigung durch einen Beitrag zum Umweltschutz in Aussicht stellen (Herbes und Ramme 2014). Andere Studien verweisen auf vielfältige, auch nicht ökologische Handlungsmotive potenzieller Ökostromkonsumenten und unterstreichen die Bedeutung der Marktsegmentierung und zielgruppenorientierter Marketingprogramme (Rundle-Thiele et al. 2008).

b. Präferenzen für Erneuerbare Energien im Mobilitätssektor

Da ein Großteil der im Mobilitätssektor verbrauchten Energie auf den Straßenverkehr bzw. den motorisierten Individualverkehr entfällt (Dena 2012), werden die Konsumentenpräferenzen für Erneuerbare Energien im Verkehr hauptsächlich anhand alternativer automobiler Antriebstechnologien diskutiert. Unter diesem Begriff werden Antriebstechnologien zusammengefasst, die ohne den Einsatz fossiler Brennstoffe auskommen oder regenerative Energiequellen nutzen. Beispiele sind Automobile mit Elektroantrieb, Wasserstoffantrieb oder Biogasantrieb. Auch Hybride werden dieser Kategorie zugeordnet.

Anders als im Fall der Ökostromtarife beziehen sich Präferenzen – wie oben erläutert – nicht direkt auf den Einsatz der EE. Vielmehr werden Präferenzen für Produkte bzw. Technologien erhoben, deren Verwendung den Einsatz von Erneuerbaren Energien bedingt. Dieser konzeptionelle Unterschied spiegelt sich in dem folgenden, von vielen Studien geteilten Ergebnis: Die Zahlungsbereitschaft für alternative Antriebstechnologien ist überwiegend gering (teilweise sogar negativ) und steht damit im Gegensatz zur positiven Bewertung, die Versorgungstarife wie Ökostromprodukte im Allgemeinen erfahren (Axsen et al. 2013; Hackbarth und Madlener 2013; Jensen et al. 2013; Lo 2013; Ziegler 2012; Hindrue et al. 2011 u. a.).

Analog zu der heterogenen Bewertung verschiedener erneuerbarer Energieträger werden auch verschiedene alternative Antriebstechnologien unterschiedlich bewertet. Ein eindeutiges Ergebnis ist hier nicht zu benennen: Ziegler (2012) findet die höchste Zahlungsbereitschaft für Hybridfahrzeuge, weist aber auf abweichende Ergebnisse anderer Studien hin. Hackbarth und Madlener (2013) verweisen auf einen Zusammenhang zwischen dem Einsatzgebiet eines Fahrzeugs und der präferierten Antriebstechnologie und zeigen, dass Konsumenten Gas- und Hybridantriebe schlechter bewerten, wenn der Fahrzeugeinsatz im Stadtverkehr geplant ist. Die überwiegend verhaltenen Bewertungen von Fahrzeugen mit alternativen Antriebskonzepten werden mit einer Reihe weiterer Faktoren begründet. Die gewichtigsten Faktoren sind neben den Anschaffungs- und Folgekosten von Fahrzeugen deren Motorenleistung, die Reichweite und die Tank- bzw. Auflademöglichkeiten. Da Fahrzeuge mit alternativen Antrieben den Anforderungen von Konsumenten an diese Produkteigenschaften in der Regel weniger gerecht werden als Fahrzeuge mit konventionellen Antrieben, scheint die negative Bewertung des Einsatzes Erneuerbarer Energien im Verkehr schlüssig.

Interessanterweise wird in nahezu allen Studien jedoch auch der CO_2-Ausstoß eines Fahrzeugs für kaufentscheidend befunden. Konsumenten offenbaren hier eine Zahlungsbereitschaft für Emissionsreduktionen auf hohen Signifikanzniveaus (Hackbarth und Madlener 2013; Jensen et al. 2013). Grundsätzlich zeigen diese Studien, dass Emissionseinsparungen eine zentrale Motivation des Einsatzes Erneuerbarer Energien darstellen und dass Konsumenten den Einsatz von Erneuerbaren Energien im Mobilitätssektor durchaus befürworten. Dass sich in den Untersuchungen dennoch keine Präferenzen zugunsten alternativer Antriebe zeigen, ist vor diesem Hintergrund vermutlich dem Umstand geschuldet, dass Konsumenten private Nutzenmotive wie Leistungs- und Komfortverzichte stärker gewichten als etwaige öffentliche Umwelteffekte durch den Einsatz der Erneuerbaren Energien. Diese Schlussfolgerung wird auch durch den Befund gestützt, dass solche Konsumenten, die sich in Selbstauskünften als umweltbewusst bezeichnen und denen Komfort und Leistung tendenziell weniger wichtig ist, höhere Zahlungsbereitschaften für alternative Antriebssysteme offenbaren (Hackbarth und Madlener 2013; Ziegler 2012).

Bei der abschließenden Bewertung von Konsumentenpräferenzen für alternative Antriebskonzepte ist auf den Befund von Jensen et al. (2013) hinzuweisen. Hier wird gezeigt, dass die tatsächliche Nutzung von Fahrzeugen mit alternativen Antrieben in Testfahrten nicht geeignet ist, die in den begleitenden (hypothetischen) Entscheidungssituationen gemessenen Präferenzen zu verbessern.

4.4.2 Individuelle Präferenzen für Erneuerbare Energien im politischen Entscheidungsraum

In Wahlentscheidungen nehmen Individuen Einfluss auf die Gestaltung der politischen Rahmenbedingungen, in denen sich Märkte, Fördermaßnahmen und Technologien für Erneuerbare Energien entwickeln. Nicht zuletzt sind Konsumenten an der öffentlichen Willensbildung beteiligt. Gesellschaftliche Akzeptanz, die letztlich immer auf die individuellen Präferenzen zurückgeführt werden muss, ist nicht nur Bedingung für den Erfolg politischer Programme, sondern auch für die erfolgreiche Umsetzung von einzelnen Projekten oder Bauvorhaben, die Gegenstand öffentlicher Diskussionen sind.

a. Konsumentenpräferenzen und politische Programme

Weltweit verfolgen viele Regierungen das Ziel des Ausbaus der Erneuerbaren Energien. Programme und Konzepte wie die Energiewende in Deutschland, der „Green Home Scheme" in England oder der „State-Level Renewable Portfolio Standards (RPS)" in den USA unterscheiden sich allerdings ganz erheblich in der konkreten Zielsetzung, dem Umfang der hierfür mobilisierten privaten und öffentlichen Fördermittel und dem eingesetzten politischen Instrumentarium.[8] Dieser Umstand erschwert die Generalisierung von Aussagen über Konsumentenpräferenzen für politische Maßnahmen, jedoch kann die bloße Existenz solcher Programme in demokratischen Systemen als Ausdruck von Konsumentenpräferenzen interpretiert werden, wenn Konsumenten als Wähler auftreten und Wahlen fair und transparent organisiert sind.

In Deutschland bestätigen Präferenzanalysen den Rückhalt für die politische Förderung der Erneuerbaren Energien und der Energiewende ganz überwiegend (Grieger 2013; Wunderlich 2012; Christ und Bothe 2007). Anhand der Arbeit von Grieger lässt sich allerdings auch das zuvor beschriebene Trittbrettfahrerverhalten bestätigen: Positive Zahlungsbereitschaften für die Energiewende werden in einem freiwilligen Zahlungsmodell weit weniger häufig angegeben als in kollektiv verbindlichen Zahlungsmodellen. In diesem Zusammenhang stehen auch die Experimente von Menges et al. (2005) und Menges und Traub (2009), in denen die Zahlungsbereitschaft privater Haushalte für Ökostrom anreizkompatibel erhoben wurde. Die Grundidee dieser Experimente besteht darin, nicht die absolute Höhe dieser Zahlungsbereitschaft zu bestimmen, sondern zu untersuchen, durch welche Motivation die Individuen beeinflusst werden und wie die Zahlungsbereitschaft auf verschiedene äußere Einflüsse reagiert. Variiert wurden beispielsweise die vorgegebenen Ökostromanteile in den Stromprodukten oder der grundsätzliche Entscheidungsmodus, ob die Individuen etwa in ihrer Rolle als individuelle Stromverbraucher oder in ihrer Rolle als Wähler im Rahmen einer (anhand des sog. Medianwählermechanismus simulierten) Kollektiventscheidung über die Höhe der gewünschten Ökostromanteile und die damit verbundenen Kostenbelastungen zu entscheiden hatten. Eine grundsätzliche

---
[8] Für eine aktuelle Übersicht siehe International Energy Agency (2014)

Schlussfolgerung dieser Experimente lautet: Es ist den Versuchspersonen offenbar nicht egal, in welchem Zusammenhang ihre Zahlungen für den Ökostrom Verwendung finden. Während eine auf dem Conjoint-Measurement-Ansatz basierende Untersuchung von Goett et al. (2000) zu dem Ergebnis kommt, dass Ökostromkonsumenten kaum an den gesellschaftlichen Konsequenzen ihrer Entscheidung interessiert sind und ihre Zahlungen eher durch den Wunsch nach dem Erwerb einer moralischen Befriedigung motiviert sind, ergibt sich in den hier erläuterten Untersuchungen ein völlig anderes Bild. Es machte für die Versuchspersonen deutlich sichtbar einen großen Unterschied, ob sie lediglich über ihren eigenen oder über den gesellschaftlichen Ökostrombezug zu entscheiden hatten. Wären die Versuchspersonen bei der Ökostromentscheidung tatsächlich lediglich am Erwerb einer moralischen Befriedigung interessiert gewesen, so hätten sie im Experiment von Menges und Traub (2009) in allen Treatments dieselbe Zahlungsbereitschaft entfalten müssen. Dass die Versuchspersonen gerade dann zur Zahlung relativ hoher Beiträge bereit waren, wenn sie sich sicher sein konnten, dass die Finanzierung von allen Individuen getragen wird, spiegelt sich nicht nur in der Zahlungsbereitschaft je kWh, sondern auch in den absoluten Zahlungen wider, die von den Versuchspersonen geleistet und von ihrem Auszahlungsbetrag als „Umweltspende" abgezogen wurden[9]. Die Frage, ob vor dem Hintergrund der gesellschaftlichen Prominenz dieses Themas freiwillige, d. h. marktkonforme, Aktivitäten als Substitut staatlicher Aktivitäten beim Klimaschutz betrachtet werden können, muss vor dem Hintergrund dieser Ergebnisse klar verneint werden.

Ein weiteres zentrales Ergebnis beider Entscheidungsexperimente besteht in der nicht linearen Beziehung zwischen der individuellen Zahlungsbereitschaft und dem subjektiv wahrgenommenen Anteil des Strompreises, der für die Ökostromförderung verwendet wird. Unterhalb eines bestimmten Schwellenwertes der Schätzung der prozentualen Strompreisbelastung gehen steigende Belastungsniveaus mit einer steigenden Zahlungsbereitschaft einher („Crowding-in"), während eine über dieses Niveau steigende Belastung zu einer Verdrängung der Zahlungsbereitschaft führt („Crowding-out"). Dieser Befund findet in der empirischen Literatur zur Spendentätigkeit bei privaten Wohlfahrtsorganisationen seine Entsprechung (vgl. Brooks 2000). Die Nichtneutralität staatlicher Abgaben kann mit dem Modell des unreinen Altruismus erklärt werden, nach dem staatliche Abgaben und eigene Beiträge von den Individuen nicht als perfekte Substitute wahrgenommen werden. Allgemein werden derartige Umkehreffekte, bei denen zunächst förderliche staatliche Aktivitäten in negative Verdrängungseffekte privater Aktivitäten umschlagen, derzeit in den Wirtschafts- und Sozialwissenschaften intensiv erforscht und als Entfremdungseffekte interpretiert (vgl. Matiaske und Weller 2006).

---

[9] Diese Zahlungen lagen in den kollektiven Treatments, in denen der sog. Medianwähler über die Höhe der gesellschaftlich vorgegebenen Ökostrommengen und den damit verbundenen Zahlungen entschied, unter sonst gleichen Bedingungen im Durchschnitt um den Faktor vier höher als in den individuellen Treatments, in denen die Versuchspersonen lediglich über ihre persönliche Ökostrommenge entscheiden konnten.

Insgesamt kann hier festgestellt werden, dass sich mit dem Befund zum Trittbrettfahren und zur Abhängigkeit vom wahrgenommenen Strompreisbelastungsniveau solche Merkmale in den Vordergrund drängen, die auf den gesellschaftlichen Hintergrund der Ökostromentscheidung abstellen. Zusätzlich scheint die Zahlungsbereitschaft von eher skeptischen Einstellungen der Individuen gegenüber dem Markt als Allokationsmechanismus geprägt zu sein. Obwohl die Strommarktliberalisierung und die aktuelle Klimadiskussion dafür gesorgt haben, dass die Umweltfreundlichkeit der Stromversorgung von den Konsumenten als wesentliches Differenzierungsmerkmal bei der Anbieterwahl betrachtet wird, sind die kommerziellen Erfolge von Ökostromanbietern bislang eher hinter den Erwartungen zurückgeblieben. Die Ergebnisse dieser Entscheidungsexperimente legen die Schlussfolgerung nahe, dass dies auf die Präferenzen der Individuen zurückgeführt werden kann, die kollektiv verbindliche Regelungen eher bevorzugen als wettbewerbliche, marktkommunizierte Angebote. Dies würde eine Aussage der politischen Ökonomie des Umweltschutzes bestätigen, nach der rationale Individuen im Zweifel eher einem auf staatlichen Eingriffen und Regulierungen basierenden Umweltschutz zuneigen würden als marktorientierten Aktivitäten (vgl. Kirchgässner und Schneider 2003). In der politischen Ökonomie wird diese Regulierungspräferenz jedoch mit irrationalem Verhalten, einer Art *Kostenillusion,* erklärt: Nutzenmaximierende Individuen würden bei einer Abstimmung davon ausgehen, dass ihr Durchschnittseinkommen von derartigen Regulierungen nicht betroffen ist. Nach den Ergebnissen der hier vorgestellten experimentellen Untersuchungen ist diese Hypothese der Kostenillusion zumindest für den Bereich der Ökostromförderung klar widerlegt, da sich die Individuen in den Kollektiventscheidungsszenarien nicht nur für höhere Ökostromanteile aussprachen, sondern auch tatsächlich bereit waren, deutlich höhere Zahlungen zu leisten als in den entsprechenden Individualentscheidungssituationen.

Die Rolle des Trittbrettfahrermotivs ist damit von großer Bedeutung für die Entwicklung politischer Programme. Bei der Gestaltung von Förderprogrammen ist zu berücksichtigen, dass Instrumente, die regulatorischen Zwang ausüben und damit Trittbrettfahrverhalten ausschließen, unter Umständen zu schnellerer Entwicklung der Erneuerbaren Energien führen als anreizorientierte Instrumente. Dazu sei angemerkt, dass die Ermittlung der Verhaltenswirkungen einzelner Förderprogramme einen eigenständigen Forschungsbereich bildet. Die Relevanz von Konsumentenpräferenzen zeigt sich hier anschaulich in der Debatte, die um die EEG-Umlage der Einspeisevergütung geführt wird: Während volkswirtschaftliche Kosten-Nutzen-Analysen zu eher heterogenen Ergebnissen kommen (siehe z. B. Jenner et al. 2013; Butler und Neuhoff 2008), sprechen Erhebungen von Konsumentenpräferenzen eher für den Einsatz der von allen Verbrauchern zu zahlenden Einspeisevergütung, da dies offenbar auf breite Zustimmung in der Bevölkerung trifft (Agentur für Erneuerbare Energien 2012).

b. Konsumenten und Investitionen von öffentlichem Interesse

Die oben diskutierten politischen Programme für den vermehrten Einsatz der Erneuerbaren Energien sind mit weitreichenden Veränderungen der Energiewirtschaft verbunden. Die

Neuausrichtung des Kraftwerksparks und die Anpassung der Energieinfrastruktur resultieren in enormen Investitionserfordernissen. Wie oben gezeigt, sind Konsumenten überwiegend bereit, am Markt Kostensteigerungen zu akzeptieren, um den Einsatz von Erneuerbaren Energien zu fördern. Bei der Investition in bedarfsdeckende Erzeugungs- und Verteilungskapazitäten zeigt sich jedoch, dass Konsumenten dem Ausbau der Erneuerbaren Energien unter bestimmten Bedingungen weit kritischer gegenüberstehen (Althaus 2012).

Widerspruch gegen den Ausbau der Erneuerbaren Energien wird vornehmlich von Anwohnern projektierter Anlagen vorgetragen. Derartige lokale Widerstände werden (nicht unumstritten, siehe Wolsink 2012) unter dem Schlagwort „Nimby" (Not-in-my-backyard) zusammengefasst.[10] Dieser Begriff beschreibt die Beobachtung, dass sich Proteste gegen den Ausbau von Erneuerbaren Energien aus den zumeist lokal wirkenden negativen Effekten des Anlagenbaus speisen.

Dass Proteste gegen den Ausbau der Erneuerbaren Energien vorwiegend lokal auftreten, ist weitgehend unbestritten. Differenzierter wird die Frage nach den Ursachen von Nimby-Protesten beantwortet: Ursprünglich wurden lokale Widerstände als Ausdruck egoistischer Motive interpretiert (Esaiasson 2014), die der Vermeidung visueller und akustischer Beeinträchtigungen galten (siehe z. B. Kontogianni et al. 2014) oder dem Werterhalt von Immobilien (Dear 1992). Mittlerweile konnte jedoch gezeigt werden, dass diese Argumentation zu kurz greift, da Widerstände oft aus altruistischen oder moralisch-ethischen Überlegungen hervorgehen. So zeigt Bidwell (2013) am Beispiel des Baus von Windkraftanlagen, dass lokale Widerstände weniger durch individuelle und partikulare, als vielmehr durch eher kollektive Interessen begründet werden. Ausschlaggebend für lokale Proteste war hier die Befürchtung der Studienteilnehmer, dass die Lokalregierung finanzielle Nachteile durch den Bau eines Windkraftparks erfährt. Auch sind Proteste Ausdruck grundlegender Gerechtigkeitskonzeptionen, die sich auf Ungleichheitsaversion stützen. Demnach protestieren Anwohner mitunter gegen Großprojekte, da die Standortwahl durch natürliche (Beispiel: Sonneneinstrahlung im Fall von Solaranlagen) und technische (Beispiel: Vermeidung von Übertragungsverlusten im Fall von Stromnetzen) Restriktionen vorbestimmt sei, womit Anwohner im Sinne des Anlagebetreibers günstiger Standorte einer höherer Wahrscheinlichkeit ausgesetzt sind, Beeinträchtigungen zu erfahren (Pol et al. 2006).

Da lokale Proteste den Ausbau der Erneuerbaren Energien häufig behindern, wird Präferenzforschung betrieben, um effektive Instrumente zu deren Aufhebung zu finden. Einige Studien empfehlen die Entwicklung von Partizipationsmechanismen (Jami und Walsh 2014). So gilt die Beteiligung von Anwohnern an finanziellen Erfolgen, wie sie bspw. durch Genossenschaften ermöglicht wird, als wirksames Instrument zur Auflösung lokaler Proteste. Auch wird in der Aufnahme von Anwohnern in Planungsprozesse ein Mittel zur Akzeptanzsteigerung gesehen (Jones und Eiser 2010).[11]

---

[10] Das Nimby-Konzept ist keineswegs auf den Ausbau der Erneuerbaren Energien beschränkt. Ein Beispiel für alternative Anwendungen sind die Proteste um das Stuttgarter Bahnhofsprojekt „Stuttgart 21".

[11] Andere Studien deuten an, dass die angestrebte Auflösung von Konflikten durch Partizipation nicht zwangsweise mit einer Verbesserung der Akzeptanz einhergehen muss. Menges und Beyer

In der Diskussion um Nimby-Effekte sollte zuletzt hervorgehoben werden, dass sich Vorbehalte gegen Projekte und Anlagen in erster Linie gegen Planungen und Vorhaben richten. Es konnte gezeigt werden, dass die gemessene Ablehnung erheblich sinkt, sobald entsprechende Projekte realisiert wurden und Befragungsteilnehmer Erfahrungen mit den zu bewertenden Anlagen gesammelt hatten (siehe z. B. van der Horst 2007). Eine ähnliche Beobachtung wird mit dem Entfernungs- bzw. Gewöhnungseffekt beschrieben, der besagt, dass die Ablehnung von Projekten mit steigender Distanz zwischen Projektstandort und Wohnort zunimmt. Umgekehrt steigt der Zuspruch zu Projekten, je näher diese am Wohnort der Erhebungsteilnehmer angelegt sind, obwohl in kleiner Distanz mit größeren Beeinträchtigungen durch den Projektbetrieb zu rechnen ist (Menges und Beyer 2013). Eine mögliche Erklärung für diesen Entfernungseffekt liegt in einer Überschätzung der mit dem Anlagenbau einhergehenden Beeinträchtigungen, die sich nach Erfahrungsgewinn auflöst. Hier setzt ein weiteres Instrument zur Auflösung von Protesten und Widerständen an: Exemplarisch zeigen die regelmäßig von Übertragungsnetzbetreibern in Deutschland durchgeführten Informationsveranstaltungen und Diskussionsrunden um den Netzausbau, dass Kommunikation und Information ein anerkanntes Mittel der Akzeptanzsteigerung sind.

> **Fazit**
>
> Erneuerbare Energien sind aus Sicht der Konsumenten ein sehr symbolträchtiges Konstrukt. EE sind in ihrem jeweiligen Nutzungskontext angesichts des gesellschaftlichen Meta-Themas „Klimawandel" stark symbolisch aufgeladen, da sie Antworten auf die Herausforderungen eines wenig nachhaltigen Lebensstils in unserer Gesellschaft versprechen. Zwar stellen EE – wie Energie überhaupt – kein Konsumgut im eigentlichen Sinne dar, vielmehr sind sie aus Sicht der Konsumenten lediglich als Inputs für Energiedienstleistungen im Bereich Wohnen und Mobilität anzusehen. Fast alle empirischen Studien der Konsumentenpräferenzen zeigen jedoch, dass die Verwendung von EE auf eine hohe gesellschaftliche Akzeptanz stößt.
>
> Darüber hinausgehende einheitliche Aussagen über die Ergebnisse von empirischen Untersuchungen der Konsumentenpräferenzen sind jedoch kaum zu ziehen. Dies liegt allerdings nur zum Teil an der Heterogenität des Untersuchungsobjektes EE und an den unterschiedlichen Untersuchungsmethoden. Die wesentliche Besonderheit von EE liegt in dem Grundproblem der öffentlichen Güter. Dieses Grundproblem zeigt sich bei EE in seiner reinsten Form. Anders als etwa beim Konsum von ebenfalls moralisch stark aufgeladenen gesunden, biologisch angebauten Lebensmitteln stellt sich bei der Verwendung von EE kein direkter und vergleichbarer privater Nutzen der Konsumenten

---

(2013) konnten zeigen, dass in der Diskussion um den Ausbau der Stromübertragungsnetze die Gruppe derjenigen Haushalte, die sich für lokale Partizipationsmechanismen aussprechen, einen signifikant höheren Anteil von Leitungsbaugegnern enthielten, als die Gruppe der Haushalte, die sich eher für eine überregionale Koordination der Planungsverfahren des Leitungsbaus aussprechen. Es kann daher vermutet werden, dass Partizipationsverfahren einer Art Sample-Selection-Bias unterliegen, da die Gruppe der potenziellen Protesthaushalte in den entsprechenden Partizipationsforen deutlich größer ist als in der gesamten Bevölkerung.

etwa in Bezug auf eine Verbesserung der persönlichen Gesundheit ein. Wieso sollten einzelne Individuen freiwillig Produkte erwerben, deren Nutzen in Form der Reduktion von Treibhausgasemissionen und Ressourcenschonung globaler Natur ist, der also nicht individuell abgrenzbar ist, sondern von allen Individuen der Welt realisiert wird? Die empirische Literatur zu den Konsumentenpräferenzen sieht die Antwort auf diese Frage in verschiedenen Varianten eines unreinen Altruismus, der neben dem öffentlichen Nutzen noch ein privates Nutzenmotiv stellt. Dieser private Nutzen wird insbesondere mit psychologischen Faktoren wie etwa dem individuellen Erwerb einer moralischen Befriedigung aus der Konsumaktivität begründet.

Grundsätzlich lassen sich die Aussagen der Konsumentenforschung aus ökonomischer Sicht damit auf die folgenden Aussagen verdichten:

1. Die Akzeptanz und die Zahlungsbereitschaft privater Konsumenten für EE sind grundsätzlich vorhanden, wenn der Erwerb einer moralischen Befriedigung möglich ist. In Bereichen wie etwa der Elektromobilität, in denen dieser moralische Zusatznutzen im Vergleich zu anderen Produkteigenschaften eher gering wiegt, zeigt sich beispielsweise, dass die grundsätzlich vorhandene Akzeptanz (zumindest derzeit) nicht auf die Verwendung der notwendigen alternativen Antriebstechnologien übergreift.
2. Die Akzeptanz und die damit verbundene Zahlungsbereitschaft der Konsumenten ist aber möglicherweise wenig stabil: Trittbrettfahren ist ein wesentliches Motiv des unreinen Altruisten. Die zahlenden Konsumenten sind sich bewusst, dass ihr eigenes umweltfreundliches Handeln von anderen genutzt werden kann, um deren Beiträge zum Umweltschutz zu reduzieren. Zudem ist fraglich, wie die derzeit im Markt beobachtbaren freiwilligen Zahlungen der Verbraucher für die Verwendung von EE sich in Zukunft entwickeln, wenn die mit der Energiewende verbundenen Kostenbelastungen für die Verbraucher deutlich steigen. Dies ist besonders fraglich, da die Kostenüberwälzung auf die Verbraucher regressiv wirkt und einkommensschwache Konsumenten und Haushalte, die einen relativ höheren Teil ihres verfügbaren Einkommens für Energie ausgeben als einkommensstarke Haushalte, relativ stärker belastet.
3. Vor diesem Hintergrund ist es wenig erstaunlich, dass die in Meinungsumfragen oder Erhebungssituationen, in denen die Befragten sich über die kollektiven Anstrengungen des Staates zum Ausbau der Erneuerbaren Energien äußern, gemessene Zustimmung zu den kollektiven bzw. politischen Maßnahmen des Ausbaus der EE relativ stabil ist. Sobald eine kollektiv verbindliche Leistungs- und Finanzierungsregelung vorliegt, ist es für einzelne Konsumenten nicht möglich, auf den Beiträgen anderer Trittbrett zu fahren. Dies stabilisiert die in diesen Erhebungen sichtbare Zustimmung zum Ausbau der EE.

Für die Vermarktung EE auf wettbewerblichen Märkten kann daher aus der empirischen Konsumentenforschung die folgende Schlussfolgerung abgeleitet werden: Strategien, die auf die Akzeptanz der Konsumenten für umweltfreundliche Produkte auf Basis der EE zielen, um letztlich deren Zahlungsbereitschaft zu binden, müssen zwei

Anforderungen ausbalancieren, die – zumindest auf den ersten Blick – einen klaren Zielwiderspruch auslösen: Einerseits gilt es, den Konsumenten einen individualisierten psychologischen oder moralischen Zusatznutzen aus ihrer freiwilligen Konsumaktivität zu versprechen, andererseits sollten hierbei gleichzeitig kollektiv verbindliche Aspekte des Leistungspakets (etwa in Bezug auf die Finanzierung) in den Vordergrund gestellt werden, um den Eindruck zu vermeiden, dass individuell umweltfreundliches Verhalten durch andere Konsumenten, Konkurrenten oder gar den Leistungsanbieter selbst ausgebeutet werden kann.

Literatur

Abdullah, S., und P. W. Jeanty. 2011. Willingness to pay for renewable energy: Evidence from a contingent valuation survey in Kenya. *Renewable & Sustainable Energy Reviews* 15:2974–2983

Akerlof, G. A., und T. D. Dickens. 1982. The economic consequences of cognitive dissonance. *American Economic Review* 72:307–319.

Althaus, M. 2012. Schnelle Energiewende – bedroht durch Wutbürger und Umweltverbände? Protest, Beteiligung und politisches Risikopotenzial für Großprojekte im Kraftwerk- und Netzausbau. In *Wissenschaftliche Beiträge 2012*, Hrsg. L. Ungvári, 103–114. Wildau: TH Wildau.

Andor, M. A., M. Frondel, und C. Vance. 2014. Diskussionspapier: Zahlungsbereitschaft für grünen Strom – Die Kluft zwischen Wunsch und Wirklichkeit. *RWI Materialien* 5:27 ff.

Andreoni, J. 1989. Giving with impure altruism: Applications to Charity and Ricardian Equivalence. *Journal of Political Economy* 97 (6): 1447–1458.

Andreoni, J. 1990. Impure altruism and donations to public goods: A theory of warm-glow giving. *Economic Journal* 100 (6): 464–477.

Anselm, M. 2012. Grüner Strom: Verbraucher sind bereit, für Investitionen in erneuerbare Energien zu zahlen. *DIW Wochenbericht* 79 (7): 2–9.

Arrow, K., R. Solow, P. R. Portney, E. E. Leamer, R. Radner, und H. Schuman. 1993. Report of the NOAA Panel on Contingent Valuation. *Federal Register* 58 (10): 4601–4614.

Axsen, J., C. Orlebar, und S. Skippon. 2013. Social influence and consumer preference formation for pro-environmental technology: The case of a U.K. workplace electric-vehicle study. *Ecological Economics* 95:96–107.

Balderjahn, I. 1993. *Marktreaktion von Konsumenten – Ein theoretisch-methodisches Konzept zur Analyse der Wirkung marketingpolitischer Instrumente*. Berlin: Duncker und Humblot.

Baumgartner, B. 1997. Monetäre Bewertung von Produkteigenschaften auf dem deutschen Automobilmarkt mit Hilfe hedonischer Modelle. *Marketing – Zeitschrift für Forschung und Praxis* 19 (1): 15–25.

Becker, G. M., M. H. DeGroot, und J. Marschak. 1964. Measuring utility by a single-response sequential method. *Behavioral Science* 9:226–232.

Belz, F.-M., und M. Bilharz. 2007. Nachhaltiger Konsum, geteilte Verantwortung und Verbraucherpolitik: Grundlagen. In *Nachhaltiger Konsum und Verbraucherpolitik im 21. Jahrhundert*, Hrsg. F.-M. Belz, G. Karg, und D. Witt, 21–52. Marburg: Metropolis.

Bénabou, R., und J. Tirole. 2006. Incentives and prosocial behavior. *American Economic Review* 96:1652–1678.

Bergstrom, T., L. Blume, und H. Varian. 1986. On the private provision of public goods. *Journal of Public Economics* 29:25–49.

Bethke, N. 2011. *Additiver Umweltnutzen als individuelles Entscheidungskriterium für die Wahl von Ökostrom*. Frankfurt a. M.: Peter Lang.

Bidwell, D. 2013. The role of values in public beliefs and attitudes towards commercial wind energy. *Energy Policy* 58:189–199.

Bigerna, S., und P. Polinori. 2014. Italian households' willingness to pay for green electricity. *Renewable & Sustainable Energy Reviews* 34:110–121.

Bilharz, M., V. Fricke, und U. Schrader. 2011. Wider die Bagatellisierung der Konsumentenverantwortung. *GAIA* 20:9–13.

Birzle-Harder, B., und K. Götz. 2011. *Grüner Strom – eine sozialwissenschaftliche Marktanalyse*. Frankfurt a. M.: Institut für sozial-ökologische Forschung.

Boardman, B., C. Jardine, und J. Lipp. 2006. *Green electricity code of practice: A scoping study environmental change institute*. Oxford: University of Oxford.

Borchers, A. M., J. M. Duke, und G. R. Parsons. 2007. Does willingness to pay for green energy differ by source. *Energy Policy* 35:3327–3334.

Brooks, A. C. 2000. Public subsidies and charitable giving: Crowding-out or crowding-in, or both? *Journal of Policy Analysis and Management* 19:451–464.

Burkhalter, A., J. Kaenzig, und R. Wüstenhagen. 2009. Kundenpräferenzen für leistungsrelevante Attribute von Stromprodukten. *Zeitschrift für Energiewirtschaft* 2:161–172.

Butler, L., und K. Neuhoff. 2008. Comparison of feed-in tariff, quota and auction mechanisms to support wind power development. *Renewable Energy* 33:1854–1867.

Christ, S., und D. Bothe. 2007. Bestimmung der Zahlungsbereitschaft für erneuerbare Energien mit Hilfe der Kontingenten Bewertungsmethode. EWI Working Paper Nr. 07/1, Köln.

Croson, R. T. A. 2007. Theories of commitment, altruism and reciprocity: Evidence from linear public goods games. *Economic Inquiry* 45:199–216.

Crumpler, H., und P. J. Grossman. 2008. An experimental test of warm glow giving. *Journal of Public Economics* 92:1011–1021.

Cummings, R. G., D. S. Brookshire, und W. D. Schulze. 1986. *Valuing environmental goods, an assessment of the contingent valuation method*. Totowa: Rowman & Allanheld.

Dear, M. 1992. Understanding and overcoming the nimby-syndrome. *Journal of the American Planning Association* 58:288–300.

Degenhardt, S., und S. Gronemann. 1998. *Die Zahlungsbereitschaft von Urlaubsgästen für den Naturschutz: Theorie und Empirie des Embedding-Effektes*. Frankfurt a. M.: P. Lang.

Deutsche Energie-Agentur GmbH (dena). 2012. *Verkehr. Energie. Klima.* Berlin: trigger.medien. gmbh.

Eisenführ, F., und M. Weber. 2003, *Rationales Entscheiden*. 4. Aufl. Berlin: Springer.

Esaiasson, P. 2014. NIMBYism – A re-examination of the phenomenon. *Social Science Research* 48:185–195.

Falk, A., und M. Kosfeld. 2006. The hidden cost of control. *American Economic Review* 96:1611–1630.

Forsa. 2011. *Gesellschaft für Sozialforschung und statistische Analysen mBH: Erwartungen der Verbraucher an Ökostrom und Konsequenzen für Ökostrom-Labelkriterien*. Berlin.

Frey, B. S. 1997. *Not just for the money: An economic theory of personal motivation*. Cheltenham-Brookfield: Edward Elgar Publishing.

Frey, B. S., und R. Jegen. 2001. Motivation crowding theory. *Journal of Economic Surveys* 15:589–611.

Gabor, A., und C. W. J. Granger. 1966. Prices as an indicator of quality: Report on an enquiry. *Economica* 33 (129): 43–70.

Gamble, A., E. A. Juliusson, und T. Gärling. 2009. Consumer attitudes towards switching supplier in three deregulated markets. *Journal of Socio-Economics* 38:814–819.

Goeschl, T., und G. Perino. 2009. Combining taxes and moral suasion for resolving the energy-climate nexus: Experimental evidence of a conflict. Working Paper, University of Heidelberg.

Goett, A. E., K. Hudson, und K. E. Train. 2000. Customers' choice among retail energy suppliers: The willingness-to-pay for service attributes. *The Energy Journal* 21 (4): 1–28
Grieger & Cie Marktforschung. 2013. *Energieversorgung in Deutschland nach Fukushima.* Hamburg.
Grösche, P., und C. Schröder. 2011. Eliciting public support for greening the electricity mix using random parameter techniques. *Energy Economics* 33 (2): 363–370.
Grunwald, M. 2010. Wider die Privatisierung der Nachhaltigkeit – Warum ökologisch korrekter Konsum die Umwelt nicht retten kann. *GAIA* 19 (3): 178–182.
Guo, X., H. Liu, X. Mao, J. Jin, D. Chen, und S. Cheng. 2014. Willigness to pay for renewable electricity: A contingent valuation study in Beijing, China. *Energy Policy* 68:340–347.
Hackbarth, A., und R. Madlener. 2013. Consumer preferences for alternative fuel vehicles: A discrete choice analysis. *Transportation Research Part D* 25:5–17.
Hasanov, I. 2010. *Konsumentenverhalten bei Ökostromangeboten. Empirische Untersuchungen privater Stromkunden in Deutschland.* Essen: Univ.-Diss., Duisburg.
Henry, O., J. Volschenk, und E. Smit. 2011. Residential consumers in the Cape Peninsula's willingness to pay for premium priced green electricity. *Energy Policy* 39:544–550
Herbes, C., und I. Ramme. 2014. Online marketing of green electricity in Germany – A content analysis of providers' websites. *Energy Policy* 66:257–266.
Hidrue, M. K., G. R. Parsons, W. Kempton, und M. P. Gardner. 2011. Willingnes to pay for electric vehicles and their attributes. *Resource and Energy Economics* 33:686–705.
Homann, K. 1994. Wirtschaftsethik in der Moderne: Zur ökonomischen Theorie der Moral. *Ethik und Sozialwissenschaften* 5:3–12.
Hübner, G., und M. Müller. 2012. Erneuerbare Energien und Ökostrom – Zielgruppenspezifische Kommunikationsstrategien. Abschlussbericht zum BMU-Verbundprojekt (FKZ: 0325107/8).
Hüttner, M., A. von Ahsen, und U. Schwarting. 1999. *Marketing-Management.* 2. Aufl. München: Oldenbourg.
International Energy Agency. 2014. iea Policy & Measures Database. http://www.iea.org/policiesandmeasures/. Zugegriffen: 25. Juli 2014.
Jami, A. A. N., und P. R. Walsh. 2014. The role of public participation in identifying stakeholder synergies in wind power project development: The case study of Ontario, Canada. *Renewable Energy* 68:194–202.
Jenner, S., F. Groba, und J. Indvik. 2013. Assessing the strength and effectiveness of renewable electricity feed-in tariffs in European Union countries. *Energy Policy* 52:385–401.
Jensen, A. F., E. Cherchi, und S. L. Mabit. 2013. On the stability of preferences and attitudes before and after experiencing an electric vehicle. *Transportation Research Part D* 25:24–31.
Jones, C. R., und J. R. Eiser. 2010. Understanding ‚local' opposition to wind development in the UK: How big is a backyard? *Energy Policy* 38:3106–3117.
Kaenzig, J., S. L. Heinzle, und R. Wüstenhagen. 2013. Whatever the customer wants, the customer gets? Exploring the gap between consumer preferences and default electricity products in Germany. *Energy Policy* 53:311–322.
Kahneman, D., und J. L. Knetsch. 1992. Valuing public goods: The purchase of moral satisfaction. *Journal of Environmental Economics and Management* 22 (1): 57–70.
Kalish, S., und P. Nelson. 1991. A comparison of ranking, rating and reservation price measurement in conjoint analysis. *Marketing Letters* 2 (4): 327–335.
Kirchgässner, F., und F. Schneider. 2003. On the political economy of environmental policy. *Public Choice* 115:369–396.
Kontogianni, A., C. Tourkolias, M. Skourtos, und D. Damigos. 2014. Planning gobally, protesting locally: Patterns in community perceptions towards the installation of wind farms. *Renewable Energy* 66:170–177.
Lell, O. 2012. Klimaschutz aus Verbrauchersicht. *Wirtschaftsdienst* 92:37–41.

Lo, K. 2013. Interested but unsure: Public attitudes toward electric vehicles in China. *Electronic Green Journal* 1 (36): 1–12.

Lüttringhaus, M., und H. Richers. 2003. *Handbuch Aktivierende Befragung – Konzepte, Erfahrungen, Tipps für die Praxis*. 2. Aufl. Bonn: Stiftung Mitarbeit.

MacPherson, R., und I. Lange. 2013. Determinants of green electricity tariff uptake in the UK. *Energy Policy* 62:920–933.

Matiaske, W., und I. Weller. 2006. Kann weniger mehr sein? Theoretische Überlegungen und empirische Befunde zur These der Verdrängung intrinsischer Motivation durch extrinsische Anreize. In *Perspectives on cognition*, Hrsg. R. Rapp, P. Sedlmeier, und G. Zunker-Rapp, 113–132. Lengerich: Pabst Science Publishers.

Mattes, A. 2012. Potentiale für Ökostrom in Deutschland. Verbraucherpräferenzen und Investitionsverhalten der EVU.

Meier, S. 2007. Do subsidies increase charitable giving in the long-run? Matching donations in field experiment. *The Journal of the European Economic Association* 5:1203–1222.

Menges, R., und G. Beyer. 2013. Energiewende und Übertragungsnetzausbau: Sind Erdkabel ein Instrument zur Steigerung der gesellschaftlichen Akzeptanz des Leitungsbaus? Eine empirische Untersuchung auf Basis der Kontingenten Bewertungsmethode. *Zeitschrift für Energiewirtschaft*. doi:10.1007/s12398-013-0118-4.

Menges, R., und S. Traub. 2009. Who should pay the bill for promoting green electricity? An experimental study on consumer preferences. *International Journal of Environment and Pollution* 39:44–60.

Menges, R., C. Schröder, und S. Traub. 2004a. Umweltbewusstes Konsumentenverhalten aus ökonomischer Sicht: Eine experimentelle Untersuchung der Zahlungsbereitschaft für Ökostrom. *Umweltpsychologie* 8 (1): 84–106.

Menges, R., C. Schröder, und S. Traub. 2004b. Erhebung von Zahlungsbereitschaften für Ökostrom – Methodische Aspekte und Ergebnisse einer experimentellen Untersuchung. *Marketing – Zeitschrift für Forschung und Praxis* 26 (3): 247–258.

Menges, R., C. Schröder, und S. Traub. 2005. Altruism, warm glow and the willingness-to-donate for green electricity: An artefactual field experiment. *Environmental and Resource Economics* 31:431–458.

Meyerhoff, J. 2001. Nicht-nutzungsabhängige Wertschätzungen und ihre Aufnahme in die Kosten-Nutzen-Analyse. *Zeitschrift für Umweltpolitik* 24 (3): 393–416.

Mozumder, P., W. F. Vásquez, und A. Marathe. 2011. Consumers' preference for renewable energy in the southwest USA. *Energy Economics* 33:1119–1126.

Müller-Friemauth, F. 2009. Setzen Konsumenten von grünem Strom nur auf Nachhaltigkeit oder auch auf andere Marktverhältnisse? *Elektrizitätswirtschaft* 108:34–35.

Ockenfels, A. 1999. *Fairneß, Reziprozität und Eigennutz – Ökonomische Theorie und experimentelle Evidenz*. Tübingen: Mohr Siebeck.

Pol, E., A. Di Masso, A. Castrechini, M. R. Bonet, und T. Vidal. 2006. Psychological parameters to understand and manage the NIMBY effect. *Revue européenne de psychologie appliquée* 56:43–51.

Pindyck R., und D. Rubinfeld. 2009. *Mikroökonomie*. 7. Aufl. München: Addison-Wesley.

Praktiknjo, A. 2014. Stated preferences based estimation of power interruption costs in private households: An example from Germany. Energy (in press as of 11th of September 2014).

Reichmuth, M. 2014. In *Marktanalyse Ökostrom*, Hrsg. Umweltbundesamt. Dessau-Roßlau: Umweltbundesamt.

Roe, B., K. J. Boyle, und M. F. Teisl. 1996. Using conjoint analysis to derive estimations of compensating variation. *Journal of Environmental Economics and Management* 31 (2): 145–159.

Roe, B., M. F. Teisl, A. Levy, und M. Russell. 2001. US consumers' willingness to pay for green electricity. *Energy Policy* 29 (11): 917–925.

Rondeau, D., W. D. Schulze, und G. L. Poe. 1999. Voluntary revelation of the demand for public goods using a provision point mechanism. *Journal of Public Economics* 72 (3): 455–470.

Rowlands, I., D. Scott, und P. Parker. 2003. Consumers and green electricity: Profiling potential purchasers. *Business Strategy and the Environment* 12:36–48.

Rundle-Thiele, S., A. Paladion, und S. A. G. Apostol. 2008. Lessons learned from renewable electricity marketing attempts: A case study. *Business Horizons* 51:181–190.

Scarpy, R., und K. Willis. 2010. Willingness-to-pay for renewable energy: Primary and discretionary choice of British households' for micro-generation technologies. *Energy Economics* 32:129–136.

Seung-Hoon, Y., und K. So-Yoon. 2009. Willingness to pay for green electricity in Korea: A Contingent valuation study. *Energy Policy* 38:5408–5416.

Skiera, B., und I. Revenstorff. 1999. Auktionen als Instrument zur Erhebung von Zahlungsbereitschaften. *Zeitschrift für betriebswirtschaftliche Forschung* 51 (3): 224–242.

Smith, V. L. 1982. Microeconomic systems as an experimental science. *American Economic Review* 72 (5): 923–955.

Soroudi, A., und T. Amraee. 2013. Decision making under uncertainty in energy systems: State of the art. *Renewable & Sustainable Energy Reviews* 28:376–384.

Stübinger, E. 2005. *Ethik der Energienutzung – Zeitökologische und theologische Perspektiven*. Stuttgart: Kohlhammer.

Suchanek, A. 2007. *Ökonomische Ethik*. Stuttgart: UTB.

Sunderer, G. 2006. *Was hält Verbraucher vom Wechsel zu Ökostrom ab?* Trier: Universität Trier.

Tversky, A., und D. Kahneman. 1986. Rational choice and the framing of decisions. *The Journal of Business* 59 (4, Teil 2): 251–278.

Van der Horst, D. 2007. Exploring the relevance of location and the politics of voiced opinions in renewable energy siting controversies. *Energy Policy* 35:2705–2714.

Vickrey, W. 1961. Counter speculation, auctions and competitive sealed tenders. *Journal of Finance* 16 (1): 8–37.

Weiber, R., und T. Rosendahl. 1997. Anwendung der Conjoint-Analyse – Die Eignung conjointanalytischer Untersuchungsansätze zur Abbildung realer Entscheidungsprozesse. *Marketing – Zeitschrift für Forschung und Praxis* 19 (2): 107–118.

Weimann, J. 2009. *Wirtschaftspolitik – Allokation und kollektive Entscheidung*. 5. Aufl. Berlin: Springer.

Weizsäcker, C. C., von. 2014. Adaptive Präferenzen und die Legitimierung dezentraler Entscheidungsstrukturen. Vortrag auf der Radein – Konferenz zum Generalthema "Wirtschaftspolitische Konsequenzen der Behavioural Economics".

Wiser, R. H. 1998. Green power marketing: Increasing customer demand for renewable energy. *Utilities Policy* 7:107–119.

Winther, T., und T. Ericson. 2012. Matching policy and people? Household response to the promotion of renewable electricity. *Energy Efficiency*. doi:10.1007/s12053-012-9170-x.

Wolsink, M. 2012. Undesired reinforcement of harmful ‚self-evident truths' concerning the implementation of wind power. *Energy Policy* 48:83–87.

Wortmann, K., M. Klitzke, S. Lörx, und R. Menges. 1996. *Grüner Tarif. Klimaschutz durch freiwillige Beiträge zum Stromtarif*. Kiel: Energiestiftung Schleswig-Holstein.

Wricke, M., und A. Herrmann. 2002. Ansätze zur Erfassung der individuellen Zahlungsbereitschaft. *Wirtschaftswissenschaftliches Studium* 31 (10): 573–578.

Wunderlich, C. 2012. Akzeptanz und Bürgerbeteiligung für Erneuerbare Energien. In *Renews Spzial 60,* Hrsg. Agentur für Erneuerbare Energien e. V., 1–20. Berlin: Agentur für Erneuerbare Energien.

Yang, Y. 2014. Understanding household switching behavior in the retail electricity market. *Energy Policy* 69:406–414.

Ziegler, A. 2012. Individual characteristics and stated preferences for alternative energy sources and propulsion technologies in vehicles: A discrete choice analysis for Germany. *Transportation Research Part A* 46:1372–1385.

Zorić, J., und N. Hrovatin. 2012. Household willingness to pay for green electricity in Slovenia. *Energy Policy* 47:180–187.

Prof. Dr. Roland Menges studierte Volkswirtschaftslehre an der Christian-Albrechts-Universität Kiel. Er promovierte im Bereich Finanzwissenschaft bei Prof. Dr. Christian Seidl zu einem Thema der experimentellen Ökonomik. Nach seiner Promotion arbeitete er als wissenschaftlicher Mitarbeiter bei der Energiestiftung Schleswig-Holstein. Anschließend wechselte er als Post-Doc an die Universität Flensburg an den Studiengang Energie- und Umweltmanagement und habilitierte sich dort im Fach Volkswirtschaftslehre. Seit 2010 ist er Professor für Volkswirtschaftslehre an der TU Clausthal. Sein Forschungsschwerpunkt liegt im Bereich der Energie- und Umweltökonomik und der experimentellen Wirtschaftsforschung.

Gregor Beyer studierte Betriebswirtschaftslehre in Wolfsburg, Singapur und Clausthal-Zellerfeld. In seiner Masterarbeit untersuchte er die Zahlungsbereitschaft privater Haushalte für den Ausbau der Stromübertragungsnetze mit Erdkabeln mit der Kontingenten Bewertungsmethode. Seit 2013 ist er als wissenschaftlicher Mitarbeiter am Institut für Wirtschaftswissenschaften der Technischen Universität Clausthal (Lehrstuhl für Volkswirtschaftslehre, insb. Makroökonomie, von Prof. Dr. Roland Menges) beschäftigt. Sein Forschungsgebiet sind individuelle Präferenzen für Umwelt- und Klimaschutzpolitik.

Direktvertrieb für Erneuerbare-Energie-Produkte

5

Christian Friege

▶ Für den Vertrieb von Erneuerbare-Energie-Produkten (z. B. Ökostrom, Wärme aus Eurneuerbarer Energie (EE) etc.) ist der Direktvertrieb, auch als Element von Multikanal-Vertriebsstrategien (Multi-Channel-Strategien), geeignet. Dabei spielen sowohl Produktkriterien (Erklärungsbedürftigkeit, Emotionalisierung) als auch das Geschäftsmodell (Tragfähigkeit für Vertriebsprovisionen, Win-win-win-Konstellation) eine Rolle bei der Wahl des Vertriebsmodells. Am häufigsten wird hier der klassische Vertreterverkauf angewendet – mit gutem Grund. Wie das in der Praxis funktioniert, wird an zwei Beispielen (Grünstrom, Photovoltaik) aufgezeigt.

5.1 Problemstellung

Bei einer repräsentativen Umfrage haben TNS Infratest und der Bundesverband Direktvertrieb Deutschland (BDD) kürzlich erhoben, dass Konsumenten in der Zukunft mehr online, aber auch im Direktvertrieb einkaufen werden (BDD 2012). Diese Entwicklung hat für die Vermarktung von EE-Produkten, die traditionell nicht im Einzelhandel vertrieben werden, zwei Implikationen: Zum einen wird der schon sichtbar etablierte Direktvertrieb von EE-Produkten weiter ausgeweitet werden. Das zeigt sich bei einem ersten Blick auf den Markt, wo beispielsweise der Öko-Energieanbieter LichtBlick den Direktvertrieb als „wichtigsten Vertriebskanal" (LichtBlick 2009) bezeichnet und eine Reihe anderer Energieanbieter grünen (und auch grauen) Strom im Direktvertrieb verkaufen. Zum ande-

---

C. Friege (✉)
Oberwiesenstr. 18, 70619 Stuttgart, Deutschland
E-Mail: cf@friege-consulting.de

ren werden Multikanalvertriebsstrategien immer bedeutender, insbesondere wenn Online-Vertrieb mit einer Form des persönlichen Verkaufens kombiniert wird. Solche Multikanalstrategien bieten sich derzeit beispielsweise für den Vertrieb von Solaranlagen auf Pachtbasis an, ein Geschäft, in das mehr und mehr Stadtwerke einsteigen (Rutschmann 2014).

Es scheint, als habe der Direktvertrieb Potenzial, EE-Produkte und -Lösungen zu vertreiben. Ob das tatsächlich der Fall ist, welche Rahmenbedingungen gegeben sein müssen und in welcher Weise Direktvertrieb die Vermarktung von EE unterstützen kann – das ist Gegenstand dieses Beitrags. Dabei geht es im Einzelnen darum, den Direktvertrieb als Vertriebskanal zu definieren (s. Abschn. 2), die Besonderheiten des Direktvertriebs bei EE-Produkten herauszuarbeiten (s. Abschn. 3), Beispiele und Konzepte für die EE-Vermarktung durch einen Direktvertrieb darzustellen (s. Abschn. 4) und die Entwicklung in die überschaubare Zukunft zu extrapolieren (s. Abschn. 5).

5.2 Grundlagen des Direktvertriebs

5.2.1 Kennzeichnung des Direktvertriebs[1]

▶ „Direktvertrieb [ist] der persönliche Verkauf von Waren und Dienstleistungen an den Verbraucher außerhalb von Ladengeschäften oder anderen permanenten Vertriebsstellen." (Friege et al. 2013, S. 225)

Wie so oft wird dies kürzer und prägnanter im Englischen auf den Punkt gebracht: „Direct selling is face-to-face selling away from a fixed retail location" (Peterson und Wotruba 1996, S. 2). Dabei ist insbesondere die Abgrenzung des Direktvertriebs zum Direktmarketing von Bedeutung. Direktmarketing ist „Distance Selling": Ein direkter und persönlicher Kundenkontakt findet nicht statt. Stattdessen nutzt das Direktmarketing Onlineshops, Telemarketing, Kataloge, Direct Response Advertising oder E-Mails u. a., um Kunden anzuziehen und zu einem Kauf zu bewegen. Im Vergleich zum Direktmarketing ist der einzelne Kundenkontakt im Direktvertrieb relativ teuer. Daraus folgt, dass Direktvertrieb stets dann ein Erfolg versprechender Vertriebskanal ist, wenn die zu vertreibenden Produkte einen relativ hohen Einzelwert haben (z. B. Vorwerk-Staubsauger), besonders erklärungsbedürftig sind (z. B. Vorzüge und Funktionen von Tupperware) oder in der häuslichen Umgebung besonders gut ausprobiert werden können (z. B. Kosmetikartikel von Avon, Mary Kay etc.).

Zwei dieser drei Charakteristika weisen EE-Produkte auf. Sie können einen relativ hohen Einzelwert haben (z. B. PV-Anlagen) und sie sind besonders erklärungsbedürftig, denn zu den Spezifika des einzelnen Produktes tritt immer auch die ebenfalls erklärungsbedürftige Frage, inwieweit der Kauf zu einer Reduktion von CO_2 in der Atmosphäre führt oder die Energiewende fördert. Es darf davon ausgegangen werden, dass gerade in den

---

[1] Ausführlich zu diesen Grundlagen: Friege et al. 2013.

ersten Jahren nach der Liberalisierung des Strommarktes die Vorzüge und Eigenschaften von grünem Strom diese Erklärungen erforderten, die etwa bei LichtBlick zur Etablierung eines eigenen Direktvertriebs geführt haben.

Im Direktvertrieb können drei Vertriebsformen unterschieden werden (Engelhardt und Jaeger 1998, S. 19 ff.):

a. Der klassische Vertreterverkauf, bei dem entweder als einstufiges (kaltes) Haustürgeschäft ohne Voranmeldung der Erstkontakt an der Haustür zu Beratung und Produktverkauf genutzt wird (z. B. Vorwerk-Staubsauger) oder als zweistufiges Haustürgeschäft, bei dem vorab telefonisch Termine vereinbart werden (z. B. Weinvertrieb verschiedener Anbieter).
b. Der Heimdienst, bei dem aus dem Wagen heraus auf Vorbestellung oder spontan die Ware geliefert wird (z. B. Eismann oder Bofrost).
c. Die Heimvorführung (oft auch als Party-Plan bezeichnet), bei der ein Gastgeber dem Verkäufer die Gelegenheit gibt, einer Gruppe von Freunden/Bekannten die Produkte (unterhaltsam) vorzuführen (z. B. Tupper-Party).

Dabei ist sicherzustellen, dass die Anzahl der potenziellen Kunden von meist selbständigen Vertriebspartnern auch in angemessener Zeit und zu angemessenen Kosten erreicht werden kann.

Für den Vertrieb von EE-Produkten hat der Heimdienst offensichtlich keine Bedeutung. Anders verhält es sich möglicherweise mit den Heimvorführungen. Während in der Vergangenheit „Stromanbieterwechselpartys" vereinzelt und insbesondere von Öko-Aktivisten ausprobiert wurden, war der Erfolg so unzureichend, dass eine professionelle Organisation sich diesem Thema nie ernsthaft genähert hat. Wichtige Faktoren für erfolgreiche Heimvorführungen, wie beispielsweise Unterhaltungswert und Spaßfaktor, eine Dramaturgie unterschiedlicher Produkte, die Möglichkeit, Produkte ausprobieren zu können, und der Wunsch mindestens eines Teilnehmers, diese „Party" mit einem Kreis seiner Freunde nochmals erleben zu können, haben bislang für Energiethemen gefehlt. Hier geht es um ein Thema mit wenigen Variationen (Ökostrom, Ökogas, PV …), kein Ausprobieren und viel technische und sachliche Information mit wenigen Ansätzen für Spiele und Unterhaltung. Es bleibt abzuwarten, ob für innovative EE-Produkte hier ggf. ein Potenzial erkennbar wird.

Der klassische Vertreterverkauf gehört indes zum Repertoire vieler Energieanbieter. Nicht nur LichtBlick, auch andere Ökostromanbieter vertreiben grünen Strom im Haustürgeschäft: Naturenergie, Stadtwerke Iserlohn (Elementerra 2006), Stadtwerke Stuttgart u. a. nutzen die Möglichkeiten des Direktvertriebs ausschließlich für Ökostrom. Dazu kommen viele andere Energieversorger, die ihre grünen Produkte parallel mit den Graustromangeboten durch dieselbe Vertriebsmannschaft vertreiben.

Jede der drei Vertriebsformen versucht idealerweise, wenn auch mit unterschiedlichen Schwerpunkten, gleichzeitig a) das Produkt zu verkaufen, b) neue Empfehlungen (Leads) für weitere Produktverkäufe zu erhalten und c) auch neue Vertriebsmitarbeiter zu interessieren. Daraus entsteht eine hohe Wachstumskraft dieses Vertriebsweges, die relativ schnell und bei vergleichsweise geringen Investitionen und Risiken des anbietenden Unternehmens über mehrere Ebenen (Multi Level)[2] umsetzbar ist.

Das hohe Wachstumspotenzial bei geringen Risiken wird üblicherweise durch überdurchschnittliche Werbekosten für jeden Neukunden (Cost per Order [CPO]) erkauft sowie durch eine vergleichsweise instabile, weil aus selbständigen und oft nur im Nebenerwerb arbeitenden Vertriebspartnern bestehende, Vertriebsmannschaft. Dabei ist zu berücksichtigen, dass das gesamte Geschäftsmodell nicht wie üblich eine Win-win-Konstellation für Anbieter und Kunde erreichen muss, sondern eine Win-win-win-Konstellation, bei der neben Anbieter und Kunde auch der selbständige Vertriebspartner langfristig Interesse an dem Geschäft hat. Eine zusätzliche Herausforderung ist die feine Balance, einerseits die Rekrutierung zusätzlicher Vertriebspartner über mehrere Ebenen des Vertriebs (MLM) zu incentivieren, andererseits aber einen aktiven Vertrieb des eigentlichen Produktes so im Vordergrund zu halten, dass kein illegales „Schneeballsystem" entsteht. Die Selbstbeschränkungen des BDD in den Verhaltensstandards, die regelmäßig überarbeitet werden (BDD 2013) und über deren Einhaltung eine Kontrollkommission wacht, haben sich hier als Richtschnur sehr bewährt.

Schließlich bleibt darzustellen, dass es im Wesentlichen fünf Werkzeuge sind, die eine Steuerung des Direktvertriebs ermöglichen (Friege et al. 2013, S. 226 f.):

a. Im *Vertriebskonzept* wird umfassend beschrieben, mit welchen Verkaufsargumenten und -hilfen welche Produkte wie im Direktvertrieb verkauft werden sollen. Je „konzepttreuer" nach diesem Vertriebskonzept gehandelt wird, umso einfacher ist die Führung der Vertriebsorganisation, insbesondere, wenn neue Produkte oder Vorteilsargumente eingeführt werden sollen.

b. Das *Vergütungssystem* ist für die Steuerung der selbständigen Vertriebspartner deswegen von entscheidender Bedeutung, weil hierdurch die Balance zwischen Produktvertrieb, Vertriebspartnerrekrutierung und ggf. dem Erreichen neuer Leads austariert wird: Ist das Anwerben neuer Vertriebspartner finanziell sehr viel attraktiver als der Produktverkauf, werden die Vertriebspartner sich auch in erster Linie darauf konzentrieren und vice versa. Allerdings ist zu beachten, dass insbesondre bei Vertriebspartnern, die im Nebenerwerb tätig sind, die soziale Interaktion mit anderen Mitgliedern einer Vertriebseinheit von nicht zu unterschätzender Bedeutung ist.

c. *Schulungen* sind entscheidend für die Umsetzung des Vertriebskonzeptes und auch für die Erläuterung der oft sehr komplexen Vergütungssysteme, damit diese ihre steuernde Wirkung entfalten können.

d. Für das *Controlling* sind neben finanziellen Kennzahlen auch eine Reihe von Vertriebskennzahlen von Bedeutung, die es ermöglichen, Verbesserungspotenziale im Vertrieb zu erkennen.

---

[2] Als Multi-Level-Marketing (MLM) wird ein Direktvertriebssystem dann bezeichnet, wenn ein Verkäufer dauerhaft nicht nur von seinen eigenen Verkäufen profitiert, sondern auch von dem Umsatz der durch ihn für den Vertrieb geworbenen neuen Verkäufer, die er anlernt und motiviert. Wenn diese ebenfalls neue Verkäufer ins Geschäft bringen, entstehen Mehrebenenstrukturen.

e. Immer bedeutender wird die Integration eines *CRM-Systems* in den Vertriebsprozess, schon alleine deswegen, weil die Kundenbeziehung nicht ausschließlich mit dem Vertriebspartner bestehen soll und diese auch bei dessen möglicher Inaktivität für das Unternehmen aufrecht erhalten werden soll.

Der Branchenverband BDD geht davon aus, dass das für die Jahre 2011–2013 erhobene Wachstum von 12 % und die vergleichbare hohe Erwartung für das Jahr 2014 (BDD 2014) ein klarer Indikator für die Zukunftsfähigkeit des Direktvertriebs als Vertriebskanal ist.

5.2.2 Direktvertrieb als Element von Multikanalstrategien

In der Erhebung der Universität Mannheim (2014) zeigt sich, dass zwischenzeitlich 45 % der befragten Direktvertriebsunternehmen angeben, einen Onlineshop, und immerhin 22 %, einen Flagship-Store zu betreiben. Insofern kann davon ausgegangen werden, dass Multikanalvertrieb auch für Direktvertriebsunternehmen von Bedeutung ist. Die besonderen Herausforderungen, die das mit sich bringt, werden allerdings in der Literatur nicht diskutiert. Wohl aber sind Chancen und Risiken, eine Multikanalvertriebsstrategie zu verfolgen, im Allgemeinen Gegenstand vielfältiger Untersuchungen (vgl. Abb. 5.1).

Strategisch betrachtet stellt eine Multikanalstrategie für das Unternehmen eine Chance dar, eine höhere Marktabdeckung zu erreichen (Zhang et al. 2010; Schögel und Binder 2011). Gleichzeitig besteht allerdings das Risiko, in zusätzlichen Kanälen Unternehmen, die ausschließlich dort tätig sind („Pure Plays"), unterlegen zu sein (Schögel und Binder 2011, S. 184). So hat beispielsweise keiner der Onlineshops stationärer Buchhändler jemals das Angebot von Amazon wirklich übertreffen können. Ob eine Multikanalstrategie in jedem Falle einen Wettbewerbsvorteil darstellt, ist nicht eindeutig zu beantworten; das Potenzial eines „enduring competitive advantage" (Neslin und Shankar 2009, S. 73) besteht allerdings. Das gilt insbesondere dann, wenn man die breite Ausdifferenzierung des Kaufverhaltens unterstellt, die zunehmend beobachtet wird: Informationsbeschaffung, Beratung, Abschluss, Bedürfnis nach sozialer Interaktion, Kommunikation mit dem Verkäufer – dies findet mehr und mehr in unterschiedlichen Kanälen statt und bringt damit einem in mehreren Kanälen tätigen Unternehmen zusätzliche Interaktions- und damit Absatzchancen. Zhang et al. (2010, S. 169 f.) sehen vor allem diese drei Potenziale in Multikanalstrategien: 1) Zugang zu neuen Märkten, die mit den bestehenden Vertriebskanälen nicht erreicht werden können, 2) Zunahme der Kundenbindung und 3) strategische Vorteile aus dem Auf- bzw. Ausbau der Kundendatenbank sowie den notwendigen Prozessen, Multikanalstrategien integriert zu betreiben.

Multikanalstrategien sind für das *Managementsystem* eine Herausforderung. Einerseits, weil die Gefahr besteht, um eines einheitlichen Angebots an den Kunden willen in allen Kanälen ein einheitliches, aber suboptimales Angebot zu etablieren (Schögel und Binder 2011, S. 184). Andererseits besteht das Risiko, neue Kanäle gemeinsam mit Kooperationspartnern zu betreiben, was allerdings zu einem Kontrollverlust in diesen Kanälen führen kann (Schögel und Binder 2011). Und schließlich bleibt die Herausforderung,

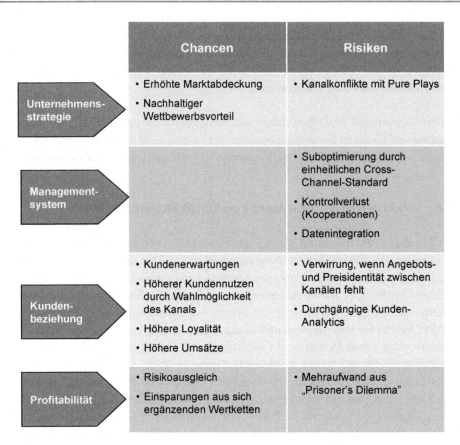

Abb. 5.1 Chancen und Risiken einer Multikanalstrategie (Quelle: Eigene Darstellung unter Rückgriff auf Neslin und Shankar 2009, Schögel und Binder 2011, Schögel et al. 2011, Zhang et al. 2010)

über viele unterschiedliche Kanäle einheitliches Datenmanagement zu erreichen, was insbesondere für Kundendaten gilt, die in unterschiedlichen Kanälen anfallen (Zhang et al. 2010; S. 172).

In Bezug auf die *Kundenbeziehung* gilt zunächst einmal, dass eine Multikanalstrategie – zumindest insoweit, als sie die Einbeziehung umfassender Online- und Social-Media-Abdeckung betrifft – heute von vielen Kunden erwartet wird, auch, aber nicht nur, weil die freie Wahlmöglichkeit zwischen den Kanälen einen Kundennutzenaspekt darstellt (z. B. Schögel et al. 2011, S. 565 f.). Ganz wichtig ist aber auch, dass Mehrkanalstrategien zu höherer Kundenloyalität und auch zu höheren Kundenumsätzen führen (Neslin und Shankar 2009, S. 72 m. w. V.). Solche Chancen werden gemindert, wenn es nicht gelingt, ein für jeden Kunden einheitliches und konfliktfreies Angebot unabhängig vom gewählten Kanal vorzuhalten (Schögel und Binder 2011), wozu wiederum die Kundendatenanalyse durchgängig sein muss (Zhang et al. 2010).

Dies alles soll zu höherer *Profitabilität* führen (z. B. Zhang et al. 2010). Dabei kommen zu den vorher dargestellten Umsatzeffekten aus Loyalität und Mehrverkauf an den

5 Direktvertrieb für Erneuerbare-Energie-Produkte

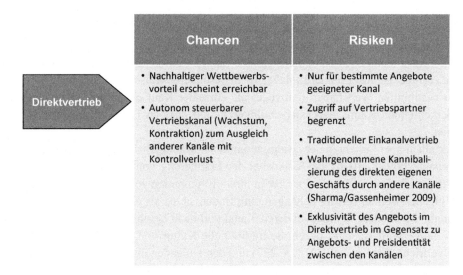

Abb. 5.2 Chancen und Risiken des Direktvertriebs in einer Multikanalstrategie (Quelle: Eigene Darstellung)

einzelnen Mehrkanalkunden auch Effekte aus dem Risikoausgleich zwischen den einzelnen Kanälen (Schögel und Binder 2011) sowie aus Kostensenkungspotenzialen, wenn die Wertketten der einzelnen Kanäle einander ergänzen (Schögel und Binder 2011, S. 183). Entscheidend für die Profitabilität ist allerdings, ob das Unternehmen allein durch das Handeln des Wettbewerbs in die zusätzlichen Kanäle gezwungen wurde und letztlich kein nachhaltiger Wettbewerbsvorteil etabliert werden kann (Prisoner's Dilemma; Neslin und Shankar 2009, S. 73).

Neben den in Abb. 5.1 zusammengefassten Chancen und Risiken einer Multikanalstrategie im Allgemeinen, sind einige Sondereffekte für den Direktvertrieb zusätzlich zu berücksichtigen, sowohl für den Fall, dass ein etabliertes Direktvertriebsunternehmen in weitere Kanäle expandiert, als auch für den Fall, dass ein in anderen Kanälen tätiges Unternehmen nun zusätzlich einen Direktvertrieb aufbauen will (vgl. Abb. 5.2).

Einen Direktvertrieb als Element einer Multikanalstrategie aufzubauen ist grundsätzlich möglich, erfordert aber Fachkenntnis und -erfahrung, vor allem um die in Abschn. 5.2.1 beschriebenen Werkzeuge optimal kalibriert einsetzen zu können. Das führt allerdings auch dazu, dass dem Nachziehen von Mitbewerbern Grenzen gesetzt sind –, eine Alleinstellung erscheint einfacher erreichbar zu sein. So hat es etwa für das klassische Vertretergeschäft von LichtBlick nur wenige der mehr als 1100 Energievertriebe in Deutschland gegeben, die zu Nachahmern wurden. Im Gegensatz dazu haben praktisch alle Vertriebe eine Onlinepräsenz.

Zudem ist ein Direktvertrieb einer der wenigen wirklich steuerbaren Kanäle. Es gibt keine Abhängigkeiten von einzelnen Kooperationspartnern, es handelt sich um einen „Push-Kanal", der aktiv den potenziellen Kunden anspricht, und nicht um einen „Pull-Kanal", für den der Kunde erst aktiviert werden muss (z. B. die eigene Website). Insofern ist der Direktvertrieb geeignet, im Rahmen einer Multikanalstrategie den Kontrollverlust, der mit anderen Kanälen einhergehen mag, zu kompensieren.

Allerdings bleibt auch zu berücksichtigen, dass Direktvertrieb nur für bestimmte Produkte geeignet ist, insbesondere solche, die in besonderer Weise erklärungsbedürftig sind, einen bestimmten Wert haben (entweder als einzelner Kauf oder durch die Menge der wiederkehrenden Käufe als Dauerschuldverhältnis) oder zu Hause ausprobiert werden können.

Vor allem aber besteht in der „wahrgenommenen Kannibalisierung" (Sharma und Gassenheimer 2009, S. 1076) ein Risiko bei der Etablierung von Multikanalstrategien mit Direktvertrieb. Da die Vertriebspartner in ihrem Einkommen vollständig oder weitgehend vom eigenen Verkaufserfolg abhängen, empfinden sie es als Risiko, wenn infolge ihrer Beratung das Produkt in einem anderen Kanal und nicht bei ihnen gekauft werden kann. Diese Sorge wird verstärkt durch die traditionelle Kultur von Direktvertrieben als Einkanalvertriebe (Friege et al. 2013, S. 227) und den fehlenden disziplinarischen Durchgriff auf den selbständigen Vertriebspartner und kann gefährdend für die Multikanalstrategie werden.

Schließlich bleibt zu berücksichtigen, dass das Exklusivitätsargument („Dieses Angebot mache ich Ihnen nur hier und heute!") ein wichtiges Argument für den Abschluss ist und dem Gebot der Angebots- und Preisidentität zwischen den Kanälen entgegensteht. Allerdings ist dies ein Risiko, dem man durch eine Variation des einheitlichen Angebots zugunsten des Kunden (Packungsgröße, Zugaben, Bündelung, Tagespreis etc.) entgehen kann.

Zusammenfassend erscheint ein wettbewerbsfähiges Multikanalangebot unter Hinzunahme des Direktvertriebs nicht nur möglich, sondern im konkreten Fall auch geeignet, Wettbewerbsvorteile zu generieren.

5.3 Direktvertrieb von Erneuerbare-Energie-Produkten

5.3.1 Besonderheiten des Direktvertriebs von EE-Produkten

Weshalb interessieren sich Nachfrager für EE-Produkte?[3] Aus Kundensicht kann die Antwort auf diese Frage auch wichtige Hinweise auf Besonderheiten für den Direktvertrieb von EE-Produkten geben. Ganz zentral ist der Wunsch vieler Kunden, neben einer ökonomischen Vorteilhaftigkeit auch einen Beitrag zur Energiewende, zur CO_2-Vermeidung und zu einem nachhaltigeren Lebensstil zu leisten (z. B. Friege und Voß 2015 oder den Überblick bei Herbes und Ramme 2014, S. 258 ff.). Daraus folgt, dass – anders als bei den herkömmlichen Direktvertriebsprodukten – neben den Produkteigenschaften und -vorteilen für den Kunden selbst auch die Erläuterung des ökologischen Nutzens eine kaufent-

---

[3] Vgl. dazu ausführlich den Beitrag von Friege und Herbes in diesem Band.

scheidende Rolle spielt: Das EE-Produkt ist also doppelt erklärungsbedürftig und dadurch in besonderem Maße für den Direktvertrieb geeignet.

Insgesamt sind diese Besonderheiten von EE-Produkten für den Direktvertrieb zu berücksichtigen:

a. Das geeignete EE-Produkt ist *doppelt erklärungsbedürftig*. Neben dem ökologischen Mehrwert (s. o.) erfordert es auch für seine grundlegenden Eigenschaften Erläuterungen und wirft Fragen auf (z. B. über einen Anschluss an ein Nahwärmenetz, PV-Aufdachanlage) bzw. kann problematisiert werden (Einsparberatung bei Ökostrom vor Ort).
b. Zudem ist gerade bei EE-Produkten vielfach *demonstrativer Konsum* („Conspicuous Consumption") zu beobachten (z. B. Herbes und Ramme 2014, S. 260), der im Direktvertrieb sehr einfach mit den notwendigen Argumenten gestützt werden kann, wenn etwa Vergleiche der CO_2-Einsparung mit dem entsprechenden Pkw-Ausstoß in Relation gesetzt werden.
c. Die *fehlende Vorführbarkeit* von EE-Produkten kann durch geeignete Verkaufshilfen kompensiert werden (z. B. Einblick in Live-Daten einer bestehenden PV-Anlage durch eine App, die zum Lieferumfang der angebotenen PV-Lösung gehören wird).
d. Energieprodukte sind *Low-Involvement-Produkte*. Grundsätzlich beschäftigen sich Konsumenten gar nicht oder nur sehr wenig mit der Anbieterauswahl, die Produkte sind allgemein vollkommen unemotional. Das ist bei typischen Direktvertriebsprodukten anders: Kosmetika, Wein, Dessous etc. sind ausgesprochen emotionale und High-Involvement-Produkte, und selbst die Auswahl eines Staubsaugers oder eines Sets von Kochtöpfen erscheint eine leichtere Emotionalisierung zu ermöglichen als Strom, Wärme oder deren Erzeugung. Man kann dieses fehlende Involvement aber auch als Chance für den Direktvertrieb begreifen, denn die Konsequenz ist gleichzeitig eine schwierigere Ansprache durch Direktmarketing oder auch Werbung: Diese Kaufanstöße wirken meist nur deutlich unter den budgetierten Annahmen bei der Neukundenwerbung.
e. EE-Produkte sind in hohem Maße *Vertrauensgüter*. Weder kann man den Grünstrom vor dem Kauf ausprobieren noch nach der Umstellung an irgendwelchen Indikatoren selbst feststellen, ob tatsächlich grüne Energie geliefert wird. Gleiches gilt eingeschränkt für den Anschluss an Nahwärmenetze, den Betrieb von KWK-Anlagen oder PV-Anlagen etc.: Zwar kann man die Wärme im Haus prüfen, aber ob tatsächlich regenerativ erzeugtes Biomethan die KWK-Anlage antreibt, ob tatsächlich die Wärme ausschließlich nachhaltig erzeugt in das Netz eingespeist wird und ob die PV-Module 20 Jahre funktionieren – das wird man gar nicht, nur sehr schwierig oder erst sehr spät sicher wissen können. Vor diesem Hintergrund muss der Direktvertrieb von EE-Produkten – anders als im klassischen Direktvertrieb, wo vorgeführt und ausprobiert werden kann – Indikatoren entwickeln, die das Vertrauen erzeugen und stärken, wenn man erfolgreich vertreiben will.
f. EE-Produkte werden immer eine Form des *Multikanalvertriebs* erfordern. Das gilt schon alleine wegen der notwendigen detaillierten Darlegungen technischer Details, der ökologischen Vorteilhaftigkeit und der umfassenden Erklärungsbedürftigkeit, die

Tab. 5.1 Checkliste für den erfolgreichen Vertrieb von EE-Produkten. (Quelle: Eigene Darstellung)

Nr.	Kriterium	Erfüllungsgrad
1.	EE-Produkt ist erklärungsbedürftig	z. B. ✓ oder „ja", „nein"…
2.	Ökologischer Nutzen des EE-Produktes ist erklärungsbedürftig	
3.	Preisgestaltung des EE-Produktes (einmalig oder als Dauerschuldverhältnis) erlaubt angemessene Provisionszahlung	
4.	Fehlende Vorführbarkeit kann durch Verkaufshilfen ausgeglichen werden	
5.	Vertrieb kann als klassischer Vertreterverkauf organisiert werden	
6.	Dichte der potenziellen Kunden erlaubt personengestützten Vertrieb	
7.	EE-Produkt kann emotionalisiert werden	
8.	Wahrgenommenes Risiko des Vertrauensgutes kann minimiert werden	
9.	Businessplan erlaubt Win-win-win-Konstellation	
10.	Direktvertrieb des EE-Produktes kann in Multikanalvertrieb integriert werden	

Kunden in unterschiedlicher Ausführlichkeit erwarten und für die neben persönlichen Erläuterungen eine umfassende Internetpräsenz erforderlich ist. Vor allem gilt dies aber auch, um die unterschiedlichen Kundengruppen angehen zu können, für die weder von den Kaufgewohnheiten noch von der möglichen geografischen Abdeckung her ein einziger Vertriebskanal alleine hinreichend ist.

5.3.2 Checkliste für den erfolgreichen Direktvertrieb von EE-Produkten

Letztlich kann die grundsätzliche Eignung eines EE-Produktes für den Direktvertrieb – quasi als Zusammenfassung des bisher Herausgearbeiteten – nach zehn Kriterien beurteilt werden (s. Tab. 5.1).

In welcher Weise ein bestehendes EE-Produkt (Ökostrom) und ein neu zu entwickelndes EE-Produkt (PV-Aufdachanlagen im Pachtmodell) nach diesen Kriterien für den Direktvertrieb entwickelt werden können, wird im nachfolgenden Abschnitt dargestellt.

5.4 Praxisbeispiele und -konzepte für den Direktvertrieb von Erneuerbare-Energie-Produkten

5.4.1 Ökostrom im Direktvertrieb

Wendet man die in Tab. 5.1 dargestellte Checkliste auf ein übliches Ökostromprodukt an, das im Direktvertrieb verkauft werden soll, könnte eine Produktlösung aussehen wie in Tab. 5.2 skizziert.

Tab. 5.2 Checkliste für Ökostrom im Direktvertrieb. (Quelle: Eigene Darstellung)

Nr.	Kriterium	Produktlösung für Ökostrom	Erfüllungsgrad
1.	EE-Produkt ist erklärungsbedürftig	Strom muss man nicht erklären – Stromsparen ist aber ein guter Türöffner	✓
2.	Ökologischer Nutzen des EE-Produktes ist erklärungsbedürftig	Physikalische Grundlagen führen zur Lösung für den ökologischen Mehrwert	✓
3.	Preisgestaltung des EE-Produktes (einmalig oder als Dauerschuldverhältnis) erlaubt angemessene Provisionszahlung	Kundenwert erlaubt Provisionszahlung	✓
4.	Fehlende Vorführbarkeit kann durch Verkaufshilfen ausgeglichen werden	Verkaufshilfen entwickeln, die 1. und 2. grafisch darstellen	✓
5.	Vertrieb kann als klassischer Vertreterverkauf organisiert werden	Haustürgeschäft, ggf. zweistufig	✓
6.	Dichte der potenziellen Kunden erlaubt personengestützten Vertrieb	Ja	✓
7.	EE-Produkt kann emotionalisiert werden	Produkt weniger, wohl aber der abgeleitete ökologische Nutzen	✓
8.	Wahrgenommenes Risiko des Vertrauensgutes kann minimiert werden	Zertifikate, Marke des Anbieters	✓
9.	Businessplan erlaubt Win-win-win-Konstellation	Ja	✓
10.	Direktvertrieb des EE-Produktes kann in Multikanalvertrieb integriert werden	Ja, der Wettbewerb um den Kunden findet in allen denkbaren Vertriebskanälen statt	✓

Während man Strom an sich nicht erklären muss, bietet es sich an, konsistent zur nachhaltigen Positionierung des Produktes als Einstieg einfache Möglichkeiten zum Stromsparen zu erläutern (Kriterium 1.). Das vermittelt Kompetenz, bietet einen Besuchsanlass, gibt dem Kunden das gute Gefühl, unabhängig von der Kaufentscheidung zu profitieren und gibt ihm kostenlos nützliche Informationen ohne Kaufzwang. In der Tat erklärungsbedürftig ist der ökologische Nutzen des Angebots (Kriterium 2.) –, dazu verwenden viele Unternehmen das Bild des „Stromsees", in den grüne und graue Energie eingespeist wird. Hier bieten sich grafisch aufbereitete Verkaufshilfen an (Kriterium 4.), die an die Stelle der Produktvorführung treten. Die Tiefe der Diskussion wird variieren, die Thematik ist komplex und möglicherweise die Achillesferse des gesamten Produktes.[4] Damit wird es entscheidend, die Emotionalisierung des Produktes zu erreichen (Kriterium 7.), was geschehen kann durch Verbindung des ökologischen Nutzens mit dem potenziellen Käufer

---

[4] Vgl. dazu den Beitrag von Leprich et al. in diesem Band.

Tab. 5.3 Checkliste für PV-Pachtanlagen im Direktvertrieb. (Quelle: Eigene Darstellung)

Nr.	Kriterium	Produktlösung für PV-Pachtanlagen	Erfüllungsgrad
1.	EE-Produkt ist erklärungsbedürftig	Technische Anforderungen und Pachtmodell müssen erklärt werden	Ja
2.	Ökologischer Nutzen des EE-Produktes ist erklärungsbedürftig	Ökologischer Mehrwert von PV ist weniger erklärungsbedürftig	Ja
3.	Preisgestaltung des EE-Produktes (einmalig oder als Dauerschuldverhältnis) erlaubt angemessene Provisionszahlung	Projektwert erlaubt Provisionszahlung	Ja
4.	Fehlende Vorführbarkeit kann durch Verkaufshilfen ausgeglichen werden	Verkaufshilfen stellen 1. und 2. grafisch dar; Testimonials	Ja
5.	Vertrieb kann als klassischer Vertreterverkauf organisiert werden	Haustürgeschäft, wahrscheinlich zweistufig	Ja, testen
6.	Dichte der potenziellen Kunden erlaubt personengestützten Vertrieb	Muss getestet werden	Zu erheben
7.	EE-Produkt kann emotionalisiert werden	Vor allem über ökologischen Nutzen (und finanzielles Einsparpotenzial)	Ja
8.	Wahrgenommenes Risiko des Vertrauensgutes kann minimiert werden	Zertifikate, Marke des Anbieters	Ja
9.	Businessplan erlaubt Win-win-win-Konstellation	Ja	Zu kalkulieren
10.	Direktvertrieb des EE-Produktes kann in Multikanalvertrieb integriert werden	Ja, Beispiel SolarCity	Ja

("Welche Erde wollen Sie der nächsten Generation hinterlassen?"), durch Erzählen von Geschichten (wahr) und (als solche erkennbare) Märchen (zu schön, um wahr zu sein) etc. Schließlich muss das mit dem Kauf von Vertrauensgütern verbundene Risiko minimiert werden (Kriterium 8.), was bei Ökostrom möglich ist durch

a. Zertifikate, also von unabhängigen Stellen vergebene Beglaubigungen der Stromherkunft;
b. Label, also künstliche, nicht durch unabhängige Stellen vergebene Markierungen, die die Qualität des Stroms unterstreichen sollen (z. B. eine kreisrunde Werbung „Echter Ökostrom" auf den Verkaufshilfen);
c. Garantien, die vom Anbieter oder einem Dritten ausgesprochen werden;
d. Marke und Anbieter, die an sich eine so hohe Bekanntheit und Reputation aufweisen, dass weitergehende Zertifikate oder Garantien unnötig sind – aber selbst die vier traditionellen Ökostromanbieter EWS Schönau, Greenpeace Energy, Naturstrom und LichtBlick lassen ihren Strom regelmäßig zertifizieren (Tab. 5.3).

Das dem Vertrieb von Ökostrom als Haustürgeschäft zugrundeliegende jeweilige Geschäftsmodell hat sich für eine Reihe von Anbietern als tragbar erwiesen, der Kundenwert liegt nicht unter dem CPO (Kriterium 3.) und eine Win-win-win-Konstellation kann hergestellt werden (Kriterium 9.), wobei die erzielbare Provision schon eine regelmäßige Tätigkeit im Vertrieb erfordert, um auf Einkommen von über 2000 € pro Monat zu kommen. Der Vertrieb wird immer als klassischer Vertreterverkauf organisiert, die Kundendichte erlaubt in Ballungsgebieten ggf. sogar den Verzicht auf ein Auto (Kriterien 5. und 6.).

Schließlich betreiben alle bekannten Anbieter von Ökostrom, die auch einen Direktvertrieb nutzen, eine Website, auf der man ebenfalls wechseln kann, und meist auch noch andere Vertriebskanäle, häufig in Kooperation mit Partnern, sodass man davon ausgehen kann, dass der Direktvertrieb von Ökostrom multikanalfähig aufgebaut werden kann. Da Angebote, die ausschließlich im Direktvertrieb gelten, außerhalb der eigenen Organisation und dem Kreis der Kunden, die beim Direktvertrieb abschließen, nicht transparent sind, kann man hier auf die Angebots- und Preisidentität zwischen den Kanälen verzichten, indem man dem Direktvertrieb ein exklusives Bündelangebot entwickelt (z. B. erhalten Kunden nach Abschluss und Umstellung der Versorgung ein Strommessgerät oder einen Begrüßungsrabatt auf den Grundpreis der ersten Monate).

5.4.2 Direktvertrieb von PV-Anlagen im Pachtmodell

In den USA sind seit einigen Jahren Unternehmen außerordentlich erfolgreich, die PV-Anlagen im Pachtmodell vertreiben. Marktführer ist hier die von Multi-Unternehmer Elon Musk als Chairman geführte Firma SolarCity, die verspricht, ohne Anfangsinvestition des Hauseigentümers eine PV-Aufdachanlage zu installieren, die im Pachtmodell dann zur Stromerzeugung für den Haushalt sowie zur Einspeisung in das öffentliche Netz genutzt wird.[5] Das Unternehmen wächst derzeit um ca. 100 % p. a. und geht davon aus, Ende 2014 insgesamt 500 MWp installiert zu haben; weitere 500 MWp sollen in 2015 dazu kommen (SolarCity 2014b).[6]

Der grundlegende Geschäftsprozess ist in Abb. 5.3 dargestellt. Es ist auffällig, dass der Prozess konsequent entlang der Kundenwünsche nach a) einfacher Lösung, b) unaufwendiger Kreditentscheidung (Pachtmodell!) und c) simpler Installation konzipiert ist und dennoch für SolarCity ganz offensichtlich erhebliche Economies of Scale beinhaltet.

---

[5] Die eingespeiste Menge kann kostenfrei wieder aus dem Netz entnommen werden, sodass ein „virtueller Speicher aus Sicht des Kunden" entsteht. Dies basiert auf der Gesetzeslage in den jeweiligen US-Bundesstaaten und kann als eine Subvention (neben anderen dort bestehenden Regelungen) verstanden werden, die anstelle des in Deutschland geltenden EEG tritt.

[6] In der Bundesrepublik sind im 1. Halbjahr 2014 insgesamt ca. 1000 MWp installiert worden (BNetzA 2014).

We make solar easy

Wir kümmern uns um Ihr gesamtes PV-Projekt – von Anfang bis Ende in wenigen, einfachen Schritten.

Step 1: Free solar consultation

Jedes PV-Projekt fängt mit einem kurzen Gespräch an, um herauszufinden, ob PV richtig für Sie ist. Wir besprechen Ihren Energieverbrauch und schauen auf Ihr Dach mithilfe von Satellitenfotos. Wenn alles gut aussieht, unterbreiten wir Ihnen ein kostenloses, individuelles Angebot. Es enthält alle Ihre Wahlmöglichkeiten und errechnet Ihre Energiekosteneinsparungen für die nächsten 20 Jahre.

Step 2: Sign your agreement

Mit Ihrem Vertrag sichern Sie sich Ihre Energiekosteneinsparungen für die nächsten 20 Jahre. Dies und die anderen wichtigsten Einzelheiten stehen gleich auf Seite 1 des Vertrages. Es gibt keine versteckten Kosten, aber Sie werden viele Garantien finden, die Sie und Ihr Haus schützen.

Step 3: Solar panel system design

Einer unserer Techniker wird Sie wenige Tage nach Vertragsunterschrift besuchen, um sich Ihr Dach genauer anzusehen und es auszumessen. Sobald wir die Maße haben, entwerfen unsere PV-Ingenieure ein Solarkraftwerk, das zu Ihrem Haus und zu ihrem Energiebedarf passt.

Step 4: 1-day installation

Die meisten Installationen dauern nur einen Tag. Wir vereinbaren mit Ihnen einen Tag, der für Sie optimal passt. Und wir kümmern uns um alle Genehmigungen und Abnahmen. Das Einzige, was Sie tun müssen, ist zuzusehen, wie alles entsteht.

Step 5: Turn on the power!

Nun kommt das Beste: Sobald der Netzbetreiber die Anlage abgenommen hat, können Sie den Schalter selbst umlegen und fangen an, Ihre eigene, saubere und günstigere Energie zu erzeugen.

Abb. 5.3 Geschäftsprozess von SolarCity. (SolarCity 2014a; eigene Übersetzung)

Der Vertrieb ist als Multikanalvertrieb aufgestellt (SolarCity 2014b):
a. Direktmarketing (Telemarketing, E-Mail-Marketing, Online-Marketing, Direct Mail)
b. Radiowerbung, auch TV-Werbung (mit „Direct-response"-Element)
c. Direktvertrieb (Haustürgeschäft)[7]
d. Freundschaftswerbung (Kunden werben Kunden)
e. Kooperationspartner (Bauindustrie, Baumärkte u. a.)

Selbst wenn dieses Produktangebot – wie EE ganz allgemein – auch in den USA von den jeweiligen Fördergesetzen abhängig ist, erscheint das Geschäfts- und Vertriebsmodell als Anregung für ein vergleichbares Modell in Deutschland geeignet. In der Tat hat eine Reihe von Stadtwerken, meist in Kooperation mit Dienstleistern, begonnen, dieses Modell zu verfolgen (Rutschmann 2014). Von einem dedizierten Direktvertrieb im Kanalmix ist allerdings noch nichts bekannt geworden.

In Tab. 5.3 ist den oben entwickelten Kriterien für einen Direktvertrieb von EE-Produkten ein mögliches Vorgehen bei einem Geschäftsmodell für PV-Pachtanlagen in Deutschland gegenübergestellt, wobei wie in den USA von einem Multikanalvertrieb auszugehen ist (Kriterium 10.).

Während der ökologische Nutzen einer PV-Anlage wenig erläuterungsbedürftig sein wird (Kriterium 2.), werden in erster Linie das Pachtmodell mit seinen finanziellen Auswirkungen und die technischen Anforderungen erläuterungsbedürftig – und damit geeignet für einen Direktvertrieb – sein (Kriterium 1.). Neben den erläuternden Verkaufshilfen werden Testimonials zufriedener Kunden eine wichtige Rolle für den Ersatz des Vorführrens spielen, möglicherweise im Einzelfall sogar der Besuch einer bereits laufenden Anlage (Kriterium 4.). Die Emotionalisierung des Produktes wird ähnlichen Ideen folgen wie für den Ökostromvertrieb dargestellt; hier kommt allerdings ein langfristiger, finanzieller Vorteil für den Kunden hinzu, der die Entscheidung für das Produkt ebenfalls erleichtern kann (Kriterium 7.). Die Minimierung des Risikos aus dem Vertrauensgut erfolgt einerseits über die Tatsache, dass die PV-Anlage, quasi als Pfand, auf dem eigenen Dach montiert ist und im Vertrag – ähnlich wie bei SolarCity – wichtige Garantien und Zusicherungen enthalten sein werden (Kriterium 8.)

Die Preisgestaltung wird sicherlich ein angemessenes Provisionsmodell ermöglichen (Kriterium 3.) und damit auch eine Win-win-win-Konstellation (Kriterium 9.). Dass der Direktvertrieb als klassischer Vertreterverkauf organisiert werden kann, zeigt sich in den USA. Ob allerdings die Dichte der Zielhaushalte einen Direktvertrieb außerhalb von bestimmten Ziel- und Ballungsregionen erlaubt, muss getestet werden (Kriterien 5. und 6.).

Es bleibt abzuwarten, wann die bereits heute im Vertrieb von Solar-Pachtanlagen tätigen Stadtwerke eine umfassendere, den Direktvertrieb einschließende Multikanalvertriebsstrategie anwenden werden.

---

[7] Wesoff (2014) stellt heraus, dass neben SolarCity auch die Nummern 2 und 3 im Markt, Sunrun und Vivint, über eigene Direktvertriebsorganisationen verfügen.

5.5 Zusammenfassung und Ausblick

Es zeigt sich, dass der Direktvertrieb ein veritabler Vertriebskanal für EE-Produkte, insbesondere im Zusammenhang von Multikanalvertriebsstrategien, ist. Für eine erfolgreiche Implementierung müssen jedoch die Produkte und Rahmenbedingungen stimmen – das ist in diesem Beitrag ausführlich dargestellt worden. Daneben erfordert auch das Management des Direktvertriebs eine Reihe spezieller Erfahrungen (Friege et al. 2013, S. 227 f.).

Gleichwohl ist davon auszugehen, dass in der Zukunft die Bedeutung des Direktvertriebs für die Vermarktung von EE-Produkten weiter zunehmen wird:

a. Der „Ökostrommarkt [ist] im Stagnationsmodus" (E&M 2014) – so das Ergebnis der jüngsten Umfrage des Fachmagazins *Energie & Management*. Hier wird Wachstum für Angebote mit ökologischem Zusatznutzen umfassendere Erklärungen erfordern – ein Kernbereich für den Direktvertrieb.
b. Viele Energieversorger entwickeln derzeit Strategien, komplexere (und damit erklärungsbedürftigere) Produkte in den Markt einzuführen, die Kunden zu Prosumern machen[8], und dabei die Grenze zwischen Energieerzeugung und -verbrauch fließend werden lassen. Auch vielfältige Zusatznutzen können solche Produkte kennzeichnen. In jedem Fall wird der Direktvertrieb hier eine von verschiedenen Optionen sein, den Vertrieb zu organisieren, und in besonderem Maße geeignet sein, komplexe und erklärungsbedürftige Produkte zu vertreiben.
c. Schließlich werden neue Marktteilnehmer in den Energiemarkt eintreten, auch mit EE-Produkten oder solchen sehr nah an Erneuerbarer Energie. Schon heute sind Unternehmen sichtbar, die wie Google mit Nest ein Smart-Home-Produkt vertreiben, das in direkter Konkurrenz zu Eigenentwicklungen der Energiewirtschaft steht. In dieser Produktkategorie ist noch offen, welche Vertriebswege gewählt werden, doch auch an dieser Stelle bleibt der Direktvertrieb zumindest erwägenswert.

Fazit

EE-Produkte können erfolgreich durch Direktvertrieb – auch als Element von Multikanalstrategien – vertrieben werden. Dabei hilft eine Checkliste mit zehn Kriterien, die Eignung von EE-Produkten für den Direktvertrieb zu beurteilen. Für die Zukunft ist von weiteren EE-Produkten auszugehen, die im Markt durch den Direktvertrieb ihre Kunden finden.

---

[8] Vgl. den Beitrag von Huener und Bez in diesem Band.

Literatur

BDD. 2012. Multi-Channel-Strategien – Direktvertrieb gewinnt weiter an Bedeutung. http://www.direktvertrieb.de/News-detail.241.0.html?&tx_ttnews%5Btt_news%5D=581&cHash=7225e4e6060c7c568e068860edaf4f49. Zugegriffen: 30. Aug. 2014.

BDD. 2013. BDD_Mitgliedsunternehmen erhöhen Verbraucherschutz. http://www.direktvertrieb.de/News-detail.241.0.html?&tx_ttnews%5Btt_news%5D=726&cHash=b382c5e255ddca048f5f0348bc1c88cb. Zugegriffen: 31. Aug. 2014.

BDD. 2014. Deutsche Direktvertriebsbranche wächst kontinuierlich. http://www.direktvertrieb.de/News-detail.241.0.html?&tx_ttnews%5Btt_news%5D=790&cHash=b09b76dd012a672d762c34d7ba551c67. Zugegriffen: 31. Aug. 2014.

BNetzA. 2014. Monatliche Veröffentlichung der PV-Meldezahlen. http://www.bundesnetzagentur.de/cln_1421/DE/Sachgebiete/ElektrizitaetundGas/Unternehmen_Institutionen/ErneuerbareEnergien/Photovoltaik/DatenMeldgn_EEG-VergSaetze/DatenMeldgn_EEG-VergSaetze_node.html#doc405794bodyText3. Zugegriffen: 1. Sept. 2014.

Elementerra. 2006. Elementerra beweist erfolgreiche Vermarktung von Stadtwerke-Produkten durch Direktvertrieb. http://www.finanznachrichten.de/nachrichten-2006-03/6127152-elementerra-beweist-erfolgreiche-vermarktung-von-stadtwerke-produkten-durch-direktvertrieb-007.htm. Zugegriffen: 30. Aug. 2014.

E&M. 2014. Ökostrommarkt im Stagnationsmodus. Pressemitteilung vom 15. Juli 2014. http://www.energie-und-management.de/uploads/media/10._Oekostromumfrage_der_Fachzeitung_Energie_und_Management__1_.pdf. Zugegriffen: 1. Sept. 2014.

Engelhardt, W. H., und A. Jaeger. 1998. *Der Direktvertrieb von konsumtiven Leistungen – Forschungsprojekt im Auftrag des Arbeitskreises „Gut beraten – zuhause gekauft"*. Bochum.

Friege, C., und H. Voß. 2015. Motive von Privatinvestoren bei EE-Projekten. In *Handbuch Finanzierung von Erneuerbare-Energie-Projekten*, Hrsg. C. Herbes und C. Friege, S. 89–105. Konstanz: uvk.

Friege, C., F. Kraus, und E. Sahin. 2013. Direktvertrieb. *Wirtschaftswissenschaftliches Studium (WiSt)* 42 (5): 224–230.

Herbes, C., und I. Ramme. 2014. Online marketing of green electricity in Germany – A content analysis of providers' websites. *Energy Policy* 66:257–266.

LichtBlick. 2009. LichtBlick-Direktvertrieb weiter auf Wachstumskurs. Medien-Mitteilung vom 18. März 2009. http://www.lichtblick.de/medien/news/?detail=140&type=press. Zugegriffen: 29. Aug. 2014.

Neslin, S. A., und V. Shankar. 2009. Key issues in multichannel customer management: Current knowledge and future directions. *Journal of Interactive Marketing* 23:70–81.

Peterson, R. A., und T. R. Wotruba. 1996. What is direct selling? – Definition, perspectives and research agenda. *Journal of Personal Selling & Sales Management* 16 (4): 1–16.

Rutschmann, I. 2014. Pachten statt bauen. http://www.photovoltaikforum.com/magazin/wirtschaft/pachten-statt-bauen-1914/. Zugegriffen: 30. Aug. 2014.

Schögel, M., und J. Binder. 2011. Profitables Channel Management. In *Innovationen im Kundendialog*, Hrsg. C. Belz, 177–195. Wiesbaden: Gabler.

Schögel, M., et al. 2011. Multi-Channel management im CRM. In *Grundlagen des CRM*, Hrsg. H. Hippner, et al., 559–597. Wiesbaden: Gabler.

Sharma, D., und J. B. Gassenheimer. 2009. Internet channel and perceived cannibalization. *European Journal of Marketing* 43 (7/8): 1076–1091.

SolarCity. 2014a. How SolarCity works. http://www.solarcity.com/residential/how-solarcity-works. Zugegriffen: 1. Sept. 2014.

SolarCity. 2014b. Delivering better energy. Investor presentation. http://files.shareholder.com/downloads/AMDA-14LQRE/3438939577x0x664578/add6218d-90ec-4089-9094-4259533d473e/SCTY_Investor_Presentation.pdf. Zugegriffen: 1. Sept. 2014.

Universität Mannheim. 2014. Situation der Direktvertriebsbranche in Deutschland 2013 – Studie im Auftrag des Bundesverband Direktvertrieb Deutschland e. V.; Zusammenfassung der Ergebnisse. http://www.direktvertrieb.de/index.php?eID=tx_nawsecuredl&u=0&file=fileadmin/user_upload/MAIN-dateien/Kurzfassung_BDD_Marktstudie_2014.pdf&t=1409582296&hash=b69c53804abdb6c0a7f5bc9ac109a26806e746e4. Zugegriffen: 31. Aug. 2014.

Wesoff, E. 2014. CEO Lynn Jurich on the Future of Sunrun and Residential Solar. Am 27.08.2014 auf greentec solar veröffentlicht. http://www.greentechmedia.com/articles/read/CEO-Lynn-Jurich-on-the-Future-of-Sunrun-and-Residential-Solar. Zugegriffen: 15. Sept. 2014.

Zhang, J., et al. 2010. Crafting integrated multichannel retailing strategies. *Journal of Interactive Marketing* 24:168–180.

Dr. Christian Friege hat vielfältige Marketing- und Vertriebserfahrung und war von 2009–2012 Vorsitzender des Vorstands des Bundesverbandes Direktvertrieb Deutschland. Er berät seit 2012 viele Unternehmen in Fragen des Direktvertriebs und hat zu diesem Thema verschiedentlich publiziert. Christian Friege hat in Mannheim Betriebswirtschaftslehre studiert und an der Katholischen Universität in Eichstätt/Ingolstadt promoviert. Er hat für die Bertelsmann AG in den USA und in UK Führungsaufgaben wahrgenommen, ehe er 2005 Vorstand der debitel AG wurde. Von 2008–2012 war er Vorstandsvorsitzender der LichtBlick AG. Er ist Dozent an der Hochschule für Wirtschaft und Umwelt in Nürtingen und führt regelmäßig Lehrveranstaltungen an der Universität St. Gallen durch.

6 Vom Energielieferanten zum Kapazitätsmanager – Neue Geschäftsmodelle für eine regenerative und dezentrale Energiewelt

Ben Schlemmermeier und Björn Drechsler

> Gegenstand dieses Kapitels sind die Beschreibung neuer Geschäftsmodelle für eine regenerative und dezentrale Energiewelt und die Ableitung von Handlungsempfehlungen für die Unternehmen der Energiewirtschaft. Der Fokus dieses Kapitels wird in der Einleitung aufgezeigt und mittels der Vorstellung der Vision der Autoren zur Zukunft der Energiewirtschaft noch verdeutlicht. Im Anschluss werden die wachsende Bedeutung der dezentralen und regenerativen Energieerzeugung und die daraus resultierende Notwendigkeit zur Weiterentwicklung des Strommarktdesigns in Deutschland – mit Bezug zur aktuellen Energiepolitik – beschrieben. In Verbindung mit einer kurzen Erläuterung der wesentlichen Fähigkeiten des Stromsystems werden aus der Markt- und Regulierungsentwicklung sodann die künftigen Kernaufgaben und Geschäftsmodelle der Energieversorger abgeleitet und erläutert. Dieses Kapitel endet mit einer Beschreibung strategischer und organisatorischer Anforderungen an die Energieversorger zur Umsetzung der neuen Geschäftsmodelle. Im Fazit werden die wesentlichen Aspekte und Erfolgsfaktoren für zukunftsfähige Geschäftsmodelle für Energieversorger nochmals zusammenfasst.

B. Schlemmermeier (✉) · B. Drechsler
LBD-Beratungsgesellschaft mbH, Mollstraße 32, 10249 Berlin, Deutschland
E-Mail: ben.schlemmermeier@lbd.de

B. Drechsler
E-Mail: bjoern.drechsler@lbd.de

© Springer Fachmedien Wiesbaden 2015
C. Herbes, C. Friege (Hrsg.), *Marketing Erneuerbarer Energien*,
DOI 10.1007/978-3-658-04968-3_6

6.1 Einleitung

Der Energiemarkt ist ein politischer Markt
Die Energiewirtschaft steht auf der Brücke der Energiewende: Nach hinten ist sie abgebrochen, die Geschäftsergebnisse vieler Energieversorger verschlechtern sich spürbar. Nach vorne ist die Brücke noch nicht zu Ende gebaut. Es besteht ein Reformstau bei den gesetzlich-regulatorischen Rahmenbedingungen, welche den Energiesektor zum Energiemarkt und damit zum Geschäft machen: Erneuerbare-Energien-Gesetz (EEG), Kraft-Wärme-Kopplungsgesetz (KWKG), Strommarktdesign, Netznutzungsentgelte, Smart Metering, Energieeffizienz und Emissionshandel. Nachdem das EEG 2014, mit der wesentlichen Neuerung, die Erneuerbaren Energien (EE) stärker in den Energiemarkt zu integrieren, gerade in Kraft getreten ist, ist die nächste EEG-Novelle (EEG 3.0) und damit der Wechsel zu Ausschreibungen bereits für das Jahr 2016 geplant (BMWi 2014a, S. 3). Außerdem stehen für das Jahr 2015 eine weitere Novelle des KWKG, die Umsetzung des Aktionsplans Energieeffizienz und eine Novelle der Anreizregulierungsverordnung (ARegV) an. Parallel dazu wird das Strommarktdesign weiterentwickelt und das gesamte System der Netzentgelte, Umlagen und Abgaben im Endkundenstrompreis auf den Prüfstand gestellt.

Hinsichtlich der weiteren Markt- und Regulierungsentwicklung bestand seit Beginn der Liberalisierung im Jahr 1998 keine vergleichbare Unsicherheit im Energiesektor. Neben dem sich entwickelnden Regulierungsrahmen der deutschen Energiewende sind die Klimaschutzziele, Innovationen in der Energietechnik genauso wie in der Informations- und Kommunikationstechnik und die sich daraus entwickelnden neuen Kundenbedürfnisse die wesentlichen Veränderungstreiber der Energiewirtschaft. Viele Energieversorger, v. a. die Stadtwerke, stehen vor der Herausforderung, in diesem unsicheren Marktumfeld die Wirtschaftlichkeit ihres Bestandsgeschäfts zu wahren und gleichzeitig zukunftsfähige Geschäftsmodelle zu entwickeln und diese auch erfolgreich im Markt zu etablieren.

Situation in der „Alten Welt" des Energievertriebs
In der „Alten Welt" kauft und verkauft der Energievertrieb v. a. Strom und Gas. Dies erfordert die Fähigkeiten zur Entwicklung, zur operativen Abwicklung und zum Verkauf von Strom- und Gasprodukten. In der Geschäfts- und Produktentwicklung sind dabei die wesentlichen Innovationspotenziale längst realisiert. Ökostromtarife, überwiegend auf Basis von Herkunftszertifikaten, gehören zum Standardangebot der meisten Energieversorger. Neue Ökostromsiegel, die neben dem Produkt auch die Nachhaltigkeit des Anbieters zertifizieren (TÜV Süd 2014), können hier wieder zu etwas mehr Differenzierung beitragen. Ein Alleinstellungsmerkmal haben heutzutage fast nur noch solche Grünstromprodukte, die regenerativen Strom regional vermarkten. Damit grüner Strom aus EEG-Anlagen künftig als solcher beim Endkunden vermarktet werden darf, muss die entsprechende Verordnungsermächtigung im EEG 2014 allerdings erst noch in die Tat umgesetzt werden.

Der traditionelle Markt für einfache Strom- und Gasprodukte wird durch den wachsenden Anteil an Dezentralität schrumpfen. Weil es den Strom- und Gasdiscountern zudem nicht gelingen wird, durch Preiserhöhungen ihre Kundengewinnungskosten und negativen

Margen zu kompensieren, werden sie aus dem Markt austreten. Preisunterschiede und damit Wechselanreize gehen deshalb zurück. Für die „Alte Welt" des Vertriebs gilt daher: Energievertriebe müssen ihre Produkte, ihre Kommunikation und das Kundenmanagement sowie deren Prozesse und IT radikal vereinfachen. Um der zunehmenden Digitalisierung des Alltags und den Kundenbedürfnissen zu entsprechen und um Kosten zu senken, muss die Abwicklung des traditionellen Strom- und Gasgeschäfts künftig online erfolgen. Das Produktmanagement muss quantitativ werden, d. h. Margen und Marktanteile gezielt steuern. Die Maxime muss lauten: Sei einfach, sei effizient, sei rentabel.

Gliederung des Kapitels
Dieses Kapitel beginnt mit einem kurzen Überblick über die derzeitige und künftige Bedeutung der dezentralen und regenerativen Energieerzeugung in Deutschland – als offensichtlichstes Anzeichen des unumkehrbaren Wandels der gesamten Energiebranche (Abschn. 6.3). Der Notwendigkeit zur Weiterentwicklung des Strommarktdesigns und den Kernaufgaben der Zukunft widmen wir uns in Abschn. 6.4.

Aus den in Abschn. 6.4 vorgestellten Fähigkeiten des Stromsystems werden die wichtigsten Handlungsfelder und Geschäftsmodelle für die „Neue Welt" der Energiewirtschaft im Allgemeinen und der Stadtwerke im Speziellen abgeleitet und in Abschn. 6.5 beschrieben.

Im Abschn. 6.6 thematisieren wir die strategischen und organisatorischen Anforderungen zur Umsetzung der neuen Geschäftsmodelle. Im abschließenden Fazit werden die wesentlichen Aspekte dieses Kapitels in Form von Thesen zusammengefasst und Erfolgsfaktoren für künftige Geschäftsmodelle von Stadtwerken benannt.

All dem voran stellen wir in Abschn. 6.4 unsere Vision der Energiewirtschaft der Zukunft vor (Schlemmermeier 2012, S. 42). Dieses Zukunftsbild bildet den Rahmen für den Inhalt des gesamten Kapitels.

6.2 Unsere Vision: Vom Energielieferanten zum Kapazitätsmanager

Der Klimaschutz wird unumstrittener gesellschaftlicher Konsens
CO_2-freie Energiewirtschaft nach 2050: Die Reaktion auf den Klimawandel ist heute der größte Veränderungstreiber für die Energiewirtschaft. Deutschlands CO_2-Vermeidungsziel von mehr als 80 % bis zum Jahr 2050 ggü. 1990 (BMUB 2014) bedeutet, den Einsatz fossiler Energien bis dahin konsequent zu reduzieren und den – durch Effizienzmaßnahmen deutlich reduzierten – Energiebedarf nahezu vollständig durch regenerative Energien zu decken.

Dezentralität von Erzeugung und Speicherung verändert den Kunden
Die Verfügbarkeit neuer Technologien eröffnet den Weg zu einer Dezentralisierung der Stromerzeugung. Kostensteigerungen bei zentralen Großkraftwerken stehen Kostendegression bei dezentralen Anlagen gegenüber. Fehlende Disponibilität regenerativer

Stromerzeugung aus Wind und Sonne muss durch disponible gasbefeuerte Erzeugungsanlagen, bevorzugt in Kraft-Wärme-Kopplung (KWK), ausgeglichen werden. Kleine KWK-Anlagen werden Effizienzführer bei Brennstoffeinsatz und Emissionen und Kostenführer bei Investitionen und Betrieb werden.

Die wachsende Verfügbarkeit und sinkende Preise der Technologien für die dezentrale Energieversorgung steigern bei vielen Kunden das Bedürfnis, sich nicht nur mit Wärme, sondern auch mit Strom selbst zu versorgen. Bei ausreichend Kaufkraft und ausreichend finanziellen Anreizen erschließt sich hier ein enormes Wachstumspotenzial. Der Privatkunde der Zukunft versorgt sich selbst: Er erzeugt Strom und Wärme in Kraft-Wärme-Kopplung, hat Solarzellen auf dem Dach, eine Batterie im Keller oder ein Elektroauto in der Garage. Statt Geld auf das Sparbuch zu legen, will er clever investieren. Der Kunde wünscht sich aber auch die Sicherheit, Strom zu beziehen, wenn die Eigenerzeugung seinen Bedarf nicht deckt (Dunkelheit, Windstille). Dazu möchte der Kunde seine Eigenerzeugung möglichst zu einem Geschäft machen. Dann, wenn er mehr Energie erzeugt als er selbst Bedarf hat, will er diesen Überschuss verkaufen können.

Auch der Industriekunde der Zukunft deckt seinen Strombedarf teilweise selbst, ist aber weiterhin auf Stromerzeugungskapazitäten aus dem Netz angewiesen. Er passt seinen Bedarf der Höhe nach und zeitlich flexibel an das Stromangebot an.

Weiterentwicklung des Strommarktdesigns
In der Diskussion um die nötige Ergänzung der dargebotsabhängigen Stromeinspeisung aus Erneuerbaren Energien werden Speichertechnologien oft als der fehlende Lösungsbaustein angesehen. Dies greift zu kurz. Künftig werden wir im Strommarkt ein komplexes System aus steuerbaren Kapazitäten benötigen: Erzeugungsanlagen, Speicher, steuerbare Lasten, Verteil- und Übertragungssysteme. Der Innovations- und Effizienzwettbewerb wird darüber entscheiden, welche Technologie zu welchem Zweck eingesetzt wird. Mit einem Kapazitätsmarkt wird ein neues Marktsegment als Treiber für diesen Wettbewerb geschaffen werden. Wenn Kapazitäten knapp und insbesondere Speicher teuer sind, wird es im hohen Maße Anreize geben, dass die Kunden durch steuerbare Lasten eine Verlagerung des Verbrauchs bei entsprechender Gegenleistung akzeptieren. In Zukunft werden nicht mehr Brennstoffe im Wettbewerb stehen, sondern Kapazitäten und Systemdienstleistungen. Hierin liegt eine große Chance für die europäischen Volkswirtschaften. Statt Rohstoffe zu importieren wird nationale Wertschöpfung geschaffen (Anlagenbau, Netzausbau, Systemdienstleistungen, Vermarktung). Diese Wertschöpfung wird Europa und Deutschland ökonomisch robuster machen.

Vom Energielieferanten zum Kapazitätsmanager: Ein neues Geschäftsmodell
In einer von regenerativen Energiequellen, insbesondere Wind und Sonne, dominierten Energiewelt, werden die Grenzkosten für Strom und Wärme gegen Null tendieren, d. h., die elektrische und thermische Arbeit wird keine signifikanten variablen Kosten mehr verursachen. Dadurch wächst die Bedeutung der Fixkosten, mit der Konsequenz, dass es

langfristig keinen Arbeitspreis mehr geben wird, sondern nur noch einen Leistungspreis, also eine „Flatrate" wie in der Telekommunikation bereits heute.

Der Energiemarkt wird dann zwei wesentliche Dienstleistungsarten nachfragen: Die Endkunden werden eine zuverlässige Versorgung mit Energie bei möglichst effizienter Integration ihrer dezentralen Erzeugungsanlagen in das Gesamtsystem erwarten. Dabei werden die Kunden ihren Energiebedarf zum Teil zeitlich an das Energieangebot anpassen. Der unabhängige Systembetreiber (Independent System Operator, ISO) wird steuerbare Kapazitäten nachfragen, die im Gesamtsystem das physische Angebot und die physische Nachfrage synchronisieren. Der Energielieferant wird zum Kapazitätsmanager. Die Komplexität seiner Produkte wird rasant zunehmen. Er wird Deckungsbeiträge aus Erlösen für Leistungen bei Endkunden und aus Erlösen für Leistungen im Gesamtsystem erwirtschaften.

Worauf es ankommen wird
Intelligente Messsysteme sind ein Schlüsselbaustein der Energiewende: Sie erheben Daten, sie sind eine wichtige Kommunikationseinheit und die Schnittstelle zur Steuerung von Angebot (dezentrale Einspeisung) und Nachfrage (Abschaltung von Verbrauchseinheiten). Die Beherrschung komplexer Prozesse, wachsender Datenaufkommen und aufwendiger IT-Systeme wird zum entscheidenden Faktor für den künftigen Geschäftserfolg.

Wer Innovations- und Effizienzwettbewerb will, muss dafür Sorge tragen, dass die Leistungen, die im Wettbewerb stehen können, auch wettbewerbliche Rahmenbedingungen erhalten. Die Entflechtung der Funktionen von Netzbetreiber und Systemdienstleister ist daher zwingend. Nur jene Leistungen, die nur im natürlichen Monopol effizient erbracht werden können, müssen als Monopol reguliert werden.

Das energiewirtschaftliche Potenzial der Elektromobilität wird unterschätzt. Der Entwicklungsstand von Speichertechnologien ist derzeit die Bremse bei deren Marktentwicklung. Sobald dieses Problem gelöst ist, steht eine Revolution der Automobilindustrie bevor. Dann werden zigtausende Megawatt flexible Lade- und Entladeleistung am Netz sein und einen wesentlichen Teil des energiewirtschaftlichen Gesamtsystems bilden.

Vom Aussterben der Dinosaurier
Die Dinosaurier sind ausgestorben. Der PC hat den Großrechner geschlagen, das Smartphone das Mobiltelefon. Das Internet ersetzt die Nationalbibliotheken dieser Welt. Soziale Netzwerke sind eine Demokratiebewegung. Die Welt wird dezentral und vernetzt. Dieser Trend macht vor der Energiewirtschaft nicht halt. Er wird für Technologien und Unternehmen Anpassung oder Verdrängung zur Folge haben. Zu den Metaphern: Das Kernkraftwerk ist der Dinosaurier, das Kohlekraftwerk der Großrechner. Die Systemdienstleistungen des Übertragungsnetzbetreibers sind das Mobiltelefon, intelligente Messsysteme das Internet und die dezentrale Energieerzeugung sind die sozialen Netzwerke.

▶ **Schlussfolgerungen** Visionen wie diese sind die Grundlage für die Entwicklung der Positionierung, Ziele und Strategie für die Geschäfte der „Neuen Welt"

(Abschn. 6.6.1). Überdies leisten sie einen wertvollen Beitrag, um alle Beteiligten von Anfang an in diesen Entwicklungsprozess mit einzubinden (Abschn. 6.6.3). Eine eigene Vision von der Zukunft der Energiewirtschaft zu haben, ist folglich für alle Energieversorger unabdingbar.

6.3 Der Energiesektor wird dezentral und erneuerbar

Die Dezentralisierung der Stromerzeugung
Die Energiewendepolitik Deutschlands und technologische Innovationen treiben eine Dezentralisierung der Stromerzeugung voran. Dem zentralen System aus rund 450 konventionellen Kraftwerksblöcken bzw. Kraftwerken mit einer Leistung von rund 95 GW, die in die Hoch- und Höchstspannungsnetze einspeisen (BNetzA 2014a), standen Ende 2013 rund 1,44 Mio. dezentrale, regenerative Stromerzeugungsanlagen mit einer Leistung von rund 85 GW gegenüber (BMWi 2014b, S. 7; BSW-Solar 2014; S. 1, BWE 2013, S. 2), die vorrangig an das Verteilnetz angeschlossen sind.

Dies beschreibt aber nur den Zwischenstand des eingeleiteten Paradigmenwechsels im Stromsystem. In einem System der Koexistenz von Zentralität und Dezentralität werden die dezentralen Anlagen schrittweise an Übergewicht gewinnen. Dies ist die logische Konsequenz der bundesdeutschen Ziele zum Ausbau der Stromerzeugung aus Erneuerbaren Energien und zum Ausstieg aus der Atomkraft sowie des wachsenden gesellschaftlichen Widerstands gegen die zentrale und auf der umwelt- und klimaschädlichen Verbrennung fossiler Energieträger basierende Stromerzeugungsinfrastruktur des 20. Jahrhunderts.

Der alljährlich durch die vier Übertragungsnetzbetreiber Deutschlands zusammen mit den Bundesländern und der Bundesnetzagentur zu erstellende Netzentwicklungsplan (NEP) muss neben der Verfügbarkeit und dem Einsatz der konventionellen Großkraftwerke gerade auch diese rasante Zunahme der dezentralen Stromeinspeisungen berücksichtigen. Der Szenariorahmen des Netzentwicklungsplans liefert damit eine gute Grundlage, die weitere Entwicklung der Dezentralität in Deutschland abzuschätzen. Demnach ist es wahrscheinlich, dass die Anzahl dezentraler Kapazitäten gemäß des Leitszenarios B im Szenariorahmen für den NEP 2014 (BNetzA 2013, S. 2) bis zum Jahr 2024 um weitere ca. 8500 Windenergieanlagen (WEA) und weitere rund 1,5 Mio. Photovoltaikanlagen (PV-Anlagen) auf insgesamt rund 3 Mio. Anlagen wachsen wird. Weitere zehn Jahre später, im Jahr 2034, könnten demnach bereits rund 4 Mio. dezentrale Anlagen in Betrieb sein. Es gilt also schon heute – und künftig umso mehr –, Millionen dezentraler Kapazitäten effizient in den Energiemarkt und das Stromsystem zu integrieren.

Entwicklungen und Herausforderungen für EE- und KWK-Anlagen
Bei sinkenden Vergütungssätzen sind EEG-Anlagenbetreiber zunehmend gefordert, ihren Eigenverbrauch zu optimieren und Überschussstrommengen effizient zu vermarkten. Die Betreiber bestehender und neuer Stromerzeugungsanlagen mit Kraft-Wärme-Kopplung

sind in der derzeitigen Marktsituation getrieben, ihre Anlagen mit einem höheren Maß an Flexibilität auszurüsten und stromgeführt einzusetzen, um dringend gebrauchte Mehrwertpotenziale zu erschließen. Insbesondere für Windenergie- oder PV-Anlagen wird es damit zukünftig nicht mehr reichen, nur den ertragreichsten Standort zu den günstigsten Kosten zu sichern. Stattdessen wird energiewirtschaftliche und regulatorische Kompetenz für Projektentwickler und Anlagenbetreiber in Zukunft wichtiger denn je. Auch beim Betrieb der dezentralen Kapazitäten kommt es mehr und mehr darauf an, eine hohe Prognosegüte und große Einsatzflexibilität zu erreichen (Abschn. 6.4).

Die Märkte für Strom und Wärme wachsen weiter zusammen
Mit dem weiteren Ausbau der Kraft-Wärme-Kopplung sowie der Nutzung überschüssigen, regenerativen Stroms zur Wärmeerzeugung mittels Wärmepumpen und Stromheizungen werden die Märkte für Strom, Gas und Wärme in den nächsten Jahrzehnten noch enger zusammenwachsen. Rund 55 % des deutschen Endenergieverbrauchs entfallen auf die Bereitstellung von Raumwärme, Warmwasser und Prozesswärme (BMWi 2014c, Tab. 7). Die Wärmeversorgung in Deutschland beinhaltet folglich ein enormes Energieeffizienz- und Kostensenkungspotenzial und eröffnet eine Vielzahl technologischer und wirtschaftlicher Möglichkeiten zur Entwicklung neuer Geschäftsfelder und Produkte für Energieversorger.

Rund 21 Mio. Wärmeerzeugungsanlagen gibt es derzeit in Deutschland allein im Haushaltssektor. Davon sind ca. 65 % der Öl- und ca. 67 % der Gasheizungen, d. h. rund 9,5 Mio. Anlagen, heute schon älter als 17 Jahre. Rund 4 Mio. dieser Anlagen sind sogar schon älter als 24 Jahre (Shell und BDH 2013, S. 27). Trotz eines effizienzbedingt sinkenden Wärmebedarfs sind die meisten Heizungsanlagen nach und nach zu modernisieren. Derzeit liegt die jährliche Modernisierungsrate im anlagentechnischen Bereich jedoch nur bei ca. 3 % (BDH 2014), d. h. es würde ca. 33 Jahre dauern, um den Anlagenbestand einmal vollständig zu erneuern. Der Modernisierungsstau im Heizungssektor ist also enorm und schafft ein bedeutendes Marktpotenzial für die Installation moderner Brennwertkessel (v. a. gasgefeuert), Solarthermie, Blockheizkraftwerke (BHKW), Biomassekessel, Wärmepumpen und Stromheizungen, welches es zu erschließen gilt.

▶ **Zwischenfazit** Der Weg in die Zukunft der Energiewirtschaft ist vorgezeichnet. Viele Energiedienstleister, Newcomer, Start-ups und Branchenfremde sind bereits dabei, die zukünftigen Geschäftspotenziale mit innovativen Geschäftsmodellen und ausreichend Kapital in hohem Tempo zu erschließen. Offen ist, welche Rolle die etablierten Energieversorger – und insbesondere die Stadtwerke – in dieser „Neuen Welt" spielen werden und ob sie ihre traditionelle Nähe zu den Kunden sowie zum lokalen Handwerk als Trümpfe ausspielen und gleichzeitig die Herausforderungen aus der „Alten Welt" meistern können.

6.4 Weiterentwicklung des Strommarktdesigns und Kernaufgaben der Zukunft

6.4.1 Die Fähigkeiten des Energiesystems

Um den Energiebedarf der Verbraucher auch zukünftig jederzeit zuverlässig und effizient decken zu können, braucht es eine Integration der Nachfrage und der, den Energiesektor zunehmend dominierenden, dargebotsabhängigen Erzeugung aus Erneuerbaren Energien. Die Flexibilisierung von Angebot und Nachfrage und deren Synchronisation sind die Kernaufgaben im Strommarkt der Zukunft. Der steigende Flexibilitätsbedarf muss durch einen Technologien-Mix aus disponiblen Erzeugern, Speichern und steuerbaren Lasten und mittels entsprechend liquider Großhandels- und Regelenergiemärkte bereitgestellt werden. In Abb. 6.1 sind diese komplexen Zusammenhänge anhand der wichtigsten Fähigkeiten des Energiesystems veranschaulicht.

> Die wichtigsten Fähigkeiten des künftigen Energiesystems (auch als „Kapazitäten" bezeichnet) sind:
>
> 1. Dargebotsabhängige, Erneuerbare Energien
> 2. Disponible Erzeuger, KWK-Anlagen
> 3. Steuerbare Lasten/Verbraucher (Demand Side Management)
> 4. Speicher, Elektromobilität
> 5. Intelligenter Betrieb der Netze
> 6. Synchronisation von Angebot und Nachfrage (Kapazitätsmanagement)
> 7. Indisponible Verbraucher, Energieeffizienz

In diesen sieben Fähigkeiten des Energiesystems ergeben sich diverse Markt- und Geschäftspotenziale für verschiedene Kundengruppen und Wertschöpfungsstufen, welche in Abschn. 6.6 näher beleuchtet werden. Da die Erschließung dieser Markt- und Geschäftspotenziale aber nicht ohne die angemessene Berücksichtigung der energiepolitischen Ziele der sicheren, kostengünstigen und umweltfreundlichen Energieversorgung erfolgen kann und sollte, ist es notwendig, das Strommarktdesign in Deutschland entsprechend weiterzuentwickeln.

6.4.2 Weiterentwicklung des Strommarktdesigns

Aktuelle Situation im konventionellen Kraftwerkspark
Durch die Energiewende und die Dezentralisierung der Energieversorgung wandelt sich die Bedeutung der Technologien zur Stromerzeugung. Als ein Ergebnis der Liberalisierung der Energiemärkte und getrieben durch den Ausbau der Erneuerbaren Energien ist

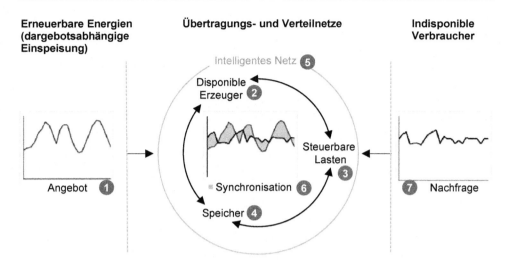

Abb. 6.1 Synchronisation von Stromangebot und -nachfrage als Zukunftsaufgabe

die Wettbewerbsintensität am Stromgroßhandelsmarkt in den vergangenen Jahren enorm gestiegen, bis hin zu einem grenzkostenorientierten Verdrängungswettbewerb. Das bestehende Marktmodell setzt damit nicht nur Bestandskraftwerke unter wirtschaftlichen Druck[1], sondern verhindert auch notwendige Investitionen in die Modernisierung des deutschen Kraftwerksparks zum Erhalt der Versorgungssicherheit und zur Erreichung der Klimaschutzziele. Dass die aktuelle Situation im konventionellen Kraftwerkspark nach einer Reform des Strommarktes verlangt, ist daher inzwischen die vorherrschende Meinung in der Politik und bei Energieversorgern. Offen ist hingegen die Ausgestaltung der Marktreform (ausführlicher dazu: Schlemmermeier 2014).

Markt- und Regulierungsbausteine für die Zukunft

> Grundsätzlich sollte das künftige Strommarktdesign die folgenden Markt- und Regulierungsbausteine enthalten:
>
> 1. Kapazitätsmechanismus zur Beschaffung von regenerativem Strom
> 2. Kapazitätsmechanismus zur Beschaffung von Versorgungssicherheit
> 3. Energy-only-Markt zur Einsatzoptimierung der Kapazitäten
> 4. Markt für Systemdienstleistungen

Die Beibehaltung der bestehenden Versorgungssicherheit in Deutschland muss über einen Kapazitätsmechanismus gewährleistet werden, der die Vorhaltung von ausreichend

---

[1] Bis September 2014 lagen bei der BNetzA bereits Anträge zur vorläufigen oder endgültigen Stilllegung von Kraftwerken mit insgesamt rund 13 GW vor (BNetzA, 2014b).

elektrischer Leistung zur Deckung der Nachfrage finanziell belohnt. Nur so können die Einkommensströme entstehen, um Bestandskraftwerke im Markt zu halten und Neubauanlagen in den Markt zu bringen. Um die Kosten für die Verbraucher dabei so gering wie möglich zu halten, muss ein Kapazitätsmarkt einen Innovations- und Effizienzwettbewerb schaffen und Windfall Profits bei den Marktteilnehmern soweit wie möglich begrenzen. Gleichzeitig muss der Energy-only-Markt der Energiewirtschaft weiterhin erhalten bleiben, da er mit seinem grenzkostenorientierten Wettbewerbsmodell die nötigen Effizienzanreize für den vorrangigen Einsatz jener Kapazitäten mit den geringsten Grenzkosten im Energiesystem schafft.

Die Erzeugung von Strom aus Erneuerbaren Energien stellt ein eigenes Marktsegment dar, da Erneuerbare Energien und fossile Kraftwerke unterschiedliche Produkte erzeugen und sich folglich gar nicht vollständig substituieren, sondern nur ergänzen können. Daher ist ein eigenständiger Kapazitätsmechanismus zur Beschaffung von regenerativem Strom zu entwickeln, welcher auf Basis administrierter Mengen einen Preiswettbewerb ermöglicht. Dieser Kapazitätsmechanismus muss Anreize für die Innovationsprozesse der unterschiedlichen Technologien setzen, deren Rollout aber an den Effizienzkriterien des Gesamtsystems orientieren. Schließlich sollten künftig möglichst alle Systemdienstleistungen, d. h. nicht nur die Primär-, Sekundär- und Minutenreserve, einen Marktpreis bekommen, um diesen bedeutenden Beitrag der Marktteilnehmer zur Gewährleistung der Versorgungssicherheit angemessen zu honorieren.

Eine grundlegende Voraussetzung für die Gewährleistung von Versorgungssicherheit und den Wandel des Stromerzeugungssektors ist ein geeignetes Stromnetz. Der Netzausbau muss dabei als administrativer Effizienzabwägungsprozess zwischen verbrauchsnahen Kapazitäten und dem nötigen Netzausbau auf Übertragungs- und Verteilnetzebene gestaltet werden.

Diskussionsstand zur Weiterentwicklung des Strommarktdesigns
Konkrete Vorschläge zur Ausgestaltung des künftigen Strommarktdesigns und zur verbesserten Integration der verschiedenen Marktsegmente für Strom aus regenerativen und aus fossilen Energieträgern sowie für elektrische Arbeit (Energy-only-Markt), Leistung (Kapazitätsmarkt) und Systemdienstleistungen (Regelenergiemarkt) gibt es bereits seit mehreren Jahren. So wurde im Jahr 2012 z. B. das Konzept des fokussierten Kapazitätsmarktes durch das Öko-Institut, Raue LLP und die LBD-Beratungsgesellschaft vorgeschlagen (Öko-Institut et al. 2012). Die Vor- und Nachteile dieses und weiterer Konzepte für Kapazitätsmechanismen werden derzeit in der Fachwelt und Politik in Deutschland umfassend diskutiert. Nachfolgend werden die derzeit diskutierten Modelle für Kapazitätsmechanismen kurz vorgestellt.

6 Vom Energielieferanten zum Kapazitätsmanager

Beschreibung der fünf wesentlichen Modelle für die Ausgestaltung des künftigen Strommarktdesigns mit Kapazitätsmechanismen (Tab. 6.1, 6.2, 6.3, 6.4 und 6.5)

Tab. 6.1 Netzreserve

Kurzbeschreibung	Die Netzreserve hat zum Ziel, den sicheren Netzbetrieb zu gewährleisten und ist aufgrund von Netzengpässen in Nord-Süd-Richtung eingeführt worden. Bestandteile sind die Reservekraftwerksverordnung (ResKV) und die Verordnung zu abschaltbaren Lasten (AbLaV)
	Die Netzreserve wirkt faktisch wie eine strategische Reserve, ohne einen transparenten Preisbildungsmechanismus. Sie kann jedoch nur ein Übergangsinstrument sein, um ohne Gefährdung der Versorgungssicherheit die Diskussion über eine grundlegende Marktreform zu führen
Leistungsbereitstellung	Systemrelevante Anlagen,
	„Versicherungsleistung" außerhalb des Strommarktes
Kapazitätsentgelt	Kostenersatz

Tab. 6.2 Strategische Reserve (BMUB 2013; Consentec 2012)

Kurzbeschreibung	Die Weiterentwicklung der Netzreserve führt zu einer strategischen Reserve, die im Fall von Angebotsknappheit zum Einsatz kommt, d. h. wenn an der Börse die Nachfrage nicht gedeckt wird
	Ziel ist es, Knappheit und damit ein höheres Strompreis- und Margenniveau zu erhalten. Dies soll rentable Investitionen und den wirtschaftlichen Betrieb von Kraftwerken ermöglichen
	Die Höhe der strategischen Reserve ist administrativ festzulegen. Die strategische Reserve darf nicht in den Großhandelsmärkten eingesetzt werden. Es handelt sich hierbei um eine Art Versicherungslösung
Leistungsbereitstellung	Nur Kraftwerke – administrativ bestimmte Leistung
	„Versicherungsleistung" außerhalb des Strommarktes
Kapazitätsentgelt	Kapazitätsentgelt zur Leistungsvorhaltung, Arbeitsentgelt zum Höchstpreis des Spotmarktes (z. B. 3000 €/MWh)

Tab. 6.3 Umfassender, zentraler Kapazitätsmarkt (EWI 2012)

Kurzbeschreibung	Im Konzept des umfassenden Kapazitätsmarktes wird eine administrativ festgelegte Kapazität nachgefragt. Diese wird im Zuge einer Auktion beschafft. Die Kraftwerke werden auf dem Energy-only-Markt und den Systemdienstleistungsmärkten eingesetzt
Leistungsbereitstellung	Gesamtmarkt aus Kraftwerken, steuerbaren Lasten, Speichern – administrativ bestimmte Leistung
Kapazitätsentgelt	Fixes Kapazitätsentgelt zur Leistungsvorhaltung über Amortisationsdauer der Kapazität (z. B. 15 Jahre)

Tab. 6.4 Fokussierter, zentraler Kapazitätsmarkt (Öko-Institut et al. 2012)

Kurzbeschreibung	Im Konzept des fokussierten Kapazitätsmarktes wird ebenfalls eine administrativ festgelegte Kapazitätsmenge nachgefragt und durch eine Auktion beschafft
	Der wesentliche Unterschied zum umfassenden Kapazitätsmarkt ist die Umverteilungswirkung sowohl zwischen Verbrauchern und Unternehmen als auch zwischen den Unternehmen sowie die Möglichkeit, regionale Knappheit zu berücksichtigen
	Der fokussierte Kapazitätsmarkt zielt durch Marktsegmentierung auf eine Reduzierung der Verbraucherkosten, indem er Windfall Profits bei den Stromerzeugern begrenzt
Leistungsbereitstellung	Nur stilllegungsbedrohte Anlagen bzw. Neubaubedarf (Stromerzeugungsanlagen, steuerbare Lasten, Speicher) – administrativ bestimmte Leistung
Kapazitätsentgelt	Fixes Kapazitätsentgelt zur Leistungsvorhaltung über die Amortisationsdauer der Kapazität (z. B. 15 Jahre für Neubau, 5 Jahre für Bestand)

Tab. 6.5 Umfassender, dezentraler Kapazitätsmarkt (BDEW 2014; Enervis 2014)

Kurzbeschreibung	Schließlich gibt es die nachfrageorientierten Modelle, in denen der Verbraucher selbst entscheidet, welchen Grad an Versorgungssicherheit er erwartet und von seinem Lieferanten beziehen will
	Hier wird der Grad an Versorgungssicherheit nicht administrativ festgelegt, sondern durch die Nachfrage nach Versorgungssicherheitszertifikaten bestimmt
Leistungsbereitstellung	Gesamtmarkt aus Kraftwerken, steuerbaren Lasten, Speichern – die Nachfrage bestimmt den Leistungsumfang
Kapazitätsentgelt	Kapazitätsentgelt zur Leistungsvorhaltung über den Zeitraum der Nachfragebindung durch den Kunden (z. B. zwei Jahre)
	Arbeitsentgelt entsprechend Marktpreis

Bedingt durch ihre systematische Angebotsknappheit in Verbindung mit einer hohen Preisvolatilität am Energy-only-Markt sind weder die Netzreserve noch die strategische Reserve geeignet, die momentanen Unsicherheiten und Investitionshemmnisse der Marktteilnehmer zu beseitigen. Auch der dezentrale Kapazitätsmarkt vermag es aufgrund der nur sehr kurzfristigen Preissignale und der hohen Volatilität der Kapazitätsentgelte nicht, in ausreichendem Maße Investitionen anzureizen. Allerdings erhält der dezentrale Kapazitätsmarkt – genauso wie der fokussierte und der umfassende Kapazitätsmarkt – die Wettbewerbsintensität auf den Großhandelsmärkten. Einzig der fokussierte und der umfassende Kapazitätsmarkt sind jedoch in der Lage, wirkliche Investitionsanreize zu setzen. Die verschiedenen Modelle haben aber nicht nur unterschiedliche Auswirkungen auf die

Geschäftsfelder von Energieversorgern, sondern auch auf den Grad der Versorgungssicherheit und die Stromkosten für Verbraucher. Aus den unterschiedlichen Perspektiven von Politik, Unternehmen, Geschäftsfeldern und Verbrauchern sind deshalb unterschiedliche Modelle zu bevorzugen.[2] Bei der Ausgestaltung der Strommarktreform ist die Politik daher gefordert, die verschiedenen Modelle hinsichtlich deren Auswirkungen auf die Versorgungssicherheit, den Klimaschutz, die Wettbewerbsintensität am Energiemarkt und die Kostenverteilung zwischen Energiewirtschaft und Verbrauchern zu beurteilen.

Für das EEG 3.0 wurde ein mögliches Konzept z. B. in einer Studie des Öko-Instituts im Auftrag von Agora Energiewende im Oktober 2014 vorgeschlagen. Zusammengefasst sieht dieses EEG 3.0-Konzept vor, dass die EE-Anlagen künftig einerseits noch mehr als heute in den Energy-only-Markt integriert werden und damit auch mehr Strompreisrisiken übernehmen müssen, anderseits bei einer systemdienlichen Auslegung aber künftig zusätzlich einen Anspruch auf Kapazitätsprämien zur Refinanzierung ihrer Investition haben (Öko-Institut 2014, S. 1). Dieses Modell stellt damit in gewisser Weise eine Konkretisierung und Weiterentwicklung des Konzepts des fokussierten Kapazitätsmarktes für die Erneuerbaren Energien dar.

6.4.3 Kapazitätsmanagement als Geschäftsmodell der Zukunft

Unabhängig vom künftigen Strommarktdesign wird die Nachfrage nach Flexibilität künftig in jedem Fall einen der wesentlichen Werttreiber für Stromerzeuger und -verbraucher bilden. Die Betreiber von disponiblen Erzeugern, steuerbaren Lasten und Speichern haben dabei viele Vermarktungsoptionen, welche jeweils unterschiedliche Anforderungen an die technischen Parameter und den Betrieb der flexiblen Kapazitäten sowie an die Prozesse zur Optimierung und Vermarktung stellen. Die intelligente Steuerung der Leistungsbereitstellung aus verschiedensten Kapazitäten sowie die permanente Optimierung des Energiever- und -einkaufs in den Märkten mit dem Ziel, den höchsten Wert bzw. die niedrigsten Kosten zu generieren, wird die Rolle von Kapazitätsmanagern sein (Abb. 6.2).

Als Grundlage für sein Geschäftsmodell benötigt der Kapazitätsmanager:

- Dezentrale Mess- und Steuertechnik zur Erfassung von Daten und zur Auslösung von Befehlen an der Messstelle in Echtzeit
- Automatisierte und massenmarktfähige IT-Systeme zur Kommunikation mit den Anlagen und anderen Marktteilnehmern
- Komplexe und hochperformante IT-Systeme zur Auswertung und Analyse von Messdaten, zur Strukturierung von Portfolien und zur Generierung von Schalt- und Steuerbefehlen

Die Beherrschung hochkomplexer Prozesse, riesiger Datenmengen und leistungsfähiger IT-Systeme wird daher ein wesentlicher Erfolgsfaktor für den Kapazitätsmanager sein.

---

[2] Siehe http://www.lbd.de/cms/2.0-energie-und-emissionen/kapazitaetsmarkt.php für weitere Informationen zum Thema „Strommarktdesign".

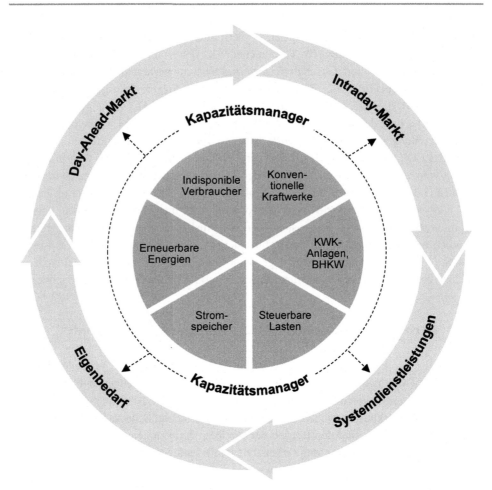

Abb. 6.2 Prinzip der Wertoptimierung von Kapazitäten in den verschiedenen Marktsegmenten durch den Kapazitätsmanager

Wir bezeichnen diese Funktionalitäten zusammen als „Fabrik des Kapazitätsmanagers" (Abb. 6.3). Dabei ist es weder zwingend, dass der Kapazitätsmanager auch Eigentümer der Kapazitäten ist, noch dass alle Elemente seiner „Fabrik" durch ihn selbst bereitgestellt werden. Abhängig von der regulatorischen Entwicklung ist es denkbar, dass ein Teil der „Fabrik" auch bei der Marktrolle des Messstellenbetreibers (MSB) oder Messdienstleisters (MDL) liegt. Die Messsysteme und messrelevanten Prozesse (derzeit insb. Abrechnung und Wechselprozesse, perspektivisch auch Schaltung/Steuerung) unterliegen der Regulierung. Dies stellt zusätzliche Anforderungen an die Kompetenzen des Kapazitätsmanagers.

Das Geschäftsmodell des Kapazitätsmanagers wird sich in mehreren Stufen und unterschiedlichen Ausprägungen am Markt entwickeln. In der ersten Entwicklungsstufe ist es bereits seit einigen Jahren am deutschen Energiemarkt zu beobachten, so z. B. bei den

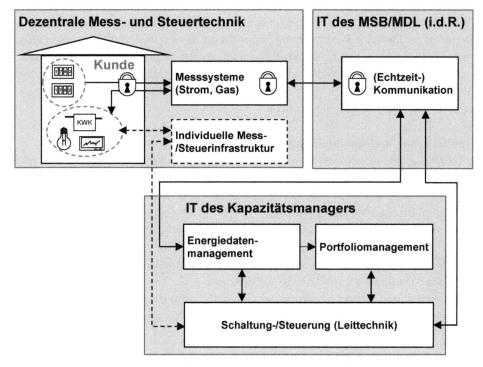

Abb. 6.3 Schematische Darstellung der „Fabrik des Kapazitätsmanagers"

Unternehmen, die regenerativen Strom gemäß EEG 2014 direkt vermarkten[3], und bei Unternehmen, die EE- und kleine KWK-Anlagen, Notstromaggregate sowie steuerbare Lasten in „virtuellen Kraftwerken" bündeln und an den Großhandels- und Regelenergiemärkten vermarkten.

Neben dem Geschäftsmodell des Kapazitätsmanagers gibt es viele weitere Geschäftsmodelle mit Produkten und Dienstleistungen, welche die Energiewende voranbringen können. Wir bezeichnen diese zusammengefasst als „Energiewendegeschäfte" und geben einen Überblick dazu in Abschn. 6.5.

6.5 Geschäftsmodelle des Vertriebs für die „Neue Welt"

6.5.1 Strukturierung und Beschreibung der Geschäfte der Zukunft

Erarbeitung eines Zukunftsbildes zum Energiemarkt
Energieversorger müssen sich jetzt die Frage stellen, welche Geschäfte – heute und in den nächsten fünf Jahren – Potenzial für die „Neue Welt" haben, wie sie ihre Leistungsfähig-

---

[3] Die Direktvermarktung ist gemäß § 5 (9) EEG 2014 „die Veräußerung von Strom aus erneuerbaren Energien oder aus Grubengas an Dritte, es sei denn, der Strom wird in unmittelbarer räumlicher Nähe zur Anlage verbraucht und nicht durch ein Netz durchgeleitet".

keit in diesen Geschäften einschätzen und welche der Geschäfte sie angehen und was sie unterlassen wollen. Zur Beantwortung dieser Frage ist es u. a. erforderlich, die eigenen Erwartungen zur Entwicklung des Energiemarkts und der politischen, regulatorischen und gesellschaftlichen Rahmenbedingungen in Form eines Zukunftsbildes zu beschreiben. Darüber hinaus ist es wichtig, die Vielfalt der möglichen Geschäfte zu strukturieren sowie qualitativ und quantitativ zu beschreiben.

Strukturierung und Beschreibung der Geschäfte der Zukunft
Geschäfte können hinsichtlich ihrer technologischen Merkmale (u. a. steuerbare Lasten, disponible Energieerzeugung, Erneuerbare Energien, Speicher, Elektromobilität) oder auch aus der Kundenperspektive (z. B. Energieeffizienz, Eigenversorgung, Energiekostensenkung) beschrieben werden.

Am sinnvollsten ist es aus unserer Sicht, die Geschäfte der Zukunft anhand der, in Abschn. 6.4.1 beschriebenen, Fähigkeiten des Energiesystems zu strukturieren. Unter Verwendung dieser Struktur vermittelt die Abb. 6.4 einen Eindruck von der Vielfalt der Energiewendegeschäfte für ausgewählte Kundengruppen.

Die Vielfalt und Betrachtungstiefe der Geschäftspotenzialanalyse kann durch die Fokussierung auf bestimmte Kundengruppen (z. B. nur Privat- und Gewerbekunden im Hei-

Fähigkeiten	Privatkunden	Gewerbekunden	Großkunden
Erneuerbare Energien (dargebotsabhängig)	Photovoltaik		
		Solarthermie	Windenergie
Dezentrale, disponible Energieerzeugung		Brennwertkessel	
		Wärmepumpen	
		Blockheizkraftwerke	
Steuerbare Lasten und Verbraucher		Lastmanagement/-verlagerung	
Speicher und Elektromobilität		Stationäre Stromspeicher	
		Elektrofahrzeuge und Ladeinfrastruktur	
Kapazitätsmanagement		Virtuelles Kraftwerk	
Indisponible Verbraucher/ Energieeffizienz	Smart Home	Energiemanagement	
		Heizungsmodernisierung/Energieeffizienzmaßnahmen	
		Analyse und Beratung	

Abb. 6.4 Überblick über die Vielfalt der Energiewendegeschäfte (ohne Netzbetrieb)

6 Vom Energielieferanten zum Kapazitätsmanager

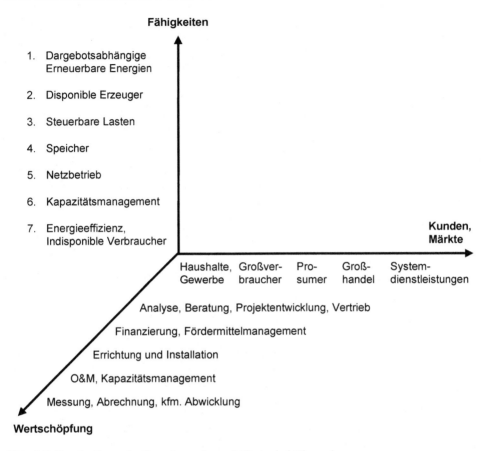

Abb. 6.5 Beschreibung der Energiewendegeschäfte in drei Dimensionen

matmarkt des Stadtwerks) und Fähigkeiten (z. B. keine Offshore-Windenergie) deutlich reduziert werden. Der in Abb. 6.4 dargestellten Struktur folgend, definieren sich Energiewendegeschäfte demnach v. a. durch drei Dimensionen und müssen entsprechend detailliert und umfassend geplant werden (Abb. 6.5):

- Fähigkeiten im Energiesystem, die durch verschiedene Technologien erbracht werden können
- Kunden und Märkte, bei denen ein Mehrwert generiert werden kann
- Wertschöpfungsstufen zur Umsetzung der Geschäftsmodelle

Wertschöpfungskette der Energiewendegeschäfte

Die Abb. 6.6 stellt die Wertschöpfungskette für die Energiewendegeschäfte mit physischen Anlagen dar und zeigt auf, welche Kompetenzen dafür erforderlich sind. Die nötige Klarheit zur künftigen Entwicklung des Markts und der Kundenbedürfnisse vorausgesetzt, müssen Energieversorger überlegen, auf welchen dieser Wertschöpfungsstufen sie selbst

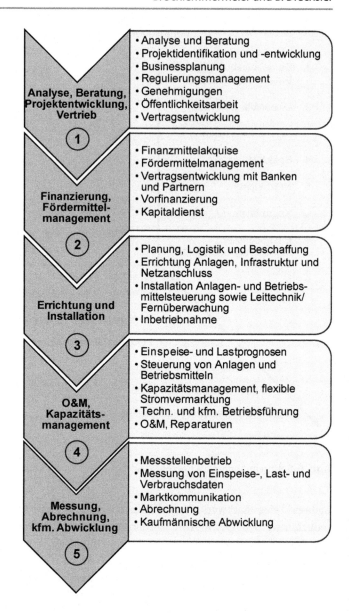

Abb. 6.6 Beschreibung der Wertschöpfungskette für Energiewendegeschäfte

aktiv werden können und wo sie auf die Kompetenz von Partnern und Leistungen des Markts zurückgreifen wollen oder müssen.

Kriterien zur Bewertung und Auswahl der interessantesten Geschäfte
Die Bewertung und Auswahl der aus Sicht des jeweiligen Stadtwerks interessantesten Geschäfte müssen anhand vorher festgelegter Kriterien erfolgen. So sollten potenzielle Geschäftsmodelle ein Geschäftsfeld robust und vielseitig machen, perspektivisch die Nut-

zung von Skalen- und Synergieeffekten ermöglichen und zudem die zügige und flexible Anpassung an sich verändernde Rahmenbedingungen ermöglichen. Nützliche Kriterien für die Priorisierung der Geschäfte sind daher:

- Kundenbedürfnisse und Marktpotenzial für mögliche Geschäftsmodelle, sowohl lokal als auch überregional
- Potenzielle Wertbeiträge und Rendite bzw. Deckungsbeiträge
- Zukunftsfähigkeit und Anfälligkeit für regulatorische Änderungen
- Zeitliche und prozessuale Umsetzbarkeit
- Eigener Anteil an der Wertschöpfung und Signifikanz für das Unternehmen

Nachdem die Strukturierung und Bewertung der möglichen Energiewendegeschäfte stattgefunden hat und die Markt- und Geschäftspotenziale analysiert wurden, müssen die Energieversorger schließlich in der Lage sein, u. a. die folgenden Fragen für sich zu beantworten:

- Welches sind die zukünftigen Märkte und die Geschäftspotenziale bezogen auf die jeweiligen Kundensegmente?
- Welches sind die interessanten Geschäftsmodelle und woran bemisst sich deren Wertbeitrag?
- Wie wettbewerbsfähig sind neue Technologien und Kosten?
- Wie und bis wann kann ein neues Geschäftsmodell in den Markt gebracht werden? Welche Kompetenzen werden dafür im Unternehmen benötigt?

Die Antworten auf diese Fragen fließen dann in die Entwicklung der Strategie und Organisation zur Umsetzung der Geschäftsmodelle der Zukunft mit ein (Abschn. 6.6).

6.5.2 Beispiele für ausgewählte Geschäftsmodelle

In diesem Abschn. beschreiben wir mögliche Modelle für zwei Energiewendegeschäfte, welche in den Jahren 2013/2014 bereits am Markt präsent waren und im aktuellen regulatorischen Rahmen rentabel betrieben werden können.

Modelle zur Eigenversorgung von Endkunden aus PV-Anlagen
Mit einer richtig dimensionierten PV-Anlage lassen sich bis zu 30 % des Strombedarfs einer typischen Familie mit einem Einfamilienhaus decken.

Mit Batteriespeichern, die von Jahr zu Jahr zuverlässiger und günstiger werden, lässt sich der Eigenverbrauchsanteil künftig noch steigern. Die Eigenversorgung ist daher für Hausbesitzer attraktiv und viele sind auch bereits aktiv geworden. Gleichzeitig besteht noch ein enormes Marktpotenzial bei bisher passiven Kunden, die durch gute Angebote motiviert werden können. Die Kunden haben dabei grundsätzlich die Wahl, ob sie ein

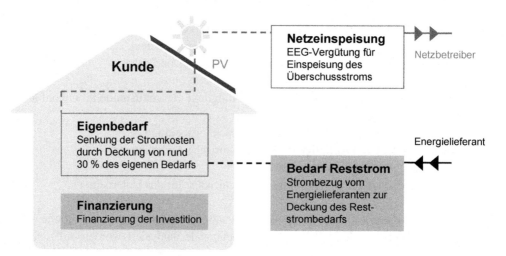

Abb. 6.7 Beschreibung eines Modells zur Eigenversorgung aus einer PV-Anlage

Full-Service-Angebot mit der Anmietung ihres Hausdachs durch den Energieversorger in Anspruch nehmen oder die PV-Anlage selbst finanzieren. Zu den so wichtigen Vorreitern auf diesem Gebiet gehören u. a. die Unternehmen Greenergetic GmbH aus Bielefeld, rhenag Rheinische Energie AG aus Köln und STAWAG Stadtwerke Aachen AG (ausführlich dazu: Schorsch 2014, S. 10). Die Abb. 6.7 beschreibt beispielhaft das Geschäftsmodell des „autarken" Kunden zur Stromeigenversorgung aus einer PV-Anlage.

Eigenversorgungsangebote mit dezentralen Anlagen sind zunächst ein Thema für Ein- und Zweifamilienhäuser. Mögliche Modelle für Mehrfamilienhäuser, bei denen die Mieter den im Objekt produzierten Strom selbst verbrauchen (Stichwort „Mieterstrom"), sind im derzeitigen regulatorischen Rahmen in der Umsetzung deutlich anspruchsvoller. Sie werden jedoch zunehmend bei Stadtwerken und Wohnungsbaugesellschaften diskutiert und in Form von Pilotprojekten auch bereits am Markt erprobt. Die Hamburger LichtBlick SE mit PV-Anlagen und die Stadtwerke Augsburg Energie GmbH mit Mini-BHKW sind zwei der Unternehmen, welche auf diesem Gebiet bereits Erfahrungen gesammelt haben (Focht 2014, S. 19).

Modell für Mieterstrom aus einem Mini-BHKW
Ein geeignetes Geschäftsmodell zur Versorgung eines Mehrfamilienhauses mit Strom und Wärme aus einem Mini-BHKW kann wie folgt gestaltet werden:

- Der Energieversorger ist Eigentümer und Betreiber des Mini-BHKW in einem Mehrfamilienhaus.
- Die Wärme wird an das Wohnungsunternehmen verkauft, welches die Wärmelieferung wie gewohnt gegenüber den Mietern über die Nebenkosten abrechnet.

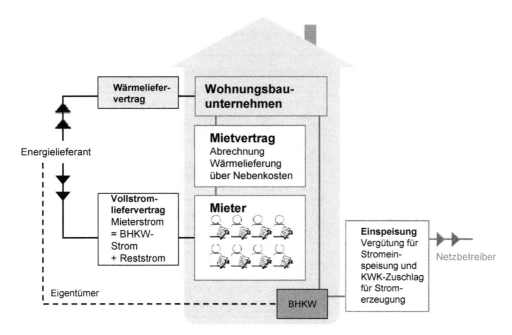

Abb. 6.8 Beschreibung eines möglichen Geschäftsmodells zur Eigenversorgung eines Mehrfamilienhauses aus einem Mini-BHKW

- Der im Gebäude erzeugte Strom wird den Mietern vom Versorger im Rahmen einer Vollstromversorgung mit Preisvorteil für ihn angeboten.
- Auf den erzeugten Strom wird vom Netzbetreiber der gesetzliche Zuschlag gezahlt. Der nicht im Objekt verbrauchte Strom wird ins Netz eingespeist und vom Netzbetreiber gemäß KWKG vergütet.

Vor dem Hintergrund steigender Effizienzanforderungen an Bestands- und Neubauten interessieren sich immer mehr Wohnungsunternehmen für die effiziente Versorgung aus kleinen BHKW. Das Angebot von BHKW-Strom für die privaten oder gewerblichen Mieter eines Objekts kann die Wirtschaftlichkeit eines BHKW deutlich erhöhen. Die Abb. 6.8 stellt das beispielhaft beschriebene Geschäftsmodell der Strom- und Wärmeversorgung eines Mehrfamilienhauses aus einem Mini-BHKW schematisch vereinfacht dar.

Einflussfaktoren auf die Wirtschaftlichkeit der Geschäftsmodelle
Die tatsächliche Wirtschaftlichkeit von Geschäftsmodellen wie den beiden vorstehend beschriebenen ist immer abhängig vom aktuellen, regulatorischen Rahmen und Marktumfeld sowie von den spezifischen Voraussetzungen des Unternehmens, welches das jeweilige Geschäftsmodell umsetzt. So werden einerseits die EEG-Novelle 2014 und die für das Jahr 2015 angekündigte Novelle des KWKG einen erheblichen Einfluss auf die Wirtschaftlichkeit von Geschäftsmodellen mit PV-Anlagen und BHKW haben. Andererseits ist es für deren wirtschaftliche Bewertung von entscheidender Bedeutung, ob Geschäftsmodelle,

Themenkomplexe zur Entwicklung der Energiewendegeschäfte	
Markt	Kundengruppen, Zielgebiet, Marktpotenzial
Kundenbedürfnisse	Energiekosten senken, Ökologie, clevere Geldanlage, Autarkie, Versorgungssicherheit
Regulierung	Möglichkeiten und Anforderungen aus EEG, KWKG, EnWG etc.
Finanzierung	Finanzierung, Fördermittel, Rentabilität und Amortisation
Geschäftsmodelle	Verkauf, Pacht, Contracting, Eigenverbrauch, Mieterstrom, Energiemanagement u.a.
Technologie	Hersteller, Qualität, technologische Innovation, Preise, Kosten
Wertschöpfung (Make-or-buy)	Lieferung, Installation, Betrieb, Steuerung, Kapazitätsmanagement, Wartung, Service
Wirtschaftlichkeit	Aufwand und Nutzen beim Energieversorger

Abb. 6.9 Aspekte, die im Zusammenhang mit der Entwicklung der Energiewendegeschäfte relevant sind

die ihren wesentlichen Wertbeitrag durch den Stromeigenverbrauch des Endkunden generieren, im Heimatmarkt (potenzielle Verringerung des Stromabsatzes an Bestandskunden) oder außerhalb des Heimatmarkts (potenzielle Neukunden) vermarktet werden. Und nicht zuletzt hat auch die Verteilung der Eigentümer-, Betreiber- und Verbraucherrolle zwischen Energieversorgern, Immobilieneigentümern und Endkunden eine große Relevanz für die Umsetzbarkeit und den Erfolg solcher Geschäftsmodelle. Die Abb. 6.9 fasst die meisten Aspekte, welche bei der Entwicklung der Energiewendegeschäfte (nicht nur) für Stadtwerke relevant sind, einmal bildlich zusammen.

Herausforderungen für Stadtwerke
Auch wenn es viele Hürden zu bewältigen gibt –, die Stadtwerke müssen sich mit Eigenverbrauchsmodellen auseinandersetzen. Die Eigenversorgung aus PV-Anlagen als Energiewendegeschäft des Vertriebs ist ein guter Anfang für den Markteintritt, weil es vergleichsweise einfach ist. Bei vielen Stadtwerken sind solche Modelle bereits ein Bestandteil der Weiterentwicklung ihrer Strategien rund um die dezentrale Energieerzeugung und -versorgung. Dabei gibt es viele offene Punkte, allen voran der Regulierungsrahmen. Hinzu kommt, dass die Stadtwerke damit einerseits ihren Heimatmarkt teilweise „kannibalisieren", andererseits aber ihren bestehenden Stromabsatz sichern wollen. Den Trend zur zunehmenden Eigenversorgung zu ignorieren, ist dennoch keine Option. Wenn die

Stadtwerke ihren Kunden keine Produkte zur Eigenversorgung anbieten, machen es die Wettbewerber oder der Kunde selbst. Darüber hinaus stehen dem möglichen Effekt der „Kannibalisierung" viele Vorteile gegenüber, z. B. eine langfristige Kundenbindung über die Wartung und Instandhaltung, eine Steigerung des Gasabsatzes oder auch ein wachsender Markt für energiewirtschaftliche und kaufmännische Services. Die Vermarktung und Leistungserbringung für die Geschäftsmodelle der „Neuen Welt" mit dem Ziel, dass die Qualität stimmt und ein signifikanter Ergebnisbeitrag erzielt wird, sind echte Herausforderungen (Schlemmermeier 2013, S. 32).

▶ **Schlussfolgerungen** Der Markt und das Geschäft mit der Eigenversorgung und anderen Produkten der „Neuen Welt" stehen noch am Anfang. Die Technologien entwickeln sich weiter, Anlagenpreise werden weiter fallen. Die Hersteller von BHKW wollen mit aller Kraft in den Markt für kleinere Anlagen. Die Hersteller und Installateure von PV-Anlagen haben zunehmend attraktive Eigenverbrauchslösungen – mit und ohne Stromspeicher – für die Kunden parat. Auch die Hersteller von stationären Stromspeichern drängen mit eigenen Angeboten auf den Markt. Damit steigt auch der Bedarf, all diese Anlagen nicht nur im Innenverhältnis der Kunden und Anbieter wirtschaftlich zu optimieren, sondern auch effizient in das Stromsystem und den Energiemarkt zu integrieren. Diese technologieübergreifende Markt- und Systemintegration und die Generierung von Mehrwerten sind der Kern des Kapazitätsmanagements (vgl. Abschn. 6.4.3). Je mehr solcher Geschäftsmodelle im Markt sein werden, desto mehr wächst das Interesse ihrer Kunden an diesen Konzepten.

6.6 Strategieentwicklung und Organisation für die Geschäftsmodelle der Zukunft

6.6.1 Entwicklung der Positionierung, Ziele und Strategien

Eine wesentliche Grundlage für die Entwicklung der Geschäftsmodelle der „Neuen Welt" bildet die Beschreibung der Positionierung, Ziele und Strategien für das neue Geschäftsfeld. Dazu müssen u. a. zu den folgenden Punkten Entscheidungen getroffen werden:

- Positionierung im Markt, Ziele und Strategien, angestrebter Marktanteil
- Bestandteile des Produktportfolios der Energiewendegeschäfte und der Mehrwertpotenziale für die Kunden und für das Stadtwerk
- Aufbau eigener Kompetenzen im Stadtwerk und Zusammenarbeit mit Dienstleistern und Partnern
- Funktion und Prozesse des Vertriebs für Energiewendegeschäfte

Ziele und Strategien müssen zwingend auf Basis des langfristigen Zukunftsbildes, welches jeder Energieversorger für sich erarbeitet haben sollte, entwickelt werden und dann auch in regelmäßigen Abständen anhand der aktuellen Entwicklungen von Markt und Regulierung überprüft und ggf. angepasst werden.

6.6.2 Bedürfnisse der Stadtwerke in der aktuellen Marktsituation

Im regulierten Energiemarkt von heute sind Marktreformen eine wichtige Voraussetzung dafür, dass Geschäftspotenziale für rentables Wachstum und signifikantes Umsatzvolumen entstehen. Die momentane Ungewissheit zum zukünftigen Regulierungsrahmen erschwert daher die Entwicklung der Energiewendegeschäfte. Vor diesem Hintergrund erscheint es insb. für Stadtwerke ratsam, bei der Entwicklung der Geschäftsmodelle für die „Neue Welt" zweigleisig zu fahren. Zum einen müssen jene Energiewendegeschäfte, welche im bestehenden Markt- und Regulierungsumfeld (2014/2015) wirtschaftlich sind, in das bestehende Produktportfolio aufgenommen werden. Zum anderen müssen bereits heute die Geschäfte entwickelt werden, welche erst im reformierten Markt- und Regulierungsumfeld der Jahre 2016/2017 ff. rentabel sein können.

Eine wichtige Rolle bei der Strategie- und Geschäftsmodellentwicklung spielen auch die spezifischen Bedürfnisse der Stadtwerke, wie z. B.:

- Erwirtschaftung eines rentablen Wachstums mit neuen Geschäften als Beitrag zur Kompensation verlorengehender Erträge
- Erhalt des Kundenportfolios (Margen, Marktanteile) durch neue Dienstleistungen, auch bei wachsender Eigenversorgung der Kunden
- Teilhabe an der Energiewende zur Weiterentwicklung der Positionierung und zur Erfüllung der Anforderungen ihrer kommunalen Gesellschafter
- Effizienz (Kosten, Ressourcen, Know-how) und Erfolg bei der Entwicklung des neuen, rentablen Geschäfts
- Erhalt der Eigenständigkeit, auch im Außenbild

Die Marktentwicklung, Änderungen im Regulierungsrahmen und die wachsenden Erwartungen ihrer Gesellschafter erfordern erhebliche Anpassungen an den Geschäftsmodellen der Stadtwerke. Eine besondere Herausforderung ist dabei die enorm gewachsene Komplexität des Geschäfts und die damit einhergehenden wachsenden Anforderungen an die Ressourcen der Unternehmen. Die Stadtwerke stehen daher vor der strategischen Frage, welche Leistungen sie zukünftig selbst und welche in Kooperation mit anderen Stadtwerken, mit strategischen Partnern oder mit anderen Dienstleistern erbringen sollen.

6.6.3 Neue Geschäftsmodelle erfordern neue Strukturen und Prozesse

Die wachsende Komplexität, die hohe Wettbewerbsintensität und der immense Kostensenkungsdruck sowie die zunehmende Digitalisierung im Energiemarkt der Zukunft führen dazu, dass immer mehr Wertschöpfungsstufen durch jeweils hochspezialisierte Unternehmen besetzt werden und die Margen der einzelnen Wertschöpfungsstufen immer mehr abschmelzen. Gleichzeitig haben der technische Fortschritt und die häufigen Anpassungen der regulatorischen Rahmenbedingungen des Energiemarkts zur Folge, dass die meisten Geschäftspotenziale immer kürzere Halbwertszeiten haben und kapitalintensive Geschäftsmodelle aufgrund der hohen Risiken hinsichtlich der Amortisation der damit verbundenen Aufwendungen von den Energieunternehmen zunehmend gescheut werden.

Da sich die „Neue Welt" der Energiewirtschaft in vielerlei Hinsicht von der „Alten Welt" unterscheidet, wird es häufig der Fall sein, dass die Entwicklung neuer Geschäftsmodelle ein Umdenken im gesamten Unternehmen erfordert. Dies betrifft sowohl die Unternehmenskultur und die Organisationsstruktur der Energieversorger als auch die Motivation, die Innovationsbereitschaft, das Know-how und das Selbstverständnis der Mitarbeiter. Gerade im Hinblick auf das oft gehörte Argument der „Alten Welt", neue Geschäftsmodelle würden das Bestandsgeschäft der Energieversorger gefährden (Stichwort: Eigenverbrauchsmodelle, Abschn. 6.5.2), ist es daher sinnvoll, die „Neue Welt" auch als neue, eigenständige Organisationseinheit im Unternehmensverbund zu etablieren. Dies ist nicht zuletzt auch deswegen folgerichtig, da beide Welten in den Stadtwerken noch viele Jahre parallel existieren werden, bis die „Neue Welt" die „Alte Welt" schließlich irgendwann vollständig überlagern wird.

Im Portfolio vieler Stadtwerke fehlen heute im Jahr 2014 noch jene Produkte mit signifikanten Volumen, die ein rentables Wachstum in Zeiten der Energiewende ermöglichen. Die Entwicklung solcher Energiewendegeschäfte und die Implementierung neuer Operationsprozesse gehören daher in den Fokus der Unternehmensentwicklung (Schorsch und Schlemmermeier 2014, S. 21).

6.6.4 3-Säulen-Prozessmodell zur Produktentwicklung, -herstellung und -vermarktung

> Die „Neue Welt" der Energiewendegeschäfte braucht gegenüber der „Alten Welt" des Energievertriebs aus unserer Sicht ein neues, aus drei Säulen bestehendes Prozess- und Steuerungsmodell (Abb. 6.10):
>
> 1. Entwicklung: Geschäfts- und Produktentwicklung sowie Produktmanagement
> 2. Operations: Herstellung der Lösungsangebote
> 3. Verkauf: Absatz der Lösungsangebote

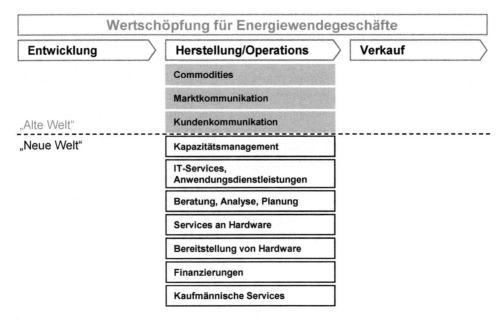

Abb. 6.10 Das 3-Säulen-Prozessmodell für Energiewendegeschäfte

Nachfolgend erläutern wir die drei Säulen des Prozessmodells detaillierter.

1. Entwicklung

Kern der Aufgabe des Entwicklungsbereichs ist das Produktmanagement mit der Verantwortung für Produkte, Preise, Kommunikation und Verkauf. Wenn „die richtigen Produkte" der Schlüsselfaktor für den Erfolg (rentables Wachstum) sind, dann muss die Produktentwicklung der Nucleus dieses Prozessmodells werden. Der Entwicklungsbereich sollte demnach die Verantwortung für die folgenden Aspekte tragen:

- Leistungen und Qualitäten der Produktherstellung
- Gestaltung der vom Kunden wahrgenommen Kontakte in den Herstellungsprozessen
- Effizienz- und Kostenanforderungen der Leistungsbereitstellung

Aufgrund der Vielfalt und der Komplexität des künftigen Geschäfts wird die Produktenwicklung noch mehr als heute zu einer interdisziplinären Aufgabe, welche durch interdisziplinäre Teams bewältigt werden muss. Mitarbeiter des Bereichs Produktentwicklung müssen daher Kompetenzen und Qualifikationen in mindestens den folgenden Themengebieten aufweisen:

- Markt und Regulierungsverständnis
- Verständnis für Kundenbedürfnisse und Kundenkommunikation
- Entwicklung technischer Lösungen
- Modellierung von Mengen, Kosten und Preisen

- Pricing und Vertragsentwicklung, Risikoanalyse und -steuerung
- Entwicklung der Anforderungen an die Operationsprozesse und den Verkauf

2. Operations

Im Bereich „Operations" werden die Produkte der „Neuen Welt" gemäß der Vorgaben des Bereichs „Entwicklung" hergestellt. Die Mitarbeiter des Bereichs „Operations" sind damit für die Qualität und Kosten des Herstellungsprozesses sowie die Einbindung der Lieferanten von Material und der Fremdleistungen verantwortlich. Die große Herausforderung dabei ist es, vor dem Hintergrund von Zielen und Strategien, den vorhandenen Kompetenzen im Unternehmen und dem wirtschaftlichen Druck, zusammen mit der Produktentwicklung die Entscheidung zu In- oder Outsourcing für die jeweiligen Leistungen zu treffen. Gleichzeitig ist es gerade bei technisch komplexen Energiewendegeschäften von hoher Bedeutung, das Handwerk, also die Installateure von PV-Anlagen und (stromerzeugenden) Heizungen, von Anfang an in den Entwicklungs- und Wertschöpfungsprozess miteinzubinden.

3. Verkauf

Die Mitarbeiter des Verkaufsbereichs sind die „Handelsvertreter" der Entwicklung. Für den Aufbau des Bereichs „Verkauf" ist eine Struktur nach Kundengruppen empfehlenswert, die durch Produktspezialisten unterstützt wird. Die Komplexität vieler Produkte der „Neuen Welt" ist zu hoch, um erwarten zu können, dass ein Mitarbeiter jedes Produkt bis zum Vertragsabschluss verkaufen kann. Gerade wegen dieser Komplexität ist es für den Großteil der (potenziellen) Kunden dennoch wichtig, möglichst nur einen Ansprechpartner im Unternehmen zu haben, welcher sie im Sinne eines „Rundum-sorglos-Pakets" betreut und im Hintergrund die Koordinierungsarbeit leistet.

Die Wirklichkeit des Energievertriebs der „Alten Welt" zeigt, dass neue Kunden ihren Strom- oder Gasversorger trotz zum Teil erheblicher Preisunterschiede von über 100 EUR/Jahr nicht von alleine wechseln, sondern direkt oder mittels Vertriebspartnerschaften gewonnen werden müssen. Diese Wirklichkeit trifft für den Verkauf erklärungsbedürftiger Produkte der „Neuen Welt" umso mehr zu. Dennoch werden der hohe Wettbewerbs- und Kostensenkungsdruck sowie der Trend zur Digitalisierung des Alltags dazu führen, dass künftig ein möglichst hoher Anteil des Vertriebs für die Produkte der „Neuen Welt" online abgewickelt werden muss.

▶ **Schlussfolgerungen** In der „Neuen Welt" muss es im Unternehmen einen Bereich geben, welcher für die Entwicklung, Steuerung und das Ergebnis der neuen Geschäfte und Produkte die Verantwortung trägt. Inhaltlich kann dieser Bereich dabei als ein Funktionsbereich des Energieversorgers verstanden werden, der im „klassischen" Verständnis des Marketings die Aufgaben der Produkt- und Preispolitik sowie der Kommunikations- und der Verkaufspolitik entwickelt und steuert. Innovationsfähigkeit und „Kunden verstehen" sind dabei die Schlüsselfaktoren, um in Zeiten der Energiewende rentabel wachsen zu können. Ob sich die Produkte der „Neuen Welt" verkaufen lassen und wie der Verkauf funktioniert, ist ein permanenter Lernprozess. Erst wenn sich beides abzeichnet, können die entwickelten Strukturen sinnvoll skaliert werden.

> **Fazit**
>
> **Unsere Thesen zum Energievertrieb der Zukunft**
> **Energiewende und Kundenbedürfnisse verändern das Vertriebsgeschäft**
> Das Geschäft des Energievertriebs wird sich grundlegend ändern. Treiber der Veränderung sind die Energiewende und die Bedürfnisse der Kunden. Der Kunde entscheidet, was er will und welches Angebot gut für ihn ist. Der Kunde der Zukunft will autark sein, sich selbst versorgen und an der Energiewende teilhaben. Dies trifft für den Hausbesitzer auf dem Land genauso zu wie für den Mieter in urbanen Gebieten. Alle sollen und wollen dabei sein. Der Wohnungswirtschaft kommt in den Städten eine Schlüsselrolle zu.
> **Traditioneller Markt der „Alten Welt" schrumpft durch zunehmende Dezentralität**
> In der „Alten Welt" kauft und verkauft der Energievertrieb Strom und Gas. Die bislang erzielbaren Margen im Vertrieb sind höher als es die Wertschöpfung tatsächlich rechtfertigen würde. Der traditionelle Markt für diese Produkte wird durch den wachsenden Anteil an Dezentralität schrumpfen.
> **In der „Alten Welt": Sei einfach, sei effizient, sei rentabel**
> Es gilt im traditionellen Geschäft die Margen zu maximieren und das Strom- und Gasgeschäft mit den Endkunden online abzuwickeln. Weil es den Strom- und Gasdiscountern nicht gelingen wird, durch Preiserhöhungen ihre negativen Margen und Kundengewinnungskosten zu kompensieren, werden sie aus dem Markt austreten. Preisunterschiede und damit Wechselanreize werden zurückgehen.
> **Das zukünftige Geschäftsmodell des Vertriebs heißt „Dezentrale Erzeugung beim Endkunden"**
> Das Geschäftsmodell der Zukunft heißt für den Vertrieb „Dezentrale Erzeugung beim Endkunden". Der Kunde versorgt sich aus einer Photovoltaikanlage oder dem BHKW, der Energieversorger liefert die Restenergie, vermarktet seine Überschussenergie und gewährleistet die Versorgungssicherheit –, und all das mit dem besten wirtschaftlichen Ergebnis für den Kunden.
> **Aufbau des Geschäfts für die „Neue Welt"**
> Für das Geschäft der Zukunft müssen Energieversorger in der Lage sein, den Endkunden die technischen Systeme – Photovoltaik, Mini-BHKW, Speicher, Energieeffizienzmanagement – zu verkaufen, zu installieren, zu betreiben und in den Markt zu integrieren. Zusätzliche Aufgaben der Vertriebe werden damit der Verkauf eines viel technischeren Produkts als heute, das Management weiterer Markt- und Regulierungsrisiken sowie die Betreuung von Kunden, die auch wirklich etwas vom Energieversorger wollen, nämlich dass ihre Anlagen zu Hause funktionieren und sich rentieren.

Die Energiewende erfordert schon heute eine Doppelstrategie

Für die „Alte Welt" müssen Energievertriebe ihre Produkte, Kommunikation, Kundenmanagement, deren Prozesse und IT radikal vereinfachen und effizienter werden. Das Produktmanagement muss quantitativ werden. Es steuert Marge und Marktanteil. Die Maxime muss lauten: „Einfach, niedrige Kosten, hohe Margen – solange es geht."

Für die „Neue Welt" stehen die Investitionen in die Lernkurve an vorderster Stelle. Es muss darum gehen, die „Fabrik der Zukunft" aufzubauen – alleine oder mit Partnern – und Produkte zu entwickeln, die heute mit Dezentralität und Erneuerbaren Energien rentable Geschäfte ermöglichen. Die Herausforderung für den Energievertrieb ist es, jetzt die erforderlichen Ressourcen und Entwicklungskompetenzen freizusetzen, um das Geschäft der „Neuen Welt" aufbauen zu können. Dazu gehört auch, potenzielle Wettbewerber zu Partnern zu machen.

Eigene Organisationseinheit für das Energiewendegeschäft

Die „Neue Welt" des Energiewendegeschäfts braucht gegenüber der „Alten Welt" des Energievertriebs aus unserer Sicht ein neues Prozess- und Steuerungsmodell, welches aus den drei Säulen Entwicklung, Operations und Verkauf besteht. Von entscheidender Bedeutung sind dabei die Zuordnung der Ergebnisverantwortung zum Entwicklungsbereich und die Nähe zum Kunden im Verkaufsbereich.

Die Energiewende als Innovationsmanagementprozess

Die Energiewende ist ein Innovationsmanagementprozess in einem unsicheren klima- und energiepolitischen Umfeld. Niemand wusste vor fünf Jahren, wie der Energiemarkt heute ist und keiner weiß heute, wie der Energiemarkt in fünf Jahren aussehen wird. Regulierung, technologische Innovationen und Kundenbedürfnisse werden sich dynamisch verändern. Es zeichnen sich die grundsätzlichen Trends ab, der zeitliche Verlauf und die Ausprägung im Detail sind unsicher. Daraus folgen die Anforderungen an die Vertriebe: sich fokussieren, sich flexibilisieren, sich anpassen, sich überprüfen und ggf. nachsteuern.

Literatur

BDEW. 2014. Bundesverband der Energie- und Wasserwirtschaft e. V.: Positionspapier – Ausgestaltung eines dezentralen Leistungsmarkts. https://www.bdew.de/internet.nsf/id/3A90CD61C49A1952C1257D0E003A0C54/$file/BDEW-Positionspapier_Ausgestaltung%20eines%20dezentralen%20Leistungsmarkts_300614_oA.pdf. Zugegriffen: 12. Nov. 2014.

BDH. 2014. Bundesindustrieverband Deutschland Haus-, Energie- und Umwelttechnik e. V.: Energiewende scheitert ohne Wärme- und Klimamarkt. http://www.bdh-koeln.de/uploads/media/PM_28012014_DWK_Keine_Energiewende_ohne_Waerme-_und_Klimamarkt.pdf. Zugegriffen: 23. Okt. 2014.

BMUB. 2013. Bundesministerium für Umwelt, Naturschutz, Bau und Reaktorsicherheit: Konzept für die Umsetzung einer Strategischen Reserve in Deutschland – Ergebnisbericht des Fachdialogs „Strategische Reserve". http://www.bee-ev.de/_downloads/publikationen/sonstiges/2013/20130513_Fachdialog_Strategische_Reserve.pdf. Zugegriffen: 12. Nov. 2014.

BMUB. 2014. Nationale Klimapolitik. http://www.bmub.bund.de/themen/klima-energie/klimaschutz/nationale-klimapolitik/. Zugegriffen: 22. Okt. 2014.

BMWi. 2014a. Bundesministerium für Wirtschaft und Energie: 10-Punkte-Energie-Agenda, 3. http://www.bmwi.de/BMWi/Redaktion/PDF/0-9/10-punkte-energie-agenda,property=pdf,bereich=bmwi2012,sprache=de,rwb=true.pdf. Zugegriffen: 22. Okt. 2014.

BMWi. 2014b. Zeitreihen zur Entwicklung der erneuerbaren Energien in Deutschland, Stand: August 2014, 7. http://www.erneuerbare-energien.de/EE/Redaktion/DE/Downloads/zeitreihen-zur-entwicklung-der-erneuerbaren-energien-in-deutschland-1990-2013.pdf?__blob=publicationFile&v=13. Zugegriffen: 27. Okt. 2014.

BMWi. 2014c. Energiedaten, Tab. 7: Endenergieverbrauch nach Anwendungsbereichen, letzte Änderung: 8. Oktober 2014. http://www.bmwi.de/BMWi/Redaktion/Binaer/energie-daten-gesamt,property=blob,bereich=bmwi2012,sprache=de,rwb=true.xls. Zugegriffen: 12. Nov. 2014.

BNetzA. 2013. Bundesnetzagentur: Genehmigung des Szenariorahmens für den Netzentwicklungsplan 2014 (Az.: 6.00.03.05/13-08-30/Szenariorahmen 2013), 2. http://www.netzausbau.de/cln_1412/DE/Bedarfsermittlung/Charlie/SzenariorahmenCharlie/SzenariorahmenCharlie-node.html. Zugegriffen: 22. Okt. 2014.

BNetzA. 2014a. Kraftwerksliste, Stand: 16. Juli 2014. http://www.bundesnetzagentur.de/DE/Sachgebiete/ElektrizitaetundGas/Unternehmen_Institutionen/Versorgungssicherheit/Erzeugungskapazitaeten/Kraftwerksliste/kraftwerksliste-node.html. Zugegriffen: 27. Okt. 2014.

BNetzA. 2014b. Kraftwerksstilllegungsanzeigenliste, Stand: 20. Oktober 2014. http://www.bundesnetzagentur.de/SharedDocs/Downloads/DE/Sachgebiete/Energie/Unternehmen_Institutionen/Versorgungssicherheit/Erzeugungskapazitaeten/KWSAL/KWSAL_2014_10_20.pdf;jsessionid=DD4F63C3B4EF2E482C79619B9FE7D8D5?__blob=publicationFile&v=33. Zugegriffen: 12. Nov. 2014.

BSW-Solar. 2014. Bundesverband Solarwirtschaft e. V.: Statistische Zahlen der deutschen Solarstrombranche (Photovoltaik) für 2013, Stand: März 2014, 1. http://www.solarwirtschaft.de/presse-mediathek/marktdaten.html. Zugegriffen: 27. Okt. 2014.

BWE. 2013. Bundesverband WindEnergie e. V.: Statistiken, Stand: 31. Dezember 2013, 2. http://www.wind-energie.de/themen/statistiken. Zugegriffen: 27. Okt. 2014.

Consentec. 2012. Versorgungssicherheit effizient gestalten – Erforderlichkeit, mögliche Ausgestaltung und Bewertung von Kapazitätsmechanismen in Deutschland. Untersuchung im Auftrag der EnBW AG, 39 ff. http://www.consentec.de/wp-content/uploads/2012/03/Consentec_EnBW_KapMärkte_Ber_20120207.pdf. Zugegriffen: 12. Nov. 2014.

Enervis. 2014. enervis energy advisors GmbH: Einführung eines dezentralen Leistungsmarktes in Deutschland – Modellbasierte Untersuchung im Auftrag des Verbands kommunaler Unternehmen e. V., 9 f. http://www.vku.de/fileadmin/get/?28952/Einfuehrung_eines_dezentralen_Leistungsmarktes_in_Deutschland.pdf. Zugegriffen: 12. Nov. 2014.

EWI. 2012. Energiewirtschaftliches Institut an der Universität zu Köln: Untersuchungen zu einem zukunftsfähigen Strommarktdesign. Endbericht im Auftrag des BMWi, 55 ff. http://www.bmwi.de/BMWi/Redaktion/PDF/Publikationen/endbericht-untersuchungen-zu-einem-zukunftsfaehigen-strommarktdesign.pdf. Zugegriffen: 12. Nov. 2014.

Focht, P. 2014. Grüner Strom für Gelbes Viertel. E&M POWERNEWS, 14. Mai 2014.

Öko-Institut. 2014. Erneuerbare-Energien-Gesetz 3.0 (Kurzfassung). Studie im Auftrag von Agora Energiewende. http://www.agora-energiewende.de/fileadmin/downloads/publikationen/Impulse/EEG_30/Agora_Energiewende_EEG_3_0_KF_web.pdf. Zugegriffen: 22. Okt. 2014.

Öko-Institut, LBD-Beratungsgesellschaft, und RAUE LLP. 2012. Fokussierte Kapazitätsmärkte. Ein neues Marktdesign für den Übergang zu einem neuen Energiesystem. Studie für den WWF Deutschland. http://www.wwf.de/fileadmin/fm-wwf/Publikationen-PDF/Fokussierte-Kapazitaetsmaerkte.pdf. Zugegriffen: 22. Okt. 2014.

Schlemmermeier, B. 2012. Vom Energielieferanten zum Systemdienstleister. Energie & Management, E-World Spezial, 1. Februar 2012, 42.
Schlemmermeier, C. 2013. Menschen und Meinungen. Sagen Sie mal: Claudia Schlemmermeier. Energie & Management, 15. Juni 2013, 32.
Schlemmermeier, B. 2014. Plädoyer für einen Kapazitätsmarkt. Vortrag zum Strommarktdesign 2.0. http://www.lbd.de/cms/pdf-vortraege-praesentation/1410_Landesregierung-BW_Vortrag_LBD_Handout.pdf. Zugegriffen: 12. Nov. 2014.
Schorsch, C. 2014. Eigenstrom-Service: Genug Potenzial für alle. Energie & Management, 15. Juli 2014, 10.
Schorsch, C., und C. Schlemmermeier. 2014. Die Zukunft beginnt heute. Energie & Management, 1. März 2014, 21.
Shell und BDH. 2013. Shell Deutschland Oil GmbH und BDH: Hauswärme-Studie. Klimaschutz im Wohnungssektor – Wie heizen wir morgen? 27. http://s08.static-shell.com/content/dam/shell-new/local/country/deu/downloads/pdf/comms-shell-bdh-heating-study-2013.pdf. Zugegriffen: 27. Okt. 2014.
TÜV Süd. 2014. TÜV SÜD AG, Wegbereiter der Energiewende. Pressemitteilung vom 21. Oktober 2014. http://www.tuev-sued.de/anlagen-bau-industrietechnik/aktuelles/wegbereiter-der-energiewende. Zugegriffen: 27. Okt. 2014.

Ben Schlemmermeier ist Kaufmann und seit 1989 bei der LBD-Beratungsgesellschaft mbH (LBD). Seit 1991 ist er einer der drei geschäftsführenden Gesellschafter der LBD. Als Spezialist im Energiemarkt berät die LBD auf allen Wertschöpfungsstufen. Zu den Kunden gehören Stadtwerke, internationale Energieversorger, Öl- und Gasindustrie, Newcomer, öffentliche Hand, Dienstleister, Politik, Verbände, Industrie, Banken und Unternehmen der Erneuerbaren Energien. Die Themenschwerpunkte von Ben Schlemmermeier reichen von der Beratung zu komplexen Strukturen und Verträgen auf allen Wertschöpfungsstufen der Energiewirtschaft über Projekte zu Mergers & Acquisitions, Corporate Finance, Project Finance und Corporate Restructuring bis hin zur Beratung zum künftigen Strommarktdesign und zur Entwicklung von Visionen, Zielen, Positionierungen, Strategien und zukunftsfähigen Geschäftsmodellen.

Björn Drechsler ist Diplom-Ingenieur und seit 2006 als Unternehmensberater bei der LBD im Bereich „Energie & Emissionen" tätig. Zu seinen Beratungsthemen gehören energiewirtschaftliche Analysen und Gutachten zur regenerativen und konventionellen Energieerzeugung, zum Emissionshandel und zu den Großhandels- und Regelenergiemärkten. Er ist Projektleiter bei Transaktionen zum Erwerb von Stromerzeugungsanlagen genauso wie bei der Durchführung von Wirtschaftlichkeitsanalysen und Machbarkeitsstudien für EE- und KWK-Anlagen, steuerbare Lasten, Stromspeicher und die Elektromobilität. Ein Beratungsschwerpunkt der letzten Jahre liegt auf der Entwicklung und Bewertung von zukunftsfähigen Strategien und Geschäftsmodellen für die „Neue Welt" der Energiewirtschaft.

Teil II
Marketing für verschiedene Erneuerbare Energien-Produkte

Zielgruppensegmentierung im Ökostrom-Marketing – Ergebnisse einer Conjoint-Analyse deutscher Stromkunden

7

Andrea Tabi, Stefanie Lena Hille und Rolf Wüstenhagen

▸ Verbraucher können durch die Wahl von Ökostromprodukten zu einer nachhaltigeren Energiezukunft beitragen. Damit das Marketing Kunden „jenseits der Öko-Nische" erreicht, ist es wichtig zu verstehen, welche Faktoren einen positiven Einfluss auf den Wechsel zu Ökostrom haben. Dieser Beitrag analysiert, worin sich aktuelle von potenziellen Ökostromkunden unterscheiden. Anhand einer Segmentierungsanalyse, basierend auf Daten einer Conjoint-Analyse unter deutschen Stromkunden, werden drei vielversprechende Zielgruppen identifiziert. Die Ergebnisse zeigen, dass soziodemografische Faktoren – mit Ausnahme des Bildungsniveaus – bei der Erklärung der Unterschiede zwischen aktuellen und potenziellen Ökostromkunden nur eine marginale Rolle spielen. Die Analyse psychografischer und verhaltensorientierter Merkmale zeigt, dass aktuelle Ökostromkunden ihren Einfluss als Verbraucher in Bezug auf Umweltschutz als größer wahrnehmen, die Preise für Ökostromtarife niedriger einschätzen, generell eine höhere Zahlungsbereitschaft für umweltfreundliche

---

Dieses Kapitel ist eine übersetzte und überarbeitete Version des Artikels „What makes people seal the green power deal? – a customer segmentation based on choice experiments in Germany" der gleichen Autoren, erschienen in der Zeitschrift Ecological Economics 107: S. 206–215.

A. Tabi (✉) · S. L. Hille · R. Wüstenhagen
Institut für Wirtschaft und Ökologie, Tigerbergstrasse 2, 9000 St. Gallen, Schweiz
E-Mail: andrea.tabi@unisg.ch

S. L. Hille
E-Mail: stefanie.hille@unisg.ch

R. Wüstenhagen
E-Mail: rolf.wuestenhagen@unisg.ch

Produkte haben und eine höhere Wechselbereitschaft aufweisen als potenzielle Ökostromkunden.

7.1 Einleitung

Im Zuge der Liberalisierung des deutschen Strommarktes im Jahre 1998 wurde Privatkunden die Möglichkeit gegeben, ihren Stromanbieter und ihr bevorzugtes Stromprodukt frei zu wählen. Obgleich neuere Verbraucherstudien in Deutschland zeigen, dass viele Bürger eindeutige Präferenzen für erneuerbare Energieträger haben (Gerpott und Mahmudova 2010; Kaenzig et al. 2013), liegt der Anteil der Ökostromkunden bisher dennoch nur im einstelligen Prozentbereich (Litvine und Wüstenhagen 2011). Selbst wenn Verbraucher eine eindeutige Präferenz für Ökostrom zeigen, sind sie im Hinblick auf ihre Kaufentscheidungen dennoch weitgehend passiv.

Der Privatkundensektor macht fast 25 % des gesamten Stromverbrauchs in Deutschland aus (BMU 2009). Im Jahr 2009 wurden in Deutschland ca. 16 % der gesamten Strommenge aus erneuerbaren Energiequellen erzeugt; im Jahr 2012 erhöhte sich der Anteil auf 23 % (BMWI 2013). Die Stromerzeugung aus Erneuerbaren Energien ist in einem nachhaltigen und sicheren Energieversorgungssystem von großer Bedeutung (Madlener und Stagl 2005), trägt zur Verringerung der Abhängigkeit von Energieimporten bei und gilt als Absicherung gegen das Risiko schwankender Erdöl- und Erdgaspreise.

Insofern können Verbraucher durch die Wahl eines Ökostromprodukts ihren Wunsch nach einer nachhaltigeren Zukunft zum Ausdruck bringen (Diaz-Rainey und Ashton 2011). Es ist daher von großer Bedeutung, vielversprechende Zielgruppen für Ökostrom zu identifizieren. Ebenso wichtig ist es zu untersuchen, auf welche Produktmerkmale Kunden in diesen Segmenten am meisten Wert legen und was sie von Verbrauchern, die bereits zu Ökostrom gewechselt haben, unterscheidet. Daraus lassen sich Empfehlungen für Politik und Marketing ableiten, um Verbraucher „jenseits der Öko-Nische" zu erreichen (Villiger et al. 2000).

Eine bewährte Möglichkeit zur Erhebung der Präferenzen von Stromkunden besteht in der auswahlbasierten Conjoint-Analyse (CBC). Im vorliegenden Kapitel berichten wir über eine Untersuchung, in der mithilfe der CBC die Präferenzen einer repräsentativen Stichprobe deutscher Stromkunden für Produktattribute von Strom erhoben wurden. Auf Grundlage der Daten aus den Wahlexperimenten wird eine latente Klassenanalyse (LCA) zur Marktsegmentierung durchgeführt, aus der Zielgruppen für Ökostrom und andere Produktattribute abgeleitet werden (DeSarbo et al. 1995). Stromanbieter können die Ergebnisse dieser Analyse für die zielgruppengerechte Gestaltung von Ökostromprodukten nutzen und so den Kundennutzen ihrer Angebote steigern.

Ein weiteres Ziel unserer Untersuchung liegt in der Bestimmung von soziodemografischen, psychografischen und verhaltensorientierten Variablen, anhand derer aktuelle Ökostromkunden von jenen Kunden unterschieden werden können, die zwar eindeutige

Präferenzen für ein Ökostromprodukt haben, aber noch nicht gemäß diesen Präferenzen handeln (Litvine und Wüstenhagen 2011).

7.2 Überblick über den aktuellen Stand der Forschung

In vielen Studien wird versucht, für Segmentierungszwecke die Merkmale von umweltfreundlichen Verbrauchern zu bestimmen. In der Marketing-Literatur werden diese Faktoren oft in die Kategorien „Geografische Merkmale" (z. B. Region), „Demografische und sozioökonomische Merkmale" (z. B. Alter, Geschlecht, Haushaltsgröße), „Psychografische Merkmale" (z. B. Werte, Lebensstil und Persönlichkeitsvariablen) und „Verhaltensorientierte Merkmale" (z. B. Kaufverhalten) unterteilt (Kotler und Keller 2006).

Im Hinblick auf soziodemografische Faktoren haben sich einige Studien mit der Bestimmung der Merkmale von Kunden befasst, die ihrer eigenen Aussage nach bereit sind, einen Aufpreis für Ökostrom zu bezahlen. So haben einige Autoren (Rowlands et al. 2003; Zarnikau 2003; Ek und Soderholm 2008; Diaz-Rainey und Ashton 2011) gezeigt, dass ein höheres Einkommen tendenziell die Zahlungsbereitschaft („Willingness To Pay" [WTP]) für Ökostrom erhöht. Gerpott und Mahmudova (2010) weisen darauf hin, dass die Haushaltsgröße positiv mit der Zahlungsbereitschaft für Ökostrom korreliert. Zudem haben einige Autoren darauf hingewiesen, dass die Zahlungsbereitschaft für Ökostrom tendenziell positiv mit einem höheren Bildungsstand zusammenhängt (Rowlands et al. 2003; Zarnikau 2003; Wiser 2007; Ek und Soderholm 2008). Im Hinblick auf andere Variablen haben Rowlands et al. (2003) gezeigt, dass Geschlecht kein signifikanter Faktor für eine höhere Zahlungsbereitschaft für Ökostrom ist. Schließlich sind einige Studien zu dem Schluss gekommen, dass jüngere Verbraucher eher bereit sind, einen höheren Preisaufschlag für Ökostrom zu bezahlen (Zarnikau 2003; Gerpott und Mahmudova 2010).

Obwohl diese kurz zusammengefassten Erkenntnisse alles andere als abschließend zu betrachten sind, weisen sie doch darauf hin, dass soziodemografische Variablen sich auf die Zahlungsbereitschaft für Ökostrom auswirken und einen einfachen Ansatz zur Marktsegmentierung bieten können. Die meisten Autoren sind sich jedoch darin einig, dass vor allem psychografische und verhaltensorientierte Merkmale für die Erklärung umweltfreundlicher Verhaltensweisen von höherer Bedeutung sind (Straughan und Roberts 1999).

Dazu haben Diaz-Rainey und Ashton (2011) beispielsweise festgestellt, dass das Wissen über Ökostrom sich wesentlich auf die Präferenzen für Ökostrom auswirkt. Zudem wurde Verbrauchern mit hoher Zahlungsbereitschaft für Ökostrom eine positive Haltung gegenüber Ökostrom (Hansla et al. 2008) und ein höheres Umweltbewusstsein attestiert (Gerpott und Mahmudova 2010; Rowlands et al. 2003).

Es wurde auch gezeigt, dass der wahrgenommene Einfluss als Verbraucher („Perceived consumer effectiveness") im Bereich Umwelt (d. h. inwiefern Verbraucher glauben, dass ihr eigenes Verhalten zur Erhaltung der Umwelt beiträgt) positiv mit einer Präferenz für Ökostrom korreliert (Rowlands et al. 2003). Im Bereich der verhaltensorientierten Variablen haben Gerpott et al. (2001) und Wiser (2007) gezeigt, dass Verbraucher, die aktiv an Umweltschutzmaßnahmen teilnehmen, eine höhere Zahlungsbereitschaft für Ökostrom aufweisen. Ein weiterer relevanter Aspekt kann die Frage sein, ob ein Befragter ein einschneidendes Lebensereignis oder eine Statusänderung durchlebt hat. So hat zum Beispiel Arnold (2011) herausgefunden, dass ein Umzug mit der Bereitschaft, einen Aufpreis für nachhaltige Produkte zu bezahlen, positiv korreliert ist.

Im Gegensatz zu Studien, die sich mit der Analyse der Merkmale von *potenziellen* Ökostromkunden befassen, wurden bislang erst wenige Untersuchungen *tatsächlicher* Ökostromkunden publiziert (Rose et al. 2002; Clark et al. 2003; Arkesteijn und Oerlemans 2005; Kotchen und Moore 2007).

Zum Beispiel haben Clark et al. (2003) festgestellt, dass Ökostromkunden tendenziell höhere Einkommen und eine geringere Haushaltsgröße aufweisen als Verbraucher, die keinen Ökostrom beziehen. Dagegen haben Kotchen und Moore (2007) festgestellt, dass demografische Variablen für die Erklärung von Ökostromnutzung nicht statistisch signifikant sind, während Einstellungsfaktoren wie z. B. Umweltbewusstsein einen positiven Effekt hatten. Weiterhin wurde in einer kürzlich durchgeführten Studie von MacPherson und Lange (2013) festgestellt, dass Befragte im höchsten Einkommensquartil, Anhänger der grünen Partei und Befragte, die ein sehr umweltbewusstes Verhalten an den Tag legten, häufiger zu Ökostrom gewechselt hatten. Schließlich haben Arkesteijn und Oerlemans (2005) eine negative Korrelation zwischen dem wahrgenommenen Preisunterschied von Normalstrom gegenüber Ökostrom und der Wahrscheinlichkeit der Ökostromnutzung gefunden. Diese Erkenntnis stimmt mit einer Studie von Clausen (2008) überein, in der festgestellt wurde, dass Ökostromkunden in Deutschland den Aufpreis für Ökostrom viermal teurer einschätzten als er tatsächlich war, während Nichtnutzer den Aufpreis durchschnittlich zehnmal teurer einschätzten. In der Vergangenheit wurde Ökostrom in der Regel zu einem höheren Preis verkauft als herkömmlicher Strom (Kotchen und Moore 2007). Obwohl sich der tatsächliche Preisunterschied zwischen Ökostrom und herkömmlichem Strom in den letzten zehn Jahren in Deutschland wesentlich verringert hat, könnten Verbraucher, die nicht zu Ökostrom gewechselt haben, immer noch implizit davon ausgehen, dass Strom aus erneuerbaren Energiequellen erheblich teurer ist. Diese falsche Preiswahrnehmung könnte ein Aspekt in der Diskrepanz zwischen Einstellung und Verhalten („Attitude-Behavior Gap") sein, da der wahrgenommene Preisunterschied ein Hinderungsgrund für den Wechsel zu Ökostrom ist.

7.3 Studiendesign

7.3.1 Untersuchung von Präferenzen mittels auswahlbasierter Conjoint-Analyse

Die vorliegende Studie verwendet die Methodik der sogenannten auswahlbasierten Conjoint-Analyse (Choice-Based Conjoint Analysis, kurz: CBC). Dieses Verfahren eignet sich sehr gut für die Untersuchung von Präferenzen für hypothetische Produkte oder Merkmalkombinationen, wenn die Beobachtung des tatsächlichen Kaufverhaltens oder die Präferenzmessung durch offenbarte Präferenzen nicht möglich ist (Ewing und Sarigöllü 2000).

Konkret simuliert diese Methode den Befragten eine reale Kaufsituation, in der sie aus verschiedenen Produkten auswählen müssen. Diese Produkte unterscheiden sich in ihren Attributen und die Befragten müssen ein Paket aus dem Choice Set auswählen (Sammer und Wüstenhagen 2006). Kundenpräferenzen für Produktattribute werden durch indirekte Fragen implizit von den geäußerten Auswahlentscheidungen abgeleitet.

Die auswahlbasierte Conjoint-Analyse wurde auch im Strommarkt schon mehrfach angewendet (z. B. Kaenzig et al. 2013; Cai et al. 1998; Goett et al. 2000; Burkhalter et al. 2009). In der von Kaenzig et al. (2013) durchgeführten Studie beispielsweise, an die dieser Beitrag anknüpft, wurde die relative Wichtigkeit verschiedener Produktattribute für die Kaufentscheidungen deutscher Haushalte untersucht. Die Studie ergab, dass Preis und Strommix für den durchschnittlichen Kunden die beiden wichtigsten Attribute waren, gefolgt von dem Ort der Stromerzeugung, einer Preisgarantie, der Zertifizierung durch ein Öko-Label, der Art des Stromanbieters (z. B. Stadtwerke oder nationaler Konzern) und den Vertragsbedingungen (Kündigungsfrist). Eine Untersuchung von Burkhalter et al. (2009) ergab ähnliche Resultate für den Schweizer Strommarkt. Auch für Schweizer Verbraucher war der Strommix das wichtigste Attribut, gefolgt von monatlichen Stromkosten und dem Ort der Stromerzeugung. Andere Attribute, wie der Stromlieferant, das Preismodell, die Öko-Zertifizierung und die Vertragsdauer spielten nur eine untergeordnete Rolle. Rowlands et al. (2003) zeigten, dass der Preis, die Zuverlässigkeit der Stromversorgung und Umweltaspekte die wichtigsten Faktoren für die Wahl eines Stromanbieters waren. Goett et al. (2000) stellten zudem fest, dass es für die Kunden ein zentrales Anliegen war, ob ein Stromversorger Erneuerbare Energien anbietet. Eine kürzlich durchgeführte Studie in Deutschland ermittelte neben Preis und Preisgarantie die Investitionen des Energieversorgers in Erneuerbare Energien und die regionale Herkunft des Stroms als wichtige Produktmerkmale aus der Sicht der Stromkunden (Mattes 2012).

7.3.2 Marktsegmentierung

Kunden haben unterschiedliche Präferenzen. Eine effektive Marktbearbeitung erfordert daher eine Segmentierung zur Identifikation vielversprechender Zielgruppen. Vor über dreißig Jahren wurden zwei wesentliche Verfahren zur Marktsegmentierung identifiziert (Wind 1978; Green 1977). Bei der *A-Priori*-Segmentierung werden die Befragten nach demografischen oder sozioökonomischen Variablen in Gruppen eingeteilt; bei der *Post-Hoc*-Segmentierung werden die Befragten nach einem Set untereinander verbundener Variablen (z. B. Präferenzen in Verbindung mit einem Produkt) in Cluster eingeteilt. In der Conjoint-Analyse kann solch ein Post-Hoc-Segmentierungsverfahren durchgeführt werden, indem die Heterogenität des Marktes in Präferenzen für alle Attribute erfasst wird, um so Segmente mit ähnlichen Präferenzen zu erhalten (DeSarbo et al. 1995). Durch Kenntnisse darüber, welche soziodemografischen, psychografischen und verhaltensorientierten

Variablen in einem Segment vorherrschen, können Anbieter zielgruppenspezifische Marketingstrategien entwickeln.

7.3.3 Methodik

Für die vorliegende Studie wurde eine bestehende Datenbasis einer repräsentativen Stichprobe von deutschen Stromkunden neu ausgewertet (Kaenzig et al. 2013). Die verwendeten Daten entstammen einer repräsentativen Befragung von deutschen Haushalten, die im Rahmen des Projekts seco@home im Juni 2009 durchgeführt wurde. Es handelte sich um computergestützte persönliche Interviews (CAPI), die bei den Befragten zu Hause durchgeführt wurden. Die nachfolgend dargestellten Ergebnisse beruhen auf 4968 Wahlentscheidungen von 414 Befragten.

Das Studiendesign, der Datenerhebungsprozess und die Stichprobe sind im Einzelnen in Kaenzig et al. (2013) beschrieben. Das Choice-Experiment war so gestaltet, dass die Befragten nacheinander zwölf Auswahlaufgaben erhielten, bei denen es um den Vergleich verschiedener Stromprodukte mit unterschiedlichen Attributsausprägungen ging. Die Darstellung erfolgte über die Vollprofilmethode. Dabei hatten die Befragten bei jeder Wahlaufgabe aus drei verschiedenen Stromprodukten auszuwählen, die über sieben Attributsausprägungen definiert waren. Die erhobenen Daten zu den Auswahlergebnissen wurden dann mit einer hierarchischen Bayes-Analyse ausgewertet. Dies ermöglichte die Schätzung von Teilnutzenwerten für die einzelnen Teilnehmer. Kaenzig et al. (2013) zeigen, dass der Energieträger und die monatlichen Stromkosten für den durchschnittlichen Stromkunden die beiden wichtigsten Attribute für die Entscheidung sind. Zudem stellen die Autoren für Strom aus erneuerbaren Energiequellen eine implizite durchschnittliche Zahlungsbereitschaft für einen Aufpreis von ca. 16 % fest. Die vorliegende Studie geht in der Analyse des Datensatzes einen Schritt weiter. Anstelle der Durchschnittswerte für die gesamte Stichprobe interessieren uns hier die unterschiedlichen Präferenzen und Merkmale der wichtigsten Marktsegmente potenzieller Ökostromkunden. Hierfür wurden die folgenden soziodemografischen, psychografischen und verhaltensorientierten Variablen ausgewählt (s. Tab. 7.1).

7.4 Ergebnisse

Für die Zielgruppensegmentierung wurde das Latent-Class-Modul von Sawtooth Software verwendet (Sawtooth 2004). In diesem Abschnitt werden zunächst die detaillierten Ergebnisse aus der hierarchischen Bayes-Schätzung (HB) für die identifizierten Segmente dargestellt. Danach folgt eine Darstellung der soziodemografischen, psychografischen und verhaltensorientierten Variablen der resultierenden Segmente. Schließlich werden die Eigenschaften der potenziellen Ökostromkunden beschrieben, die sich signifikant von den Eigenschaften der Verbraucher unterscheiden, die bereits auf ein Ökostromprodukt umgestiegen sind.

Tab. 7.1 Variablen

Variablen	Beschreibung
Soziodemografische Merkmale	*Geschlecht* (1 = Männlich; 2 = Weiblich), *Alter* (in Jahren), *Monatliches Nettoeinkommen der Haushalte* (nach Kategorien: 1 = unter 1000 €, 2 = 1000–1499 €, 3 = 1500–1999 €, 4 = 2000–2499 €, 5 = 2500–3499 €, 6 = über 3500 €), *Ausbildung* (nach Kategorien: 1 = kein Bildungsabschluss, 2 = Haupt-(Volks-)schulabschluss, 3 = Abschluss der polytechnischen Oberschule, 5 = Fachhochschulreife, 6 = Abitur, 7 = Hochschulabschluss) *Größe des Haushalts* (Anzahl der im Haushalt lebenden Personen)
Psychografische und verhaltensorientierte Merkmale	*Umzug* (Umzug in den letzten fünf Jahren, ja/nein) *Wechsel des Stromtarifs in den letzten fünf Jahren* (ja/nein) *Für die Messung des Umweltbewusstseins wurden folgende Variablen ausgewählt* *Klimabewusstsein* – Aggregierte Zustimmung zu folgenden Aussagen (1: stimme zu, 2: neutral, 3: stimme nicht zu): Für den Klimawandel ist vor allem der Mensch verantwortlich – Im Zuge des Klimawandels verschlechtert sich die Lebensqualität der Bevölkerung hierzulande – Der Klimawandel bedroht die Lebensgrundlagen der Menschheit – Es gibt keine ernsthaften negativen Folgen des Klimawandels *Befürwortung von Ökosteuern und Regulierungsinstrumenten* – Zustimmung zur folgenden Aussage (1: stimme zu, 2: neutral, 3: stimme nicht zu): – Umweltschutz sollte durch verbindliche staatliche Regeln für alle gestaltet werden, z. B. Ökosteuern und Verbote *Vertrauen in die Wissenschaft* – Zustimmung zur folgenden Aussage (1: stimme zu, 2: neutral, 3: stimme nicht zu): – Wissenschaft und Technik werden viele Umweltprobleme lösen, ohne dass wir unsere Lebensweise ändern müssen *Wahrgenommener Einfluss als Verbraucher* – Zustimmung zur folgenden Aussage (1: stimme zu, 2: neutral, 3: stimme nicht zu): – Wir Bürgerinnen und Bürger können durch unser Kaufverhalten wesentlich zum Schutz der Umwelt beitragen *Bekanntheit von Ökostrom-Labels* – TÜV, Grüner Strom Label, ok-power (1: kenne keines der Label, 2: kenne mindestens ein Label, 3: kenne mindestens zwei Label) *Beurteilung der Kosten für Ökostrom* – Wie schätzen Sie den Preis von Ökostrom gegenüber herkömmlichem Strom ein? (1: viel teurer [über 10%], 2: etwas teurer [bis 10%], 3: gleich teuer, 4: etwas billiger [bis 10%], 5: viel billiger [über 10%]) *Zahlungsbereitschaft (WTP) für umweltfreundliche Produkte* – Bereitschaft zum Kauf von umweltfreundlichen Alltagsprodukten (ja/nein)

7.4.1 Präferenzen für verschiedene Produktattribute

In Tab. 7.2 sind die Teilnutzenwerte und die entsprechenden Standardabweichungen von fünf verschiedenen Marktsegmenten aufgeführt. Wie oben beschrieben, wurden in der latenten Klassenanalyse vier wesentliche Profile identifiziert. Eine Gruppe von Befragten ($n=29$), die bereits Ökostrom beziehen, wurde aus der Stichprobe ausgeschlossen und wird im Weiteren als „Ökostromkunden" bezeichnet.

Zur besseren Vergleichbarkeit zwischen den Gruppen wurden die Teilnutzenwerte reskaliert und nullzentriert. Positive Werte bilden eine Steigerung des Nutzens gegenüber der durchschnittlichen Ausprägung des betreffenden Attributs ab, negative Werte bilden eine Abnahme des Nutzens ab. Im Allgemeinen hängen Nutzenwerte von dem gewählten Umfang der Attributsausprägungen ab und sollten deshalb hauptsächlich zum Vergleich der Teilnutzenwerte von verschiedenen Ausprägungen eines gegebenen Attributs verwendet werden.

Die mittleren drei Segmente in Tab. 7.2 können aufgrund ihrer eindeutigen Präferenz für Stromprodukte aus erneuerbaren Energiequellen als potenzielle Ökostromkunden bezeichnet werden. Das verbleibende Segment ist das Segment der „Voraussichtlichen Nichtökostromkunden", das relativ preissensibel ist und bei der Kaufentscheidung den monatlichen Stromkosten das höchste Gewicht beimisst. Bei Mitgliedern dieser Gruppe ist es zurzeit am wenigsten wahrscheinlich, dass sie sich für einen Wechsel zu Ökostrom entscheiden, wobei eine Angleichung der relativen Preise von Strom aus erneuerbaren und nicht erneuerbaren Quellen künftig zu einer veränderten Situation führen könnte.

Im nächsten Schritt der Analyse wurden die individuellen Teilnutzenwerte aus der HB-Analyse zur Berechnung der Wichtigkeiten der Attribute für jedes Segment verwendet (s. Tab. 7.3). Diese Gewichte geben an, wie viel Einfluss jedes Produktmerkmal auf die Kaufentscheidung hat. Wichtigkeiten sind so standardisiert, dass ihre Summe für alle Attribute 100% ergibt (Orme 2010).

Wie in Tab. 7.3 dargestellt, ist das wichtigste Attribut für die drei Segmente „Ökostromkunden", „Wahrhaftig Grüne" und „Preissensible Grüne" die Zusammensetzung des Strommixes. Das zweit- und drittwichtigste Produktattribut – „Monatliche Stromkosten" und der „Ort der Stromerzeugung" – sind für diese drei Segmente identisch. Dagegen halten die Lokalpatrioten die monatlichen Stromkosten für das wichtigste Produktattribut, dicht gefolgt von dem Ort der Stromerzeugung und dem Strommix. Für das Segment der „Voraussichtlichen Nichtökostromkunden" sind die monatlichen Stromkosten mit Abstand das wichtigste Merkmal (54%). Zur Ermittlung signifikanter Unterschiede zwischen den fünf Segmenten werden nicht parametrische Mann-Whitney-U-Tests durchgeführt. „Wahrhaftig Grüne" haben ähnliche Produktattributpräferenzen wie aktuelle Ökostromkunden ($p>0{,}05$ beim Vergleich der Präferenzen für alle Attributsausprägungen). Aktuelle Ökostromkunden messen einem Strommix aus Erneuerbaren Energien (Mix 4 und 5) signifikant mehr Bedeutung zu im Vergleich zu den anderen drei Segmenten potenzieller Ökostromkunden. Zudem wurde für aktuelle Ökostromkunden eine signifikante Meidung von Strommixen aus fossilen Energiequellen und Kernenergie festgestellt (gegenüber al-

Tab. 7.2 Durchschnittliche Teilnutzenwerte der fünf Segmente

	Aktuelle Ökostromkunden	Potenzielle Ökostromkunden			Voraussichtliche Nichtökostromkunden
		Wahrhaftig Grüne	Preis-sensible Grüne	Lokalpatrioten	
Segmentgröße	$n=29$	$n=117$	$n=78$	$n=108$	$n=82$
Strommix					
Mix 1 (60% Kohle, 25% Kernenergie, 15% unbekannter Herkunft)	−179,0 (51, 7)[a]	−179,8 (38, 4)	−135,4 (35, 2)	−25,9 (67, 3)	−26,7 (45, 7)
Mix 2 (60% Kohle, 25% Kernenergie, 5% Wasserkraft, 5% Wind, 5% Biomasse)	−105,69 (44, 3)	−114,7 (26, 4)	−67,6 (29, 9)	−3,5 (47, 1)	−8,7 (33, 7)
Mix 3 (60% Kohle, 25% Gas, 5% Wasserkraft, 5% Wind, 5% Biomasse)	−4,08 (35, 2)	−7,3 (34, 3)	31,4 (36, 9)	16,4 (45, 6)	8,3 (30, 6)
Mix 4 (50% Wind, 30% Wasserkraft, 15% Biomasse, 5% Solar)	147,79 (54, 8)	141,0 (37, 9)	87,0 (36, 0)	10,6 (54, 5)	10,5 (38, 3)
Mix 5 (100% Wind)	140,99 (70, 8)	160,8 (42, 9)	84,7 (33, 8)	2,5 (67, 9)	16,8 (49, 0)
Energieversorger					
Großes, nationales Versorgungsunternehmen	−6,56 (10, 3)	−7,2 (10, 8)	−7,0 (12, 3)	−1,2 (19, 7)	−2,8 (12, 6)
Mittelgroßes, regionales Versorgungsunternehmen	3,16 (15, 6)	4,0 (15, 1)	−0,2 (14, 6)	2,4 (25, 1)	0,4 (15, 2)
Kommunales Versorgungsunternehmen (Stadtwerke)	5,27 (13, 6)	4,7 (14, 7)	7,8 (20, 1)	3,4 (25, 6)	0,7 (17, 3)
Spezialisierter Anbieter	−1,87 (15, 1)	−1,5 (15, 6)	−0,6 (15, 6)	−4,6 (23, 4)	1,6 (17, 1)
Ort der Stromerzeugung					
Regional	16,05 (17, 5)	21,0 (21, 8)	21,0 (22, 9)	54,3 (38, 3)	16,9 (18, 2)
Deutschland	19,98 (16, 7)	18,7 (19, 9)	21,8 (23, 2)	53,4 (40, 8)	14,8 (19, 7)
Schweiz	−3,76 (17, 3)	−5,0 (20, 6)	−10,4 (24, 0)	−37,9 (42, 0)	−11,8 (20, 8)
Osteuropa	−32,28 (26, 5)	−34,7 (28, 2)	−32,5 (30, 2)	−69,8 (44, 5)	−19,9 (24, 9)
Monatliche Stromkosten[b]	−7,98 (5, 6)	−6,7 (3, 2)	−11,1 (2, 7)	−7,9 (4, 1)	−18,83 (3, 9)
Zertifizierung					
Ok-power	4,18 (16, 5)	1,1 (11, 5)	1,4 (14, 0)	2,5 (21, 2)	−4,1 (13, 4)

Tab. 7.2 (Fortsetzung)

	Aktuelle Ökostromkunden	Potenzielle Ökostromkunden			Voraussichtliche Nichtökostromkunden
		Wahrhaftig Grüne	Preis-sensible Grüne	Lokalpatrioten	
Segmentgröße	$n=29$	$n=117$	$n=78$	$n=108$	$n=82$
TÜV	0,91 (12, 7)	3,1 (13, 1)	7,1 (13, 9)	4,6 (22, 3)	−0,5 (12, 5)
Grüner Strom-Label	2,72 (12, 9)	1,7 (12, 7)	6,6 (11, 8)	9,8 (19, 0)	11,3 (12, 4)
Keine Zertifizierung	−7,81 (14, 9)	−5,9 (16, 8)	−15,1 (16, 7)	−16,9 (23, 9)	−6,7 (18, 2)
Preisgarantie					
Keine	−10,04 (16, 9)	−12,0 (14, 1)	−21,3 (18, 0)	−32,0 (28, 1)	−25,0 (18, 4)
6 Monate	−5,57 (13, 3)	−1,8 (13, 9)	−0,3 (14, 9)	3,6 (23, 0)	1,5 (14, 3)
12 Monate	9,35 (13, 9)	6,4 (15, 3)	9,1 (15, 9)	5,7 (27, 0)	10,9 (13, 9)
24 Monate	6,26 (13, 8)	7,4 (17, 1)	12,6 (15, 8)	22,6 (29, 3)	12,6 (19, 6)
Kündigungsfrist					
Monatlich	4,66 (13, 1)	2,5 (14, 3)	4,4 (17, 8)	9,1 (25, 1)	6,2 (17, 1)
Vierteljährlich	4,54 (10, 0)	4,2 (13, 3)	−4,1 (14, 6)	0,3 (23, 9)	−3,5 (11, 9)
Halbjährlich	−3,86 (14, 1)	−0,9 (15, 1)	3,6 (15, 5)	−5,3 (23, 4)	−0,3 (14, 3)
Jährlich	−5,34 (11, 8)	−5,8 (13, 4)	−4,0 (17, 2)	−4,1 (26, 5)	−2,4 (14, 7)
Nichts davon (kein Bezug)	158,30 (119, 6)	115,8 (106, 3)	61,8 (121, 2)	126,0 (170, 3)	99,5 (151, 0)

[a] Standardabweichungen sind in Klammern angegeben

[b] Die Ausprägungen des Attributs „Monatliche Stromkosten" waren 50, 55, 60, 65, 70 €. Der angegebene Wert bezieht sich auf die Veränderung des Teilnutzenwertes bei einer Steigerung der monatlichen Kosten um 1 EUR

Tab. 7.3 Relative Wichtigkeiten der Attribute in den fünf Segmenten

	Aktuelle Ökostromkunden (%)	Potenzielle Ökostromkunden			Voraussichtliche Nichtökostromkunden (%)
		Wahrhaftig Grüne (%)	Preissensible Grüne (%)	Lokalpatrioten (%)	
Segmentgröße	n=29	n=117	n=78	n=108	n=82
Strommix	48,6	50,8	34,2	20,9	14,9
Energieversorger	4,8	4,9	5,3	7,8	5,1
Ort der Stromerzeugung	9,0	10,0	10,5	21,1	8,4
Monatliche Stromkosten	23,2	19,4	31,8	22,8	53,8
Zertifizierung	4,6	4,6	5,5	8,0	5,5
Preisgarantie	5,4	5,6	7,0	11,2	7,4
Kündigungsfrist	4,4	4,8	5,5	8,1	4,9
Summe	100	100	100	100	100

len anderen Clustern mit $p<0{,}05$, außer im Vergleich zu dem Segment der „Wahrhaftig Grünen"). Aktuelle Ökostromkunden weisen eine signifikant geringere Preissensibilität auf als „Preissensible Grüne". Im Hinblick auf die Preissensibilität konnten keine signifikanten Unterschiede zwischen „Wahrhaftig Grünen" und Lokalpatrioten gefunden werden. Beim Vergleich der Präferenzunterschiede zwischen den drei Segmenten von potenziellen Ökostromkunden fällt auf, dass „Preissensible Grüne" mehr Wert auf den Strommix und mehr Wert auf die monatlichen Stromkosten legen als Lokalpatrioten. Lokalpatrioten weisen die eindeutigsten Präferenzen für lokale Stromerzeugung gegenüber allen anderen Segmenten ($p<0{,}001$) auf. Interessanterweise wurde das Merkmal „Zertifizierung" von den Lokalpatrioten gegenüber allen anderen Segmenten am höchsten bewertet; dieses Ergebnis war jedoch nicht statistisch signifikant. Voraussichtliche Nichtökostromkunden unterscheiden sich von den anderen Segmenten neben ihrer ausgeprägten Preissensibilität auch durch ihre geringe Gewichtung des Strommix bei der Auswahlentscheidung.

7.4.2 Analyse der Marktsegmente nach soziodemografischen, psychografischen und verhaltensorientierten Merkmalen

Abschließend gehen wir der Frage nach, ob Unterschiede zwischen aktuellen Ökostromkunden und den verschiedenen Segmenten potenzieller Ökostromkunden im Bereich soziodemografischer, psychografischer und verhaltensorientierter Variablen vorhanden sind. Die segmentspezifischen Mittelwerte sind in Tab. 7.4 dargestellt.[1]

Soziodemografische Merkmale wie Geschlecht, Alter, Nettoeinkommen des Haushalts und Haushaltsgröße sind in den fünf ermittelten Segmenten ähnlich verteilt, mit Ausnahme des Bildungsstands. Die Analyse zeigt, dass Ökostromkunden im Durchschnitt besser ausgebildet sind als potenzielle Kunden. Dieses Ergebnis deckt sich mit vorhandenen Studien. Ein Drittel aller Ökostromkunden hat einen Hochschulabschluss, wohingegen sich der Anteil der Befragten mit Hochschulabschluss in den anderen vier Clustern zwischen 7 und 12 % bewegt. Interessanterweise hat das Segment der „Wahrhaftig Grünen" im Durchschnitt das geringste Bildungsniveau aller Cluster (fast 80 % dieser Befragten haben lediglich einen Realschulabschluss), sie haben jedoch durchschnittlich das höchste Haushaltsnettoeinkommen aller Cluster (das sich jedoch nicht signifikant vom Einkommen der Ökostromkunden unterscheidet). Es ist auch erwähnenswert, dass das Einkommen in allen Clustern zwar mehr oder weniger normalverteilt ist, aber 30 % der Ökostromkunden in der höchsten Einkommenskategorie und 40 % in der niedrigsten oder zweitniedrigsten Einkommenskategorie angesiedelt sind. Dieses Ergebnis sollte in zukünftigen Studien weiter untersucht werden, um ein besseres Verständnis für die Eigenschaften von Ökostromkunden zu entwickeln. Das Durchschnittseinkommen der „Wahrhaftig Grünen" unterschied sich signifikant vom Durchschnittseinkommen der Lokalpatrioten und voraussichtlichen

---

[1] Für eine detaillierte Darstellung der Signifikanztests je Variable zwischen den einzelnen Segmenten siehe Tabi et al. (2014), S. 214.

Tab. 7.4 Soziodemografische, psychografische und verhaltensorientierte Merkmale der fünf Segmente

	Aktuelle Ökostrom-kunden	Potenzielle Ökostromkunden			Voraussichtliche Nichtökostrombezieher
		Wahrhaftig Grüne	Preissensible Grüne	Lokalpatrioten	
Soziodemografische Angaben					
Geschlecht (Frauen, %)	41,40 %	51,30 %	52,60 %	45,40 %	42,70 %
Alter (in Jahren)	47,4 (14, 1)	49,1 (12, 1)	49,95 (14, 5)	51,29 (14, 8)	50,93 (12, 9)
Bildungsstand	4,5 (2, 1)	3,2 (1, 5)	3,6 (1, 8)	3,5 (1, 7)	3,3 (1, 6)
Einkommensniveau	3,5 (1, 9)	3,8 (1, 5)	3,5 (1, 5)	3,2 (1, 6)	2,9 (1, 4)
Haushaltsgröße	1,86 (0, 9)	2,08 (1, 1)	2,05 (1, 2)	2,18 (1, 2)	2,04 (1, 1)
Psychografische und verhaltensorientierte Merkmale					
Umzug (ja, %)	45 %	27 %	33 %	25 %	25 %
Wechsel des Stromvertrags (ja, %)	69 %	12 %	17 %	20 %	16 %
Klimabewusstsein (hoch, %)	93 %	89 %	84 %	75 %	64 %
Wahrgenommener Einfluss als Verbraucher (Zustimmung, %)	90 %	66 %	69 %	59 %	46 %
Vertrauen in die Wissenschaft (Nichtzustimmung, %)	72 %	45 %	35 %	35 %	40 %
Befürwortung von Ökosteuern (Zustimmung, %)	72 %	54 %	60 %	46 %	38 %
Kenntnis von Ökostrom-Labels (zwei oder mehr, %)	21 %	14 %	12 %	9 %	5 %
Geschätzter Aufpreis für Ökostrom[a]	2,3	1,9	1,9	1,9	1,7
Zahlungsbereitschaft für umweltfreundliche Produkte (ja, %)	79 %	53 %	42 %	37 %	21

[a] Durchschnittswert der Antworten auf die Frage „Wie schätzen Sie den Preis von Ökostrom gegenüber konventionellem Strom ein?" (Glauben Sie, dass Ökostrom … als konventioneller Strom ist?) mit folgenden Antwortkategorien: 1) viel teurer (mehr als 10%), 2) etwas teurer (bis zu 10%), 3) gleich teuer, 4) etwas billiger (bis zu 10%), 5) viel billiger (mehr als 10%). Je höher also der Durchschnittswert, desto tiefer der geschätzte Preis für Ökostrom

Nichtökostromkunden. Die Ergebnisse stehen daher im Einklang mit denen vieler anderer Autoren (Rowlands et al. 2003; Zarnikau 2003; Gossling et al. 2005; Wiser 2007; Ek und Soderholm 2008; Diaz-Rainey und Ashton 2011; Sagebiel et al. 2014) und verstärken die Hinweise darauf, dass Präferenzen für Ökostrom sich zwischen verschiedenen Einkommensgruppen signifikant unterscheiden. 66 % der aktuellen Ökostromkunden leben allein (d. h. sie haben durchschnittlich eine geringere Haushaltsgröße als Befragte aus anderen Clustern), aber im Vergleich mit anderen potenziellen Nutzern konnten keine statistisch signifikanten Unterschiede gefunden werden.

Im Hinblick auf psychografische und verhaltensorientierte Merkmale fällt bei aktuellen und potenziellen Ökostromkunden ein ausgeprägtes Bewusstsein für Fragen des Klimawandels auf. Eine Abnahme des Klimabewusstseins korreliert mit einer Abnahme der Präferenz für Ökostrom. Dabei konnte jedoch kein signifikanter Unterschied zwischen Ökostromkunden und „Wahrhaftig Grünen" gefunden werden. Andererseits wurden signifikante Unterschiede bei Variablen gefunden, die zur Untersuchung des Umweltbewusstseins verwendet wurden. Konkret stimmen potenzielle Ökostromkunden eher als aktuelle Ökostromkunden der Aussage zu, dass Wissenschaft und Technik viele Umweltprobleme lösen werden, ohne dass wir unsere Lebensweise ändern müssen. Zudem ist die Befürwortung von Ökosteuern unter Ökostromkunden höher als unter Lokalpatrioten, wobei zwischen „Wahrhaftig Grünen" und „Preissensiblen Grünen" kein signifikanter Unterschied festgestellt werden konnte.

Im Einklang mit der bisherigen Forschung, in der festgestellt wurde, dass der wahrgenommene Einfluss als Verbraucher bei der Herausbildung ökologischen Verhaltens eine große Rolle spielt, wurde hier ein signifikanter Unterschied zwischen potenziellen und tatsächlichen Ökostromkunden ermittelt.

Das wahrgenommene Preisniveau von Ökostrom (im Vergleich zu herkömmlichen Stromprodukten) wies zwischen Ökostromkunden und allen anderen Segmenten signifikante Unterschiede auf. Nur ca. 10 % der Ökostromkunden, aber 25 % der „Wahrhaftig Grünen" und 43 % der voraussichtlichen Nichtökostromkunden glaubten, dass die Kosten für Ökostrom die Kosten für herkömmliche Stromprodukte um 10 % oder mehr übersteigen. Zu Beginn der Liberalisierung des Strommarktes in Deutschland wurde Ökostrom in der Regel zu einem wesentlich höheren Preis verkauft als Strom aus herkömmlichen Energiequellen. In den letzten zehn Jahren hat sich der Preisunterschied allerdings erheblich verringert. Zum Zeitpunkt der Durchführung dieser Studie wiesen die Kosten für Ökostrom in Deutschland je nach Energieversorger eine hohe Variabilität auf. Dabei boten einige Unternehmen Ökostrom sogar günstiger als herkömmlichen Strom an. Die Ergebnisse stehen also in Übereinstimmung mit der bisherigen Forschung, in der gezeigt wurde, dass falsche Wahrnehmungen über den Preisunterschied zwischen herkömmlichem Strom und Ökostrom die Wahrscheinlichkeit von Ökostromnutzung verringern (Arkesteijn und Oerlemans 2005). Verbraucher, die noch nicht zu Ökostrom gewechselt haben, könnten immer noch implizit davon ausgehen, dass Strom aus erneuerbaren Energiequellen erheblich teurer ist, obwohl dies in der Realität nicht zutrifft.

Teilweise signifikante Unterschiede ergaben sich im Hinblick auf die Frage nach einem kürzlichen Umzug und die Bekanntheit von Ökostrom-Labels. Eine Kundenansprache im Zusammenhang mit einem Wohnungswechsel sowie eine Zertifizierung des Produkts können demnach Ansatzpunkte für das Ökostrom-Marketing darstellen, die Wirksamkeit fällt jedoch je nach Segment unterschiedlich aus.

Schließlich unterscheidet sich die allgemeine Zahlungsbereitschaft für umweltfreundliche Produkte signifikant zwischen Ökostromkunden und den drei Segmenten potenzieller Ökostromkunden, was aufzeigt, dass der Vermarktung hochpreisiger Premiumprodukte gewisse Grenzen gesetzt sind –, dies allerdings unter dem Vorbehalt der Ausführungen zu Verzerrungen in der Preiswahrnehmung.

Fazit

Viele Verbraucher stehen einem Strommix aus Erneuerbaren Energien positiv gegenüber, aber nur ein kleiner Teil von ihnen hat sich bereits für die Wahl eines Ökostromprodukts entschieden. Die in diesem Beitrag beschriebene Untersuchung legt dar, welche Merkmale aktuelle von potenziellen Ökostromkunden unterscheiden. Ausgehend von 4968 Wahlentscheidungen einer repräsentativen Stichprobe von 414 deutschen Verbrauchern, wurden verschiedene Kundensegmente auf der Grundlage der Präferenzen für verschiedene Stromproduktmerkmale ermittelt. Die Ergebnisse weisen darauf hin, dass die Mehrheit der Befragten (80 %) eine eindeutige Präferenz für einen Strommix aus erneuerbaren Energiequellen hat, aber nur 7 % von ihnen hatten zum Zeitpunkt der Studie bereits durch den Kauf von Ökostrom gemäß ihren Präferenzen gehandelt. Dementsprechend war das primäre Ziel der Studie, aufzuzeigen, wie heutige Kunden sich von Verbrauchern unterscheiden, die zwar Interesse an Erneuerbaren Energien zeigen, aber noch kein Ökostromprodukt nutzen (d. h. potenzielle Ökostromkunden).

Soziodemografische Variablen spielen eine untergeordnete Rolle bei der Erklärung des Unterschieds zwischen Ökostromkunden und potenziellen Ökostromkunden; diese Erkenntnis stimmt mit früheren Forschungsergebnissen überein (Kotchen und Moore 2007). Lediglich der höhere Bildungsstand der Ökostromkunden markiert in unserer Studie einen signifikanten Unterschied.

Die Ergebnisse der Studie legen nahe, dass insbesondere psychografische und verhaltensorientierte Faktoren relevant sind zur Beantwortung der Frage, warum potenzielle Ökostromkunden in ihrer Kaufentscheidung nicht gemäß ihren Präferenzen handeln (s. Abb. 7.1). Beispielsweise schätzen Ökostromkunden den Preisunterschied zwischen Ökostrom und konventionellen Stromprodukten niedriger ein als potenzielle Ökostromkunden. Unter Ökostromkunden ist auch die Bekanntheit von Ökostrom-Labels größer als in anderen Segmenten, mit Ausnahme der „Wahrhaftig Grünen". Weiterhin wechselten Ökostromkunden ihren Wohnort signifikant häufiger als zwei Segmente der potenziellen Ökostromkunden und hatten häufiger vor Kurzem ihren Stromtarif gewechselt. Ökostromkunden erleben zudem ihren Einfluss als Verbraucher in Bezug auf Umweltschutz als größer als alle anderen Segmente potenzieller Ökostromkunden. Bei den preisbezogenen Variablen neigen bestehende Ökostromkunden gegenüber den anderen Segmenten zu einer wesentlich höheren Zahlungsbereitschaft für umweltfreundliche Produkte.

Für Marktteilnehmer deuten diese Ergebnisse auf weitreichende Handlungsmöglichkeiten hin. Die Anzahl der Ökostromkunden ist zwar noch niedrig, aber die angegebenen Kundenpräferenzen deuten darauf hin, dass es ein erhebliches Potenzial für einen Anstieg der Anzahl der Ökostromnutzer gibt. Die Rolle mehrerer Faktoren, die dazu genutzt werden können, die Verbraucher vom Wechsel zu Ökostrom zu überzeugen, soll hier beleuchtet werden. Bildung scheint einen großen Einfluss auf Kaufentscheidungen zu haben und könnte auch einen erheblichen Beitrag zu einem größeren wahrgenommenen Einfluss als Verbraucher leisten. Dies zeigt, dass eine bessere Kommunikationsstrategie über die tatsächlichen Folgen eines Wechsels zu Ökostrom erforderlich ist. Gemäß der bisherigen Forschung kann der wahrgenommene Einfluss von Verbrauchern durch die Bereitstellung von Informationen über soziale und private Vorteile auf das Kaufverhalten erhöht werden (Litvine und Wüstenhagen 2011). Die Ergebnisse verweisen auch auf eine verzerrte Preiswahrnehmung. Die Studienteilnehmer wurden nach dem wahrscheinlichen Aufpreis für Ökostromprodukte gegenüber herkömmlichem Strom befragt. Die Mehrheit der potenziellen Ökostromkunden schätzte den Preisaufschlag auf über 10 %, obwohl zum Zeitpunkt der Studie die Preise für Ökostrom auf dem deutschen Markt nicht immer über den Preisen für herkömmlichen Strom lagen. Dies deutet darauf hin, dass eine verbesserte Marketingkommunikation über den tatsächlichen Preis von Ökostrom sich lohnen könnte, da so die Zahl der Kunden erhöht werden könnte. Ein weiteres interessantes Ergebnis für Marktteilnehmer ist die eindeutige Präferenz von potenziellen Ökostromkunden für im Inland erzeugten Strom. Daraus ergibt sich, dass Potenzial für die Umsetzung von nationalen oder regionalen Energiestrategien vorhanden ist (z. B. die Einführung von Standards, die Angaben über die Herkunft des Stroms erforderlich machen – auch wenn hier die Kompatibilität mit dem EU-Strombinnenmarkt berücksichtigt werden muss). Das in der Studie ermittelte Segment der Lokalpatrioten misst dem Ort der Stromerzeugung fast genauso viel Bedeutung bei wie dem Strompreis. Demnach könnte die Werbung mit der regionalen Herkunft des Stroms für dieses Segment besonders lohnend sein. Die beiden Segmente „Preissensible Grüne" und „Wahrhaftig Grüne" unterscheiden sich im Hinblick auf die Mehrheit der untersuchten Variablen nicht, sie könnten also mit ähnlichen Botschaften erreicht werden. Für die „Preissensiblen Grünen" ist ein Anstieg der Stromkosten jedoch wesentlich gravierender. Stromversorger könnten diese Ergebnisse nutzen, indem sie diesem Segment niedrigere Preise, einen etwas geringeren erneuerbaren Anteil im Strommix oder ein Paket aus Ökostrom und Energiesparmaßnahmen anbieten.

Für politische Entscheidungsträger ist relevant, dass die Anhebung des wahrgenommenen Einflusses der Verbraucher und des Klimabewusstseins im Zentrum der Umweltpolitik stehen können. So könnten „Wahrhaftig Grüne" zum Beispiel über Sensibilisierungskampagnen mit Augenmerk auf die Bedeutung des individuellen Handelns für den Umweltschutz oder die Verantwortung der Menschen für den Klimawandel erreicht werden. Die Ergebnisse zeigen einen geringen Bekanntheitsgrad von Öko-Labels bei Stromkunden. Auch in diesem Bereich besteht Handlungsspielraum für die Politik, mehr und ausführlichere Informationen über die verschiedenen Zertifizierungsprogramme auf dem Markt zu verbreiten.

Danksagung Die hier vorgestellte Studie ist im Rahmen des vom deutschen Bundesministerium für Bildung und Forschung in seinem Forschungsprogramm *Sozial-Ökologische Forschung (SÖF)* geförderten Projektes *Soziale, ökologische und ökonomische Dimensionen eines nachhaltigen Energiekonsums in Wohngebäuden (seco@home)*, Vertrag Nr. 01UV0710, entstanden. Diese Arbeit ist auch mit dem Sciex-Programm (Projektcode: 12.163) und den Swiss Competence Centers for Energy Research – Competence Center for Research in Energy, Society and Transition (SCCER-CREST) verbunden. Die Autoren danken drei anonymen Gutachtern der Zeitschrift *Ecological Economics* für ihre wertvollen Kommentare und Anmerkungen zur englischsprachigen Originalausgabe.

Literatur

Arkesteijn, K., und L. Oerlemans. 2005. The early adoption of green power by Dutch households: An empirical exploration of factors influencing the early adoption of green electricity for domestic purposes. *Energy Policy* 33 (2): 183–196.

Arnold, D. 2011. *The influence of live events on sustainable consumption.* (Bachelorarbeit). St. Gallen: Universität St. Gallen.

BMU (Bundesministerium für Umwelt, Naturschutz und Reaktorsicherheit). 2009. Electricity from renewable energy sources – What does it cost? http://www.bmu.de/fileadmin/bmu-import/files/pdfs/allgemein/application/pdf/brochure_electricity_costs_bf.pdf. Zugegriffen: 19. Aug. 2014.

BMWI (Bundesministerium für Wirtschaft und Technologie). 2013. http://www.bmwi.de/DE/Themen/Energie/Energietraeger/erneuerbare-energien,did=20918.html. Zuggegriffen: 19. Aug. 2014.

Burkhalter, A., J. Kaenzig, und R. Wüstenhagen. 2009. Kundenpräferenzen für leistungsrelevante Attribute von Stromprodukten. *Zeitschrift für Energiewirtschaft* 33 (2): 161–172.

Cai, Y. X., I. Deilami, und K. Train. 1998. Customer retention in a competitive power market: Analysis of a ‚double-bounded plus follow-ups' questionnaire. *Energy Journal* 19 (2): 191–215.

Clark, C. F., M. J. Kotchen, und M. R. Moore. 2003. Internal and external influences on pro-environmental behavior: Participation in a green electricity program. *Journal of Environmental Psychology* 23 (3): 237–246.

Clausen, J. 2008. Betreiber von Solarwärmeanlagen und Ökostromkunden in der Klimaschutzregion Hannover. Forschungsprojekt Wenke 2. http://www.borderstep.de/pdf/P-Clausen-Betreiber_von_Solarwaermeanlagen_und_Oekostromkunden_in_der_Klimaschutzregion_Hannover-2008.pdf. Zugegriffen: 19. Aug. 2014.

DeSarbo, W. S., V. Ramaswamy, und S. H. Cohen. 1995. Market segmentation with choice-based conjoint analysis. *Marketing Letters* 6 (2): 137–147.

Diaz-Rainey, I., und J. K. Ashton. 2011. Profiling potential green electricity tariff adopters: Green consumerism as an environmental policy tool? *Business Strategy and the Environment* 20 (7): 456–470.

Ek, K., und P. Soderholm. 2008. Norms and economic motivation in the Swedish green electricity market. *Ecological Economics* 68 (1–2): 169–182.

Ewing, G., und E. Sarigöllü. 2000. Assessing consumer preferences for clean-fuel vehicles: A discrete choice experiment. *Journal of Public Policy & Marketing* 19 (1): 106–118. (Privacy and Ethical Issues in Database/Interactive Marketing and Public Policy (Spring, 2000).

Gerpott, T. J., und I. Mahmudova. 2010. Determinants of green electricity adoption among residential customers in Germany. *International Journal of Consumer Studies* 34 (4): 464–473.

Gerpott, T. J., W. Rams, und A. Schindler. 2001. Customer retention, loyalty and satisfaction in the German mobile cellular telecommunications market. *Telecommunications Policy* 25:249–269.

Goett, A., K. Hudson, und K. Train. 2000. Customers' choice among retail energy suppliers: The willingness-to-pay for service attributes. *Energy Journal* 21 (4): 1–28.

Gossling, S., T. Kunkel, K. Schumacher, N. Heck, J. Birkemeyer, J. Froese, N. Naber, und E. Schliermann. 2005. A target group-specific approach to „green" power retailing: Students as consumers of renewable energy. *Renewable and Sustainable Energy Reviews* 9 (1): 69–83.

Green, P. E. 1977. A new approach to market segmentation. *Business Horizons* 20:61–73.

Hansla, A., A. Gamble, A. Juliusson, und T. Gärling. 2008. Psychological determinants of attitude towards and willingness to pay for green electricity. *Energy Policy* 36 (2): 768–774.

Kaenzig, J., S. L. Heinzle, und R. Wüstenhagen. 2013. Whatever the customer wants, the customer gets? Exploring the gap between consumer preferences and default electricity products in Germany. *Energy Policy* 53 (0): 311–322.

Kotchen, M. J., und M. R. Moore. 2007. Private provision of environmental public goods: Household participation in green-electricity programs. *Journal of Environmental Economics and Management* 53 (1): 1–16.

Kotler, P., und K. L. Keller. 2006. *Marketing management*. 12 Aufl. Upper Saddle River: Prentice Hall.

Litvine, D., und R. Wüstenhagen. 2011. Helping „light green" consumers walk the talk: Results of a behavioral intervention survey in the Swiss electricity market. *Ecological Economics* 70 (3): 462–474.

MacPherson R., und I. Lange. 2013. Determinants of green electricity tariff uptake in the UK. *Energy Policy* 62:920–933.

Madlener, R., und S. Stagl. 2005. Sustainability-guided promotion of renewable electricity generation. *Ecological Economics* 53 (2): 147–167.

Mattes, A. 2012. Potentiale für Ökostrom in Deutschland – Verbraucherpräferenzen und Investitionsverhalten der Energieversorger. http://www.diw-econ.de/de/downloads/DIWecon_HSE_Oekostrom.pdf. Zugegriffen: 19. Aug. 2014.

Orme, B. 2010. *Getting started with conjoint analysis: Strategies for product design and pricing research*. 2 Aufl. Madison: Research Publishers.

Rose, S. K., J. Clark, C. L. Poe, D. Rondeau, und W. D. Schulze. 2002. The private provision of public goods: Tests of a provision point mechanism for funding green power programs. *Resource and Energy Economics* 24:131–155.

Rowlands, I. H., D. Scott, und P. Parker. 2003. Consumers and green electricity: Profiling potential purchasers. *Business Strategy and the Environment* 12 (1): 36–48.

Sagebiel, J., J. R. Müller, und J. Rommel. 2014. Are consumers willing to pay more for electricity from cooperatives? Results from an online choice experiment in Germany. *Energy Research & Social Science* 2:90–101.

Sammer, K., und R. Wüstenhagen. 2006. The influence of eco-labelling on consumer behaviour – Results of a discrete choice analysis for washing machines. *Business Strategy and the Environment* 15:185–199.

Sawtooth Software. 2004. The CBC latent class: Version 3.0. Technical Paper. Sequim, WA.

Straughan, R. D., und J. A. Roberts. 1999. Environmental segmentation alternatives: A look at green consumer behavior in the new millenium. *Journal of Consumer Marketing* 16 (6):558–575.

Tabi, A., S. Hille, und R. Wüstenhagen. 2014. What makes people seal the green power deal? – A customer segmentation based on choice experiments in Germany. *Ecological Economics* 107:206–215.
Villiger, A., R. Wüstenhagen, und A. Meyer. 2000. *Jenseits der Öko-Nische*. Basel: Birkhäuser.
Wind, Y. 1978. Issue and advances in segmentation research. *Journal of Marketing Research* 15:317–337.
Wiser, R. H. 2007. Using contingent valuation to explore willingness to pay for renewable energy: A comparison of collective and voluntary payment vehicles. *Ecological Economics* 62 (3–4): 419–432.
Zarnikau, J. 2003. Consumer demand for ‚green power' and energy efficiency. *Energy Policy* 31 (15): 1661–1672.

Dr. Andrea Tabi hat in Budapest Biologie und Wirtschaftswissenschaften studiert. Anschließend promovierte sie in Umweltökonomie zum Thema Verbraucherverhalten in Bezug auf Verringerung von CO_2-Emission. 2012 forschte sie im Rahmen eines SCIEX-CRUS-Stipendiums ein Jahr an der Universität St. Gallen über Management Erneuerbarer Energien. Seit Januar 2014 arbeitet sie als Postdoc-Forscherin am Institut für Wirtschaft und Ökologie der Universität St. Gallen. Ihr Forschungsschwerpunkt liegt auf quantitativen Analysen im Bereich Umweltökonomie, speziell erneuerbare Energien. Aktuell ist sie im Rahmen des Schweizerischen Forschungsvorhabens SCCER-CREST verantwortlich für das Thema Akzeptanz von Wasserkraft und Windenergie unter Einbezug sozial- und umweltwissenschaftlicher Kompetenz.

Prof. Dr. Stefanie Lena Hille (geb. Heinzle) ist seit August 2014 Assistenzprofessorin am Institut für Wirtschaft und Ökologie an der Universität St. Gallen. Sie ist auch als Board-Mitglied des SCCER-CREST tätig. Das Ziel ihrer Forschungstätigkeit ist es, einen substanziellen Beitrag zur empirischen Fundierung des Verbraucherverhaltens im Bereich des Energiekonsums von Privatpersonen zu leisten. Geboren in 1984, studierte sie Internationale Betriebswirtschaft in Wien mit Studienaufenthalten in Buenos Aires und Mailand. Ab 2008 arbeitete sie mehrere Jahre als wissenschaftliche Mitarbeiterin an der Universität St. Gallen. 2011 war sie als Gastforscherin an der Universität Bielefeld und an der National University in Singapur tätig. 2010 arbeitete sie mehrere Monate für die Europäische Kommission in der Generaldirektion Gesundheit und Verbraucher (DG SANCO) und für das Europäische Parlament. Von 2012 bis 2014 war sie zwei Jahre als Projektleiterin für Nachhaltigen Transport für BEUC – die Europäische Verbraucherorganisation in Brüssel tätig.

Prof. Dr. Rolf Wüstenhagen ist Direktor des Instituts für Wirtschaft und Ökologie (IWÖ-HSG) und Inhaber des Good Energies Lehrstuhls für Management erneuerbarer Energien an der Universität St. Gallen. Seit 2014 leitet er überdies das interdisziplinäre Center for Energy Innovation, Governance and Investment (EGI-HSG). Darüber hinaus ist er akademischer Direktor des Weiterbildungsprogramms Renewable Energy Management (REM-HSG). Der Wirtschaftsingenieur (TU Berlin) habilitierte 2007 zum Thema „Venturing for Sustainable Energy". In den Jahren 2005 bis 2014 war er Gastprofessor bzw. Visiting Scholar an der University of British Columbia in Vancouver, der Copenhagen Business School, der National University of Singapore und der Tel Aviv University. Vor seiner akademischen Laufbahn war er bei einem europäischen Venture Capital Fonds mit Fokus auf Investitionen in neue Energietechnologien tätig. Von 2004 bis 2010 war er Mitglied der Eidgenössischen Energieforschungskommission (CORE). Von 2008 bis 2011 vertrat er die Schweiz im Autorenteam des Weltklimarats (IPCC) zur Rolle erneuerbarer Energie beim Klimaschutz. Seit 2011 ist er Mitglied des Beirats zur Energiestrategie 2050 der Schweizerischen Bundesregierung.

Marketing für Biomethan   8

Carsten Herbes

▶ Biomethan bietet besondere Chancen für die Energiewende: Es ist speicherbar, kann bedarfsgerecht erzeugt werden und baut auf existierende Infrastrukturen wie das Erdgasnetz oder Erdgasfahrzeuge auf. Die Vermarktung von Biomethan ist aber komplex: Von der Verstromung z. B. in einem Blockheizkraftwerk über den Einsatz als Kraftstoff im Verkehrssektor bis hin zur Nutzung in der Wärmeerzeugung in Haushalten stehen drei energetische Verwertungsmöglichkeiten zur Verfügung. Jede ist von spezifischen Einflussfaktoren, vor allem verschiedenen gesetzlichen Rahmenbedingungen, geprägt und verlangt einen ebenso spezifischen Marketing-Mix von den Anbietern. In dem vorliegenden Beitrag wird zunächst die Marktentwicklung von Biomethan nachgezeichnet und dann die Wertschöpfungskette mit ihren Akteuren und Dynamiken beleuchtet. Anschließend werden für jeden Verwertungspfad die Einflussfaktoren im Detail vorgestellt und darauf aufbauend schließlich der Marketing-Mix der Anbieter betrachtet.

8.1 Einleitung: Marktentwicklung und Mengen

Biomethan wird mittels verschiedener Methoden der Gasaufbereitung aus Biogas gewonnen (Scholwin et al. 2009). Der deutsche Markt für Biomethan (z. T. wird auch von Bioerdgas gesprochen) hatte in den letzten 8 Jahren ein starkes Wachstum zu verzeichnen (s. Abb. 8.1). Speisten 2006 erst zwei Anlagen Biomethan in das Erdgasnetz ein, waren es im Juni 2014 schon 151 mit einer Einspeisekapazität von ca. 94 Tsd. Nm³/h

---

C. Herbes (✉)
Hochschule für Wirtschaft und Umwelt Nürtingen-Geislingen,
Neckarsteige 6–10, 72622 Nürtingen
E-Mail: carsten.herbes@hfwu.de

© Springer Fachmedien Wiesbaden 2015
C. Herbes, C. Friege (Hrsg.), *Marketing Erneuerbarer Energien*,
DOI 10.1007/978-3-658-04968-3_8

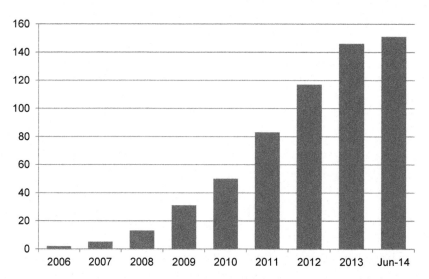

Abb. 8.1 Entwicklung der Anzahl der Biomethaneinspeiseanlagen in Deutschland 2006–2014 (Dena 2014a)

(Dena 2014a). Dies entspricht einer jährlichen Einspeisemenge von ca. 820 Mio. Nm³ und damit ca. 8,7 TWh.

Vom politischen Ziel einer Einspeisemenge von 6 Mrd. m³ Biomethan, das 2007 im Integrierten Energie- und Klimaschutzprogramm (IEKP) der Bundesregierung formuliert und im Jahr 2020 erreicht sein soll (BMU 2011), sind diese Mengen aber noch weit entfernt. Die mögliche Einspeisemenge für 2014 entspricht gerade einmal 14 % der Zielmarke. Hatten die Regelungen des EEG, des EEWärmeG, der KraftstoffNV und der GasNZV in den vergangenen Jahren für ein dynamisches Wachstum gesorgt, so bietet das EEG 2014 keine Anreize für einen weiteren Zubau mehr. Bauabbrüche und ein Rückgang der Zahl der in Planung und Bau befindlichen Anlagen prägen das Bild 2014 (Dena 2014a).

Der deutsche Biomethanmarkt folgt, wenngleich er noch stark von gesetzlich geregelten Anreizen geprägt ist, grundsätzlich dem Prinzip von Angebot und Nachfrage. Damit brachten die Biomethaneinspeiseanlagen einen Paradigmenwechsel in den Biogasmarkt, der bis dato fast ausschließlich von Einspeisevergütungen nach EEG geprägt war. Biogasanlagenbetreiber mussten sich, anders als bei der Vor-Ort-Verstromung, mit der Vermarktung des Biomethans befassen und sahen sich erheblichen Marktrisiken ausgesetzt.

Wenngleich der Gegenstand dieses Kapitels die Vermarktung von Biomethan unter deutschen Bedingungen ist, soll hier kurz der Blick auf andere Länder erweitert werden. Neben Deutschland sind in Schweden (47 Anlagen), den Niederlanden (23), der Schweiz (17) und Österreich (10) Biomethaneinspeiseanlagen in nennenswerter Zahl in Betrieb (Strauch 2014). In Schweden wird Biomethan hauptsächlich im Kraftstoffmarkt eingesetzt, wo es durch Steuervorteile attraktiv gemacht wird. Mittlerweile ist auch in Frankreich ein sehr dynamisches Wachstum bei Biomethaneinspeiseanlagen zu verzeichnen. Die französische Regierung hat die Zielmarke von 1500 Biogasanlagen innerhalb von 3 Jahren ausgegeben (Ministère de l'Écologie, du Développement durable et de l'Énergie 2014), wovon allerdings nur ein Teil Biomethaneinspeiseanlagen sein werden. Gleichzeitig wurde, anders als in Deutschland, die Möglichkeit geschaffen, das Biomethan in das Erdgasnetz einzuspeisen und eine, z. T. sehr attraktive, Einspeisevergütung zu erhalten. So verwundert es nicht, dass inzwischen in ganz Frankreich zahlreiche Neuanlagen im Bau bzw. in Planung sind. Auch in Großbritannien wurden 2014 18 Einspeiseprojekte abgeschlossen und für 2015 werden 15 weitere erwartet (Baldwin 2014).

8.2 Akteure in der Wertschöpfungskette

Biomethaneinspeiseanlagen sind in der Regel größer als Anlagen mit Vor-Ort-Verstromung (Kaltschmitt und Streicher 2009). Legt man die oben genannten Anlagenzahlen und Gesamteinspeisemengen zugrunde, ergibt sich eine Durchschnittsgröße für die Einspeiseanlagen, die einer Vor-Ort-Verstromungsanlage von ca. 3 MWel entspräche. Im Durchschnitt haben die existierenden Vor-Ort-Verstromungsanlagen 2014 eine Kapazität von nur ca. 0,5 MWel (Fachverband Biogas 2014). Die Spannweite bei den Biomethaneinspeiseanlagen ist allerdings groß. Existieren auf der einen Seite sehr kleine Anlagen, wie z. B. landwirtschaftliche Anlagen mit einer geringen Einspeisekapazität, so bildet die von der Nawaro Bioenergie AG entwickelte Anlage in Güstrow mit 5000 Nm^3/h das obere Ende der Größenklassen. In der Vergangenheit war die Anlagengröße häufig an den EEG-Regelungen orientiert. Der Technologiebonus des verstromenden BHKWs richtete sich in vergangenen EEG-Versionen nach der Einspeisekapazität der Einspeiseanlage, wichtige Schwellenwerte lagen bei 350 bzw. 700 Nm^3/h. Da die Größe von Biomethaneinspeiseanlagen so weit über der von Vor-Ort-Verstromungsanlagen liegt, sind hier nicht die landwirtschaftlichen Betriebe dominant, sondern andere Akteure, wie weiter unten deutlich wird.

In der Wertschöpfungskette der Biomethanindustrie war in den vergangenen Jahren eine hohe Dynamik mit Vorwärts- und Rückwärtsintegrationen beobachtbar. Die wesentlichen Schritte der Wertschöpfungskette zeigt Abb. 8.2.

Landwirtschaftliche Betriebe, traditionell eher tätig in der Biomasseproduktion, begannen Aktivitäten in der Biomethanproduktion. Anlagenbauer, wie z. B. die Envitec Biogas AG hingegen, betreiben inzwischen nicht nur Biomethaneinspeiseanlagen, sondern gehen noch weiter und bieten unter Nutzung des Biomethans Contracting-Leistungen im Wärmemarkt an, bewegen sich also um mehrere Wertschöpfungsstufen nach vorne. Klassische Akteure in der Biomethanproduktion sind z. B. AC Biogas (früher agri.capital) und die Nawaro BioEnergie. AC Biogas wiederum hat seine traditionellen Aktivitäten durch Rückwärtsintegration in die Produktion von Energiepflanzen ausgedehnt, aber auch durch Vorwärtsintegration in die Bereitstellung von Wärme aus Biomethan. Die Wertschöpfungsstufe Großhandel wird durch Energieversorger wie E.ON, RWE oder VNG dominiert, die aber im Sinne einer strategischen Rückwärtsintegration, wenn auch nur in geringem Umfang, in der Biomethanproduktion selbst aktiv geworden sind. Im Vertrieb

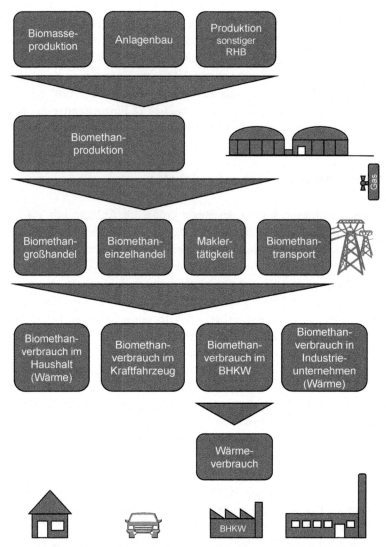

Abb. 8.2 Wertschöpfungskette Biomethan. (Eigene Darstellung basierend auf Herbes und Hess 2011)

an die Endkunden (Einzelhandel) dagegen sind die Stadtwerke traditionell stark. Auch sie betreiben eigene Produktionsanlagen. Außerdem gibt es im Markt noch Makler wie z. B. Arcanum Energy. In der Zusammenschau drängen aus den vorgelagerten Wertschöpfungsstufen Anlagenbauer und Landwirte in die Biomethanproduktion, aus den nachgelagerten Wertschöpfungsstufen Stadtwerke und Energieversorger. Dem begegnen die klassischen Akteure der Biomethanproduktion durch eigene strategische Vorwärts- und Rückwärtsintegrationsaktivitäten.

8.3 Vermarktungspfade und ihre spezifischen Einflussfaktoren

Ein wesentliches Kennzeichen des Biomethanmarktes, das ihn vom Markt für Strom aus Erneuerbaren Energien unterscheidet, ist die Vielzahl der Vermarktungspfade (s. Abb. 8.3). Biomethan kann sowohl in Kraft-Wärme-Kopplung, bspw. in einem Blockheizkraftwerk (BHKW) an einer Wärmesenke, verstromt werden, als auch als Erdgassubstitut im Kraftstoff- oder ungekoppelten Wärmemarkt eingesetzt werden. Als zukünftiger Vermarktungspfad ist auch die stoffliche Nutzung in der chemischen Industrie denkbar, wenngleich dieser Pfad heute noch keine Rolle spielt und auch nicht zu den energetischen Nutzungen zählt.

Die drei heute relevanten Vermarktungspfade stellen ganz unterschiedliche Anforderungen an das Produkt Biomethan, aber auch an die anderen Bestandteile der Marketingstrategie der Biomethanproduzenten. So war für die Verstromung im BHKW in vergangenen EEG-Versionen die Bonusfähigkeit des Biomethans entscheidend. Und diese wurde von Faktoren wie den Einsatzstoffen und der Größe der Biomethaneinspeiseanlage bestimmt. Im Kraftstoffmarkt wiederum spielen Unterschiede zwischen verschiedenen nachwachsenden Rohstoffen keine Rolle, dort kommt es auf die Unterscheidung zwischen abfallstämmigem Biomethan und solchem aus nachwachsenden Rohstoffen generell an und in Zukunft auf das Treibhausgasminderungspotenzial des Biomethans. Für die Vermarktung an private Endkunden zum Einsatz im ungekoppelten Wärmemarkt sind wieder andere Faktoren entscheidend, die von Konsumentenpräferenzen geprägt werden und eng mit der Akzeptanz von Biogas (z. B. Teller-Tank-Diskussion) bzw. Regionalität zu tun haben. Es ist also schon bei der Planung der Biomethaneinspeiseanlage wichtig, zu wissen, in

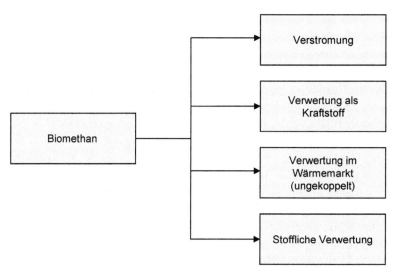

Abb. 8.3 Vermarktungspfade für Biomethan. (Eigene Darstellung)

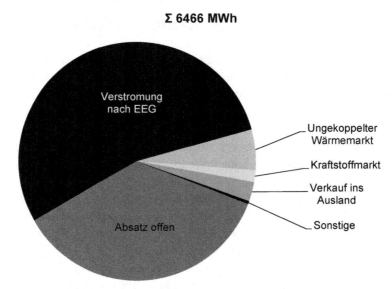

Abb. 8.4 Bedeutung der Vermarktungspfade 2013. (Eigene Darstellung, Werte aus Dena 2014a)

welchem Vermarktungspfad das Biomethan später verwendet werden soll. Ein Wechsel ist zwar grundsätzlich möglich, kann aber zu Ertragseinbußen führen. Neben dieser Pfadabhängigkeit ist die Komplexität der gesetzlichen Vorschriften, die die Vermarktung prägen, eine wesentliche Herausforderung für die Betreiber von Anlagen zur Biomethanproduktion. Außer dem EEG und der BiomasseV für den Pfad „Verstromung" sind dies für den Wärmemarkt das EEWärmeG sowie in Baden-Württemberg noch das EWärmeG Baden-Württemberg. Im Kraftstoffmarkt gilt die Biokraft-NachV und für alle Pfade die GasNZV.

Welche Bedeutung haben die drei Vermarktungspfade heute? Das Branchenbarometer der Dena (2014a) zeigt, dass über die Hälfte der in Deutschland erzeugten Biomethanmengen in der Verstromung nach EEG genutzt wird (s. Abb. 8.4). Der Wärmemarkt und der Kraftstoffmarkt spielen heute noch kaum eine Rolle.

Es wird aber auch deutlich, dass für erhebliche Mengen der Absatzpfad noch gar nicht klar ist. Dieses Biomethan muss schlussendlich eventuell sogar ohne Nutzung seines Mehrwerts als Erdgassubstitut zu entsprechend niedrigen Preisen vermarktet werden. Der bisher dominante Pfad „Verstromung" dürfte bei neuen Verträgen keine so wichtige Rolle mehr spielen, da das EEG 2014 den Einsatz von Biogas mit dem Wegfall der einsatzstoffklassengebundenen Boni wirtschaftlich unattraktiv gemacht hat. Branchenakteure erwarten deshalb eine höhere Bedeutung des Kraftstoffmarktes als Absatzpfad. Im Jahr 2013 war der Absatz in diesem Sektor, u. a. durch den Preisverfall der Biomethanquoten, hinter den Erwartungen zurückgeblieben (Dena 2014a). Auch ein vermehrter Einsatz im ungekoppelten Wärmemarkt ist denkbar. Ein wesentliches Problem für die Zukunftsfähigkeit von Biomethaneinspeiseanlagen stellt die Logik des EEG dar, die im Wesentlichen auf die Charakteristika des verstromenden BHKW abstellt, wenn es um die Einspeisetarife für Strom aus Biomethan geht. Damit unterfällt z. B. Biomethan aus einer Biomethaneinspeiseanlage, die 2009 errichtet wurde, zukünftigen EEG-Versionen aus dem jeweiligen

Inbetriebnahmejahr des verstromenden BHKW, z. B. 2015 oder 2016. Die Biomethaneinspeiseanlage war jedoch unter den Prämissen des EEG 2009 errichtet und auf dessen Regelungen hin konfiguriert worden. Außerdem wurde bei der Bemessung der Einspeisevergütungen in vergangenen EEG-Versionen eine Kostendegression in der Produktion des Stroms aus Biomethan unterstellt und die Vergütungssätze wurden dementsprechend abgeschmolzen. Wenn das Biomethan aus einer älteren Biomethaneinspeiseanlage stammt und nur das BHKW neu ist, gilt die Kostendegression nur für den Kostenanteil, der im BHKW entsteht, und dieser macht nur einen geringen Anteil der Gesamtstromkosten aus.

Im Folgenden werden die wichtigsten Vermarktungspfade mit ihren jeweiligen Einflussfaktoren im Einzelnen dargestellt.

8.3.1 Verstromung

Die Verstromung nach EEG ist nach wie vor der dominante Verwendungspfad. Die Attraktivität dieses Pfades generell wird ganz überwiegend von den Regelungen des EEG und den darin festgesetzten Vergütungshöhen bestimmt. Diese wurden durch das EEG 2014 radikal abgesenkt und sind daher wirtschaftlich kaum noch attraktiv, besonders bei der Nutzung von Energiepflanzen (Herbes et al. 2014a). Die potenziellen Biomethankunden, die eine Versorgungsaufgabe zu erfüllen haben, nämlich in der Regel Wärme für eine Wärmesenke bereitzustellen, müssen aber nicht nur die Option einer Biomethanverstromung nach EEG betrachten, sondern auch die alternativen Möglichkeiten der Wärmeerzeugung, in der Regel Erdgasverstromung nach KWKG und Verbrennung von fester Biomasse (z. B. Holzhackschnitzel). Insofern ist nicht die absolute, sondern die relative Wirtschaftlichkeit der Biomethanverstromung das entscheidende Kriterium. Hinzu kommt noch der Wärmepreis, den der Biomethankunde erzielen kann. Das EEG bestimmt aber nicht nur die relative Wirtschaftlichkeit der Biomethanverstromung, sondern auch die von Unter-Alternativen. So hatten die Nawaro- und Einsatzstoffklassenboni vergangener EEG-Versionen starken Einfluss auf die Wahl der Einsatzstoffe der Biomethanerzeugungsanlage und haben dazu geführt, dass heute Maissilage mit ca. 60 % der dominante Einsatzstoff in Biomethaneinspeiseanlagen ist (Dena 2014a). Die Technologieboni bzw. Gasaufbereitungsboni, die Sprünge bei 300 und 700 (EEG 2009) bzw. 700, 1000 und 1400 (EEG 2012) Nm^3/h aufweisen, bestimmten stark die Dimensionierung der Anlagen. Es wird erwartet, dass die relative Bedeutung der Verstromung als Verwendungspfad durch das EEG 2014 zurückgehen wird.

8.3.2 Wärmemarkt

Der ungekoppelte Wärmemarkt ist ein weiterer möglicher Verwendungspfad, der aber aufgrund der bislang existierenden Regelungen bundesweit kaum eine Rolle spielte. Die wesentlichen Einflussfaktoren sind hier die Regelungen des EEWärmeG, Marktanreizprogramme und des EWärmeG Baden-Württemberg. Auch hier betrachten die Kunden, z. B. Privathaushalte, die einen Neubau planen, nicht nur die Option des Biomethaneinsatzes, sondern auch Alternativen wie Dämmung oder Solarthermie. Was sind die bisherigen Barrieren für den Einsatz von Biomethan im Wärmemarkt? Das EEWärmeG auf Bundesebene gilt zum einen nur für Neubauten und diese machen jährlich nur 0,6 % vom Gebäudebestand aus (EWI/GW/Prognos 2010). Außerdem schreibt das EEWärmeG den Einsatz von Biomethan in Kraft-Wärme-Kopplung vor. Diese Technologie ist prinzipiell zwar auch für kleine Anwendungen geeignet, aber wegen des geringen Wärmeverbrauchs von Einfamilienhäusern zurzeit im Vergleich zu Alternativen wie Solarthermie, Fernwärme und Geothermie unwirtschaftlich (Loßner et al. 2012). Entscheidend für die geringe Wirtschaftlichkeit sind dabei die hohen Investitionen bei Mikro-KWK-Anlagen. Anders liegen die Dinge in Baden-Württemberg. Dort gilt das EWärmeG auch für Altbauten, wenn die Heizungsanlage ausgetauscht wird, womit der Anwendungsbereich deutlich breiter ist als auf Bundesebene. Zudem entfällt in Baden-Württemberg die Pflicht zur Kraft-Wärme-Kopplung. Diese beiden Regelungen haben Baden-Württemberg zum dynamischsten Regionalmarkt für Biomethan in Deutschland gemacht. In öffentlichen Gebäuden gilt das EEWärmeG auf Bundesebene auch bei umfassenden Sanierungen, nicht nur bei Neubauten.

Haushalte können auch ohne durch gesetzliche Regelungen dazu gezwungen zu sein aus ökologischen Motiven statt Erdgas Produkte mit Biomethan beziehen und in ihrer Erdgasheizung einsetzen. Deshalb spielen neben den gesetzlichen Regelungen beim Vertrieb an Privathaushalte auch deren persönlichen Präferenzen und Einstellungen zu Biogas eine Rolle. Eine Barriere dabei ist der kritische öffentliche Diskurs zu Biogas, insbesondere unter dem Stichwort „Vermaisung" (Herbes et al. 2014a) und die häufig kritische Einstellung von Privathaushalten zu Biogas als Energieträger (Herbes et al. 2014b).

8.3.3 Kraftstoffmarkt

Der Kraftstoffmarkt macht zurzeit nur einen geringen Teil des Biomethanmarktes aus, wird aber nach Einschätzung der Marktteilnehmer möglicherweise in Zukunft wichtiger werden. Im Kraftstoffmarkt sind zwei Teilmärkte zu unterscheiden (Geisler 2014): Zum einen können sich Konsumenten bewusst für den Kauf von Biomethan statt Erdgas als Kraftstoff entscheiden. Hier verdrängt Biomethan also Erdgas. Zum Zweiten findet die Entscheidung nur auf der Ebene der Unternehmen statt, die Kraftstoffe in Verkehr bringen und die Biomethan zur Erfüllung ihrer Quotenverpflichtung einsetzen können (siehe unten).

Im ersten Teilmarkt sind die wesentlichen Einflussfaktoren der Bestand an Erdgasfahrzeugen und die Erdgastankstelleninfrastruktur sowie Konsumentenpräferenzen. Im zweiten Teilmarkt, dem Quotenhandel, sind es dagegen neben der Infrastruktur, ähnlich wie bei der Verstromung, wieder gesetzliche Rahmenbedingungen und die wirtschaftliche Attraktivität von Alternativen wie Bioethanol oder Biodiesel.

Der Bestand an Erdgasfahrzeugen, die theoretisch mögliche Kundenbasis für Biomethan im ersten Teilmarkt, ist in dem Jahrzehnt von 2000 bis 2010 stark gewachsen, stagniert aber seitdem bei circa 90.000 (Erdgas mobil 2014). 900 Erdgastankstellen sind in Deutschland in Betrieb, an knapp 350 davon kann ein Kraftstoff getankt werden, der eine Beimischung von Biomethan enthält, an vielen Tankstellen auch 100%-Biomethan-Kraftstoffe (Erdgas mobil 2013). Zurzeit macht Biomethan ca. 20% des Erdgaskraftstoffmarktes aus. Die Konsumenten müssen sich aktiv für Biomethan entscheiden und dafür ggf. sogar eine andere Tankstelle anfahren. Der Preis für Biomethan liegt an der Tankstelle etwa auf dem Niveau von Erdgaskraftstoff (Energietarife.com). Ähnlich wie im Wärmemarkt können auch hier wieder kritische Einstellungen der Verbraucher zu Biogas Barrieren für eine Marktausweitung sein.

Im Quotenhandel, dem zweiten Teilmarkt, bilden das Bundes-Immissionsschutzgesetz und die Biokraftstoff-Nachhaltigkeitsverordnung sowie die vorgelagerte europäische Gesetzgebung die dominanten Einflussfaktoren. Das Bundes-Immissionsschutzgesetz (BImschG) verpflichtet Unternehmen, die Otto- oder Dieselkraftstoffe gewerbsmäßig in Verkehr bringen, zur Erfüllung einer bestimmten jährlichen Biokraftstoffquote, bei deren Nichterfüllung eine Pönale droht. Die Gesamtquote liegt zurzeit bei 6,25% (2,8% für Ottokraftstoffe, 4,4% für Diesel) und kann auch durch Beimischung von Biomethan zu Erdgaskraftstoffen erfüllt werden. Das Biomethan, das zur Beimischung genutzt wird, muss dabei die Bedingungen der Biokraftstoff-Nachhaltigkeitsverordnung (Biokraft-NachV) erfüllen. Dazu müssen gegenüber der Biokraftstoffquotenstelle beim Hauptzollamt Frankfurt/Oder bestimmte Nachhaltigkeitsanforderungen nachgewiesen werden. Insbesondere darf die Biomasse nicht auf Flächen mit einem hohen Naturschutzwert angebaut werden und muss ein bestimmtes Treibhausgasminderungspotenzial gegenüber fossilen Kraftstoffen aufweisen. Das geforderte Minderungspotenzial erhöht sich schrittweise von 35% auf schließlich 60% ab 2018. Von 2015 an wird das System in Deutschland grundsätzlich von einer Mengenquote, die sich am Energiegehalt der jeweiligen Kraftstoffe orientiert, auf die sogenannte Treibhausgasquote umgestellt. In diesem System müssen die Inverkehrbringer nicht mehr den Einsatz einer bestimmten Menge von Biokraftstoffen nachweisen, sondern einen Beitrag zur Reduzierung der Treibhausgasemissionen (zunächst 3%, ab 2020 7%) durch Beimischung von Biokraftstoffen (§ 37a [3a] BImSchG). Dadurch bezieht sich der Wettbewerb zwischen den Biokraftstoffen in Zukunft nicht mehr ausschließlich auf den Preis pro Energiemenge, sondern ganz wesentlich auf den Preis pro Mengeneinheit eingesparter Treibhausgasemissionen. Damit wird aber auch ein wesentlich höherer Aufwand für die Berechnung und den Nachweis von Treibhausgaseinsparungen verbunden sein. Die Erfüllung der ersten Quote von 3% ist bei Umrechnung der Mengenquote und der durchschnittlichen Treibhausgasminderungspotenziale der heute eingesetzten Biokraftstoffe bereits heute erfüllt (Geisler 2014). So kann es temporär zu einem Sinken des energetischen Biokraftstoffanteiles kommen (Dena 2011). Die Quote von 7% dagegen wird nach Einschätzungen aus der Branche mit den Biokraftstoffen der ersten Generation nur schwer zu erfüllen sein (Erdgas mobil 2013), wohingegen Biomethan relativ hohe Minderungspotenziale aufweist (Grope und Holzhammer 2012; Geisler

2014). Die Nachfrage insbesondere nach Quoten aus abfallstämmigem Biomethan könnte also langfristig steigen. Negativ dagegen wirkt die Novellierung der Kraftstoffqualitäts- und Erneuerbare-Energien-Richtlinie auf europäischer Ebene, die eine Deckelung des Anteils von Kraftstoffen aus Pflanzen auf 5,5 % des Energieeinsatzes 2020 vorsieht und ggf. eine Stagnation oder sogar einen Rückgang des Biokraftstoffmarktes insgesamt bewirken kann (Erdgas mobil 2013). Auch Anpassungen in der Berechnung des Treibhausgasminderungspotenzials von Biodiesel im Vergleich zu Biomethan kann negativ wirken. Zum Teil werden im Gegensatz zu der vorgenannten positiven Einschätzung auch negative Szenarien für Biomethan gesehen (Elek 2014).

Die Erfüllung der Quote durch die Beimischung von Biomethan ist aber nur eine von mehreren Optionen für die Inverkehrbringer. Alternativ können sie auch Bioethanol und Biodiesel einsetzen. Ob Biomethan zum Einsatz kommt, hängt also auch entscheidend von der Marktentwicklung, insbesondere den Preisen, von Bioethanol und Biodiesel ab. Durch die Erhöhung der Steuer auf Biokraftstoffe ist der Markt für biogene Reinkraftstoffe in Deutschland nahezu zum Erliegen gekommen und die Hersteller verzeichnen eine sehr schwache Auslastung ihrer Kapazitäten von nur noch ca. 60 % (Erdgas mobil 2013). Diese Entwicklung sowie der Einsatz preiswerter Altspeiseöle hat die Preise für Biomethanquoten in letzter Zeit deutlich negativ beeinflusst (Erdgas mobil 2013).

8.3.4 Stoffliche Nutzung

Die stoffliche Nutzung spielt heute noch keine Rolle als Verwendungspfad für Biomethan. Prinzipiell ist eine „echte" stoffliche Nutzung denkbar, in der Biomethan bzw. Erdgas, das mittels Herkunftsnachweis mit Biomethaneigenschaften versehen wird, in chemischen Produktionsprozessen z. B. zu Kunststoffen weiterverarbeitet wird. Es ist aber auch möglich, dass die chemische Industrie nur die entsprechende Herkunftsnachweise erwirbt und die Produkte tatsächlich weiter auf der Basis von Erdöl herstellt. Gleich welche Option gewählt wird, besteht die Möglichkeit, die positiven ökologischen Eigenschaften von Biomethan zu nutzen und im Marketing gegenüber Konsumenten z. B. in das Argument einer „grünen" bzw. CO_2-neutralen Verpackung umzumünzen. Angesichts der Tatsache, dass die (Kunststoff-)Verpackung bei Konsumgütern wie Shampoo oder Joghurt nur einen Bruchteil des Gesamtpreises ausmacht, kann die positive Wirkung der „grünen" Verpackung für die Hersteller von Konsumgütern eine attraktive Marketing-Option für die Zukunft sein. Die BASF hat z. B. schon gemeinsam mit dem TÜV SÜD ein massenbilanzbasiertes Zertifizierungssystem aufgebaut und kann Kunden so Rohstoffe wie Polyamid anbieten, für deren Herstellung fossile Rohstoffe durch biobasierte Rohstoffe wie Biomethan oder Bionaphta ersetzt wurde (BASF 2014).

Die oben skizzierten Vermarktungspfade stellen ganz unterschiedliche Anforderungen an Biomethanprodukte und deren Hersteller, Entscheidungskriterien und „User Economics" können ganz verschieden sein. Deshalb wird im Folgenden bei der Darstellung der Elemente des Marketing-Mix die Darstellung, wo nötig, immer wieder auf die verschiedenen Vermarktungspfade aufgefächert.

8.4 Der Marketing-Mix der Anbieter

Die Darstellung des Marketings der Anbieter in den folgenden Abschnitten folgt der Struktur des Marketing-Mix, eines sowohl in der wissenschaftlichen Literatur als auch in der Praxis weit verbreiteten Konzepts.

8.4.1 Produktpolitik

Was als „Produkt" vom Kunden wahrgenommen wird, unterscheidet sich stark nach Vermarktungspfad. Im mengenmäßig dominanten Verstromungsmarkt war das Biomethan aus Kundensicht in erster Linie Träger bestimmter, aus der Erzeugung herrührender Eigenschaften, die die Höhe der Boni bestimmten, die bei der Verstromung und Einspeisung nach EEG vom Betreiber des BHKW zu erzielen waren. Das parallele Bestehen von Verstromungsanlagen aus verschiedenen Inbetriebnahmejahren, die verschiedenen Versionen des EEG unterliegen, sowie das ebenfalls parallele Bestehen von Biomethanproduktionsanlagen unterschiedlicher Größe und Konfiguration mit unterschiedlichen Einsatzstoffen führt zu einer extrem hohen Zahl von Biomethanprodukten im Markt (Plaas 2014). Das Biogasregister der Dena listet über 100 verschiedene Biomethanprodukte. In Abb. 8.5 sind die verschiedenen Eigenschaften von Biomethanprodukten aufgeführt, die nahezu beliebig miteinander kombiniert werden können. Außerdem können in einer Biomethanerzeugungsanlage auch anteilsmäßige Kombinationen verschiedener Ausprägungen einer Eigenschaft vorkommen. So kann eine Anlage theoretisch die Hälfte des Jahres das Gas vorrangig durch den Einsatz von Maissilage erzeugen, in den anderen sechs Monaten aber hauptsächlich durch den Einsatz von Landschaftspflegematerial. Da bis zum EEG 2014 das Gas nicht getrennt bilanziert werden durfte, ergab sich bei der o. g. Betriebsweise im bis zum EEG 2012 herrschenden Mischbilanzierungssystem ein spezifisches Biomethanprodukt, das zu 50 % den Anspruch auf den Bonus für Einsatzstoffklasse I und zu 50 % für die Klasse II mitbringt. Bei einer anderen Anlage wiederum liegt das Verhältnis vielleicht wieder bei 60:40, womit wieder ein neues Biomethanprodukt entsteht. Für Abnehmer ist diese Vielfalt verwirrend und macht die Kalkulation der Wirtschaftlichkeit schwieriger. In Abb. 8.5 sind Teileigenschaften von Biomethanprodukten aufgeführt, die die Vergütung des mithilfe dieser Produkte in einem BHKW erzeugten Stroms beeinflussen können.

Das EEG 2014 reduziert die Zahl der möglichen Produkte für Neuanlagen erheblich. Zum einen wurden die einsatzstoffklassenabhängigen Boni gestrichen, ebenso wie der Technologiebonus. Stärker wirkt sich jedoch noch eine Änderung in der prinzipiellen Klassifizierung der Produkte aus. Mit dem EEG 2014 ist die sogenannte getrennte Bilanzierung ermöglicht worden. In § 47 (7) heißt es, „Der Anspruch auf finanzielle Förderung für Strom aus Biomethan nach § 44 oder § 45 besteht auch, wenn das Biomethan vor seiner Entnahme aus dem Erdgasnetz anhand der Energieerträge der zur Biomethanerzeugung eingesetzten Einsatzstoffe bilanziell in einsatzstoffbezogene Teilmengen geteilt wird.". Damit besteht für den Biomethanproduzenten, anders als bisher, die Möglichkeit,

Abb. 8.5 Teileigenschaften von Biomethanprodukten. (Eigene Darstellung, in Anlehnung an Dena 2014b)

das produzierte Gas entsprechend den Einsatzstoffmengen zu bilanzieren und die Teilmengen jeweils in die Märkte zu verkaufen, wo sie vom Kunden besonders gut vergütet werden. So würde er z. B. Gasmengen auf der Basis von Energiepflanzen tendenziell eher in den Verstromungsmarkt verkaufen, abfallstämmige Gasmengen dagegen eher in den Kraftstoff- oder Wärmemarkt.

Neben den Eigenschaften, die die Bonusfähigkeit nach EEG bestimmen, kann der Produzent das Biomethanprodukt noch dahingehend gestalten, dass er eine Bandlieferung (gleichbleibende Menge über das ganze Jahr) oder eine strukturierte Lieferung (z. B. erhöhte Menge im Winter, wenn sein Abnehmer einen höheren Wärmebedarf hat) anbietet.

Während für den Absatzpfad der Verstromung nach EEG die detaillierten Bedingungen der Erzeugung für die Bonusfähigkeit und damit die Wirtschaftlichkeit des Einsatzes wichtig waren, spielt im Kraftstoffmarkt im Moment nur eine Rolle, ob das Biomethan, auf dem die Erfüllung der Quotenverpflichtung basiert, aus Abfall oder aus nachwachsenden Rohstoffen erzeugt wurde. Abfallstämmiges Gas wird doppelt auf die Quote angerechnet. Ab 2015 wird die momentan verwendete Mengenquote jedoch auf eine Treibhausgasquote umgestellt. Ab diesem Zeitpunkt dürfte dann die Produktvielfalt noch größer werden als im Verstromungsmarkt, bringt doch das Gas aus jeder Anlage unterschiedliche Treibhausgasminderungspotenziale mit.

Auch im Wärmemarkt ist das Produktportfolio für private Endabnehmer nicht annähernd so vielfältig wie das für den Verwendungspfad „Verstromung". Dies rührt daher, dass die Endabnehmer in aller Regel keine Boni nach EEG geltend machen können. Ausnahmen sind Kunden, die ein Mikro-BHKW betreiben und den erzeugten Strom nach EEG einspeisen. Angesichts der mit dem EEG 2014 stark gesunkenen Einspeisevergütungen dürfte aber der Eigenverbrauch in Zukunft weitaus wirtschaftlicher sein als die Einspeisung. Die Produkte im privaten Wärmemarkt differenzieren sich vor allem nach der Beimischquote. Diese reicht von Produkten, denen nur 1 % Biomethan beigemischt wurde, bis zu reinen Biomethanprodukten. Neben dem Biomethananteil kann es für Konsumenten noch wichtig sein, wie das Biomethan erzeugt wurde. Hier spielen aber weniger die detaillierten Eigenschaften aus dem Verstromungsmarkt eine Rolle, sondern eher die Frage, ob das Gas aus Abfällen oder nachwachsenden Rohstoffen erzeugt wurde, da Nawaro-Gas von Konsumenten kritisch beurteilt wird. Die Zahl der Produkte für private Endabnehmer beträgt im Sommer 2014 ca. 170 (Rube 2014). Circa die Hälfte dieser Tarife weist einen Biomethananteil von 10 % auf, was vermutlich auf die Bedingungen des EWärmeG in Baden-Württemberg zurückzuführen ist. Als Produkteigenschaft ist für den Verbraucher im Wesentlichen nur der Biomethananteil erkennbar. Informationen über die Herkunft des Gases und die eingesetzten Substrate sind auf den Webseiten der Anbieter rar. Gütesiegel spielen im Biomethanmarkt noch nicht dieselbe Rolle wie im Grünstrommarkt. Zwar existieren Siegel wie z. B. das „Grünes Gas Label", aber nur eine Minderheit der angebotenen Tarife ist damit ausgezeichnet (Rube 2014).

8.4.2 Preispolitik

Die Preispolitik der Anbieter im Verstromungsmarkt ist dadurch geprägt, dass die Wirtschaftlichkeitsrechnung des Kunden anders als in anderen Branchen extrem transparent für die Anbieter ist. Anhand der Daten des verstromenden BHKW kann die EEG-Vergütung errechnet werden, die Anschaffungskosten von Standard-BHKW kennt jeder Marktteilnehmer und auch die Erdgaskosten als Alternative für die Wärmeerzeugung sind weitgehend transparent. Kennt der Biomethananbieter dann noch den Wärmepreis, den der Kunde erzielt, dann kann er dessen Wirtschaftlichkeitsrechnung nahezu vollkommen abbilden (Herbes und Hess 2011). Neben der Preishöhe ist die Preisanpassung über die Laufzeit die zweite Gestaltungskomponente der Preispolitik. Waren in den ersten Jahren noch Gaslieferverträge mit einer verzögerten Preisanbindung an Heizöl leicht (HEL) üblich, später dann Anbindungen an den Erdgaspreis, so sind heute häufig Vereinbarungen zu sehen, in denen der Preis mittels eines fixen jährlichen Steigerungssatzes (z. B. 2 %) angepasst oder sogar über die Laufzeit konstant gehalten wird. Die Laufzeit selbst ist die dritte Gestaltungskomponente, hier reichen die Fristen von einigen Monaten bis hin zu über 10 Jahren.

Im Kraftstoffmarkt sind die Biomethanproduzenten eher passive Preisnehmer. Die Quotenpreise werden hauptsächlich von den Marktbedingungen bei Bioethanol und Biodiesel beeinflusst, die weitaus größere Mengen ausmachen als die Lieferungen der Biomethananbieter. Im Gegensatz zum Verstromungsmarkt gibt es hier keine langfristigen Kontrakte. Betrachtet man den Endkundenmarkt, so ist die heute gebräuchliche Preisauszeichnung an den Tankstellen ein Hindernis für Biomethan. Die Preise für Benzin oder Diesel werden in Euro pro Liter ausgewiesen und die Preise für CNG bzw. Biomethan in Euro pro Kilogramm. Der Energiegehalt pro Einheit ist jedoch ganz verschieden. Deshalb ist für den Privatkunden ein Vergleich nicht ohne Weiteres möglich. Um diesen zu ermöglichen, wird von der Biomethanbranche eine Auszeichnung des Biomethanpreises in Euro pro Liter Benzinäquivalent gefordert, was eine Änderung des Preisangabenrechts erforderlich macht (Dena 2013a). Der Endverbraucherpreis für Biomethan an der Tankstelle entspricht heute ungefähr dem Preis erdgasbasierter Kraftstoffe (Energietarife.com 2013).

Im Wärmemarkt hängt die Preissetzung im Wesentlichen von der Beimischquote des jeweiligen Produktes ab. Es kann zwar aufgrund der kritischen Einstellung von Konsumenten zum Energiepflanzenanbau vermutet werden, dass abfallstämmiges Biomethan bevorzugt wird und auch eine höhere Zahlungsbereitschaft hervorruft, in der Preissetzung der Anbieter ist das aber noch nicht klar erkennbar.

Neben den Bedingungen der Absatzmärkte wird die Preissetzung auch von den Gestehungskosten für Biomethan beeinflusst. Die Kosten unterscheiden sich je nach Produktionsanlage erheblich und werden u. a. von der Anlagengröße und den Kosten der Einsatzstoffe bestimmt. Bei einer Nawaro-Anlage mit einer Kapazität von 500 Nm^3/h Rohgas können die Kosten zwischen 7,8 und 8,4 Euroct/kWhHs liegen, bei einer Anlage, die 2000 Nm^3/h verarbeitet, zwischen 6,4 und 7,0 Euroct/kWhHs (Grope und Holzhammer 2012).

8.4.3 Distributionspolitik

Im Rahmen der Distributionspolitik muss sich der Biomethananbieter für einen oder mehrere Absatzkanäle entscheiden. Neben der grundsätzlichen Entscheidung über den Verwendungspfad ist auch festzulegen, ob er Groß- und Einzelhändler einschalten will oder ob er ggf. bestimmte Handelsstufen überspringt und z. B. als Biomethanproduzent direkt an BHKW-Betreiber herantritt. Eine solche Disintermediation ist bereits zu erkennen; so sprechen Biomethananbieter wie die Nawaro Bioenergie Park Güstrow auf ihrer Webseite BHKW-Betreiber direkt an. Neben traditionellen Groß- und Einzelhändlern existieren inzwischen auch Handelsplattformen, auf denen Anbieter und Nachfrager in Beziehung zueinander treten können. Die physische Distribution erfolgt jedoch in jedem Fall über das Erdgasnetz.

Neben der Wahl des Absatzkanals ist für die Distributionspolitik eine weitere wichtige Frage, wie Eigenschaften des Biomethans auf dem Weg vom Produzenten zum Verwender dokumentiert werden können, da der Verwender die Eigenschaften nachweisen muss, um z. B. bestimmte Vergütungen nach EEG zu erhalten. In Deutschland steht dafür u. a. das Biogasregister der Dena zur Verfügung, in dem 80 % aller deutschen Biomethaneinspeiseanlagen registriert sind. Die Dena beschreibt das Register grundsätzlich so: „Das Biogasregister ist ein elektronisches, kontenbasiertes Dokumentationssystem zur Verwal-

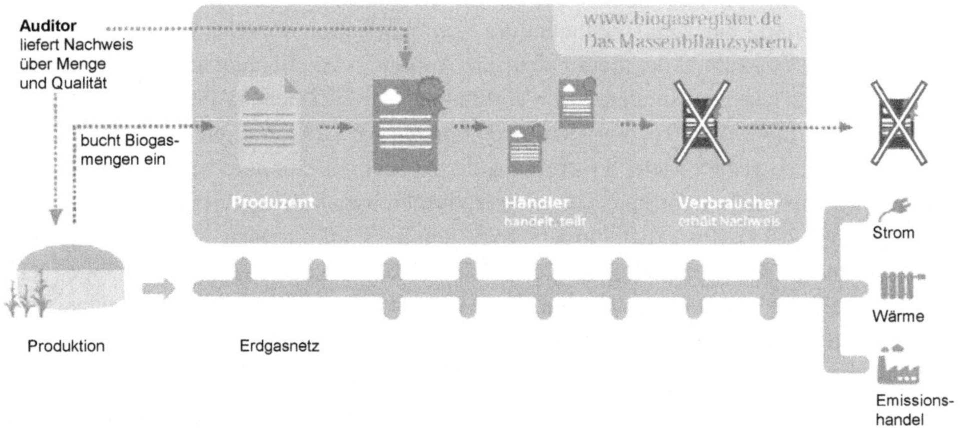

Abb. 8.6 Funktionsweise Biogasregister (nach Dena 2014c)

tung von Eigenschaftsnachweisen (Auditberichten) von in das Erdgasnetz eingespeisten Biogasmengen, die im Auftrag der Nutzer des Registers durch Dritte (Prüfunternehmen, Auditoren) erbracht werden. Das System bietet seinen Nutzern die Möglichkeit, Biogasmengen in Bezug auf Umfang, Qualität und Herkunft in einem einheitlichen Dokumentationssystem zu verwalten und diese Informationen anderen Nutzern (Geschäftspartnern) zur Verfügung zu stellen." (Dena 2013b, S. 3). Es funktioniert wie folgt: Der Anlagenbetreiber speist eine bestimmte Menge Biomethan ins Erdgasnetz ein und bucht diese Menge im Biogasregister ein. Gleichzeitig lässt er seine Biomethaneinspeiseanlage sowie die erzeugten Mengen hinsichtlich ihrer Eigenschaften von einem Prüfunternehmen auditieren und erhält einen Auditbericht. Diesen Auditbericht macht er über das Biogasregister in Form von Registerauszügen seinen Abnehmern zugänglich. Biomethanchargen können vom Biomethanverkäufer im Register eingebucht, mit Auditberichten verknüpft und wieder ausgebucht werden. Der Abnehmer, z. B. der Betreiber des verstromenden BHKW, kann somit ohne persönliche Kenntnis der Anlage und des Anbieters Sicherheit über das Eigenschaftsprofil des erworbenen Biomethans gewinnen. Das Biogasregister ist jedoch keine Handelsplattform (Dena 2013b, Abb. 8.6).

8.4.4 Kommunikationspolitik

Wie auch bei den anderen Elementen des Marketing-Mix unterscheidet sich auch die Kommunikationspolitik stark nach dem Nutzungspfad. Im Folgenden werden für jeden Nutzungspfad zunächst die Argumente betrachtet, mit denen die Anbieter versuchen, Kunden zu gewinnen, und dann jeweils ein kurzer Blick auf die Kommunikationskanäle geworfen.

Im Verstromungsmarkt ist das wesentliche Argument eine eventuelle Kostenersparnis bei den Gestehungskosten für die Wärme. Die Kommunikation ist eine B2B-Kommunikation und läuft auf verschiedenen Kanälen, z. T. direkt über die Webseiten der Hersteller, meist aber über das Vertriebspersonal der Wiederverkäufer, häufig Stadtwerke.

Im Wärmemarkt dagegen spielt auch die Kommunikation über die Webseiten der Anbieter eine große Rolle. Allgemein haben die Anbieter von Biomethan im Wärmemarkt mit einem sehr geringen Interesse der Verbraucher zu kämpfen. Während im Zeitraum Oktober 2013 bis März 2014 von den Stromkunden ca. 10 % in ihren Recherchen beim Anbieter Toptarif gezielt nach Ökostromangeboten suchten, waren es bei den Gastkunden nur 1,6 %. Dabei gab es ein starkes Gefälle zwischen west- und ostdeutschen Bundesländern (Toptarif 2014). Zusätzlich muss man noch in Rechnung stellen, dass Gaskunden mit Umweltschutzzielen noch zwischen Gastarifen mit Biomethananteil und sogenannten Klimagastarifen wählen können, bei denen der Gasversorger durch bestimmte Maßnahmen, z. B. die Unterstützung von Umweltschutzprojekten in anderen Ländern, die rechnerische CO_2-Neutralität des angebotenen Gastarifs garantiert. Zum Teil kann man wohl unterstellen, dass nicht alle Kunden den Unterschied verstehen und daher selbst von den 1,6 %, die gezielt nach Ökogastarifen suchen, nicht alle, die eine Wechselentscheidung treffen, auch ein Produkt mit Biomethanbeimischung kaufen. Zusätzlich zu diesem geringen Interesse können auch kritische Einstellungen zu Biogas einen Wechsel von Verbrauchern zu einem biomethanbasierten Gasprodukt verhindern. Verschiedene Studien haben gezeigt, dass Biogas unter allen Erzeugungsarten von Erneuerbaren Energien die unbeliebteste ist (Herbes et al. 2014b) und dass der Energiepflanzenanbau, insbesondere der Maisanbau für Biogasanlagen, kritisch gesehen wird (Herbes et al. 2014a). Die Anbieter von biomethanbasierten Tarifen im Wärmemarkt kommunizieren im Wesentlichen Umweltschutzeffekte, Klimaschutz, eine Unterstützung der Energiewende, die Förderung neuer EE-Anlagen sowie eine größere Unabhängigkeit von Gasimporten als Vorteile. Die Argumente ähneln damit denen in der Vermarktung von Ökostrom (Herbes und Ramme 2014).

Fazit

Der Biomethanmarkt befindet sich im Wandel. War bisher der Verstromungsmarkt mit seinem dominanten Einflussfaktor EEG der bedeutsamste Vermarktungspfad, werden in Zukunft der ungekoppelte Wärmemarkt und die stoffliche Nutzung sowie möglicherweise der Kraftstoffmarkt wichtiger werden. Alle Pfade sind noch stark von gesetzlichen Rahmenbedingungen geprägt. Während aber im Verstromungsmarkt mit seinen weit überwiegend institutionellen Abnehmern meist finanzielle Beurteilungskriterien und Details des EEG im Vordergrund standen, werden im Kraftstoffmarkt neben den Kosten ab 2015 die Umweltwirkungen der jeweiligen Biomethanprodukte (Treibhausgasvermeidungswirkung) wichtig und im ungekoppelten Wärmemarkt müssen sich die Anbieter mit den oft umweltschutzbezogenen Präferenzen von privaten Konsumenten beschäftigen. Waren in der Vergangenheit die Anbieter mit der Mischbilanzierung häufig auf einen Vermarktungspfad beschränkt, können sie nun mit der getrennten Bilanzierung die Einsatzstoffe bestimmten Gasmengen zuordnen und diese in den Absatzmarkt verkaufen, in dem die jeweiligen einsatzstoffbezogenen Eigenschaften der Teilmengen besonders gut genutzt werden können. Insgesamt beschneidet das EEG 2014 mittelfristig den bisher wichtigsten Absatzpfad deutlich, die Anbieter werden ihre Marketingaktivitäten deutlich ausweiten müssen, um die produzierten Mengen weiterhin absetzen zu können.

Literatur

Baldwin, John. 2014. Biomethane to Grid UK Project Review. Vortrag im Rahmen des European workshop on biomethane – markets, value chains and applications. Brüssel (11. März 2014).
BASF. 2014. BASF: Erstes Polyamid aus dem Massenbilanz-Verfahren im Serieneinsatz. (plasticker news). http://plasticker.de/news/shownews.php?nr=23396. Zugegriffen: 5. Dez. 2014.
BMU. 2011. Das Integrierte Energie- und Klimaschutzprogramm (IEKP). http://www.bmu.de/klimaschutz/nationale_klimapolitik/doc/44497.php. Zugegriffen: 6. Aug. 2014.
Dena. 2011. Biomethan als Kraftstoff: Quotenübertragung. http://www.biogaspartner.de/fileadmin/biogas/Downloads/Factsheet/Biomethan_als_Kraftstoff_Quotenuebertragung.pdf. Zugegriffen: 1. Sept. 2014.
Dena. 2013a. Positionspapier. Transparente Preisinformation für einen Kraftstoffmarkt im Wandel.
Dena. 2013b. Biogasregister Deutschland – Allgemeine Grundsätze zur Funktionsweise. Stand 6.12.2013. https://www.biogasregister.de/fileadmin/bioregister/content/dateien/Vertragswerk/Allgemeine_Grundsaetze_zur_Funktionsweise/2013-12-06%20Biogasregister_Allg%20Grunds%C3%A4tze%20zur%20Funktionsweise.pdf. Zugegriffen: 13. Okt. 2014.
Dena. 2014a. Branchenbarometer Biomethan. Daten, Fakten und Trends zur Biogaseinspeisung. 1/2014. http://www.biogaspartner.de/fileadmin/biogas/documents/Branchenbarometer/Branchenbarometer_Biomethan_I_2014.pdf. Zugegriffen: 13. Okt. 2014.
Dena. 2014b. Biogasregister Kriterienkatalog. https://www.biogasregister.de/fileadmin/bioregister/content/dateien/Vertragswerk/Kriterienkatalog/2012_11_08_Kriterienkatalog_Biogasregister%20Deutschland_v2012_gB.pdf. Zugegriffen: 13. Okt. 2014.
Dena. 2014c. Funktionsweise. https://www.biogasregister.de/startseite/informationen/funktionsweise.html. Zugegriffen: 13. Okt. 2014.
Elek, Zoltan. 2014. THG-VERMEIDUNGSQUOTE – BIOMETHAN EINE PREISWERTE ERFÜLLUNGSOPTION?!, Vortrag bei der Konferenz „biogaspartner – die konferenz 2014" am 2. Dezember 2014. http://www.biogaspartner.de/fileadmin/biogas/documents/Veranstaltungen/2014/die_konferenz/07_Elek.pdf. Zugegriffen: 30. Jan. 2015.
Energietarife.com. 2013. CNG aus Biomethan ist günstigster Kraftstoff. http://www.energietarife.com/?cng-aus-biomethan-ist-guenstigster-kraftstoff. Zugegriffen: 1. Sept. 2014.
Erdgas mobil. 2013. Entwicklungen im Kraftstoff- und Biokraftstoffmarkt 1. Halbjahr 2013 – Eine Analyse der Biokraftstoff-Quotenplattform von erdgas mobil.
Erdgas mobil. 2014. Tankstellen- und Fahrzeugbestand 1998–2013. http://www.erdgas-mobil.de/tankstellenbetreiber/erdgas-als-kraftstoff/. Zugegriffen: 1. Sept. 2014.
EWI/GWS/Prognos. 2010. Energieszenarien für ein Energiekonzept der Bundesregierung. http://www.bmu.de/files/pdfs/allgemein/application/pdf/energieszenarien_2010.pdf. Zugegriffen: 24. Juni 2014.
Fachverband Biogas. 2014. Biogas Segment Statistics 2014. http://www.google.de/url?sa=t&rct=j&q=&esrc=s&source=web&cd=1&cad=rja&uact=8&ved=0CDIQFjAA&url=http%3A%2F%2Fwww.biogas.org%2Fedcom%2Fwebfvb.nsf%2Fid%2FDE_Branchenzahlen%2F%24file%2F14-07-03_Biogas%2520Branchenzahlen_2013-Prognose_2014_englisch.pdf&ei=jQ88VJ7WEsHMyAPQ8YLIBA&usg=AFQjCNFpSAr1RvZxc4ka8k5zTKop1vomFw&bvm=bv.77161500,d.bGQ. Zugegriffen: 6. Aug. 2014.
Geisler, Robin. 2014. Biomethan auf Spur? Neue Entwicklungen im Kraftstoffmarkt. Vortrag bei der dena biogaspartnerschaft am 24. Juni 2014, Berlin. http://www.google.de/url?sa=t&rct=j&q=&esrc=s&source=web&cd=4&cad=rja&uact=8&ved=0CDIQFjAD&url=http%3A%2F%2Fwww.biogaspartner.de%2Ffileadmin%2Fbiogas%2Fdocuments%2FVeranstaltungen%2F2014%2Fdas_podium_Juni_2014%2F09_Robin_Geisler.pdf&ei=3w48VM_zGuO_ygPk84CADA&usg=AFQjCNFEai0PY4pQOeXwg5f2IwufAjALOg&bvm=bv.77161500,d.bGQ. Zugegriffen: 13. Okt. 2014.

Grope, Johann, und Uwe Holzhammer. 2012. Ökonomische Analyse der Nutzungsmöglichkeiten von Biomethan: Biomethanverwertung in Kraft-Wärme-Kopplung, als Kraftstoff und als Beimischprodukt im Wärmemarkt, Vortrag beim VDI Wissensforum. https://www.google.de/url?sa=t&rct=j&q=&esrc=s&source=web&cd=1&ved=0CCMQFjAA&url=https%3A%2F%2Fwww.dbfz.de%2Fweb%2Ffileadmin%2Fuser_upload%2FVortraege%2FExtern%2F2012-06-28_%25C3%2596konomische_Analyse_der_Nutzungsm%25C3%25B6glichkeiten_von_Biomethan.pdf&ei=Kg88VOSuDurOygOin4LADg&usg=AFQjCNELisXW5kgfImSDPLc-Ph6YGwuZAw&bvm=bv.77161500,d.bGQ&cad=rja. Zugegriffen: 13. Okt. 2014.

Herbes, Carsten, und Felix Hess. 2011. Herausforderungen in Marketing und Vertrieb von Biomethan – ein neuer Markt entsteht. *Tagungsband 5. Rostocker Bioenergieforum*, 95–110.

Herbes, Carsten, und Iris Ramme. 2014. Online marketing of green electricity in Germany – A content analysis of providers' websites. *Energy Policy* 66:257–266.

Herbes, Carsten, Eva Jirka, Jan Philipp Braun, und Klaus Pukall. 2014a. Der gesellschaftliche Diskurs um den „Maisdeckel" vor und nach der Novelle des Erneuerbare-Energien-Gesetzes (EEG) 2012. *GAIA-Ecological Perspectives for Science and Society* 23 (2): 100–108.

Herbes, Carsten, Andrej Pustišek, Russell McKenna, und David Balussou. 2014b. Überraschende Diskrepanz bei Biogas: lokal akzeptiert, global umstritten. *Energiewirtschaftliche Tagesfragen* 5:53–56.

Kaltschmitt, Martin, und Wolfgang Streicher. 2009. Energie aus Biomasse. In *2009 – Regenerative Energien in Österreich*, Hrsg. Streicher Kaltschmitt, 339–532. Wiesbaden: Vieweg + Teubner.

Kappler, Gunnar, Ludwig Leible, und Stefan Kälber. 2014. Biomethan als Kraftstoff: eine Einordnung. Vortrag auf der Tagung „Biogene Gase für die Energiewende in Baden-Württemberg" der Akademie Ländlicher Raum Baden-Württemberg. Geislingen, 20.02.2014. http://www.google.de/url?sa=t&rct=j&q=&esrc=s&source=web&cd=1&cad=rja&uact=8&ved=0CCEQFjAA&url=http%3A%2F%2Fwww.lel-bw.de%2Fpb%2Fsite%2Flel%2Fget%2Fdocuments%2FMLR.LEL%2FPB5Documents%2Falr%2FVeranstaltungen%25202014%2FBeitr%25C3%25A4ge%2F140220%2520Biogene%2520Gase%2520KAppler.pdf&ei=gBI8VNfMNKuaygOVoIHoCQ&usg=AFQjCNHK0y3hHxxtukhKXv3kPHzHpugWEQ&bvm=bv.77161500,d.bGQ. Zugegriffen: 1. Sept. 2014.

Loßner, Martin, Erik Gawel, und Carsten Herbes. 2012. Einsatz von Biomethan in Neubauten nach EEWärmeG – eine Hemmnis- und Wirtschaftlichkeitsanalyse. *Zeitschrift für Energiewirtschaft* 36 (4): 267–283.

Ministère de l'Écologie, du Développement durable et de l'Énergie. 2014. La transition énergétique pour la croissance verte. http://www.developpement-durable.gouv.fr/-La-transition-energetique-pour-la-.html. Zugegriffen: 13. Okt. 2014.

Plaas, Björn. 2014. Getrennte Bilanzierung – Auswirkungen auf den Biomethanmarkt. Vortrag im Rahmen von „Zukunft Biomethan – der Auftakt", Berlin, 24. Juni 2014. http://www.google.de/url?sa=t&rct=j&q=&esrc=s&source=web&cd=2&ved=0CDUQFjAB&url=http%3A%2F%2Fwww.biogaspartner.de%2Ffileadmin%2Fbiogas%2Fdocuments%2FVeranstaltungen%2F2014%2Fdas_podium_Juni_2014%2F03_Bjoern_Plaas.pdf&ei=dPA7VMOfMKm3ygPkt4KoDg&usg=AFQjCNFZpiGOKNAKjMog7_Ac2k3Pwut-Kyg&bvm=bv.77161500,d.bGQ&cad=rja. Zugegriffen: 1. Dez. 2014.

Rube, Dennis. 2014. Die Preissetzung für Biomethan-basierte Gastarife im deutschen Markt. Bachelorthesis, unveröffentlicht.

Scholwin, Frank, Jan Liebetrau, Werner Edelmann, Marco Ritzkowski, und Ina Körner. 2009. Biogaserzeugung und -nutzung. In *2009 – Energie aus Biomasse*, Hrsg. Hartmann Kaltschmitt, et al. Berlin: Springer.

Strauch, Sabine. 2014. Biomethane markets and policies, Vortrag im Rahmen des European workshop on biomethane – markets, value chains and applications, Brüssel 11. März 2014.
Toptarif. 2014. Verbraucher zeigen kaum Interesse an Ökogas. http://www.toptarif.de/presse/presse-announcement/article/613. Zugegriffen: 1. Sept. 2014.

Prof. Dr. Carsten Herbes ist seit 2012 an der Hochschule für Wirtschaft und Umwelt Nürtingen-Geislingen Professor für Internationales Management und Erneuerbare Energien sowie geschäftsführender Direktor des Institute for International Research on Sustainable Management and Renewable Energy. Er ist Mitglied im Kuratorium Wissenschaft des B.A.U.M. und im Nachhaltigkeitsbeirat der Barmenia Versicherungen. Zuvor war er knapp zehn Jahre in einer internationalen Unternehmensberatung in den Büros München und Tokyo tätig, danach in einem Bioenergieunternehmen, zuletzt als Vorstand. Carsten Herbes hat 1993 bis 1998 an den Universitäten Mannheim, Heidelberg und Hitotsubashi (Tokyo) Betriebswirtschaftslehre studiert und an der Europa-Universität Viadrina, Frankfurt (Oder), im Jahr 2006 promoviert. Arbeitsschwerpunkte: Vermarktung, Kosten und soziale Akzeptanz von Erneuerbaren Energien, insbesondere Biogas; internationale Entwicklung von Erneuerbaren Energien; Strategie und Organisation international tätiger Unternehmen; japanische Wirtschaft.

Zertifikate im Markt der Erneuerbaren Energien in Deutschland

9

Uwe Leprich, Patrick Hoffmann und Martin Luxenburger

> Ökostrom- und Ökogasangebote sind Produkte für Endkunden, die–je nach Ausgestaltung -unterschiedliche ökologische Kriterien erfüllen müssen und entsprechend diversifiziert vermarktet werden. Aus Sicht des Kunden befriedigen sie dessen Nachfrage nach Produkten mit einem ökologischen Nutzen und ersetzen dadurch konventionelle Produkte, die in der Regel ökologisch problematisch sind. Aus Vertriebssicht bieten sie die Möglichkeit, einem ansonsten homogenen Gut Zusatzattribute zuzuordnen, um a) dieses zu einem höheren Preis zu vermarkten und b) damit bestimmte Konsumentengruppen anzusprechen, welche mit konventionellen Strom- und Gasprodukten nicht erreicht werden können.
>
> Da Bezeichnungen wie Ökostrom oder Biogas keine geschützten Begriffe sind, wird mit unterschiedlichen Zertifikaten versucht, eine Standardisierung der ökologischen Qualitätsbewertung und gleichzeitig eine Abgrenzung von Konkurrenzangeboten zu erreichen. Aufgrund der umfangreichen Anforderungskataloge der Zertifikate ist es dabei nicht nur für den Laien eine Herausforderung, die einzelnen Produktangebote voneinander abgrenzen und den tatsächlichen ökologischen Nutzen der unterschiedlichen Angebote einschätzen zu können. Die nachfolgenden Ausführungen stellen daher die relevanten Zertifikate im Ökostrom- und Ökogasmarkt vor und erläutern die Unterschiede der jeweiligen zugrunde liegenden Kriterien. Darauf aufbauend wird der Frage nachgegangen, inwieweit die Vermarktbarkeit der jeweiligen Produkte gewährleistet werden kann.

U. Leprich (✉) · P. Hoffmann · M. Luxenburger
IZES gGmbH, Saarbrücken, Deutschland
E-Mail: leprich@izes.de

Seit einiger Zeit wird in der Ökostrom-/gas-Branche – v. a. auch aus den eigenen Reihen – zunehmend Skepsis hinsichtlich der Frage geäußert, inwieweit der propagierte ökologische Nutzen tatsächlich nachgewiesen werden kann. Es werden daher auch neue Vorschläge und Konzepte diskutiert, welche wesentliche Kritikpunkte aufgreifen und versuchen, neue Wege einzuschlagen. Diesen Konzepten wird im letzten Teil dieses Beitrages Aufmerksamkeit geschenkt.

9.1 Einleitung

Zertifikate, die im Rahmen dieses Beitrags Beachtung finden, beziehen sich auf Endkundenprodukte im Bereich der Erneuerbaren Energien wie Ökostrom oder Ökogas sowie deren Erzeugung (im Folgenden EE-Zertifikate genannt). Ausprägungen solcher Zertifikate können z. B. Gütesiegel im engeren Sinne gemäß RAL-Definition mit Wort- oder Bildzeichen darstellen (RAL 2014), aber auch Produktstandards, wie sie z. B. die TÜV-Gesellschaften vergeben, und die das Logo der zertifizierenden Stelle verwenden. Auch Herkunftsnachweise werden in die Betrachtungen mit einbezogen.

Mit Ausnahme der letztgenannten ist allen betrachteten Zertifikaten gemein, dass sie bestimmte Kriterien in Form von Anforderungen an Qualität und Beschaffenheit definieren, deren Erfüllung bzw. Einhaltung der Anbieter eines Produkts nachweisen muss, wenn er dieses mit dem jeweiligen Zertifikat auszeichnen möchte. Diese Anforderungen müssen sich dabei nicht zwingend nur auf das konkrete Produkt beziehen, sondern können z. B. auch die Erzeugung oder einen Teil der Produktvorkette adressieren.

Gemein ist ihnen auch, dass sie als eine Art Qualitätssiegel zum Einsatz kommen und somit zwei grundlegende Funktionen ausüben, die für die beteiligten Marktakteure von unterschiedlicher Relevanz sind (Manta 2012):

- **Für potenzielle Kunden sind sie Informationsquelle hinsichtlich der Qualität eines bestimmten Produkts**: Durch die Zertifikatsanforderungen werden dem vom Prinzip her homogenen Gütern Strom und Gas spezifische Eigenschaften zugeordnet, die sie unterscheidbar machen und potenziellen Kunden die Möglichkeit bieten, unterschiedliche Produktausprägungen gemäß ihrer persönlichen Präferenzen auszuwählen. Gleichzeitig werden durch das Zertifikat selbst die für den Kunden wichtigen spezifischen Eigenschaften für diesen glaubhaft belegt.
- **Hersteller und Lieferanten nutzen sie als Marketingwerkzeug im Rahmen ihrer Vermarktungsstrategie**: Aus Anbietersicht erhalten Gas- und Stromprodukte, die in ihrer Grundform nur über den Preis vermarktet werden können – also austauschbar sind –, durch Zertifikate zusätzliche, vermarktungsrelevante Attribute.

Dieses Kapitel hat es sich zur Aufgabe gemacht, die unterschiedlichen Zertifizierungsansätze strukturiert aufzulisten und die prägnanten Merkmale in übersichtlicher Weise zusammenzufassen. Jedes aufgeführte Zertifikat wird dabei hinsichtlich der folgenden Aspekte untersucht:

- Zweck des Zertifikats
- Anforderungen
- Anbieter und zertifizierende Stellen
- Zielgruppe
- Bewertung der Vermarktbarkeit

Das Kapitel gliedert sich in die Bereiche Erzeugungs-, und Produktzertifizierung, nach der alle beschriebenen Zertifikate eingeteilt werden können, sowie in eine Darstellung aktueller Herausforderungen und Lösungsansätze.

Ökologischer Zusatznutzen
Bei der Beschreibung der Zertifikate wurde auf den ökologischen Zusatznutzen ein besonderes Augenmerk gelegt, dem, wie sich im Folgenden herausstellen wird, eine hohe Bedeutung hinsichtlich der Unterscheidung und Bewertung von EE-Zertifikaten zukommt. Unter dem Begriff des ökologischen Zusatznutzens werden im Folgenden alle durch ein zertifiziertes Produkt generierten ökologischen Beiträge zusammengefasst, die über die reine erneuerbare Erzeugung hinausgehen. In der Regel wird dieser Beitrag durch das Kriterium der „Zusätzlichkeit" geleistet, unter dem der Zubau neuer EE-Anlagen, die nicht nach dem jeweiligen staatlichen Förderregime (Erneuerbare-Energien-Gesetz [EEG]) vergütet werden, verstanden wird (EnergieVision 2014a). Ein ökologischer Zusatznutzen kann aber auch durch andere Beiträge geleistet werden, auf die später im Text detaillierter eingegangen wird.

Inhaltliche Abgrenzung
Es werden ausschließlich Zertifikate dargestellt, mit denen die unterschiedlichen Formen Erneuerbarer Energien ausgezeichnet werden können. Aktuell existieren Zertifikate in den Bereichen Ökostrom, Ökogas, Biokraftstoffe und feste Biomasse. Allerdings wird der festen Biomasse im Folgenden keine weitere Beachtung geschenkt: Die hier zum Einsatz kommenden Zertifikate (FSC- und PEFC-Siegel) definieren zwar Nachhaltigkeitskriterien für Wälder und Holzproduktketten, welche bei der Vermarktung von Holzprodukten eine große Rolle spielen – nicht jedoch bei der Vermarktung von aus Biomasse erzeugtem Strom und erzeugter Wärme (FSC 2012; PEFC 2014). Hier gibt es zum aktuellen Zeitpunkt keine den Verfassern bekannten Zertifikate, die den zuvor genannten Kriterien entsprechen.

Weiterhin erfolgt eine bewusste Abgrenzung zu Emissionszertifikaten, die einem völlig anderen Zweck dienen: der monetären Bewertung von klimaschädlichen Emissionen mit dem Ziel der Reduzierung dieser Emissionen durch deren Handel in einem sukzessive verknappten Markt. Die Entwertung von CO_2-Zertifikaten aus dem freiwilligen Markt (vgl. Infokästchen CO_2-Zertifikate) spielt allerdings bei sogenannten Kompensationsprodukten eine Rolle, bei denen der ökologische Beitrag darin besteht, Emissionsberechtigungen in Höhe der Menge an Emissionen zu entwerten, die bei der Bereitstellung bzw. dem Verbrauch des Produkts (z. B. Ökogas) erzeugt wurde bzw. wird. Hierauf wird an entsprechender Stelle im Text eingegangen.

Vermarktbarkeit

Für die Einschätzung der Vermarktbarkeit von EE-Zertifikaten muss vorweg genommen werden, dass deren Bekanntheitsgrad beim Endkunden[1] teilweise noch immer sehr gering ist. So sind im Ökostrommarkt gerade die Zertifikate, welche erhöhte ökologische Anforderungen an Produkt und Erzeugung stellen, der Mehrheit der Stromkunden unbekannt. Einer Umfrage von DIW econ (2012) zufolge kennt nur jeder Zehnte der Befragten Ökostromgütesiegel wie das ok-power-Label oder das Grüner Strom-Label. Auch einem Großteil der Ökostromkunden selbst sind die Ökostromlabels nicht bekannt: Hier gibt nur jeder Vierte an, dass er die Siegel kennt. Die Ökostromzertifikate der TÜV-Gesellschaften sind hingegen deutlich bekannter, obwohl sich diese hinsichtlich ihrer Kriterien teils stark voneinander unterscheiden: Jeder Dritte gibt an, schon einmal von TÜV-Siegeln für Ökostrom gehört zu haben, unter den Ökostromkunden kennt sie sogar die Hälfte der Befragten. (DIW econ 2012)

Dies ist sicherlich zum Teil auf die Bekanntheit der Institution TÜV zurückzuführen, zeigt aber auch, dass die Anforderungen der Labels wie ökologische Kriterien, Art der Herkunftsnachweise oder Ökostrommodelle nicht alleinig ausschlaggebend für deren Bekanntheitsgrad sind. Vielmehr stellen Labels nur eine von mehreren Ökostromattributen dar, anhand derer der Kunde seine Entscheidung für oder gegen ein Produkt abwägt. Von den von DIW econ untersuchten Merkmalen löst das Merkmal „Vorhandensein eines Gütesiegel" dann auch unter allen untersuchten Ökostromeigenschaften nur die geringste Zahlungsbereitschaft beim Kunden aus. Wichtiger waren den Befragten die Regionalität des Versorgers sowie die Tatsache, dass dieser ausschließlich Ökostrom anbietet. Nichtsdestotrotz weist die Umfrage eine statistisch signifikant hohe Zahlungsbereitschaft der Kunden für zertifizierte Ökostromprodukte aus, die im Bereich von 1 bis 2 Cent je Kilowattstunde liegt (DIW econ 2012).

Die Bedeutung der Gütesiegel unter Marketinggesichtspunkten ist somit nicht zu vernachlässigen, zumal der Blick in vergleichbare Märkte, bei denen die ökologische Lebenseinstellung der Kunden die primäre Kenngröße darstellt, die Bedeutung von Produktzertifikaten unterstreicht. So zeigen z. B. Janssen und Hamm (2011), dass die Zahlungsbereitschaft der Kunden im Bereich der Biolebensmittel analog zu den Anforderungen der dort verwendeten Siegel deutlich steigt, wenn diese einen entsprechenden Bekanntheitsgrad erlangt haben. Auch die oben genannte Umfrage liefert das Ergebnis, dass die Bedeutung der ökologischen Anforderung für den Kunden zunimmt, je besser er die entsprechenden Zertifikate kennt (DIW econ 2012).

Es lässt sich somit schlussfolgern, dass sowohl die ökologischen Anforderungen der Zertifikate als auch deren Bekanntheitsgrad zwei zentrale Stellgrößen darstellen, welche die Vermarktbarkeit beeinflussen. Aus diesem Grund wurde der Vermarktungswert der in diesem Kapitel beschriebenen Zertifikate anhand dieser beiden Kriterien, wie in Abb. 9.1 beispielhaft dargestellt, bewertet.

---

[1] Der Business-to-Business-Bereich wird hier nicht betrachtet.

9 Zertifikate im Markt der Erneuerbaren Energien in Deutschland

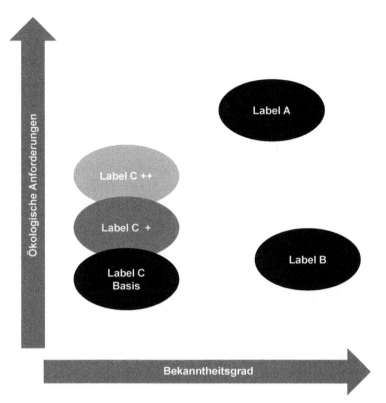

Abb. 9.1 Betrachtete Stellgrößen der Vermarktbarkeit

So würde z. B. das dort aufgeführte fiktive Label A mit einem hohen Vermarktungswert bewertet werden, da es auf der einen Seite einen hohen Bekanntheitsgrad genießt und zum anderen strenge ökologische Anforderungen in seinem Kriterienkatalog hinterlegt wurden.

Label B ist ebenfalls sehr bekannt, beschreibt allerdings nur Basiskriterien hinsichtlich der ökologischen Anforderungen. Sein Vermarktungswert wird somit im Mittelfeld verortet, könnte jedoch durch eine Verschärfung der ökologischen Kriterien gesteigert werden.

Auch Label C weist in der Basisvariante nur grundlegende ökologische Kriterien auf, bietet hier allerdings die Möglichkeit unterschiedlicher, vom Kunden wählbarer Ausgestaltungsoptionen. Da das Label einen nur geringen Bekanntheitsgrad aufweist, wird seine Vermarktbarkeit je nach Ausgestaltungsvariante zwischen gering und mittel bewertet.

Auf diese Art und Weise konnte für einen Großteil der betrachteten Zertifikate eine Aussage hinsichtlich der Vermarktbarkeit getroffen werden, die Anhaltspunkte liefert, inwieweit noch Handlungsbedarf besteht, um das Vermarktungspotenzial positiv zu beeinflussen.

Zertifikate, die nicht bewertet werden konnten, wurden im Text entsprechend gekennzeichnet.

9.2 Erzeugungszertifizierung

Die im Folgenden aufgeführten Zertifikate beziehen sich ausschließlich auf die erneuerbare Erzeugung. Im Bereich Ökostrom und Ökogas erfüllen sie entweder die Herkunftsnachweispflicht gegenüber der EU-Richtlinie 2009/28/EG oder bieten die Grundlage, auf der Produktzertifikate, wie die im darauffolgenden Abschnitt genannten, aufbauen. Im Bereich der Biokraftstoffe dienen sie v. a. als Nachweise der gesetzlichen Nachhaltigkeitsanforderungen in den Bioenergiemärkten. Die beschriebenen Zertifikate sind keine Business-to-customer-Gütesiegel, wie die des darauffolgenden Abschnitts, können aber dennoch auf ähnliche Weise zur Vermarktung von Endkundenprodukten genutzt werden, indem sie im Rahmen des Marketings entsprechend platziert werden.

9.2.1 Ökostrom

Im Bereich der Erzeugung lassen sich im Ökostrommarkt zwei Arten von Zertifikaten unterscheiden: Herkunftsnachweise im Sinne der Richtlinie 2009/28/EC und freiwirtschaftliche Erzeugungszertifikate.

Herkunftsnachweise bescheinigen Erzeugern von Strom aus regenerativen Quellen, wo und auf welche Art und Weise dieser Strom erzeugt wurde. In Deutschland werden sie nur für Strom ausgestellt, der nicht im Rahmen des Erneuerbaren-Energien-Gesetzes (EEG) vergütet, sondern anderweitig, als explizit „erneuerbar", vermarktet wird. Dabei stellen die Herkunftsnachweise sicher, dass die ökologische Eigenschaft des Stromes nicht mehrfach vermarktet werden kann, indem sie nach dem Verkauf zur Stromkennzeichnung entwertet werden (UBA 2013c). Herkunftsnachweise können a) gekoppelt oder b) separat mit einer realen Stromlieferung gehandelt werden. Im Falle a) kauft der Händler zusätzlich zu den Herkunftsnachweisen auch die entsprechende Menge an regenerativem Strom beim Anlagenbetreiber ein. Im Fall b) kauft er den Herkunftsnachweis von einem Anbieter und eine entsprechende Menge an Strom von einem anderen und verkauft beides zusammen als Ökostrom an den Endkunden.

Ökostromprodukte des freiwilligen Ökostrommarkts in Deutschland basieren zu einem Großteil auf Ökostrommengen aus dem europäischen Ausland, die in Form von Herkunftsnachweisen gehandelt werden. Aus diesem Grund kann man ihnen prinzipiell eine sehr hohe Vermarktbarkeit im Business-to-Business-Bereich zuordnen. Aus Sicht des Endkunden spielen sie aber nur eine indirekte Rolle, da für diesen nicht der Herkunftsnachweis ausschlaggebend für die Kaufentscheidung ist, sondern das ihm angebotene Ökostromprodukt in seiner jeweiligen Ausprägung.

Eine wie eingangs beschriebene Vermarktungsbewertung ist dennoch von Interesse, denn es besteht für Anbieter grundsätzlich die Möglichkeit, Herkunftsnachweise im Rahmen ihrer Produktwerbung explizit zu nennen und damit zu werben, auch wenn dies nicht dem eigentlichen Zweck der Herkunftsnachweise entspricht.

Herkunftsnachweise stellen das grundlegendste Kriterium für Ökostrom dar: die regenerative Erzeugung ohne Anforderungen an einen ökologischen Zusatznutzen (vgl. Abschn. 9.3.1.). Daher und aufgrund ihres sehr geringen Bekanntheitsgrads ist auch der Vermarktungswert aus Endkundensicht als gering zu bewerten. Diese Einschätzung gilt nicht für die Erzeugungszertifikate des TÜV Süd, da diese keine echten Herkunftsnachweise im Sinne der Richtlinie 2009/28/EG darstellen. Sie wurden vom TÜV Süd als vermarktungsstrategische Grundlage für die darauf aufbauenden TÜV-eigenen Produktzertifikate kreiert und müssen somit gesondert bewertet werden (vgl. Abschn. 9.2.1.3).

9.2.1.1 Herkunftsnachweis (EECS)

Zweck und Anforderungen des Zertifikats
Herkunftsnachweise werden innerhalb des European Energy Certificate Systems (EECS) gehandelt. Ein Herkunftsnachweis (engl. „Guarantee of Origin" oder kurz „GO") besagt, dass eine Megawattstunde regenerativ erzeugter Strom in das Stromnetz eingespeist wurde. Da Herkunftsnachweise nach der Richtlinie 2009/28/EG allein der Stromkennzeichnung dienen, handelt es sich also nicht um Qualitätssiegel im eigentlichen Sinne (UBA 2013a). Die enthaltenen Informationen beschränken sich grundsätzlich auf bestimmte Kenndaten der Erzeugungsanlage, die Energiemenge, Informationen zu ggf. erhaltenen Förderungen sowie das Ausstellungsdatum und -land sowie eine Kennnummer des Zertifikats (UBA 2013b).

In einigen europäischen Ländern kann Herkunftsnachweisen ein Vermerk über die Erfüllung von Labelkriterien beigefügt werden, wenn sich ein Anbieter eines Ökostromlabels bei der AIB als „Independent Criteria Scheme" (ICS) registriert.

Die Einführung des EECS, der Herkunftsnachweisregister und des entsprechenden Handels mit Herkunftsnachweisen basiert auf der Umsetzung der EU-Richtlinien 2001/77/EG und 2009/28/EG. Das EECS hält somit einen verbindlichen Charakter mit gesetzlicher Regulierung (AIB 2014a). Seit dem Start des Herkunftsnachweisregisters am Umweltbundesamt am 01. Januar 2013 ist in Deutschland jedes Elektrizitätsversorgungsunternehmen, das Ökostrom an seine Kunden verkauft, dazu verpflichtet, Herkunftsnachweise im Rahmen der Stromkennzeichnung zu nutzen (European Energy Exchange 2013a).[2]

Seit Juni 2013 können Herkunftsnachweise an der „European Energy Exchange" (EEX) zum Handel angeboten werden. Es können Herkunftsnachweise „aus Wasserkraft der skandinavischen Region (Norwegen, Schweden, Finnland und Dänemark) und der alpinen Region (Schweiz, Österreich und Deutschland) sowie Herkunftsnachweise für Windkraft aus der Nordseeregion (Deutschland, Dänemark, Niederlande und Belgien)" gehandelt werden (European Energy Exchange 2013b).

---

[2] Das EECS hat das veraltete Renewable Energy Certificate System (RECS) fast vollständig abgelöst. Europaweit akzeptieren nur noch fünf Länder übergangsweise RECS-Zertifikate. Seit Inkrafttreten des deutschen Herkunftsnachweisregisters können auch in Deutschland keine RECS-Zertifikate mehr verwendet werden.

Anbieter/zertifizierende Stelle

Herkunftsnachweise werden von der zuständigen Stelle des jeweiligen Landes, dem sog. Issuing Body, verwaltet und ausgegeben. Die europäischen Stellen, die ein Herkunftsnachweisregister betreiben, sind in der Association of Issuing Bodies (AIB) zusammengeschlossen. Dieser in Belgien ansässige gemeinnützige Verein hat auch das Regelwerk des EECS entwickelt und stellt den sogenannten Hub als elektronische Schnittstelle den Registern zur Verfügung. Mit dieser elektronischen Schnittstelle können Herkunftsnachweise länderübergreifend übertragen werden (AIB 2014b). Auch Deutschland betreibt seit 2013 ein beim Umweltbundesamt angesiedeltes nationales Herkunftsnachweisregister und beteiligt sich als Hub-User am System, ist jedoch kein Mitglied der AIB (UBA 2014).

9.2.1.2 Erzeugung EE (TÜV Süd Industrie Service GmbH)

Zweck des Zertifikats

Mit dem eigenen Standard CMS 83 zertifiziert der TÜV Süd die Erzeugung von Strom aus Erneuerbaren Energien. Die Zertifikate sollen als Basis für die Ausstellung landesspezifischer, EU-konformer Herkunftsnachweise verwendet werden, dienen aber vor allem als Basis für die darauf aufbauenden eigenen Produktzertifikate des TÜV Süd (Abschn. 9.3.1.3).

Die „Zertifizierung bezieht sich immer auf konkrete Erzeugungsquellen und garantiert dem Abnehmer die Herkunft des Stroms aus Erneuerbaren Energien. Abnehmer des erzeugten Stroms ist im Regelfall der Handel, aber auch Großverbraucher direkt. Die optionalen Zusatzmodule Erzeugung EE + und Erzeugung EEneu zertifizieren überdies die Erfüllung weiterer Anforderungen hinsichtlich der Zeitgleichheit von Verbrauch und Erzeugung der Erneuerbaren Energien sowie des Anlagenalters." (TÜV Süd 2013a).

Anforderungen

Der Standard „Erzeugung EE" gliedert sich in allgemeine, spezielle und optionale Anforderungen. Die allgemeinen Anforderungen beziehen sich auf den Einklang der Unternehmenspolitik mit dem Ziel des Klimaschutzes, einer korrekten Kommunikation der Zertifizierung sowie die Organisation zur Bereitstellung aller erforderlichen Informationen und der Dokumentation. Zentrale Punkte der speziellen Anforderungen sind die eindeutige Nachvollziehbarkeit der regenerativen Energiequellen sowie die Erfassung der zertifizierten Strommenge nach dem Nettoprinzip. „Diese ergibt sich aus der in das Netz eingespeisten Nettoerzeugung abzüglich des extern bezogenen Eigenbedarfs, der Pumparbeit von Pumpspeicherkraftwerken sowie aller langfristigen Lieferverpflichtungen, die explizit Lieferungen aus den oder für die zertifizierten Kraftwerke/-n vorsehen (z. B. Realersatz/Restitution/Servitute und Konzessionslieferungen)." (TÜV Süd 2013a).

„Optionale Anforderungen sind definiert für die Zusicherung von Arbeits- und Leistungszusagen (Modul „Erzeugung EE+") sowie für den Nachweis als Neuanlage (Modul „Erzeugung EEneu")." Entsprechend muss der Zertifikatnehmer in der Lage sein, mit dem zertifizierten Anlagenpool einen vorgegebenen Fahrplan jederzeit zu erfüllen bzw.

nachweisen, dass die Erzeugungsanlagen Neuanlagen im Sinne des TÜV Süd Standards darstellen. Beide optionalen Module erlauben ebenfalls eine Lieferung des zertifizierten Stroms in Form von handelbaren Zertifikaten (TÜV Süd 2013a).

Anbieter/zertifizierende Stelle
Der Zertifizierungsstelle „Klima und Energie" der TÜV Süd Industrie Service GmbH obliegt die Zertifizierung, der Zertifikatnehmer benennt zur Bereitstellung der notwendigen Informationen einen Auditbeauftragten.

Zielgruppe und Vermarktbarkeit
Die Erzeugungszertifizierung nach dem Standard des TÜV Süd spielt insbesondere in Verbindung mit den optionalen Zusatzmodulen eine wesentliche Rolle für den Quellennachweis der Ökostromproduktzertifikate EE01 und EE02 des TÜV Süd (Abschn. 9.3.1.3).

Unterstellt man, dass alle TÜV-Süd-Produktzertifikate auf dem hier dargestellten Erzeugungszertifikat aufbauen, lässt sich aus der Ökostromumfrage 2013 der Zeitschrift *Energie & Management*[3] ableiten, dass zum aktuellen Zeitpunkt ca. 12 % aller Ökostromanbieter „Erzeugung EE" verwenden.

9.2.2 Biogas

9.2.2.1 Biogasregister (Deutsche Energie-Agentur)

Zweck des Zertifikats
Das Biogasregister versteht sich als Plattform zur standardisierten Dokumentation der Biogasqualität sowie -menge im Erdgasnetz vom Erzeuger bis zum Endkunden. Es kann zur Erfüllung der Nachweispflichten nach dem EEG und dem Erneuerbare-Energien-Wärmegesetz (EEWärmeG) sowie im Rahmen der Stromsteuerbefreiung genutzt werden. Das Register stellt einen Registerauszug sowie ein eigenes Logo zur Verfügung, durch die die im Rahmen der Registernutzung überprüften und bescheinigten Merkmale „Herkunft und Eigenschaft des Biogases" von den jeweiligen beteiligten Akteuren zu Marketingzwecken verwendet werden können (dena 2014a).

Anforderungen
Der Kriterienkatalog des Biogasregisters umfasst zum aktuellen Zeitpunkt 47 Prüfkriterien, die alle derzeitigen gesetzlichen Nachweispflichten in Deutschland abdecken und drei Gruppen zugeordnet werden können: anlagen-, chargen- und betriebsbezogene Kriterien.

---

[3] Die Ergebnisse der Umfrage spiegeln nur einen Teil des gesamten Ökostrommarktes wider. Von 824 angefragten Anbietern haben 261 Unternehmen Daten geliefert. Insgesamt liegen der Umfrageauswertung rund 470 Ökostromtarife zugrunde. Laut Selbsteinschätzung der E&M-Redaktion bildet diese Datenlage dennoch die wichtigsten Akteure im Ökostrommarkt ab (Energie & Management 2013a).

Anlagenbezogene Kriterien, die einen Teil des Anlagenaudits darstellen, beschreiben Anforderungen an die Erzeugungsanlage selbst, z. B. an die Nennleistung. Chargenbezogene Kriterien, wie z. B. der lückenlose Nachweis der Herkunft der nachhaltigen Biomasse über ein Massebilanzsystem nach Biokraftstoff-Nachhaltigkeitsverordnung (BioKraftNachV), müssen bei jedem Besitzerwechsel oder Mengenteilung neu belegt werden. Den größten Teil der Anforderungen stellen betriebsbezogene Kriterien dar, welche Voraussetzung für ein Betriebsaudit sind. Als Beispiel ist hier zu nennen, dass nur Biomasse im Sinne der Biomasseverordnung (BiomasseV) eingesetzt werden darf. Inwieweit hierfür für geringe Mengen anderer Biomasse eine Ausnahme gemacht werden darf, ist vom Auditor im Einzelnen zu prüfen. Weiterhin müssen alle eingesetzten Rohstoffe in einem Einsatzstofftagebuch dokumentiert werden. Auch muss ein Nachweis darüber geführt werden, dass das erzeugte Biogas tatsächlich in das Erdgasnetz eingespeist und zuvor eine Massenbilanzierung durch den Auditor durchgeführt wurde (dena 2014b).

Anbieter/zertifizierende Stelle
Das Register wird von der deutschen Energieagentur (dena) geführt und gepflegt. Externe Auditoren prüfen Biogasanlagen und -erzeugung vor Ort und bestätigen Menge, Eigenschaft und Herkunft des Biogases im Register. Registerauszug, Kriterienkatalog und Marketing-Logo können auf der Homepage des Registers abgerufen werden.

Zielgruppe und Vermarktbarkeit
Sowohl Erzeuger als auch Händler, welche Biogasmengen im Register ein-, aus oder umbuchen, können Qualität und Beschaffenheit ihres Biogasproduktes mit einem Registerauszug und mit dem Register-Logo entsprechend vermarkten. Da zum aktuellen Zeitpunkt rund 80 % aller Biogasanlagen im Register erfasst sind, kann von einem hohen Bekanntheitsgrad innerhalb des Biogasmarktes ausgegangen werden. Aufgrund der Tatsache, dass zum aktuellen Zeitpunkt keine vergleichbaren Zertifikate im Bereich der Biogaserzeugung existieren, kann die Vermarktbarkeit entsprechend positiv bewertet werden.

9.2.2.2 Erzeugung GM (TÜV Süd Industrie Service GmbH)

Zweck des Zertifikats
Der TÜV-Süd-Standard „Erzeugung GM" (CMS 90) zertifiziert die Einspeisung von aufbereitetem Biogas in das Erdgasnetz. Dieses eingespeiste Biogas wird im Rahmen des Standards als Biomethan bezeichnet und umfasst neben Gasprodukten aus Biomasse auch Klär- und Deponiegase. Der Standard dient der Dokumentation der Vergütungsfähigkeit nach dem EEG sowie der Anrechenbarkeit im Erneuerbare-Energien-Wärmegesetz (EEWärmeG). Weiterhin soll er als Nachweis über die spezifischen Eigenschaften des Biomethans sowie zur Dokumentation der Qualität im nicht geförderten Markt dienen (TÜV Süd 2012).

Anforderungen
Analog zum Erzeugungsstandard EE des TÜV Süd (vgl. Abschn. 9.2.1.3) ist auch der Erzeugungsstandard GM in die drei Anforderungsgruppen „Allgemeine Anforderungen", „Spezielle Anforderungen" und „Optionale Anforderungen" gegliedert. Zu den allgemeinen Anforderungen zählt u. a. eine Unternehmenspolitik, die sich die Förderung des Ausbaus der Erneuerbaren Energien zum Ziel gesetzt hat. Spezielle Anforderungen sind neben vermarktungsrechtlichen vor allem solche zur Gasqualität sowie zur Deckung zwischen Einspeisung und Verkauf. Hierbei wird besonders hervorgehoben, dass eingespeistes Biomethan, dessen Umwelteigenschaften als Zertifikat getrennt vom Gas vermarktet wurde, nur noch als normales Erdgas betrachtet werden darf. Als „optional" werden 34 zusätzliche Anforderungen aufgeführt, die unterschiedliche Fördersysteme im Strom-, Wärme- oder Kraftstoffsektor berücksichtigen und – sofern möglich – frei miteinander kombiniert werden können. So könnten beispielsweise zwei optionale Zusatzforderungen sein, dass bei der Herstellung des Biogases ausschließlich Biomasse sowohl im Sinne der Biomasseverordnung als auch im Sinne des Stromsteuergesetzes eingesetzt wurde (TÜV Süd 2012).

Anbieter/zertifizierende Stelle
Das Zertifikat wird durch die Zertifizierstelle „Klima und Energie" der TÜV Süd Industrie Service GmbH ausgestellt. Das zertifikatnehmende Unternehmen muss einen Auditbeauftragten sowie eine verantwortliche Person für die Bilanzierung des erzeugten Biomethans benennen (TÜV Süd 2012).

Zielgruppe und Vermarktbarkeit
Der Standard richtet sich an alle Akteure, die entsprechende Biogaseinspeiseanlagen betreiben. Zudem dient er als Grundlage für die Zertifizierung darauf aufbauender Biogasprodukte, z. B. auf Basis des TÜV-Süd-eigenen Produktzertifikats „Produkt GM" (vgl. Abschn. 9.3.2.3). Aufgrund des hohen Bekanntheitsgrades des TÜV sowie der Tatsache, dass zum aktuellen Zeitpunkt keine vergleichbaren Zertifikate im Bereich der Biogaserzeugung existieren, kann die Vermarktbarkeit entsprechend positiv bewertet werden.

9.2.3 Biokraftstoffe

Die nachfolgend behandelten Zertifikate dienen der Erfüllung der regulatorischen Anforderungen in den Bioenergiemärkten. Handelbare Zertifikate werden dabei nicht zur Verfügung gestellt. Vielmehr muss sich jeder mit der Herstellung und Lieferung von verordnungskonformer Biomasse befasste Betrieb zur Einhaltung eines anerkannten Zertifizierungssystems verpflichten. Da zertifizierte Produkte weder als höherwertige Produkte angeboten werden noch auf eine höhere Zahlungsbereitschaft treffen, wird auf eine Bewertung der Vermarktbarkeit im Folgenden verzichtet.

9.2.3.1 REDcert-Zertifikat (REDcert)

Zweck des Zertifikats
REDcert wurde von Verbänden und Organisationen der deutschen Agrar- und Biokraftstoffwirtschaft Anfang 2010 gegründet und am 20. Juli 2010 als Zertifizierungssystem gemäß den Biomasse-Nachhaltigkeitsverordnungen (BioSt-NachV und Biokraft-NachV) von der Bundesanstalt für Landwirtschaft und Ernährung (BLE) zugelassen. Auch die Europäische Kommission erkennt das REDcert System an.

Anforderungen
Jeder Betrieb entlang der gesamten Wertschöpfungskette hat die Vorgaben der oben genannten Nachhaltigkeitsverordnungen zu beachten. „Die nachhaltige Biomasse wird nach Art, Menge und anderen wichtigen Attributen im Massenbilanzierungssystem fortgeschrieben."

Anbieter/zertifizierende Stelle
Gegenwärtig (Mitte des Jahres 2014) existieren 14 zugelassene Zertifizierungsstellen im REDcert-System, die auf der Internetseite der REDcert GmbH[4] einsehbar sind. Potenzielle Zertifizierungsstellen müssen einen Anforderungskatalog des REDcert erfüllen, der u. a. unabhängige und unparteiische Kontrollen, die Anerkennung durch die BLE und die Erfüllung internationaler Anforderungen (z. B. ISO 45011 – Anforderungen an Produktzertifizierer) vorsieht (REDcert 2014).

9.2.3.2 ISCC-Zertifikat (ISCC)

Zweck des Zertifikats
Das Zertifizierungssystem „International Sustainability and Carbon Certification" (ISCC) dient dem Nachweis der gesetzlichen Nachhaltigkeitsanforderungen in den internationalen Bioenergiemärkten. Zudem soll mit dem System „ISCC PLUS" die Nachhaltigkeit und Rückverfolgbarkeit von Rohstoffen für die Nahrungs-, Futtermittel- und chemische Industrie belegt werden können (ISCC 2014a).

Anforderungen
Im Unterschied zu REDcert ist das ISCC-System weltweit anwendbar. Die Anforderungen des ISCC-Zertifizierungssystems erwachsen größtenteils aus der EU-Richtlinie 2009/28/EG und den entsprechenden Verordnungen zur Umsetzung in nationales Recht. Dazu gehören die Biomassestrom-Nachhaltigkeitsverordnung (BioSt-NachV) und die Biokraftstoff-Nachhaltigkeitsverordnung (Biokraft-NachV). Darin werden bestimmte Anforderungen definiert, die bei der Produktion von Biomasse und Biokraftstoff zu erfüllen sind. Eine konkrete Anforderung, die aus der EU-Richtlinie 2009/28/EG erwächst,

---

[4] www.redcert.org.

ist z. B., dass Biomasse nicht in artenreichen Gebieten, kohlenstoffreichen Böden oder Torfmooren gewonnen wird. Detaillierte Informationen zu den einzelnen Anforderungen können auf der Website des ISCC in sogenannten Systemdokumenten eingesehen werden (ISCC 2014e).

Unternehmen, die eine Vergütung im Rahmen des EEG oder eine Anrechnung auf die Biokraftstoffquote erreichen wollen, müssen seit dem 01. Januar 2011 nachweisen, dass die eingesetzten Rohstoffe gemäß der Nachhaltigkeitsverordnungen produziert wurden (ISCC 2014b). Darüber hinaus werden soziale Kriterien berücksichtigt, um bspw. sichere Arbeitsbedingungen, Gesundheit und Wohlstand der Arbeitskräfte zu fördern (ISCC 2014c).

Anbieter/zertifizierende Stelle
Die Einhaltung dieser Anforderungen wird von dem System ISCC bei einer Zertifizierung geprüft (ISCC 2014d). Um eine Zertifizierung zu erhalten, muss ein Vertrag mit einer unabhängigen Zertifizierungsstelle geschlossen werden und eine Registrierung bei ISCC durchgeführt werden. Anschließend folgt ein Auditprozess, bei dem Auditoren alle Belege, Dokumente und Daten prüfen sowie Örtlichkeiten sichten, die bezüglich der Nachhaltigkeitsprüfung relevant sind (ISCC 2014f).

9.3 Produktzertifizierung

Stand im vorherigen Abschnitt die Zertifizierung der erneuerbaren Energieerzeugung im Fokus der Betrachtungen, so befasst sich dieser Abschnitt mit Zertifikaten für die darauf aufbauenden, vermarkteten Produkte (Ökostrom und Biogas bzw. Kompensationsgas).

9.3.1 Ökostrom

Alle der im Folgenden beschrieben Zertifikate – auch Ökostrom-Label genannt – basieren auf den in der deutschen Ökostrombranche etablierten Ökostrommodellen. Diese beschreiben unterschiedliche Methoden, den Ausbau erneuerbarer Energieerzeugungskapazitäten zusätzlich zum EEG anzureizen. Eine Erläuterung der aktuell im Markt vertretenen Modelle findet sich im nebenstehenden Infokästchen „Ökostrommodelle".

Die Kriterien eines Ökostrom-Labels sind nicht zwingend die alleinigen eines damit ausgezeichneten Stromproduktes. Manche Versorger bieten Ökostromprodukte an, für die sie zusätzlich zu den ökologischen Anforderungen des verwendeten Labels noch eigene Kriterien definiert und sich selbst auferlegt haben, um die ökologische Wirkung des Produkts noch weiter zu erhöhen (vgl. z. B. Greenpeace energy 2012).

Zudem erlauben – mit Ausnahme des Grüner Strom-Labels – alle Ökostromzertifikate dem Anbieter je nach individuellem Anspruch unterschiedlich strenge Kriterien für sein angebotenes Produkt auszuwählen. Insbesondere die beiden TÜV-Gesellschaften lassen hier eine große Wahlfreiheit zu. Diese für den Anbieter komfortable Entscheidungsfreiheit bedeutet aber zugleich, dass ein einziges Label für unterschiedliche ökologische Qualitätsansprüche stehen kann. Ein Kunde kann also nicht grundsätzlich davon ausgehen, dass zwei Ökostromangebote mit demselben Ökostrom-Label zwangsläufig auch dieselben Kriterienansprüche erfüllen. Er muss sich folglich aktiv mit der Materie beschäftigen, um entsprechend abwägen zu können.

Tabelle 9.1 bietet eine zusammenfassende Übersicht über die untersuchten Ökostrom-Label.

Ökostrommodelle

a. Händlermodell

Nach dem Händlermodell garantiert ein Ökostromanbieter seinen Kunden eine Stromversorgung aus regenerativer Erzeugung. Eine weit verbreitete Ausgestaltungsvariante des Händlermodells besagt, dass ein bestimmter Anteil des gelieferten Stroms aus Neuanlagen stammen muss. Das sind in der Regel Anlagen, die nicht älter als sechs Jahre sind. Auf diese Weise sollen Investoren und Betreiber von EE-Anlagen zum Ausbau regenerativer Erzeugungskapazitäten angereizt werden (IZES gGmbH 2014b).

Da die physische Lieferung einer bestimmten EE-Strommenge hin zum Kunden über das öffentliche Stromnetz technisch nicht möglich ist, muss der Versorger belegen, dass er Besitzrechte an den Ökostromeigenschaften in ausreichender Menge vorhält (Öko-Institut 2007).

Dieser Nachweis erfolgt gemäß den Regeln der Stromkennzeichnung anhand von Herkunftsnachweisen, die unabhängig von physisch gelieferten Strommengen bilanziell gehandelt und übertragen werden können (EU-Richtlinie 2009/28/EG).

b. Fondsmodell

Beim Fondsmodell wird auf den Endkundenpreis ein bestimmter Aufschlag erhoben. Die so erzielten Aufpreiserlöse werden in einem Fonds gesammelt, aus dem Investitionen in neue regenerative Erzeugungsanlagen getätigt werden, die nach dem EEG nicht wirtschaftlich betrieben werden können (Hamburg Institut Consulting 2013).

Strom, der auf Basis des Fondsmodells geliefert wird, muss weder physisch noch bilanziell (per Herkunftsnachweis) aus EE-Anlagen stammen. Wird Strom aus EE-Anlagen geliefert, stellt dies eine Kombination des Fonds- und des Händlermodells dar (Öko-Institut 2007).

c. Initiierungsmodell

Bei Stromlieferungen nach dem Initiierungsmodell versorgen Anbieter ihre Kunden mit Strom, der wie auch beim Fondsmodell nicht notwendigerweise aus regenerativer Erzeugung stammen muss. Der ökologische Zusatznutzen soll dadurch entstehen, dass der Versorger ein besonderes Engagement in der Initiierung von EE-Anlagen zeigt. Dabei dürfen bestehende Refinanzierungsmechanismen wie das EEG genutzt werden. Auf diese Weise soll die Kontroverse zwischen staatlicher EE-Förderung und dem freiwilligen Ökostrommarkt überwunden werden (IZES gGmbH 2014b). Über Ökostrom-Labels können weitere Anforderungen gestellt werden. Beispielsweise müssen Stromversorger, die gemäß dem Kriterienkatalog des ok-Power-Labels zertifiziert werden möchten, nachweisen, dass 60 % der gelieferten Strommengen durch selbst initiierte Anlagen regenerativ erzeugt und ins Stromnetz eingespeist werden (Öko-Institut 2014).

Tab. 9.1 Zertifikate im Bereich Ökostrom

Zertifikat	Zertifizierende Stelle	Ökostrommodell	Bekanntheitsgrad	Ökologische Anforderungen	Vermarktungsbewertung
Grüner Strom-Label	Grüner Strom Label e. V.	Fondsmodell mit Händlerkomponente	Gering	Hoch	Mittel
Ok-power-Label	EnergieVision e. V. + unabhängiger Gutachter	Je nach Ausgestaltung Händler-, Fonds- und/oder Initiierungsmodell	Gering	Hoch	Mittel
Produkt EE01/ EE02	TÜV Süd Industrie Service GmbH	Händlermodell mit Fondskomponente/ Fondsmodell mit Händlerkomponente	Hoch (TÜV)	Mittel bis hoch	Mittel bis hoch
Geprüfter Ökostrom	TÜV Nord Cert GmbH	Je nach Ausgestaltung Händlermodell sowie Fondsmodell mit Händlerkomponente	Hoch (TÜV)	Niedrig bis hoch	Mittel bis hoch

Übersicht der Produktzertifikate im Bereich Ökostrom

9.3.1.1 Grüner Strom-Label (Grüner Strom Label e. V.)

Zweck des Zertifikats

Der Grüner Strom Label e. V. (GSL e. V.) zertifiziert Ökostromprodukte nach dem Fondsmodell mit Händlerkomponente. Produkte, die nach den Kriterien des Grüner Strom Label e. V. zertifiziert werden sollen, müssen demnach definierte Strommengen aus Erneuerbaren Energien enthalten. Darüber hinaus fließt ein festgelegter Betrag in die Errichtung von regenerativen Anlagen oder Energieeffizienzmaßnahmen und infrastrukturelle Maßnahmen zur Systemintegration der Erneuerbaren Energien (Grüner Strom Label 2014a).

Anforderungen
Es werden zwei verschiedene Zertifikate angeboten: „Grüner Strom-Label Gold" (GSL Gold) und „Grüner Strom-Label Silber" (GSL Silber). Neben unterschiedlichen Anforderungen an das anbietende Unternehmen gelten die folgenden grundlegenden Anforderungen an das zu zertifizierende Stromprodukt (Grüner Strom Label 2012a):

- Das GSL Gold fordert die ausschließliche Versorgung mit regenerativ erzeugtem Strom sowie die Investition eines festgelegten Förderbetrags in Projekte aus dem Bereich Erneuerbare Energien.
- Das GSL Silber erlaubt einen Stromanteil von bis zu 50 % aus fossil betriebenen KWK-Anlagen. Die restlichen Strommengen müssen aus Erneuerbaren Energien stammen. Eine ähnliche Aufteilung gilt auch für die Verwendung des Förderbetrags. Hiervon dürfen bis 50 % in den Bau von KWK-Anlagen fließen. Der Rest des Förderbetrags muss für Projekte aus dem Bereich Erneuerbarer Energien verwendet werden. Aktuell existieren jedoch keine Produkte mit GSL Silber, da der GSL e. V. die Zertifizierung ausgesetzt hat.

Beide Zertifikate erlauben nur eine gekoppelte Stromlieferung. Eine Lieferung, bei der die Quelle der Herkunftsnachweise und die Quelle der physischen Stromlieferung verschieden sind, wird nicht akzeptiert.

Um eine Zertifizierung zu erhalten, muss das anbietende Unternehmen die notwendigen Informationen an den GSL e. V. übermitteln, der die Angaben überprüft. Sofern die Kriterien eingehalten werden, wird das Label für den Rest der Zertifizierungsperiode erteilt (Grüner Strom Label 2014b). Nach der ersten Periode und anschließend alle zwei Jahre müssen Unterlagen eingereicht werden, auf Basis derer ein unabhängiges wissenschaftliches Institut ein Gutachten erstellt. Darauf aufbauend entscheidet der GSL e. V. über die Verlängerung der Zertifizierung (Grüner Strom Label 2014c).

Anbieter/zertifizierende Stelle
Der GSL e. V. wird von sieben gemeinnützigen Verbänden getragen. Dazu gehören der Bund für Umwelt- und Naturschutz (BUND), die Europäische Vereinigung für Erneuerbare Energien (Eurosolar), der Naturschutzbund Deutschland (NABU), der Deutsche Naturschutzring (DNR), die Verbraucher Initiative, die deutsche Sektion der Internationalen Ärzte für die Verhütung des Atomkrieges/Ärzte in sozialer Verantwortung und die NaturwissenschaftlerInnen-Initiative „Verantwortung für Frieden und Zukunftsfähigkeit".

Zielgruppe und Vermarktbarkeit
Innerhalb der traditionellen Ökostromszene hat das Grüner Strom-Label einen sehr hohen Bekanntheits- und Beliebtheitsgrad. Aus der Ökostromumfrage 2013 lässt sich ableiten, dass rund 29 % aller Ökostromanbieter das Grüner Strom-Label im Angebot haben (Energie & Management 2013a). Außerhalb dieser Gruppe ist das Siegel nur wenigen

Stromkunden bekannt (DIW econ 2012). Aus diesem Grund sowie angesichts der strengen ökologischen Anforderungen des Labels kann von einer mittleren Vermarktbarkeit ausgegangen werden.

9.3.1.2 ok-power-Label (EnergieVision e. V.)

Zweck des Zertifikats

Laut Angaben des EnergieVision e. V. werden mit dem Label „ok-power" Transparenz und Verbraucherschutz im Ökostrommarkt verfolgt. Die Kriterien der Zertifizierung sollen sicherstellen, dass die mit dem Label ausgezeichneten Ökostromangebote einen garantierten Nutzen für die Umwelt darstellen. Dies soll insbesondere durch die vertragliche Belieferung der Kunden mit Strom aus Erneuerbaren Energien und einem Beitrag zur Ausweitung der Stromerzeugung aus Erneuerbaren Energien erreicht werden (EnergieVision 2014a).

Anforderungen

Nach Auffassung des EnergieVision e. V. reicht die vertragliche Belieferung mit Ökostrom ohne eine Ausweitung der Stromerzeugung aus Erneuerbaren Energien nicht aus, um einen Nutzen für die Umwelt zu erzeugen. Aus diesem Grund wurden für das ok-power-Label weitergehende Kriterien definiert, von denen zwei als wesentliche Elemente dargestellt werden. Das erste Element ist die „Forderung nach einer Minimierung der negativen ökologischen Auswirkungen der Erzeugungsanlagen", z. B. durch Fischtreppen bei Wasserkraftwerken. Das Zweite ist die unabhängige Überprüfung der Angaben der Stromanbieter im Zuge der Zertifizierung sowie eine korrekte Information der Kunden über die Produkte.

Die Zertifizierung kann für alle drei marktrelevanten Ökostrommodellarten (vgl. Abschn. 9.3.1) durchgeführt werden. Für jedes dieser Modelle gelten spezifische Anforderungen z. B. an Art und Altersstruktur der Erzeugungsanlagen im Händlermodell (EnergieVision 2014a).

Anbieter/zertifizierende Stelle

Das ok-power-Label wird durch den Verein EnergieVision e. V. vergeben. Der Verein wird gemeinsam von der Verbraucherzentrale Nordrhein-Westfalen und dem Öko-Institut getragen. Ein Zertifizierungsablauf besteht im Wesentlichen aus fünf Schritten. Nach einer Prüfung der Eignung des Ökostromangebots nach den Kriterien des Labels wird ein Vertrag zwischen Ökostromanbieter und EnergieVision e. V. geschlossen. Daraufhin wird ein unabhängiger Gutachter beauftragt, der das Ökostromangebot entsprechend den Kriterien im Detail prüft. Das Testat des Gutachters wird anschließend beim EnergieVision e. V. eingereicht und nochmals geprüft. Am Ende des Kalenderjahres erfolgt eine Nachprüfung (EnergieVision 2014b).

Zielgruppe und Vermarktbarkeit

Die Zertifizierung „ok power" richtet sich prinzipiell an alle Ökostromlieferanten, die eines der drei Geschäftsmodelle – Initiierungsmodell, Händlermodell oder Fondsmodell – anwenden. Wie das Grüner Strom-Label ist auch das ok-power-Label in der Ökostromszene sehr bekannt. 32 % aller Ökostromanbieter bieten Produkte an, die mit dem Label ausgezeichnet sind (Energie & Management 2013a). Analog zum GSL lässt sich diese Bekanntheit nicht auf das Gros der Stromkunden übertragen. In Anbetracht der gehobenen ökologischen Anforderungen wird die Vermarktbarkeit somit ebenfalls mit „mittel" bewertet.

9.3.1.3 Produkt EE01/EE02 (TÜV Süd Industrie Service GmbH)

Zweck des Zertifikats

Der TÜV Süd zertifiziert aktuell Ökostromprodukte nach dem eigenen Standard CMS 80 in zwei Ausführungen: „Produkte EE01" (Händlermodell mit optionaler Fondsmodellkomponente) sowie „Produkt EE02" (Fondsmodell mit Händlermodellkomponente). Beide Produktzertifizierungen zielen auf eine Förderung des Erhalts und Ausbaus Erneuerbarer Energien durch Verpflichtung des Zertifikatnehmers zum Klimaschutz und zum EE-Ausbau. Mit dem Motiv der Entlastung überregionaler Transportleitungen kann in beiden Zertifizierungen optional das Modul „Regionalität" zur Gewährleistung von Mindestanteilen aus regionaler erneuerbarer Energieerzeugung hinzugefügt werden.

Anforderungen

In zwei separaten Kriterienkatalogen (EE01, EE02) erörtert der TÜV Süd die Anforderungen zur Zertifizierung des Ökostromproduktes. Die Kriterienkataloge gliedern sich in allgemeine Anforderungen (zu Unternehmenspolitik, Kommunikation und Organisation), spezielle Anforderungen und das optionale Zusatzmodul „Regionalität". Beide Zertifikate (EE01 sowie EE02) beinhalten die Anforderung, dass der Ökostrom vollständig aus Erneuerbaren Energien stammen muss und auf eindeutig identifizierbare Quellen zurückgeführt werden kann. Der Nachweis der Stromquelle muss seit Inbetriebnahme des Herkunftsnachweisregisters über dieses erfolgen. Etwaige Preisaufschläge des Ökostromprodukts, die nicht durch die Mehrkosten der Einbindung Erneuerbarer Energien gerechtfertigt sind, müssen zu mindestens zwei Dritteln der Förderung des Klimaschutzes zugutekommen. Sofern das Modul „Regionalität" gewählt wird, muss ferner ein Mindestanteil aus regionalen Stromquellen von 60 % des Jahresverbrauchs erfüllt werden. Weitere Anforderungen werden differenziert nach den Produkten EE01 und EE02 dargestellt.

- **EE01:** Für die Energiebilanz gilt hinsichtlich der erneuerbaren Erzeugung ein Bilanzzeitraum von maximal zwölf Monaten. In Bezug auf das Anlagenalter gilt, dass 30 % der Erzeugungsanlagen zum Zeitpunkt der erstmaligen Zertifikatserteilung nicht älter als 36 Monate sind. Insgesamt darf eine Anlage 120 Monate nach Inbetriebnahme im Portfolio verbleiben. Optional zur Erfüllung des Neuanlagenanteils kann der Zertifi-

katnehmer einen Beitrag je Kilowattstunde abgesetzten Stroms in einen Förderfonds zahlen.
- **EE02:** Die primäre Anforderung ergibt sich hier aus der zeitgleichen Bereitstellung der Ökostromerzeugung zum Verbrauch. Abhängig von üblichen Zeiteinheiten der nationalen Energiewirtschaft ist dabei die kürzest mögliche Einheit zu wählen[5]. Ein zusätzlicher Preisaufschlag zur Neuanlagenförderung ist optional.

Allgemein eröffnen die Kriterienkataloge an mehreren Stellen Optionen, weitere und ggf. strengere Kriterien einzuführen. Somit stellen die Kataloge zunächst Basisanforderungen dar, die durch den Ökostromvertrieb nach Wunsch anspruchsvoller gestaltet werden können.

Anbieter/zertifizierende Stelle
Der Zertifizierstelle „Klima und Energie" der TÜV Süd Industrie Service GmbH zertifiziert die Erfüllung der ausgewiesenen Kriterienkataloge. Auditoren werden durch TÜV-Süd-Mitarbeiter geschult und durchlaufen einen jährlichen Erfahrungsaustausch.

Zielgruppe und Vermarktbarkeit
Der eigene Standard CMS 80 richtet sich als Produktzertifizierung allgemein an Stromversorger, die Ökostromprodukte vermarkten möchten (TÜV Süd 2013b, c). Durch zusätzliche optionale Anforderungen kann der Zertifikatnehmer die Wertigkeit des eigenen Produkts erhöhen. Entsprechend können, je nach individueller Ausgestaltung, die ökologischen Anforderungen dieses Labels als mittel bis hoch eingestuft werden. Die hohe Bekanntheit des TÜV Süd rührt originär aus Bereichen wie z. B. der Kraftfahrzeugüberprüfung oder der Prüfung von Fahrgeschäften, eine Assoziation zum Stromsektor kann als naheliegend angenommen werden (vgl. DIW econ 2012). Da somit auch der Bekanntheitsgrad als hoch eingeordnet werden kann, resultiert eine mittlere bis hohe Vermarktbarkeit der Ökostromprodukte. Zum aktuellen Zeitpunkt sind die beiden Label bei rund 18 % der einschlägigen Anbieter, die an der Umfrage teilgenommen haben, im Portfolio vertreten (Energie & Management 2013a).

9.3.1.4 Geprüfter Ökostrom (TÜV Nord Cert GmbH)

Zweck des Zertifikats
Die Zertifizierungsrichtlinien nach dem eigenen Standard A75-S026-1 beschreiben die Kriterien für die Vergabe des Prüfzeichens „Geprüfter Ökostrom" der TÜV Nord Cert GmbH. Die Zertifizierung orientiert sich laut Angaben des TÜV Nord am Verbraucherwunsch eines größeren Beitrags der Ökostromanbieter am Ausbau und der Förderung regenerativer Erzeugungsanlagen sowie einem steigenden Stromanteil aus neueren regenerativen Erzeugungsanlagen. Der Standard erlaubt die alternative Zertifizierung eines Händler- oder Fondsmodells.

---
[5] in Deutschland viertelstündlich.

Anforderungen
Der Kriterienkatalog des Standards gliedert die Anforderungskriterien in die Nachweispflichten zur Erzeugung und Herkunft, die Bilanzierung und Vermarktung des zertifizierten Stromproduktes sowie die Kundenkommunikation. Explizit wird darauf hingewiesen, dass die aufgeführten und geprüften Kriterien lediglich Mindestvoraussetzungen und -anforderungen darstellen und nach Kundenwunsch ergänzt werden können.

Der im Rahmen des zertifizierten Stromproduktes verwendete Strom muss vollständig aus Erneuerbaren Energien (gemäß Definition der nationalen Gesetzgebung) gewonnen werden. Der Nachweis der Stromquelle muss über das Herkunftsnachweisregister belegt werden. Ein zusätzlicher Beitrag zur Förderung wird wahlweise dadurch erbracht, dass ein Anteil von 33 % des bereitgestellten Stromes aus Anlagen stammt, die nicht älter als sechs Jahre alt sind oder ein Förderbeitrag in den Zubau neuer Anlagen zur regenerativen Stromerzeugung investiert wird. Die Ausgeglichenheit von Stromverbrauch und -lieferung muss nach maximal zwölf Monaten erreicht sein. Der Weg des zertifizierten Stromes von der Erzeugung zum Verbraucher ist lückenlos nachzuweisen; im Falle des Nachweises mit Zertifikaten wird der Weg der Zertifikate auf Transparenz geprüft.

Anbieter/zertifizierende Stelle
Die TÜV Nord Cert GmbH zertifiziert nach Beauftragung durch den Kunden diesen in fünf Schritten. Nach einer Dokumentprüfung auf die grundsätzliche Zertifizierungsfähigkeit findet ein Audit beim Anbieter vor Ort statt. Über diese Tätigkeiten wird ein Bericht verfasst und der Zertifizierungsstellenleitung zur Prüfung und Freigabe vorgelegt; bei einer positiven Entscheidung erfolgt die Ausstellung der Zertifikate. Innerhalb der dreijährigen Vertragslaufzeit erfolgen zwei weitere Überwachungsaudits.

Zielgruppe und Vermarktbarkeit
Als Zielgruppe für die freiwillige Zertifizierung verweist der TÜV Nord auf Unternehmen, die Ökostrom aus Erneuerbaren Energien erzeugen sowie Ökostromprodukte an Endkunden oder andere Energieversorgungsunternehmen weitervermarkten (TÜV Nord 2014c). Analog zu den Produkten des TÜV Süd kann der Zertifikatnehmer insbesondere durch additive, optionale Anforderungen die Wertigkeit des eigenen Produkts erhöhen.

Vergleichbar zur Bekanntheit des TÜV Süd kann auch die des TÜV Nord als hoch angesetzt werden. Aufgrund der nur geringen ökologischen Anforderungen in der Mindestausgestaltung lässt sich diese Bewertungsgröße, erneut abhängig von der individuellen Ausgestaltung, in der Spannbreite von niedrig bis hoch einstufen. In der Gesamtbetrachtung kann eine mittlere bis hohe Vermarktbarkeit angenommen werden.

In der Ökostrombranche genießt das „Geprüfte Ökostromprodukt" des TÜV Nord den gleichen Verbreitungsgrad wie das Grüner Strom-Label (29 % der Ökostromangebote). Hierzu muss jedoch ergänzend erwähnt werden, dass das Label auch teilweise Produkte auszeichnet, die zusätzlich auch nach dem ok-power- oder dem Grüner Strom-Label zertifiziert sind (Energie & Management 2013a). Eine Übersicht über die Ökostrom-Produktzertifikate bietet Tab. 9.1.

9.3.2 Kompensationsgas/Biogas

Auch auf dem Gasmarkt werden Produkte mit einem ökologischen Zusatznutzen entsprechend vermarktet und unter einer Vielzahl unterschiedlicher Bezeichnungen angeboten. Dabei lassen sich zwei Kategorien unterscheiden (IFEU 2013):

- **Kompensationsgas:** Erdgasprodukte, bei denen die verbrennungsbedingten Treibhausgasemissionen durch Emissionszertifikate aus Klimaschutzprojekten kompensiert werden (vgl. Infokästchen „CO2-Zertifikate"). Bei diesen Produkten wird die Anzahl an Emissionsberechtigungen erworben und entwertet, die der Emissionsmenge entspricht, die beim Verbrauch des Produkts erzeugt wird. Bezeichnungen sind hier „Kompensationsgas", „Ökogas", „Klimagas" oder „Naturgas".
- **Biogas:** Gasprodukte, denen ein Anteil regenerativ erzeugten Gases aus Abfällen oder nachwachsenden Rohstoffen beigemischt wird. Solche Gasprodukte werden, auch wenn der Anteil an regenerativ erzeugtem Gas tatsächlich in der Regel nur 5 bis 10% beträgt (Energie & Management 2013), meist mit dem Präfix „Bio" versehen, z. B. „Biogas", „Biomethan" oder „Bio-Erdgas".

Allerdings ist der Öko- und Biogasmarkt im Vergleich zum Ökostrommarkt noch sehr jung. Manche der hier vertretenen Zertifikate sind nur wenige Monate auf dem Markt, sodass ihr Bekanntheitsgrad noch als sehr gering einzuschätzen ist. So wurde im Januar 2014 das erste Gasprodukt mit dem Grünes Gas-Label ausgezeichnet (Grüner Strom Label 2013). Die Ergebnisse der Ökogasumfrage 2013 der Zeitschrift *Energie & Management* zeigen, dass zum aktuellen Zeitpunkt nur die Zertifikate des TÜV Nord nennenswert im Markt vertreten sind. Von 60 Kompensationsgasanbietern, die an der Umfrage teilgenommen haben, bieten über 60% TÜV-Nord-zertifizierte Produkte an, während die anderen hier vorgestellten Zertifikate bisher in keiner relevanten Größenordnung vertreten sind. Ähnlich verhält es sich im Biogasmarkt. Hier bietet etwas mehr als die Hälfte der in der Umfrage vertretenen Unternehmen (36) TÜV-Nord-zertifizierte Gasprodukte an. Bis auf wenige Ausnahmen hat der Rest der Teilnehmer keine Produktzertifikatverwendung angegeben (Energie & Management 2013b)[6].

Eine zusammenfassende Übersicht der im Folgenden vorgestellten Zertifikate bietet Tab. 9.2.

CO2-Zertifikate

Dem Begriff „CO2-Zertifikat" werden einerseits Emissionsberechtigungen aus dem europäischen Emissionshandel (ETS) zugeschrieben. Andererseits werden auch Zertifikate aus Emissionsreduktionsprojekten nach dem Kyoto-Protokoll (Clean Development Mechanism und Joint Implementaion) sowie aus freiwilligen Reduk-

---

[6] Anmerkung: Die Umfrage spiegelt den Markt nicht repräsentativ wider, da nicht alle angefragten Unternehmen an der Umfrage teilgenommen haben.

tionsprojekten als CO2-Zertifikate bezeichnet. Während ein ETS-Zertifikat seinen Besitzer zum Ausstoß einer Tonne CO2-Äquivalent berechtigt, bescheinigt ein Zertifikat aus Reduktionsprojekten, dass durch die Projekte, auf die es sich bezieht, eine Tonne CO2-Äkquivalent eingespart wurde (z. B. durch Wiederaufforstung eines Waldgebietes, durch die Umsetzung von Energieeffizienzmaßnahmen in einem Entwicklungsland u. v. m.)

Für Kompensationsprodukte, wie Kompensationsgas, kommen in der Regel Zertifikate des freiwilligen Marktes zur Anwendung, die in verschiedenen Standards unterschiedliche hohe ökologische und teils auch soziale Anforderungen definieren. Diese schlagen sich im Preis der Zertifikate nieder. So kostet der anspruchsvolle Gold-Standard, der vom WWF und anderen Nichtregierungsorganisationen entwickelt wurde, rund das Dreifache des Verified Carbon Standards (VCS), der vergleichsweise geringe ökologische Kriterien aufweist und z. B. keine Anforderungen im sozialen Bereich definiert hat. Aufgrund dieser Preisdifferenzen ist der VCS der weltweit verbreitetste Kompensationsstandard mit einer Abdeckung von weit über 70 % im Markt der freiwilligen Zertifikate (IFEU 2013).

Tab. 9.2 Zertifikate im Bereich Ökogas

Zertifikat	Zertifizierende Stelle	Kategorie	Bekanntheitsgrad	Ökologische Anforderungen	Vermarktungsbewertung
Grünes Gas-Label	Grüner Strom Label e. V	Biogas	Gering	Hoch	Mittel
Bio-Erdgas	TÜV Nord Cert GmbH	Biogas	Hoch (TÜV)	Niedrig bis hoch	Mittel bis hoch
Produkt GM	TÜV Süd Industrie Service GmbH	Biogas	Hoch (TÜV)	Niedrig bis hoch	Mittel bis hoch
Klimaneutrale Gasverbrennung	TÜV Nord Cert GmbH	Kompensationsgas	Hoch (TÜV)	Niedrig bis hoch	Mittel bis hoch

Übersicht der Produktzertifikate im Bereich Ökogas

9.3.2.1 Grünes Gas-Label (Grüner Strom Label e. V.)

Zweck des Zertifikats
Der Verein Grüner Strom Label e. V. zertifiziert neben Ökostrom auch Biogasprodukte. Mit der Grünes Gas-Label-Zertifizierung (GGL) werden laut dem Kriterienkatalog des Labels drei Ziele verfolgt. Dazu gehören die Gewährleistung einer nachhaltigen Produktion von Biogas, der Aufbau einer regionalen, dezentralen Produktions- und Vertriebsstruktur sowie die Schaffung hoher Transparenz für den Verbraucher über die Herkunft des Biogases (Grüner Strom Label 2012b). Grundsätzlich werden beim GGL keine Kompensationsgasprodukte zertifiziert (s. Abschn. 9.3.4).

Anforderungen
Die Anforderungen der Zertifizierung betreffen die Art und Weise der Produktion, der Verwendung und des Vertriebs des Biogases. Die Bewertung, ob ein bestimmtes Gasprodukt die Anforderungen zur Zertifizierung einhält, erfolgt neben einigen Ausschlusskriterien (z. B. ist der Einsatz von gentechnisch manipulierten Organismen oder problematischen Pflanzenschutzmitteln und Wirtschaftsdüngern aus Massentierhaltung verboten) anhand einer Punktebewertung auf Basis eines Kriterienkatalogs. Die Kriterien umfassen Anforderungen bezüglich der Bereitstellung von Rohstoffen, der Verarbeitung der Rohstoffe zu Biogas, der Transportentfernungen von Nebenprodukten und der Distribution des Biogases. Es werden darüber hinaus Anforderungen an eine transparente Produktkommunikation gestellt. Das zertifizierte Biogas muss mindestens einen Anteil von 10 % an der Produktzusammensetzung ausmachen (Grüner Strom Label 2012b).

Anbieter/zertifizierende Stelle
Das Zertifikat wird von dem Verein Grüner Strom Label e. V. angeboten, der auch das gleichnamige Ökostrom-Label verwaltet. Wie bereits in Abschn. 9.3.1.1 beschrieben wurde, wird der Verein durch verschiedene Umweltorganisationen getragen.

Zielgruppe und Vermarktbarkeit
Das GGL richtet sich an Energieversorger, die ein Gasprodukt mit einem Anteil von nachhaltigem Biogas von 10 % anbieten möchten (Grüner Strom Label 2014d). Das Zertifikat fungiert als Qualitätsmerkmal, welches – neben der Steigerung der Informationstransparenz – kundenwirksam zu Vermarktungszwecken genutzt werden kann. Anspruchsvolle ökologische Kriterien wirken sich positiv auf die Vermarktbarkeit aus. Beim noch geringen Bekanntheitsgrad besteht noch Potenzial hinsichtlich der Beeinflussung der Vermarktbarkeit, sodass diese mit „mittel" zu bewerten ist.

9.3.2.2 Bio-Erdgas (TÜV Nord Cert GmbH)

Zweck des Zertifikats
Der TÜV Nord zertifiziert sowohl Biogas- als auch Kompensationsgasprodukte (vgl. Abschn. 9.3.2.4). Bei der Zertifizierung von Bio-Erdgas steht die Konformität mit den Vorgaben des EEG, des EEWärmeG sowie den Förderbedingungen im Kraftstoffsektor im Vordergrund (IFEU 2013). Anhand der TÜV-Zertifizierung „Geprüftes Bio-Erdgas" können Gaslieferanten einen bilanziellen Methananteil aus erneuerbaren Energiequellen für ihr Gasprodukt nachweisen (TÜV Nord 2014a).

Anforderungen
Die Anforderungen, die für eine Zertifizierung erfüllt sein müssen, umfassen die Offenlegung der Herkunft und des bilanziellen Anteils des Methans im Gasprodukt sowie den Nachweis der Bilanzierungsart. Darüber hinaus werden Investitionen in den Ausbau der Nutzung erneuerbarer Energiequellen gefordert.

Anbieter/zertifizierende Stelle
Die Zertifizierung von Bio-Erdgas erfolgt ähnlich wie die TÜV-Zertifizierung von Ökostrom (siehe Abschn. 9.3.1.4). Die TÜV Nord Cert GmbH zertifiziert nach Beauftragung durch den Kunden in fünf Schritten. Nach Übermittlung der Unterlagen folgt die Prüfung der Dokumente und Nachweise des Kunden. Daraufhin findet ein Audit beim Kunden vor Ort statt, bei dem die Bilanz verifiziert und die Kriterien überprüft werden. Je nach Ergebnis des Audits müssen Korrekturmaßnahmen beim Kunden umgesetzt werden. Abschließend erfolgt die Erstellung eines Abschlussberichtes und des Zertifikats. Das Zertifikat ist drei Jahre gültig. Während dieser Zeitspanne erfolgen jährliche Überwachungsaudits (TÜV Nord 2014a).

Zielgruppe und Vermarktbarkeit
Als Zielgruppe wird durch die den TÜV Nord auf Gaslieferanten verwiesen, die ein EEG-konformes Gasprodukt an Endkunden, Stadtwerke oder an Gasversorgungsunternehmen verkaufen möchten (TÜV Nord 2014a). Der hohe Bekanntheitsgrad des TÜV Nord lässt sich entsprechend gut vermarkten. Der ökologische Beitrag der zertifizierten Gasprodukte ergibt sich aus der Höhe des Anteils des beigemischten Biogases. Da das Zertifikat selbst die Höhe des Anteils nicht definiert, kann dieser je nach Anbieter zwischen 1 und 100 % schwanken. Die Vermarktbarkeit divergiert entsprechend.

9.3.2.3 Produkt GM (TÜV Süd Industrie Service GmbH)

Zweck des Zertifikats
Der TÜV Süd zertifiziert Biogasprodukte nach dem eigenen Standard CMS 92 unter dem Begriff „Produkt GreenMethane" oder kurz „Produkt GM". Die Zertifizierung verfolgt dabei verschiedene Zwecke. Dazu gehören die Realisierung möglicher Förderansprüche des Gasproduzenten, die Dokumentation der Möglichkeiten einer Energieversorgung mit umweltschonenden Produkten sowie die Bescheinigung für die Kunden des Gasproduktes über den Förderanspruch nach § 27 EEG (Gasaufbereitungsbonus).

Die Zertifizierung konzentriert sich auf die Konformität mit den Anforderungen der Biokraftstoff-Nachhaltigkeitsverordnung (BioKraft-NachV), der Biomassestrom-Nachhaltigkeitsverordnung (BioSt-NachV) und der 36. Verordnung zur Durchführung des Bundes-Immissionsschutzgesetzes (36. BImSchV). Die Zertifizierung (d. h. der geforderte Nachweis über die Nachhaltigkeit der Produktion) als Voraussetzung für Steuerentlastungen oder die Anrechnung auf die Biokraftstoffquote erfolgt anhand der Zertifizierungssysteme REDcert (vgl. Abschn. 9.2.2.2) oder ISCC (vgl. Abschn. 9.2.3.1) (TÜV Süd 2014).

Anforderungen
Wie bei den TÜV Süd-Ökostromzertifizierungen definiert auch der Biogasstandard des TÜV Süd allgemeine, spezielle sowie optionale Anforderungen. Unter den allgemeinen Anforderungen ist v. a. die Forderung an eine Unternehmenspolitik zu nennen, die sich die Förderung des Klimaschutzes sowie den Ausbau und den Erhalt der Erneuerbaren

Energien zum Ziel gesetzt hat. Zu den speziellen Anforderungen zählt die Prüfung nach dem Kriterienkatalog des eigenen Standards „Erzeugung GM" (vgl. Abschn. 9.2.2.1) oder eines vergleichbaren Kriterienkataloges. Zudem wird ein „GreenMethane-Produkt" als ein Gasprodukt definiert, das mindestens 10 % Biomethan enthalten muss. Dies muss durch die jährliche Überprüfung der Biomethanliefermengen sowie der abgesetzten und zu vertreibenden Produktmengen durch den Anbieter gewährleistet werden. Weiter zusätzliche Anforderungen werden an geeignete Kommunikationsmittel zur Information der Kunden sowie zur Bewerbung des Produktes gestellt.

Neben der grundlegenden Produktzertifizierung „GM" werden noch zwei weitere Ausprägungen zertifiziert, deren Anforderungen in den optionalen Anforderungen des Standards festgelegt sind: „Produkt GM + B" für GreenMethane-Produkte gemäß Biokraftstoff-Nachhaltigkeitsverordnung (BioKraft-NachV) sowie „Produkt GM + EE" für Biogasprodukte, die zu 100 % aus erneuerbarer Erzeugung und Aufbereitung stammen.

Anbieter/zertifizierende Stelle
Die Durchführung der Biogasproduktzertifizierung des TÜV Süd obliegt ebenso wie beim Ökostrom der Zertifizierstelle „Klima und Energie" der TÜV Süd Industrie Service GmbH (TÜV Süd 2011).

Zielgruppe und Vermarktbarkeit
Die GreenMethane-Zertifizierung richtet sich konkret an die folgenden Akteure:

- Betreiber von Biogasanlagen mit eigenem BHKW, Biogaseinspeise- und Power-to-Gas-Anlagen
- Händler von eingespeistem Biogas
- Anbieter von Endkundenprodukten mit einem Anteil an eingespeistem Biogas

Der ökologische Beitrag variiert in Abhängigkeit der gewählten optionalen Anforderungen und kann entsprechend von gering bis hoch bewertet werden. Der Bekanntheitsgrad richtet sich auch hier nach dem der zertifizierenden TÜV-Organisation und lässt somit auf eine mittlere bis hohe Vermarktbarkeit schließen.

9.3.2.4 Klimaneutrale Gasverbrennung/Klimaneutrales Gasprodukt (TÜV Nord Cert GmbH)

Zweck des Zertifikats
Die Zertifikate „Klimaneutrale Gasverbrennung" und „Klimaneutrales Gasprodukt" dienen laut TÜV Nord dazu, dass Gasanbieter die klimaneutrale Lieferung ihres Produktes herausstellen können. Bei der Zertifizierung „Klimaneutrale Gasverbrennung" umfasst der Bilanzierungsrahmen lediglich die Verbrennung des Gases. Die Zertifizierung „Klimaneutrales Gasprodukt" umfasst zusätzlich die Vorkette zur Bereitstellung des Gases. In beiden Fällen wird die Kompensation der entstandenen Treibhausgasemissionen veri-

fiziert. Zu diesem Zweck werden CO2-Zertifikate aus Klimaschutzprojekten (vgl. Infokästchen „CO2-Zertifikate") in entsprechendem Umfang gekauft und stillgelegt (TÜV Nord 2014b).

Anforderungen
Die Anforderungen einer Zertifizierung umfassen die Erstellung eines CO2-Fußabdrucks und den Entwurf eines Monitoringkonzepts für das entsprechende Gasprodukt. Diese Aufgabe kann durch den Kunden selbst oder durch einen zu beauftragenden Berater erfolgen. Zusätzlich müssen CO2-Zertifikate aus Klimaschutzprojekten in ausreichender Menge vorgehalten werden, um die bilanzierten Treibhausgasemissionen kompensieren zu können (TÜV Nord 2014b).

Anbieter/zertifizierende Stelle
Die Zertifizierung erfolgt durch die TÜV Nord Cert GmbH nach der Beauftragung in fünf Schritten. Zunächst werden Rahmenbedingungen wie Zielstellungen, Kriterien und Systemgrenzen abgestimmt. Anschließend erfolgt ein Audit vor Ort samt Prüfung des eingereichten Monitoringkonzepts und des berechneten Carbon Footprints. Nachdem identifizierte Abweichungen korrigiert wurden, wird die Beschaffung und Stilllegung der Emissionszertifikate geprüft. Abschließend wird ein Bericht erstellt und das Zertifikat samt Prüfzeichen vergeben. Die Zertifizierung hat eine Gültigkeit von einem Jahr (TÜV Nord 2014b).

Zielgruppe und Vermarktbarkeit
Die Zertifizierung richtet sich laut TÜV Nord an Gasanbieter, die ihr Produkt gegenüber Wettbewerbern hervorheben möchten, indem sie die klimaneutrale Lieferung des Erdgases in den Fokus rücken (TÜV Nord 2014b). Der ökologische Nutzen ist abhängig vom Standard der verwendeten Emissionszertifikate und schwankt von gering bis hoch (vgl. Infokästchen „CO2-Zertifikate"). Aufgrund des hohen Bekanntheitsgrades der TÜV-Organisation ist die Vermarktbarkeit zwischen mittel und hoch einzuschätzen. Eine Übersicht der Ökogas-Produktzertifikate ist in Tab. 9.2 aufgeführt.

9.4 Aktuelle Herausforderungen und Lösungsansätze

Die Ökostrombranche befindet sich momentan in einer Krise, was u. a. auf zwei Gründe zurückzuführen ist: stagnierende Kundenzahlen (vgl. Kübler 2014) und eine zunehmende Skepsis seitens der Kunden bez. des tatsächlichen ökologischen Nutzens der angebotenen Ökostrommodelle (Hamburg Institut Consulting 2013).

Ein wesentlicher Grund für den fehlenden Kundenzuwachs ist die Tatsache, dass immer mehr traditionelle Versorger Teile ihrer Kundenportfolios standardmäßig auf Ökostrom umstellen, ohne dass sie hierfür einen Aufpreis in Rechnung stellen. Möglich wird dies durch den Kauf sehr günstiger Herkunftsnachweise aus dem Ausland, mit denen das eigene Graustromangebot quasi „vergrünt" und als Ökostrom vermarktet werden kann. Da solche Ökostromprodukte in der Regel keine zusätzlichen ökologischen Anforderungen wie insbesondere das Neuanlagenkriterium erfüllen müssen, stammen die eingekauften Herkunftsnachweise zumeist aus alten Wasserkraftanlagen, die seinerzeit unabhängig von der Ökostromnachfrage errichtet wurden (IZES gGmbH 2014b).

Dennoch kann davon ausgegangen werden, dass Bestandskunden, die bereits mit dem Gedanken gespielt haben, zu einem Ökostromanbieter zu wechseln, die Umstellung bei ihrem bisherigen Versorger zumindest teilweise positiv bewerten und ihre Wechselentscheidung überdenken. Der fehlende ökologische Nutzen ist dabei – wie bereits in Abschn. 9.1 dargestellt – nur für einen kleinen Teil der Kunden von Bedeutung.

Den traditionellen Ökostromanbietern, die bisher von der Wechselbereitschaft ökologisch orientierter Stromkunden profitiert haben, geht durch diese Strategie ein Teil ihrer potenziellen Kunden verloren – aktuelle Schätzungen sprechen hier von rund 20 % (Köpke 2013).

Hinzu kommt die Tatsache, dass die Wechselbereitschaft der Kunden auch dadurch gehemmt wird, dass auch Ökostromprodukte mit strengen ökologischen Kriterien zunehmend kritischer gesehen werden (vgl. Kübler 2014). Zum einen ist dies darauf zurückzuführen, dass der zweifelhafte Nutzen von „vergrüntem" Graustrom der gesamten Branche ein Glaubwürdigkeitsproblem eingebracht hat. Zum anderen begründet sich die Kritik durch die Tatsache, dass die ursprünglich gedachte Zubauwirkung für Erneuerbare-Energien-Anlagen durch die Nachfrage nach Ökostrom deutlich hinter den Erwartungen zurückgeblieben ist und v. a. im Vergleich mit den Erfolgen des EEG als äußerst gering bezeichnet werden kann (Hamburg Institut Consulting 2013).

Die Branche hat dies erkannt und diskutiert aktuell unterschiedliche Modellansätze, die dazu beitragen sollen, einen Ausweg aus der Krise zu finden. Vier dieser Ansätze werden im Folgenden in zusammengefasster Form vorgestellt. Wird beim ersten Modell ein ökologischer Zusatzbeitrag durch einen korrigierenden Eingriff in das europäische Emissionshandelssystem (ETS) angestrebt, steht bei den nachfolgenden in erster Linie die Systemintegration der Erneuerbaren Energien als ökologischer Zusatznutzen im Vordergrund.

9.4.1 Klimastrom-/Klimagasmodell

Das Klimastrom-/Klimagasmodell ist ein Ende 2013 zur Diskussion gestellter Konzeptvorschlag der IZES gGmbH, die Zahlungsbereitschaft von Letztverbrauchern mit nachhaltiger Konsumausrichtung, die über den Preis eines durchschnittlichen konventionellen Produkts hinausgeht, direkt für den Aufkauf von Zertifikaten aus dem europäischen Emissionshandel (EU-ETS) zu nutzen.

Hintergrund ist die Tatsache, dass der Preis für Emissionszertifikate, dessen Anstieg für eine stetige Verknappung der Zertifikate sorgen soll, bisher in seiner Höhe weit hinter den Erwartungen zurückgeblieben ist und daher keine oder nur wenige positive Effekte für den Klimaschutz in Form von Maßnahmen zur Emissionsreduzierung ausgelöst wurden. Aufgrund von zahlreichen, frei zugeteilten Zertifikaten, Überschüssen aus der Wirtschaftskrise sowie hohen externen Emissionsminderungsgutschriften während der zweiten Handelsphase (2008–2012) sind zudem auch langfristig lediglich moderate Preissteigerungen zu erwarten. Das Klimastromkonzept soll dem korrigierend entgegenwirken.

Ein Anbieter müsste dafür seine Produkte so gestalten, dass der Kunde ähnlich dem Fondsmodell (vgl. Exkurs Abschn. 9.3.1) einen bestimmten Aufschlag pro Produkteinheit zahlt, der ausschließlich zum Kauf von Emissionszertifikaten aus dem EU-ETS verwendet wird. Die gekauften Zertifikate werden anschließend stillgelegt und im offiziellen Register der Emissionshandelsstelle entwertet. Damit würde diesen Zertifikaten keine CO_2-Emission mehr gegenüber stehen und die innerhalb des Emissionshandels erlaubte Menge würde für alle Teilnehmer reduziert. Auf diese Weise soll den Konsumenten eine Möglichkeit geschaffen werden, durch direktes Eingreifen in das marktwirtschaftliche Instrument des EU-ETS eine Absenkung der Emissionsobergrenze, unabhängig von politischen Zielsetzungen, zu erreichen.

Der Unterschied zu Kompensationsprodukten besteht darin, dass die erzielte ökologische Wirkung nicht auf eine Kompensation des Energieverbrauchs abzielt, sondern in dem Beitrag zur sukzessiven Verbesserung der Wirkung des Emissionshandels besteht. Je stärker diese Wirkung ausfällt, umso größer wird der ökologische Beitrag durch Erhöhung des CO_2-Preises infolge der Verknappung der Zertifikate.

Grundsätzlich ist eine Verzahnung jedes Produkts mit dem Emissionshandel gemäß der Konzeptidee denkbar. Produkte wie Strom und Gas, bei deren Herstellung oder Verbrauch besonders viel CO_2 erzeugt wird und die in großen Mengen konsumiert werden, eignen sich jedoch nach Auffassung von IZES sowohl aufgrund der zur erwartenden Wirkung als auch unter Marketinggesichtspunkten besonders für die Umsetzung der Idee (IZES gGmbH 2013).

9.4.2 Ökostrommarktmodell

Als einen Beitrag zur Weiterentwicklung des EEG präsentierten die Ökostromanbieter Elektrizitätswerke Schönau, Greenpeace Energy und Naturstrom Anfang des Jahres 2014 das Ökostrommarktmodell (ÖMM), welches insbesondere ambitionierte Ökostromanbieter adressieren soll. Über die bisherigen Vermarktungsansätze „Vermarktung des EEG-Stroms durch die Übertragungsnetzbetreiber" und „Direktvermarktung" hinausgehend, zielt das ÖMM verstärkt auf die Integration der Erneuerbaren Energien in das Endkundenprodukt und die Synchronisation von Nachfrage und erneuerbarer Erzeugung ab. Überdies setzt das Modell einen Anreiz, auch die Stromqualität und die damit verbundenen Erlöspotenziale zu nutzen.

Die teilnehmenden Vertriebe müssen in diesem Modell den Kundenbedarf mindestens zu dem Anteil aus erneuerbarer Erzeugung decken, der sich aus dem Verhältnis der Erzeugung aus Erneuerbaren Energien zum nicht privilegierten Letztverbrauch[7] ergibt (im Jahr 2014: 39 %).

Dieser Anteil soll dabei ausschließlich durch fluktuierende Erneuerbare Energien erbracht werden. Die Optimierung der Aufteilung auf Wind- und PV-Anlagen sowie die Auswahl von Einzelanlagen obliegt dem jeweiligen Vertrieb[8]. Hierzu nehmen die teilnehmenden Vertriebe EEG-Anlagen unter Vertrag und vergüten diese entsprechend des Marktwertes[9] analog zum Marktprämienmodell (die Marktprämie entrichtet weiterhin der Übertragungsnetzbetreiber an den Anlagenbetreiber). Zur Strukturierung der Endkundenprodukte werden Bedarf und Angebot aufeinander abgestimmt, verfügbare Flexibilitätsoptionen erschlossen und verbleibende Restmengen am Markt beschafft. Gegen die Entrichtung einer Ökostromzahlung, die zur Entlastung des EEG-Umlagekontos und somit der EEG-Umlage beiträgt, erhalten die Vertriebe Herkunftsnachweise entsprechend des Strombezuges aus den kontrahierten Erneuerbare-Energien-Anlagen. Die Ökostromzahlung wurde zunächst auf 2,5 €/MWh festgelegt, was im Jahr 2014 deutlich über dem Preis für EECS-Herkunftsnachweise liegt und somit das Qualitätskriterium verdeutlichen soll. Sofern Überschussmengen aus Erneuerbaren Energien im Bilanzierungszeitraum von einer Viertelstunde nicht durch den eigenen Bedarfslastgang (oder den anderer Teilnehmer des ÖMM im Austausch) kompensiert werden können, verpflichtet sich der Vertrieb, eine sogenannte Integrationszahlung für diese Strommenge an das Umlagekonto zu entrichten. Somit soll ein wirtschaftlicher Anreiz die Integrationsaufgabe verstärken. Bei erheblicher Übererfüllung des EEG-Anteils durch viele Lieferanten im Ökostrommarktmodell könnte es zu einer Verzerrung gegenüber Kunden außerhalb des ÖMM kommen, der durch eine Skalierung der Ökostromzahlung entgegengewirkt werden soll.

Durch den Erhalt der Qualität des EEG-Stromes sowie der Möglichkeit einer direkten Endkundenbelieferung eröffnen sich interessierten Stadtwerken, Ökostromanbietern und Bürgerenergiegenossenschaften neue Möglichkeiten in der Produktentwicklung. Hierbei kann auch die Regionalität im Sinne einer Belieferung von „Strom aus der Region" herausgestellt werden. Als mögliches Hemmnis der Teilnahmebereitschaft werden neben den Integrationszahlungen die resultierenden Flexibilitätskosten der Prognoseunsicherheiten angeführt (LBD 2014).

---

[7] Hierunter werden Stromverbraucher verstanden, die im Rahmen der besonderen Ausgleichsregelung des EEG nur eine reduzierte EEG-Umlage zahlen müssen.

[8] Eine technologiescharfe Unterteilung des fEE-Mindestanteils findet in diesem und den beiden folgenden Modellen nicht statt. Dies könnte ggf. dazu führen, dass vornehmlich „integrationsfreundliche" Anlagen und Technologien beansprucht werden und für später teilnehmende Vertriebe nicht mehr zur Verfügung stehen.

[9] Somit sollten vor allem Anlagen mit niedrigen Marktwerten bevorzugt werden. Da der Marktwert von Windenergie in der Regel unter dem der Erzeugung durch PV liegt, besteht ein größerer Anreiz, Windkraftanlagen zu integrieren. Dem steht die tendenziell leichtere Integrationsmöglichkeit von PV, insbesondere bei Lastgängen mit mittäglichen Lastspitzen, gegenüber.

9.4.3 Kundenmarktmodell

Anfang 2014 veröffentlichte die Clean Energy Sourcing GmbH (CLENS) einen Vorschlag für ein „optionales und kostenneutrales Direktvermarktungsmodell zur Versorgung von Stromkunden": Marktintegration von Strom aus Erneuerbaren Energien durch Einbeziehung in den Wettbewerb um Kunden (kurz: Kundenmarktmodell).

Durch die auf das Börsensegment fokussierte Marktintegration sowie die Abschaffung des „Grünstromprivilegs" (§ 39 EEG) besteht gegenwärtig keine wirtschaftliche Möglichkeit einer Integration und Ausweisung des vermarkteten EEG-Stroms durch die Vertriebe. Mit dem Kundenmarktmodell wird eine Möglichkeit aufgezeigt, wie die Integration des Stroms aus EEG-Anlagen in die langfristigen Beschaffungsportfolien der Stromvertriebe wieder angereizt werden könnte. Die Grundidee ist die eigenständige Vermarktung von Strom aus förderfähigen EEG-Anlagen außerhalb des EEG-Vergütungs- und Umlagesystems. Demnach können Vertriebe – unter Einhaltung bestimmter Kriterien – ohne die Beanspruchung einer zusätzlichen Vergütung Strom von EEG-Anlagenbetreibern erwerben und sich aufgrund dessen von der Teilnahmeverpflichtung am EEG-Umlagesystem befreien. Gleichzeitig verbleibt der Anspruch auf den Strom sowie die Herkunftsnachweise (Ökostromeigenschaft des Stromes) bei ihnen. Über die direkte Einbindung eines hohen Anteils an Wind- und Solarenergieanlagen in das Beschaffungsportfolio würden die Vertriebe einen aktiven Beitrag zur Integration der fluktuierenden Erzeugung leisten.

Zur Wahrung der Kostenneutralität ist eine Besserstellung der teilnehmenden Vertriebe gegenüber den im EEG-Umlagesystem verbleibenden Vertrieben zu vermeiden. Sollten EEG-Anlagen und -technologien mit über- oder unterdurchschnittlichen Vergütungskosten eingebunden werden, sind die jeweiligen Differenzen zu verrechnen. Somit spielt die individuelle Vergütungshöhe keine Rolle für die Anlagenauswahl.[10] Der Vertrieb zahlt für jede Kilowattstunde integrierten EEG-Stroms die durchschnittliche EEG-Vergütung. Hinsichtlich der zu berücksichtigenden EEG-Menge ist mindestens der dem Bundesdurchschnitt entsprechende EE- sowie fEE-Anteil am Stromabsatz nicht privilegierter Letztverbraucher einzubinden. Diese Einbindung muss für den Zeitraum eines Jahres sowie zusätzlich für acht Einzelmonate[11] nachgewiesen werden. Die einzuhaltenden Kriterien für das Kundenmarktmodell werden dabei zur Planungssicherheit jährlich im Voraus festgelegt.

Das Modell adressiert die Marktrolle der Lieferanten/Vertriebe mit der Verantwortung zur Integration des Stroms aus Erneuerbaren Energien. Dies ist deshalb eine plausible Akteurswahl, da ihnen an der Schnittstelle zwischen Erzeugung, Verbrauch und Großhandel

---

[10] Der Argumentation folgend, dass die Einspeisung aus PV-Anlagen zum einen zuverlässiger (als Windenergie) prognostiziert werden kann und zum anderen in Zeiten hoher Nachfrage eintritt, könnte sie aufgrund der technologieunabhängigen Durchschnittsvergütung in diesem Modell präferiert werden.

[11] Damit soll die kontinuierliche Anwendung des Modells sichergestellt und vermieden werden, dass etwa nur in wenigen Monaten der Jahresbedarf an EEG-Strom eingekauft wird.

eine breite Palette von Instrumenten zur Verfügung steht, um insbesondere die fluktuierende Erzeugung aus Windenergie und Photovoltaik auszugleichen. Hierzu gehören nicht nur die kurz- und langfristigen Produkte der Großhandelsmärkte, sondern insbesondere auch die Beeinflussung der Erzeugungsseite über die Steuerung von dezentralen KWK-Anlagen, der Einsatz von Stromspeichern und die Beeinflussung des Kundenverbrauchsverhaltens (Stichwort Lastmanagement) (CLENS 2014a, b, c).

9.4.4 Grünstrommarktmodell

Das Ökostrommarktmodell sowie das Kundenmarktmodell sind zwei verschiedene Ausgestaltungen einer gemeinsamen Intention beider Initiatoren: der Systemintegration insbesondere der fluktuierenden Erneuerbaren Energien durch die Vertriebe. Nachdem es vor der Erarbeitung der vorstehenden, separat entwickelten Modelle bereits eine gemeinsame Bestrebung zu einem Grünstrommarktmodell gab, wurde dieser gemeinschaftliche Ansatz im Frühjahr 2014 wieder aufgegriffen. Somit verlieren die beiden vorgestellten Modelle in der Alleinstellung nicht ihre Bedeutung, vielmehr wurde eine Lösung gefunden, die wesentliche Elemente beider Modelle in einem gemeinsamen Grünstrommarktmodell verbindet. Das Grünstrommarktmodell wird demnach durch Naturstrom, Greenpeace Energy, EWS und Clean Energy Sourcing als gemeinsamer Vorschlag für ein optionales und kontenneutrales Direktvermarktungsmodell präferiert. Hierzu wurden aus dem Kundenmarktmodell die Spotmarktunabhängigkeit[12] und aus dem Ökostrommarktmodell der besondere Integrationsanreiz durch die Integrationszahlung übernommen.

Nach dem Grünstrommarktmodell wird es den Vertrieben ermöglicht, aus dem EEG-Umlagesystem auszusteigen, sofern sie einen definierten Mindestanteil an EEG-Strom direkt und ohne Förderung durch das EEG-Umlagesystem von Anlagenbetreibern einkaufen. Hierbei orientieren sich die Mindestanteile für EEG-Strom sowie Strom aus Wind- und PV-Anlagen am bundesweit aktuellen Verhältnis aus Erzeugung und umlagepflichtigem Letztverbrauch[13]. Analog zum Kundenmarktmodell muss zur Wahrung der Kostenneutralität für den Strom, den die Versorger zur Erfüllung der Mindestanteile anrechnen können, die durchschnittliche EEG-Vergütung (die durchschnittlichen Kosten des insgesamt über das EEG-System geförderten Stroms) entrichtet werden. Differenzen aufgrund der Einbindung von EEG-Anlagen mit höheren oder niedrigeren Vergütungszahlungen werden zwischen dem Versorger und dem EEG-Konto bzw. dem zuständigen Übertragungsnetzbetreiber verrechnet. Eine Erfüllung der Mindestanteile in Übereinstimmung mit dem

---

[12] Dies zielt auf die im Voraus prognostizierbaren Kosten des zu integrierenden EEG-Stromanteils ab. Energiemengen, die zum Ausgleich der erwarteten erneuerbaren Einspeisung beschafft werden müssen, unterliegen jedoch weiterhin den schwankenden Preisen des kurzfristigen Handels.

[13] Im Gegensatz zur vollständigen Erbringung des Mindestanteils durch fluktuierende EE-Erzeugung, wie im Ökostrommarktmodell gefordert, wurde hier die Anforderung des Kundenmarktmodells (Anteile aus regelfähiger und fluktuierender Erzeugung) übernommen.

Kundenmarktmodell ist weiterhin in der Jahresbilanz sicherzustellen, die Anforderung der Erfüllung in acht Einzelmonaten wurde aufgehoben. Stattdessen wurde eine Strafzahlung (Integrationszahlung) in Höhe von 2 ct/kWh für die EEG-Strommengen eingeführt, deren Integration auf Viertelstundenbasis nicht mehr möglich war. Das Interesse der Vertriebe liegt nun in der Vermeidung dieser Strafzahlung, wodurch möglichst kostengünstige Möglichkeiten für den flexiblen Ausgleich gesucht werden. Die verbliebenen Überdeckungen, die etwa börslich veräußert oder mit Ausgleichsenergie abgedeckt und pönalisiert wurden, können jedoch zur Erfüllung der jährlichen Mindestanteile angerechnet werden. Da Anlagenbetreiber in diesem Modell keine Zahlungen aus dem EEG-Umlagesystem erhalten, sollen sie für diesen Strom Herkunftsnachweise erhalten und ihn als Strom aus Erneuerbaren Energien verkaufen dürfen. Eine weitere Präzisierung dieses Vorhabens ist in der laufenden Bearbeitung. Im Besonderen betrifft dies die exakten Anforderungen sowie die Abwicklung und Kontrolle der Integrationszahlung (CLENS 2014d, e).

Aus den Publikationen zu den drei vorstehenden Marktmodellen geht nicht eindeutig hervor, welche Konsequenz die Verfehlung der jeweiligen Mindestanteile nach sich zieht. Dies ist jedoch ein nicht unwesentlicher wirtschaftlicher Aspekt, da z. B. eine Nichterfüllung im Grünstromprivileg (§ 39 EEG 2012) zu einer vollständigen Nachzahlung der EEG-Umlagebefreiung führte.

> **Fazit**
> **Abschließende Bewertung und Ausblick**
> Wie unter Abschn. 9.1 dargestellt, ist der ökologische Zusatznutzen auch unter Vermarktungsgesichtspunkten ein wichtiger Aspekt für den Erfolg eines entsprechend gestalteten Strom- oder Gasprodukts. Die zuvor dargestellten Modellansätze bieten neue Möglichkeiten zur Generierung eines solchen Zusatznutzens bei der Ausgestaltung zukünftiger Ökostromprodukte jenseits schwer zu quantifizierender Zubauanreize. Sie könnten somit einen wichtigen Beitrag für die Branche leisten, einen Weg heraus aus der aktuellen Stagnation zu finden.
>
> Beim Klimastrommodell steht und fällt die Wirksamkeit mit der Weichenstellung hinsichtlich der Fortführung des europäischen Emissionshandels. Dass ein entsprechend gestaltetes Produkt noch im Rahmen der aktuellen, 2020 endenden Handelsperiode sowie angesichts eines Zertifikatüberschusses von erwarteten 2 bis 2,8 Mrd. (Neuhoff und Schopp 2013) zum Ende der Periode eine signifikante Wirkung erzielen kann, ist eher zu bezweifeln.
>
> Interessant wäre der Ansatz jedoch im Hinblick auf die vierte Handelsperiode ab 2021. Deren Ausgestaltung ist zum aktuellen Zeitpunkt allerdings nur bedingt einschätzbar. Eine zentrale Rolle spielt hier die Frage, ob Zertifikate aus Emissionsreduktionsprojekten weiterhin im ETS berücksichtigt werden können (siehe Exkurs CO_2-Zertifikate in Abschn. 9.3.2). Erste Beschlüsse hierzu sind frühestens 2015 zu erwarten. Zudem steht die Frage im Raum, inwieweit die geplante Marktstabilitätsreserve dem Mechanismus des Klimastrommodells entgegenwirken würde. Diese soll, nach aktuel-

lem Stand der Diskussionen und Vorschläge, dem Zweck dienen, die jeweilige jährliche Versteigerungsmenge an Zertifikaten in einem Bereich zwischen 400 bis 833 Mio. stabil zu halten (Europäische Kommission 2014). Sollte dies so oder in ähnlicher Form umgesetzt werden, würde die erhoffte Wirkung eines Klimastrom- oder Gasproduktes deutlich abgeschwächt werden.

Konkreter sehen die Umsetzungsmöglichkeiten für die vorgestellten Marktmodelle, insbesondere das Grünstrommarktmodell, aus. Aus der Beschlussempfehlung zum EEG vom 26. Juni 2014 wird mit einer Verordnungsermächtigung in § 95 Nr. 6 ermöglicht, eine Verordnung zu erlassen, welche die Umsetzung eines Grünstrommarktmodells erlaubt. Konkret wird dabei die Einführung eines „System[s] zur Direktvermarktung von Strom aus Erneuerbaren Energien" adressiert, bei der dieser Strom als „Strom aus Erneuerbaren Energien" gekennzeichnet werden kann.

Weitere eindeutige Querverbindungen zum Grünstrommarktmodell sind in den aufgeführten erforderlichen Regelungen zu finden: Mindestanteile aus Windenergie und PV-Anlagen in den Portfolien der EVU (§ 95 Nr. 6 aa), die Ermöglichung zur Ausstellung von Herkunftsnachweisen (§ 95 Nr. 6 d) oder die vollständige oder teilweise Befreiung von EEG-Umlage durch die Zahlung der durchschnittlichen Kosten des Stroms aus Erneuerbaren Energien (§ 95 Nr. 6 f) (Bundesregierung 2014).

Ob eine entsprechende Verordnung zustande kommen und zu einer weiteren Diversifizierung oder gar einer Neuausrichtung der Ökostrombranche beitragen wird, wird die nahe Zukunft zeigen. Sicher ist allerdings bereits jetzt: Es werden dann ganz neue, mitunter komplexe Anforderungen an die Ausgestaltung zukünftiger Zertifikate gestellt werden.

Literatur

AIB. 2014a. Certificates supported. http://www.aib-net.org/portal/page/portal/AIB_HOME/CERTIFICATION/Types_certificate. Zugegriffen: 26. Juni 2014.
AIB. 2014b. AIB. http://www.aib-net.org/portal/page/portal/AIB_HOME. Zugegriffen: 27. Juli 2014.
Bundesregierung. 2014. Beschlussempfehlung und Bericht des Ausschusses für Wirtschaft und Energie (9. Ausschuss). Drucksache 18/1891 vom 26.06.2014. Berlin.
CLENS. 2014a. Marktintegration von Strom aus Erneuerbaren Energien durch Einbeziehung in den Wettbewerb um Kunden. http://www.clens.eu/fileadmin/Daten/Veroeffentlichungen/140211_Kundenmarktmodell_CLENS.pdf. Zugegriffen: 9. Juli 2014.
CLENS. 2014b. Echtzeitwälzung: Strom aus Erneuerbaren Energien in den Wettbewerb um Kunden integrieren. Vortragsfolien 3. IZES Energiekongress am 12.03.2014. Saarbrücken.
CLENS. 2014c. Versorgung von Stromkunden mit Strom aus Erneuerbaren Energien. Vortragsfolien 4. MCC-Kongress Erneuerbare Energien am 06.05.2014. Berlin.
CLENS. 2014d. Das Grünstrommarktmodell – Vorschlag für ein optionales und kostenneutrales Direktvermarktungsmodell zur Versorgung von Stromkunden. http://www.clens.eu/fileadmin/Daten/Veroeffentlichungen/Gruenstrommarktmodell_CLENS.pdf. Zugegriffen: 9. Juli 2014.

CLENS. 2014e. Grünstrommarktmodell: EEG-Strom in den Wettbewerb um Stromkunden integrieren. http://www.clens.eu/fileadmin/Daten/Veroeffentlichungen/Praes_Gruenstrommarktmodell_I.pdf. Zugegriffen: 10. Juli 2014.
DENA. 2014a. Biogas-Nachweise. https://www.biogasregister.de/startseite/informationen/biogasnachweise.html. Zugegriffen: 5. Sept. 2014.
DENA. 2014b. Biogasregister Deutschland – Kriterienkatalog. https://www.biogasregister.de/fileadmin/bioregister/content/dateien/Vertragswerk/Kriterienkatalog/2013_12_06_Kriterienkatalog_Biogasregister.pdf. Zugegriffen: 05. Sept. 2014.
DIW econ. 2012. Potentiale für Ökostrom in Deutschland. http://diw-econ.de/en/wp-content/uploads/sites/2/2014/03/DIWecon_HSE_Oekostrom.pdf. Zugegriffen: 4. Juli 2014.
Energie & Management. 2013a. Übersicht der Ökostromtarife in Deutschland. Auswertung der jährlichen Ökostromumfrage der Fachzeitschrift „Energie & Management". Per E-Mail erhalten am: 24. Juli 2013.
Energie & Management. 2013b. Anbieter von Erdgas mit Biomethananteilen sowie reinem Biomethan. Auswertung der jährlichen Ökogasumfrage der Fachzeitschrift „Energie & Management". Per E-Mail erhalten am: 16. Juli 2013.
EnergieVision. 2014a. Kriterien für das Gütesiegel „ok-power" für Ökostrom. http://www.ok-power.de/fileadmin/download/Kriterienkataloge/ok-power-Kriterien_7-3_v2.pdf. Zugegriffen: 9. Juli 2014.
EnergieVision. 2014b. Für Energieversorger – Zertifizierungsablauf. http://www.ok-power.de/energieversorger/infos.html. Zugegriffen: 9. Juli 2014.
European Energy Exchange. 2013a. Rahmenbedingungen für Herkunftsnachweise in Deutschland. http://cdn.eex.com/document/136091/Haendlerworkshop_GoOs_DE.pdf. Zugegriffen: 11. Juli 2014.
European Energy Exchange. 2013b. Handel von Herkunftsnachweisen ab 06. Juni 2013 an der EEX. https://www.eex.com/de/about/newsroom/news-detail/eex–handel-mit-herkunftsnachweisen-startet-am-6-juni/61016. Zugegriffen: 25. Juni 2014.
Europäische Kommission. 2014. Questions and answers on the proposed market stability reserve for the EU emissions trading system. http://europa.eu/rapid/press-release_MEMO-14-39_en.pdf. Zugegriffen: 22. Juli 2014.
FSC Arbeitsgruppe Deutschland e. V. 2012. Deutscher FSC-Standard. http://www.fsc-deutschland.de/download.fsc-waldstandard.21.pdf. Zugegriffen: 18. Juli 2014.
Greenpeace energy. 2012. Kriterien von Greenpeace für sauberen Strom. http://www.greenpeace-energy.de/fileadmin/docs/zertifizierung/gp_kriterien.pdf. Zugegriffen: 16. Juli 2014.
Grüner Strom Label. 2012a. Kriterienkatalog 2012. http://www.gruenerstromlabel.de/index.php?eID=tx_nawsecuredl&u=0&t=1404395089&file=fileadmin/dateien/PDF-Dokumente/GSL_Kriterienkatalog_2012.pdf&hash=b25267421b85bb733bd0dd5204bc57aa25daa2f0. Zugegriffen: 2. Juli 2014.
Grüner Strom Label. 2012b. Kriterienkatalog 2012. http://www.gruenerstromlabel.de/index.php?eID=tx_nawsecuredl&u=0&t=1404464584&file=fileadmin/dateien/PDF-Dokumente/GGL_Kriterienkatalog_2012.pdf&hash=5 f0dd1c5e144baf276c181973704c580e9283355. Zugegriffen: 4. Juli 2014.
Grüner Strom Label e. V. 2013. Erste Biogasprodukte erhalten Grünes Gas Label. http://www.gruenerstromlabel.de/aktuelles/newsansicht/?tx_ttnews[tt_news]=154&cHash=d7779129b55daf3aa756392553c43f89. Zugegriffen: 2.Juli 2014.
Grüner Strom Label. 2014a. Häufig gestellte Fragen (FAQ). http://www.gruenerstromlabel.de/faq/. Zugegriffen: 2.Juli 2014.
Grüner Strom Label. 2014b. Weg zur Zertifizierung. http://www.gruenerstromlabel.de/gruener-strom-label/fuer-energieversorger/weg-zur-zertifizierung/. Zugegriffen: 2. Juli 2014.

Grüner Strom Label. 2014c. Ablauf der Zertifizierung. http://www.gruenerstromlabel.de/gruener-strom-label/fuer-energieversorger/ablauf-der-zertifizierung/. Zugegriffen: 2. Juli 2014.

Grüner Strom Label. 2014d. Ziele und Hintergrund – Schauen was dahinter steckt. http://www.gruenerstromlabel.de/gruenes-gas-label/ziele-und-hintergrund/warum-biogas/. Zugegriffen: 4. Juli 2014.

Hamburg Institut Consulting. 2013. Weiterentwicklung des freiwilligen Ökostrommarktes. http://www.ok-power.de/uploads/media/Projektbericht_Zukunft_fOEM_final_v2.pdf. Zugegriffen: 30. Juni 2014.

IFEU. 2013. Ökologische Bewertung von Ökogas-Produkten – Hintergrundpapier für den Energie-Vision e. V. http://www.ok-power.de/uploads/media/Hintergrundpapier_Oekogas-Produkte_01.pdf. Zugegriffen: 4. Juli 2014.

ISCC. 2014a. Über ISCC. http://www.iscc-system.org/iscc-system/ueber-iscc/. Zugegriffen: 26. Juni 2014.

ISCC. 2014b. FAQ Zertifizierung – Wofür wird eine ISCC-Zertifizierung benötigt? http://www.iscc-system.org/iscc-system/faq/zertifizierung/#c127. Zugegriffen: 26. Juni 2014.

ISCC. 2014c. FAQ Zertifizierung – Welche Kriterien liegen einer ISCC-Zertifizierung zugrunde? http://www.iscc-system.org/iscc-system/faq/zertifizierung/#c133. Zugegriffen: 26. Juni 2014.

ISCC. 2014d. Sicher nachhaltig und klimafreundlich – ISCC zertifiziert Biomasse und Bioenergie. http://www.iscc-system.org/index.php?eID=tx_nawsecuredl&u=0&file=fileadmin/content/documents/ISCC-System/101109_ISCCFaltblatt_de.pdf&t=1403858549&hash=daace2bb82eaaa19871341acd78b6306456216d2. Zugegriffen: 26. Juni 2014.

ISCC. 2014e. ISCC DE Systemdokumente. http://www.iscc-system.org/zertifizierungs-prozess/iscc-systemdokumente/iscc-de/. Zugegriffen: 26. Juni 2014.

ISCC. 2014f. Zertifizierungsprozess. http://www.iscc-system.org/zertifizierungs-prozess/der-richtige-weg/. Zugegriffen: 26. Juni 2014.

IZES gGmbH. 2013. Verzahnung von Energievertrieb und Emissionshandel – Ein Vorschlag am Beispiel „Klimastrom". http://www.izes.de/cms/upload/publikationen/IZES_Diskussionspapier_Klimastrom.pdf. Zugegriffen: 4. Juli 2014.

IZES gGmbH. 2014a. *Netzwerk Elektromobilität Rheinland-Pfalz – Modul 6a: Ökostrom für Elektromobilität. Im Auftrag des Ministeriums für Wirtschaft, Klimaschutz, Energie und Landesplanung (MWKEL)*, Saarbrücken.

IZES gGmbH. 2014b. Ökostrom in Klimabilanzen. Im Auftrag des EnergieVision e. V., Saarbrücken.

Janssen, M., und U. Hamm. 15–18. März 2011. Zahlungsbereitschaft und Verbraucherpräferenzen für Produkte mit unterschiedlichen Öko-Zertifizierungszeichen. In *Es geht ums Ganze: Forschen im Dialog von Wissenschaft und Praxis Beiträge zur 11. Wissenschaftstagung Ökologischer Landbau, Justus-Liebig-Universität Gießen*, Hrsg. G. Leithold, K. Becker, C. Brock, S. Fischinger, A.-K. Spiegel, K. Spory, K.-P. Wilbois, und U. Williges, 279–280. Berlin: Dr. Köster.

Köpke, Ralf. 2013. Deutliche Abkühlung auf dem Ökostrommarkt. Energie & Management 15. Juli 2013. 9.

Kübler, Knut. 2014. Leistet man durch den Kauf von „Ökostrom" einen Beitrag zur Energiewende in Deutschland? *Energiewirtschaftliche Tagesfragen Heft* 3:43–46.

LBD. 2014. Gutachten zur energiewirtschaftlichen Bewertung des Ökostrom-Markt-Modells. http://www.lbd.de/cms/pdf-gutachten-und-studien/1403-LBD-Gutachten_Oekosstrom-Markt-Modell.pdf. Zugegriffen: 3. Juli 2014.

Manta, M. 2012. *Bedeutung von Gütesiegeln. Einfluss von Involvement auf die Bedeutung von Gütezeichen im Produktbeurteilungsprozess*, 5–10. München: FGM.

Neuhoff, K., und Anne Schopp. 2013. Europäischer Emissionshandel: Durch Backloading Zeit für Strukturreform gewinnen. DIW Wochenbericht Nr. 11.2013, 3–11.

Öko-Institut. 2007. Green Power Labelling – Final REPORT from the project „Clean Energy Network for Europe" (Clean-E). http://www.oeko.de/oekodoc/1480/2007-230-en.pdf. Zugegriffen: 30. Juni 2014.
Öko-Institut. 2014. Zertifizierungsmodelle – Initiierungsmodell. http://www.ok-power.de/energieversorger/zertifizierungsmodelle.html. Zugegriffen: 30. Juni 2014.
PEFC Deutschland e. V. 2014. Produktkettennachweis von Holzprodukten – Anforderungen. https://pefc.de/tl_files/dokumente/fuer_unternehmen/PEFC%20ST%202002-2013%20deutsch.pdf. Zugegriffen: 18. Juli 2014.
RAL. 2014. Grundsätze für Gütezeichen. http://www.ral-guetezeichen.de/fileadmin/lib/pdf/guete/RAL_Grundsaetze_fuer_Guetezeichen.pdf. Zugegriffen: 3. Juli 2014.
REDcert. 2014. Grundsätze der Zertifizierungssystem REDcert-DE und REDcert-EU. http://www.redcert.org/index.php?option=com_content&view=article&id=61:systemdokumente&catid=38&Itemid=67&tmpl=component&format=pdf&lang=En-US. Zugegriffen: 24. Juni 2014.
TÜV Nord. 2014a. Zertifizierung „Geprüftes Bio-Erdgas". http://www.tuev-nord.de/cps/rde/xbcr/SID-EC7D6EDA-040522BF/tng_de/geprueftes-bio-erdgas.pdf. Zugegriffen: 7. Juli 2014.
TÜV Nord. 2014b. Zertifizierungen „Klimaneutrale Gasverbrennung" und „Klimaneutrales Gasprodukt". http://www.tuev-nord.de/cps/rde/xbcr/SID-6B9C03C2-89 C6FF57/tng_de/klimaneutrales-gas.pdf. Zugegriffen: 7. Juli 2014.
TÜV Nord. 2014c. Kriterienkatalog „Geprüfter Ökostrom" nach dem TÜV NORD CERT A75-S026-1. http://www.tuev-nord.de/cps/rde/xbcr/tng_de/kriterienkatalog-oekostrom.pdf. Zugegriffen: 8. Juli 2014.
TÜV Süd. 2011. TÜV SÜD Standard CMS 92 (Version 04/2011). Zertifizierung von GreenMethane – Endkundenprodukten. http://www.tuev-sued.de/uploads/images/1312205296768834110008/92-gm-produkt.pdf. Zugegriffen: 22. Juli 2014.
TÜV Süd. 2012. TÜV SÜD Standard CMS 90 (Version 12/2012) Zertifizierung der Einspeisung von Biomethan in das Erdgasnetz. http://www.tuev-sued.de/uploads/images/1312205299877520370039/90-gm-erzeugung.pdf. Zugegriffen: 23. Juli 2014.
TÜV Süd. 2013a. TÜV SÜD Standard CMS 83 (Version 08/2013) Zertifizierung der Erzeugung von Strom aus Erneuerbaren Energien. http://www.tuev-sued.de/uploads/images/1304059558208964410126/kriterkat-ee.pdf. Zugegriffen: 10. Juni 2014.
TÜV Süd. 2013b. TÜV SÜD Standard CMS 80 (Version 07/2013) Zertifizierung von Stromprodukten aus Erneuerbaren Energien mit mindestens 30 % Neuanlagenanteil (Produkt EE01). http://www.tuev-sued.de/uploads/images/1337578665958523510243/ee01.pdf. Zugegriffen: 8. Juli 2014.
TÜV Süd. 2013c. TÜV SÜD Standard CMS 82 (Version 07/2013) Zertifizierung von Stromprodukten aus Erneuerbaren Energien mit zeitgleicher Lieferung (Produkt EE02). http://www.tuev-sued.de/uploads/images/1337578329085069670207/ee02.pdf. Zugegriffen: 8. Juli 2014.
TÜV Süd. 2014. GreenMethane. Begutachtung und Zertifizierung von Biogas, Biomethan, Power-to-Gas für die gesamte Wertschöpfung. http://www.tuev-sued.de/uploads/images/1389608473587647960212/greenmethane-d.pdf. Zugegriffen: 22. Juli 2014.
UBA. 2013a. Was unterscheidet einen Herkunftsnachweis von einem Ökostromlabel? http://www.umweltbundesamt.de/service/uba-fragen/was-unterscheidet-einen-herkunftsnachweis-von-einem. Zugegriffen: 25. Juni 2014.
UBA. 2013b. Welche Angaben enthält der Herkunftsnachweis?. http://www.umweltbundesamt.de/service/uba-fragen/welche-angaben-enthaelt-der-herkunftsnachweis. Zugegriffen: 25. Juni 2014.
UBA. 2013c. Herkunftsnachweise sorgen für Durchblick im Ökostrommarkt. http://www.umweltbundesamt.de/sites/default/files/medien/press/pd13-002_herkunftsnachweise_sorgen_fuer_durchblick_im_oekostrommarkt.pdf. Zugegriffen: 27. Juni 2013.
UBA. 2014. *Persönliche Auskunft per E-Mail und Telefon.* September 2014.

Prof. Dr. Uwe Leprich studierte Volkswirtschaftslehre an der Universität Bielefeld und der University of Athens, Georgia, USA. Er promovierte 1993 zum Thema „Least-cost Planning" und war von 1987 bis1995 wissenschaftlicher Mitarbeiter im Energiebereich des Öko-Instituts, Freiburg, von 1992 bis 1995 zudem Referent für Energiepolitik im Hessischen Ministerium für Umwelt, Energie und Bundesangelegenheiten. Seit 1995 ist Uwe Leprich Hochschullehrer an der Hochschule für Technik und Wirtschaft des Saarlandes, zuständig für Wirtschaftspolitik und Energiewirtschaft in der Fakultät für Wirtschaftswissenschaften. 1999 Mitbegründer des Instituts für ZukunftsEnergieSysteme (IZES); wissenschaftlicher Leiter des IZES seit 2008. Von 2001 bis 2002 war er sachverständiges Mitglied der Enquete-Kommission des 14. Deutschen Bundestages „Nachhaltige Energieversorgung" Seit 2010 Alternate Board Member of the Agency for the Cooperation of Energy Regulators (ACER) der EU. Spezialgebiete: Ordnungsrahmen der Energiesektoren mit Schwerpunkt Liberalisierung und Regulierung des Stromsektors; Instrumente nationaler und internationaler Energie- und Umweltpolitik; künftige Akteurs- und Marktrollen in der Regenerativwirtschaft.

Patrick Hoffmann studierte Wirtschaftsingenieurwesens am Umweltcampus Birkenfeld der Fachhochschule Trier, Fachrichtung Umweltplanung. Von 2002 bis 2008 war er Marketingleiter der SilverCreations Software AG. Seit 2008 ist er wissenschaftlicher Mitarbeiter im Arbeitsfeld Energiemärkte des Instituts für ZukunftsEnergieSysteme (IZES) mit dem Fokus Nutzergruppenanalysen im Bereich Energieeffizienz-Dienstleistungen. Er ist zudem Projekt- und Konsortialleiter verschiedener energiewirtschaftlicher Forschungsvorhaben zu den Themen Energieeffizienz, Ökostrom, Smart Metering und Elektromobilität.

Martin Luxenburger studierte Wirtschaftsingenieurwesens an der Hochschule für Technik und Wirtschaft des Saarlandes. Praktische Erfahrungen sammelte er in den Bereichen Kraftwerksstandortanalyse und Emissionshandel bei der MVV Energie AG sowie zur Energiemengenbilanzierung im VSE Konzern. Seit 2010 ist er wissenschaftlicher Mitarbeiter des Instituts für ZukunftsEnergieSysteme (IZES) im Arbeitsfeld Energiemärkte sowie Projekt- und Konsortialleiter energiewirtschaftlicher Forschungsvorhaben mit den Schwerpunkten energiewirtschaftliche Geschäfts- und Marktprozesse, Weiterentwicklung des energieökonomischen Regulativs (mit Schwerpunkt EEG), System- und Marktintegration der Erneuerbaren Energien, Geschäftsmodellentwicklungen, Energiehandel sowie Systemdienstleistungen.

Social Media im Grünstrom-Marketing

Harald Eichsteller und Patrick Godefroid

▶ Der Einsatz von Social Media, also von „sozialen Medien", bei der Vermarktung von Grünstrom bietet große Potenziale. Social Media ermöglichen es, die Commodity „Strom", deren Beschaffung Konsumenten früher kaum Beachtung schenkten, in ein hoch emotionalisiertes High-Involvement-Produkt zu verwandeln, für das eine höhere Preisbereitschaft besteht. Zu beachten ist jedoch, dass die Nutzer hohe Anforderungen an die Unternehmen stellen, die mit ihnen über Social Media kommunizieren. Um in sozialen Medien Überzeugungskraft zu entwickeln, ist es notwendig, wahrhaftig und transparent zu agieren. Dies gilt in besonderer Weise für Grünstromunternehmen, da sie Produkte aus den stark emotionalisierten Themenbereichen „Ökologie" und „Nachhaltigkeit" vermarkten. Social Media birgt daher auch Risiken, denn einen Reihe von Beispielen zeigt, dass Unternehmen, die hier nicht vollständig wahrheitsgetreu kommunizieren, von den Nutzern mit großer Emotionalität öffentlich kritisiert werden.

Das vorliegende Kapitel erörtert die Einsatzpotenziale von Social Media für das Grünstrom-Marketing. Dazu wird zunächst genauer auf das Wesen und die Besonderheiten von Social Media eingegangen, bevor unterschiedliche Nutzendimensionen für das Anwendungsfeld „Grünstrom-Marketing" analysiert und beschrieben werden. Als Orientierungsrahmen wird dazu das in Marketingtheorie und -praxis etablierte Kaufphasenprozessmodell verwendet.

H. Eichsteller (✉) · P. Godefroid
Hochschule der Medien, Nobelstraße 10, 70459 Stuttgart, Deutschland
E-Mail: eichsteller@hdm-stuttgart.de

P. Godefroid
E-Mail: godefroid@hdm-stuttgart.de

10.1 Einleitung

Der Begriff „Social Media" wird bereits seit einigen Jahren intensiv mit dem Handlungsfeld des Marketings und der Vermarktung unterschiedlichster Produkte und Dienstleistungen in Verbindung gebracht. Der amerikanische Verleger Tim O'Reilly hatte 2004 mit dem Begriff „Web 2.0" sozusagen eine neue Versionsnummer des Internets eingeführt und sieben Eckpfeiler zukünftiger digitaler Kommunikation postuliert (O'Reilly 2005). Das Web wird dabei als Plattform gesehen, die Nutzung kollektiver Intelligenz löst Einbahnstraßen-Kommunikation ab, die Bedeutung von Daten steigt, das klassische Software-Lebenszyklusmodell stirbt aus, Programmierung wird leichtgewichtiger, Software wird über die Grenzen einzelner Geräte hinaus genutzt und die Erfahrung des Nutzers mit den Anwendungen wird umfassender und interessanter (engl. „rich").

Damit startete eine Ära neuer Kommunikationsformen, die viel stärker auf Interaktivität ausgelegt war und den für das Internet typischen Rückkanal wesentlich intensiver nutzte als dies zuvor der Fall war. Die stärkere Einbeziehung dieses Rückkanals kann dabei nicht unmittelbar an einem konkreten Datum oder am Verbreitungsgrad bestimmter Technologien festgemacht werden. Vielmehr handelte es sich um einen mittelfristigen Übergangsprozess, bei dem zu beobachten ist, dass immer mehr Internetnutzer ihre Rolle aktiver und partizipierender interpretierten als zuvor und sich von bloßen Informationskonsumenten zu aktiven Teilnehmern und Inhaltsproduzenten, sogenannten Prosumenten, wandelten. Internetplattformen, die das geänderte Verhalten der Internetnutzer aufgriffen, indem sie interaktive Funktionen enthielten, zählte man damals zum Web 2.0 und grenzte sie damit von anderen, weniger interaktiven und primär redaktionell betreuten Plattformen ab, die somit implizit einer überholten „ersten Version" des World-Wide-Web zugewiesen wurden.

10.2 Vom Web 2.0 zu Social Media

Social Media hat den Begriff „Web 2.0" in den letzten Jahren in praktisch deckungsgleicher Bedeutung ersetzt. Social Media ist dabei als Begriff zutreffender, denn er betont das entscheidende Merkmal der neuen Internetplattformen, nämlich den sozialen Austausch der Nutzer untereinander. Auch aus der technischen Perspektive ist er zu bevorzugen, da er nicht den auf das World Wide Web (WWW) verweisenden Begriff „Web" enthält. Dies ist insofern relevant, da auf Internetplattformen heute keineswegs mehr nur über das Web (also per Web-Browser) zugegriffen wird. Aktuell ist eine substanzielle Änderung des Verhaltens der Nutzer zu beobachten, die sich vermehrt mobilen Endgeräten wie Smartphones und Tablet-Computern zuwenden und diese nutzen, um auf Social Media zuzugreifen. Um den Nutzern dies in bequemer Weise zu ermöglichen, veröffentlichen viele Betreiber von Social-Media-Plattformen speziell für die jeweiligen Endgeräte angepasste Anwendungsprogramme, sogenannte „Apps". Insbesondere bei sozialen Netzwerken übersteigt die sogenannte mobile Nutzung, also die Nutzung der Plattformen über mobile Endgeräte, bereits die „klassische" Nutzung per PC. So nutzen in Deutschland rund 34 % der Social-Media-Nutzer die Plattformen sowohl per PC als auch per Smartphone und 11 % ausschließlich per Smartphone (Schneller 2013, S. 13). Bei Smartphone-Nutzern ist dabei eine deutlich erhöhte Nutzungsfrequenz und -dauer zu beobachten. 77 % von ihnen sind mehrmals täglich online (PC-Nutzer: 41 %) und sie verbringen durchschnittlich 2,4 h im Internet (PC-Nutzer: 1,7 h), wie eine aktuelle Studie des Instituts für Demoskopie Allensbach darlegt (de Sombre 2013, S. 24).

Das Feld der Social-Media-Plattformen wird in der Literatur unterschiedlich strukturiert. Anhand der in ihnen enthaltenen Funktionalitäten können jedoch relativ klar die Hauptgruppen Soziale Netzwerke, (Micro-)Blogs, Medienportale („Media-Sharing"), Wikis und Bewertungsportale voneinander abgegrenzt werden. In unterschiedlichen Ausprägungen und mit unterschiedlicher Schwerpunktsetzung sind auf all diesen Plattformenarten interaktive Funktionen anzutreffen, die es den Nutzern ermöglichen, Inhalte – ggf. gemeinsam – zu erstellen, untereinander auszutauschen, zu kommentieren und zu bewerten. Von jeder Plattformart ist eine große Zahl unterschiedlicher Vertreter im Markt vertreten, die hinsichtlich ihrer Zielgruppen, ihres thematischen Schwerpunkts und auch hinsichtlich ihres Funktionsumfangs bzw. ihrer Funktionstiefe differieren. Die Zuordnung einzelner Plattformen zu den Plattformarten gelingt nicht immer überschneidungsfrei, da auch Mischformen zu beobachten sind, also Plattformen, die typische Funktionen zweier oder mehrerer Plattformarten in sich vereinen. So könnte beispielweise die populäre Plattform Instagram, auf der Nutzer Fotos mit unterschiedlichen Filtern verfremden und dann hochladen können, sowohl als Microblog als auch als Medienportal eingeordnet werden. Die wichtigsten Eigenschaften und Differenzierungsmerkmale der wesentlichen Plattformarten wurden in den folgenden Abschnitten überblicksartig zusammengestellt.

10.2.1 Soziale Netzwerke

Soziale Netzwerke verbinden Freunde, Bekannte oder auch Fremde mit gleichen Interessen. Auf digitalen Plattformen, die sowohl über Internetbrowser als auch über Apps auf mobilen Endgeräten zugänglich sind, treffen die Teilnehmer aufeinander und tauschen persönliche Daten und Informationen aus, diskutieren oder teilen Inhalte mit der Community.

Social Networks sind vor allem mit dem Web 2.0 entstanden. Meist erfolgt ein Zutritt zur Plattform, indem sich Nutzer registrieren und anmelden sowie ein individuelles Profil erstellen. Das Profil funktioniert ähnlich wie ein virtueller Steckbrief mit persönlichen Informationen. Die größten Communitys haben Facebook und Google+ mit hohen privaten Nutzungsanteilen, XING und LinkedIn sind Business Networks.

Nutzungsintensität und Interaktionsgrad einzelner Nutzer sind naturgemäß unterschiedlich ausgeprägt. Die McKinsey-Berater Hagel und Armstrong publizierten bereits 1997, also sieben Jahre vor der „Erfindung" des Begriffs „Web 2.0" durch Tim O'Reilly, in ihrem bahnbrechenden Buch *Net Gain*, wie Communitys funktionieren (Hagel und

Armstrong 1997). Sie unterschieden in die Nutzertypen Browser, Builder, User, Buyer, wobei die Browser zaghaft und selten das digitale Angebot betrachten, die Builder hingegen die Community zusammenhalten, neue Mitglieder einladen, Inhalte beisteuern und sich in der Community wohlfühlen und dort viel Zeit verbringen. Die User sind öfters als die Browser da, allerdings deutlich weniger aktiv als die Builder, was inhaltliche Beiträge und Transaktionen betrifft. Die Buyer generieren substanzielle Deckungsbeiträge im Bereich der kommerziellen Plattformbestandteile.

Die Forrester-Berater Li und Bernoff haben diese Typologie aufgegriffen (Li und Bernoff 2011) und auf sechs Nutzergruppen erweitert: Inaktive, Zuschauer, Mitmacher, Sammler, Kritiker und Kreative. Interessant für international agierende Unternehmen und Institutionen ist, dass in Europa der Interaktionsgrad der Nutzer wesentlich geringer ausgeprägt ist als in den USA oder Asien. Als die wichtigsten Funktionen von Social Networks gelten Identitätsmanagement, (Experten-)Suche, Kontext-Awareness (Kontext/Vertrauensaufbau), Kontaktmanagement, Netzwerk-Awareness und gemeinsamer Austausch (Kommunikation) (Richter und Koch 2008).

10.2.2 Blogs

Web-Logs entstanden als digitale Tagebücher, die jeder ohne Programmierkenntnisse mit einem einfachen Content-Management-System „aufsetzen" und mit Inhalten „befüllen" kann – für das „Mitmach-Web", wie Web 2.0 auch oft genannt wurde, eine enorm wichtige Emanzipierung aller User. Blogs zählen somit heutzutage zu den wichtigsten sozialen Medien, sind meinungsbildend und dienen der Community zum Austausch und zur Informationsgewinnung. Es gibt viele verschiedene Arten von Blogs – die wichtigsten sind Privatblogs, Gruppenblogs und Unternehmensblogs für die interne und externe Kommunikation.

Um einen Blog effizient zu nutzen, gibt es drei Features, die standardmäßig verfügbar sind und hier kurz erklärt werden: *Blogroll* ist die Verlinkung von favorisierten Blogs oder Websites durch die Blogger oder Online-Nutzer. Diese Links werden für den Besucher des Blogs auf dem Weblog gut sichtbar positioniert. *Pingback* ist eine Benachrichtigung, die Webautoren auf ihrer Seite installieren, um nachverfolgen zu können, wer auf ihre Website verweist oder Teile eines Beitrags zitiert. Die *Kommentarfunktion* ermöglicht es den Nutzern, auf Blogthemen zu antworten und somit einen Austausch oder eine Diskussion anzuregen.

10.2.3 Microblogs

Ein Microblog ist ein Blog, der auf eine bestimmte Zeichenanzahl begrenzt ist. Die Posts sind kurz, eindeutig und treffend. Zu den bekanntesten Microblogs gehört Twitter, die Posts sind reduziert auf 140 Zeichen. 2006 gegründet und am 7. November 2013 an die

Börse gegangen, ist Twitter der führende Kurznachrichtendienst weltweit. Die Nutzer können je nach Interesse Stars, Unternehmen oder Privatpersonen folgen und abonnieren somit die aktuellsten Nachrichten, die diese jeweils posten. Botschaften werden schnell verbreitet, wenn viele mit *Retweets* ihr Interesse an einem *Tweet* (Kurznachricht) bekunden und somit diese wiederum digital an ihre eigenen Follower weitergeben.

So verbreitete sich bspw. die Nachricht von der Notlandung des Airbus A320 auf dem Hudson River im Januar 2009 rasend schnell über Twitter. *Spiegel online* schrieb dazu: „Es war eine Sternstunde für Twitter, den seltsamen Kurznachrichtendienst: Viel schneller als über die professionellen Medien verbreiten sich dort erste Informationen und Fotos über die Notlandung eines Airbus auf dem Hudson River. Schlägt nun die Stunde des Bürgerjournalismus?" (Patalong 2009).

Von Twitter selbst gibt es allerdings keine offiziellen Nutzerzahlen, unterschiedliche Quellen, wie bspw. die ARD/ZDF-Onlinestudie, gehen eher von weniger als 1 Mio. Nutzer in Deutschland aus. Der Zugang zu Twitter ist auf jeden Fall kein breites Massenphänomen wie Facebook, allerdings verzeichnet die Nutzung durch Informationseliten und Journalisten eine eher hohe Abdeckung.

10.2.4 Medienportale

Foto- und Videoplattformen wie Flickr und Youtube sind ebenfalls die großen Gewinner des Social Web. Youtube bietet den Nutzern neue Absatzwege, es gibt regelrechte Youtube-Stars, die ihr Geld mit eigenen Channels verdienen. Unternehmen haben die Möglichkeit, Werbebotschaften vor den Videos zu schalten und ebenfalls eigene Youtube-Kanäle zu eröffnen. Durch die Kommentar- und Like-Funktion ist es den Nutzern möglich, Videos, Fotos oder Musik und selbsterstellte Medien von der Community bewerten zu lassen. Mithilfe von Tagging (Schlagworte) wird es einfacher, die Vielzahl der Medienobjekte zu durchsuchen und schneller Ergebnisse zu finden.

10.2.5 Wikis

James Surowiecki hat die Weisheit der Vielen beschrieben (Surowiecki 2009), Don Tapscott und Anthony D. Williams nennen die Revolution im Netz Wikinomics (Tapscott und Williams 2010). Ein Wiki, hawaiianisch für „schnell", nutzt die Weisheit der Menge, um schnell Wissen für jeden zugänglich und editierbar zu machen. Jeder kennt die Diskussion, ob Wikipedia besser als ein redaktionell erstelltes Lexikon wie der Brockhaus ist. Tatsächlich ist beides ein gelungener und schneller Einstieg in ein Thema, der allerdings den Nutzer nicht dazu verführen sollte, ohne eigene weitere Recherche und Reflektion

Wiki-Inhalte einfach zu übernehmen – in wissenschaftlichen Arbeiten ist es so ein Tabu, Wikipedia zu zitieren.

Neben Wikipedia bieten auch viele Unternehmen ihren Mitarbeitern sowie Institutionen der interessierten Öffentlichkeit Wikis mit Sammlungen von relevantem Wissen, die teilweise zentral gepflegt werden, teilweise aber auch von einem größeren Kreis editiert werden können.

10.2.6 Bewertungsportale

Foren- und Bewertungsplattformen wie Yelp bieten den Nutzern Erfahrungswerte über aktuelle Produkte, Unternehmen und ihr Leben. Kunden schreiben Bewertungen und vertrauen interessanterweise den Onlinebewertungen anderer wildfremder Kunden meist mehr als den Werbeaussagen der Unternehmen. Das erste Bewertungsportal in Deutschland war Ciao.de, inzwischen gibt es Bewertungsportale für alle möglichen Branchen, Arztpraxen (jameda.de), Professoren (meinprof.de) und Stromtarife (verivox.de, check24.de), wobei Letztere zunächst als reine Preisvergleichsseiten starteten, um später mit der Einführung der Bewertungsfunktionen dem gestiegenen Bedarf der Nutzer nach Meinungsäußerung nachzukommen.

10.3 Potenziale von sozialen Medien für die Vermarktung von Grünstrom

Aus einer Reihe von Gründen stellen die sozialen Medien ein attraktives Spielfeld für die Vermarktung von Grünstrom dar: Sie haben in den letzten Jahren eine hohe Popularität erreicht, es lassen sich über sie Inhalte transportieren, ohne dass dafür wie bei klassischer Kommunikation Schaltkosten anfallen und sie ermöglichen bei richtiger Anwendung den Aufbau von intensiven Kundenbeziehungen, die die Loyalität erhöhen und gleichzeitig wertvolle Customer Insight generieren. Die Kommunikationssituation in sozialen Medien ist direkter als in Massenmedien, was die Herbeiführung von Verhaltensänderungen begünstigt. Besonders wichtig für die Vermarktung von Grünstrom ist jedoch, dass in den sozialen Medien sogenannte Nachhaltigkeitsthemen von den Nutzern besonders engagiert und mit großem Involvement diskutiert werden. Grünstrom findet hier ein Publikum, das großes Interesse an nachhaltigen Produkten und Dienstleistungen zeigt und auch bereit ist, diese weiterzuempfehlen.

10.3.1 Reichweite

Social Media ist in den letzten Jahren bei den Nutzern sehr populär geworden. Da viele Menschen Social Media nutzen, weist der Kanal insgesamt eine große Reichweite auf, was für das Marketing von Grünstrom eine attraktive Grundlage bildet. Allerdings ist darauf hinzuweisen, dass Social Media aus vielen unterschiedlichen Plattformen besteht, und dass nicht jede Anwendung gleich hohe Reichweiten aufweist. Zudem unterscheiden sich die Zielgruppen der unterschiedlichen Plattformen, weswegen es bei der Planung von Vermarktungsaktivitäten über Social-Media-Kanäle notwendig ist zu untersuchen, auf welcher Social-Media-Plattform bzw. bei welcher Kombination unterschiedlicher Plattformen genau jene Zielgruppen optimal erreicht werden können, die das Unternehmen mit seiner Kommunikation erreichen möchte. In Bezug auf die Vermarktung von Grünstrom kommen hier besonders Plattformen in Betracht, auf denen die Nutzer sich aus ökologischen Motivationen den Energieversorgungsthemen nähern.

In Deutschland ist beispielsweise die Plattform utopia.de, die sich selbst in die Tradition der Anti-Atomkraft-Bewegung der 1980er-Jahre einordnet, thematisch in diesem Bereich positioniert. Die Plattform wurde in der Vergangenheit bereits von unterschiedlichen Grünstromunternehmen zur Vermarktung genutzt. Der Anbieter Entega nutzte sie, um seine Repositionierung vom „Stadtwerk" zum Ökostromversorger durch eine breite Social-Media-Präsenz zu untermauern. Auch neu in den Markt eintretende Grünstromunternehmen nutzen die Plattform für ihre Marktkommunikation, so beispielsweise das noch recht junge Unternehmen Grünstromwerk (http://www.utopia.de/blog/gruenstromwerk-aktuelles/gruenstromwerk-stellt-sich-vor).

10.3.2 Geringe Kosten

Als attraktiv erscheint zudem, dass den Unternehmen, die Social Media für Marktkommunikation nutzen, für diesen Kanal zunächst keine Mediakosten anfallen. Auf den meisten populären Social-Media-Plattformen ist es kostenlos möglich, als Unternehmen oder Marke ein Profil einzurichten, um mit bestehenden und potenziellen Kunden in Kontakt zu treten. Dieser Umstand sollte allerdings nicht in der Weise missinterpretiert werden, dass Social Media für die Unternehmen kostenlos ist. Um erfolgreich über Social Media mit seinen Stakeholdern zu kommunizieren, ist vielmehr eine intensive Planung sowie eine aufmerksame Betreuung und schnelle Reaktionsfähigkeit bei der Pflege der eingesetzten Social-Media-Plattformen notwendig. Um dies zu bewerkstelligen, entstehen für das Unternehmen Personalkosten für spezialisierte Mitarbeiter, die sich um die Planung und Betreuung der Social-Media-Aktivitäten kümmern.

Es ist ferner nicht unüblich, dass Unternehmen mit speziellen, inhaltsorientierten Maßnahmen versuchen, die Aufmerksamkeit potenzieller Kunden in den sozialen Medien auf sich zu ziehen. Für derartige Marketingmaßnahmen sind Budgets für die Planung und Produktion entsprechender Medien vorzusehen, wenn sie über Social Media ausgespielt werden. So hat der Stromanbieter LichtBlick SE beispielsweise in einer Partnerschaft mit dem Leuchtenhersteller Osram und der Postbank im Jahr 2014 eine Aktion über das soziale Netzwerk Facebook lanciert, bei der sich Käufer einer Osram LED-Lampe bei gleichzeitigem Wechsel zu LichtBlick den Kaufpreis der Lampe erstatten lassen konnten.

10.3.3 Kundenbindung und Customer Insights

Ein zentrales Charakteristikum der sozialen Medien ist der hohe Interaktivitätsgrad der Plattformen. Die Inhalte von Social-Media-Plattformen werden in der Regel von ihren Nutzern erstellt, weswegen man in diesem Zusammenhang auch von User-Generated-Content (nutzergenerierten Inhalten) spricht. Diese Tatsache prägt die Erwartungshaltung der Nutzer, denn anders als auf redaktionell betreuten Internetangeboten werden Social-Media-Plattformen nicht ausschließlich zum Konsum von Inhalten besucht. Das Erstellen eigener Inhalte bzw. das Kuratieren, Modifizieren, Bewerten und Teilen bereits bestehender Inhalte ist für Social-Media-Nutzer ein integraler Bestandteil des Nutzungserlebnisses. Aus dieser „Mitmach"-Haltung vieler Nutzer erwachsen für Anbieterunternehmen im Grünstrommarkt, die mit ihren Kunden über Social Media kommunizieren, erhebliche Potenziale, denn sie können auf diese Weise versuchen, ihre Kunden in die Produktentwicklung des Unternehmens mit einzubeziehen. Dies kann helfen, das Tarifangebot zu optimieren, Erkenntnisse aus der klassischen Marktforschung zu ergänzen und Innovationen z. B. mit Crowdsourcing-Initiativen voranzutreiben (Howe 2009). Gleichzeitig können entsprechende Aktivitäten dazu beitragen, die Kundenbindung zu erhöhen, denn auf Kundenintegration abzielende Social-Media-Aktivitäten haben sich in der Vergangenheit als durchaus aufmerksamkeitswirksam und imagefördernd erwiesen.

10.3.4 Kommunikationssituation und Involvement

Vergleicht man Social Media mit klassischen Massenmedien, so ist festzustellen, dass die Kommunikationssituation, in der sich Sender und Empfänger in den sozialen Medien befinden, aufgrund des hohen Interaktivitätsgrads einen anderen Charakter hat. Über Social Media kann wesentlich persönlicher kommuniziert werden, denn die Kommunikationssituation ähnelt der Situation eines persönlichen Gesprächs. Die Botschaften können auf diese Weise leichter den Charakter einer persönlichen Empfehlung gewinnen, als dies bei massenmedialen Werbebotschaften möglich ist. Wenn es gelingt, diesen persönlichen Charakter herzustellen, so ist davon auszugehen, dass die Botschaften, die in einer solchen Kommunikationssituation übertragen werden, eine höhere Überzeugungskraft entwickeln, denn in solchen, der *Face-to-face*-Kommunikation ähnlichen Situationen ist es einfacher, die Relevanz von Informationen zu transportieren und damit potenziell Verhaltensänderungen beim Kommunikationspartner herbeizuführen (Schäfer 2012, S. 72). Das Entstehen einer überzeugenden persönlichen Kommunikationssituation kann dabei nur dann langfristig erfolgreich sein, wenn die Kommunikationspartner sich gegenseitig vertrauen können. Um innerhalb einer Social-Media-Kommunikation Vertrauen herzustellen, ist es deshalb unerlässlich, sich als Unternehmen wahrhaftig und transparent zu verhalten und offen und authentisch zu kommunizieren (Schulz 2009, S. 153).

10.4 Systematische Social-Media-Vermarktung

Neben den oben genannten Eigenschaften, aus denen sich bereits eine Eignung des Kanals Social Media für die Vermarktung von Grünstrom ableiten lässt, ist zu bedenken, dass der öffentliche Diskurs über die sozialen Medien heutzutage eine Realität ist, der die Unternehmen in jedem Fall ausgesetzt sind. Social-Media-Nutzer setzen die Plattformen dafür ein, um sich über Produkte und Dienstleistungen zu informieren, sie zu bewerten und sich mit anderen Nutzern über sie auszutauschen. Dieser Umstand wird in der Literatur als ein Wechsel der Machtverhältnisse zwischen den Unternehmen und ihren Kunden beschrieben (Li und Bernoff 2011). Unternehmen sind somit heute nicht mehr in der gleichen Weise in der Lage, ihr eigenes Bild der Öffentlichkeit und damit die Einstellungen der Kunden zu prägen, wie sie dies durch den Einsatz von Marktforschung, Werbung und Public Relations in der Vergangenheit waren. Die Entscheidung, Social Media für die Unternehmenskommunikation und speziell für die Vermarktung von Grünstrom zu verwenden, muss daher nicht immer auf den Vorteilen dieses Kanals beruhen, sondern kann auch schlicht von der Notwendigkeit getrieben sein, den Informationsbedürfnissen der Internetnutzer zu genügen und das „Spielfeld" Social Media nicht den Nutzern und den Wettbewerbern zu überlassen.

Bezogen auf die Grünstromvermarktung ist festzustellen, dass genau wie bei anderen Themenkreisen, die im Bereich der Nachhaltigkeit und Ökologie verankert sind, die Nutzer in den sozialen Medien typischerweise sehr hohe ökologische und ethische Ansprüche an die Unternehmen formulieren. Ein gutes Beispiel hierfür ist die Kampagne „Tschüss Vattenfall" (http://www.tschuess-vattenfall-berlin.de/), die Stromkonsumenten dazu auffordert, ihre Verträge bei Vattenfall zu kündigen, da Vattenfall zu stark auf Stromerzeugung in umweltschädlichen Kohlekraftwerken setze.

Es lassen sich zwei grundsätzliche Herangehensweisen des Einsatzes von Social Media für die Vermarktung von Grünstrom unterscheiden:

- Bei der *reaktiven* Nutzung sozialer Medien beschränken sich Unternehmen im Wesentlichen darauf, die Aktivitäten von Wettbewerbsunternehmen und Nutzern zu überwachen und zu analysieren, um rechtzeitig auf gegebenenfalls eintretende Veränderungen und Ereignisse reagieren zu können. Bei der Umsetzung der reaktiven Strategie werden zumeist Social-Media-Monitoring-Systeme eingesetzt (Sterne 2011). Die mithilfe dieser Systeme generierten Einblicke können von den Unternehmen anschließend genutzt werden, um strategische bzw. operative Anpassungen vorzunehmen.

- Die *proaktive* Nutzung sozialer Medien geht über den reaktiven Ansatz hinaus. Unternehmen, die diesen Ansatz verfolgen, nehmen aktiv an den sozialen Medien teil, indem sie zunächst geeignete Social-Media-Plattformen auswählen und dort eigene Inhalte einspielen, beispielsweise durch die Erstellung und Pflege von Profilen im sozialen Netzwerk. Zu dem proaktiven Ansatz gehört im Regelfall auch der Versuch, Kunden und Interessenten dazu zu animieren, mit dem Unternehmen über die sozialen Medien in Kontakt zu treten. Entscheidend ist, dass die proaktive Haltung nicht bloß aus dem Bedürfnis erwachsen darf, bei Social Media „auch dabei" zu sein. Um erfolgreich zu sein, müssen alle Aktivitäten in den sozialen Medien stets darauf ausgerichtet werden, die Geschäftsziele des Unternehmens zu unterstützen.

Aufgrund der hohen Wettbewerbsintensität im Energiemarkt und speziell im Grünstrommarkt muss heute davon ausgegangen werden, dass reaktive Vermarktungsstrategien allein nur noch im Ausnahmefall empfehlenswert sind. Zumindest sollten Anbieterunternehmen, die reaktive Social-Media-Strategien einsetzen, in regelmäßigen Abständen überprüfen, ob die Vermarktungspotenziale tatsächlich optimal ausgeschöpft werden und ob eine proaktive Strategie einen höheren Return-on-Investment erzielen könnte. Die bekannte These „Märkte sind Gespräche" (Levine et al. 2009) gilt gerade auch in den sozialen Medien, und es erscheint sinnvoll, wenn Anbieterunternehmen aus dem Grünstrommarkt auch soziale Medien nutzen, um mit ihren Kunden ins Gespräch zu kommen und im Gespräch zu bleiben. Ein positives Beispiel einer proaktiven Social-Media-Strategie bietet wiederum die LichtBlick SE. Auf dem gut gepflegten Facebook-Auftritt des Unternehmens finden sich praktisch täglich neue Inhalte, die ein breites thematisches Spektrum umfassen. Sie sind stets von einem hohen Nutzwert für den Leser geprägt. Es handelt sich dabei nicht um Neuigkeiten im Stil von Pressemitteilungen, sondern es wird spürbar Wert darauf gelegt, wesentlich persönlicher zu kommunizieren.

10.4.1 Social Media im Kaufprozess

Möchte man die Vermarktung von Grünstrom mit dem Einsatz sozialer Medien unterstützen, ist es sinnvoll, bei der Zieldefinition anzusetzen. Grundsätzlich ist eine zentrale Zieldimension der Vermarktung die Absatzförderung, also die Erhöhung der Anzahl der Vertragsabschlüsse bzw. der Umsätze von zuvor definierten Produktgruppen. Da es die Kunden sind, die über die Beauftragung entscheiden, geht es dabei also um die Beeinflussung des Verhaltens der Kunden im Sinne des Unternehmens. In der Marketingtheorie sind zur Beschreibung der auf Kundenseite zugrundeliegenden Entscheidungsprozesse eine Vielzahl unterschiedlicher Prozessmodelle entworfen worden, die versuchen, das Kundenverhalten im Kaufprozess zu strukturieren (Übersichten dazu finden sich u. a. bei Engel et al. 1994 sowie Howard und Sheth 1969). In der Marketingpraxis hat sich dabei im Laufe der Zeit ein in fünf Phasen gegliedertes Modell durchgesetzt, das den Kaufprozess in die Phasen *Problemerkennung, Informationssuche, Vergleich unterschiedlicher Alternativen, Kaufentscheidung* und *Nachkaufverhalten* unterteilt (Kotler et al. 2009, S. 247). Dabei ist anzumerken, dass nicht alle Kunden bei allen Kaufentscheidungen diesem Prozessmodell folgen und es durchaus vorkommen kann, dass einzelne Phasen übersprungen bzw. wiederholt werden. Im Sinne einer systematischen Strategieentwicklung kann unter Zuhilfenahme dieses generischen Prozessmodells damit begonnen werden, zu analysieren, in welchen Phasen welche Aktivitäten in den sozialen Medien dazu beitragen können, potenzielle Grünstromkunden hinsichtlich ihrer Kaufentscheidung im Sinne des Unternehmens zu informieren und letztlich davon zu überzeugen, das für ihn passende Produktangebot des Unternehmens anzunehmen.

10.4.1.1 Problemerkennung

Die Phase der Problemerkennung ist davon geprägt, dass der Kunde ein Problem oder ein Bedürfnis feststellt, das er durch den Kauf eines Produktes oder einer Dienstleistung lösen bzw. befriedigen möchte. Die Problemerkennungsphase setzt dadurch den Kaufprozess in Gang. Bezogen auf die Grünstromvermarktung kann das Bedürfnis potenzieller Kunden zum Beispiel darin bestehen, dass sie aus ökologischen Motiven ihren CO_2-Fußabdruck verringern möchten, weil sie das Gefühl haben, durch den Bezug konventionell erzeugten Stroms dem Klima einen großen Schaden zuzufügen. Insbesondere der Vergleich des eigenen Konsumverhaltens mit dem anderer Personen aus dem sozialen Umfeld kann dabei ein starker Treiber für Veränderungen sein. Um potenzielle Kunden bereits in der Problemerkennungsphase zu erreichen, ist für die Anbieterunternehmen der Grünstrombranche eine intensive Teilnahme an den in sozialen Medien stattfindenden inhaltlichen Diskursen über Erneuerbare Energien empfehlenswert. Auf diese Weise kann mit potenziellen Kunden in Kontakt getreten werden und es können die Empfehlungseffekte sozialer Medien ausgenutzt werden, die eintreten, wenn Social-Media-Nutzer anderen Nutzern Produkte oder Marken empfehlen (Grabs und Sudhoff 2013). Vorteilhaft hierbei ist, dass in sozialen Medien persönlicher kommuniziert werden kann als in klassischen Medien. Die Kommunikation über Social Media ist daher einer Face-to-face-Kommunikation ähnlicher als herkömmliche werbliche Kommunikation über Massenmedien wie TV oder Zeitungen und kann daher ehrlicher und überzeugender wirken (Schäfer 2012).

Dieser Umstand sollte jedoch nicht dazu verleiten, die gleichen Kommunikationsinhalte, die man bisher über Massenmedien verbreitet hat, ungeprüft in Social-Media-Kanäle zu übertragen. Social-Media-Nutzer stellen hohe Anforderungen an Unternehmen, die über Social Media mit ihnen kommunizieren. Dies gilt in gesteigerter Form für Unternehmen, die sich wie Grünstromanbieter über die Nachhaltigkeit ihrer Produkte im Markt positionieren. Besonders kritisch werden dabei von Unternehmen erstellte Kommunikationsinhalte bewertet, die darauf abzielen, das Unternehmen „grüner" erscheinen zu lassen als es tatsächlich ist. Diese auch als „Greenwashing" bezeichneten Maßnahmen sind zwar generell riskant, in den sozialen Medien werden sie aber häufig mit besonderer Emotionalität öffentlich kritisiert. Ein sehenswertes Beispiel dafür ist die Kampagne „Energieriese" von RWE. Das Unternehmen hat im Jahr 2009 einen TV-Werbespot produzieren lassen, der auch auf der Social-Media-Plattform Youtube zu sehen war. In dem Spot kümmert sich ein sympathisch gestalteter „Energieriese" (der die RWE symbolisieren soll) darum, ein idyllisches Land im Sinne der Energiewende umzubauen, indem er z. B. Windräder aufstellt und Meeresströmungskraftwerke installiert. Offensichtlich sollte damit der Eindruck erweckt werden, dass die RWE ein besonders „grünes" Unternehmen ist. Dass dies von vielen Social-Media-Nutzern als unzutreffend empfunden wurde, zeigt die Popularität eines Videos, das die Umweltschutzorganisation Greenpeace als „Antwort" auf den RWE-Spot produzierte. Es handelte sich dabei um eine kommentierte Version des RWE-Spots, der ebenfalls auf Youtube veröffentlicht wurde, in dem jedoch die Aussagen des Originals durch die Einblendung jeweils passender Zahlen und Fakten widerlegt wurden. Das Fazit von Greenpeace, das im Schlussbild des Spots eingeblendet wurde: RWE müsste die Abkürzung für „Richtig Wenig Erneuerbare" sein, denn der Anteil Erneuerbarer Energien in der Stromproduktion des Konzerns betrage tatsächlich nur 2 %.

10.4.1.2 Informationssuche

Wenn das Interesse geweckt ist, beginnt mit der *Informationssuche* die zweite Phase des idealtypischen Kaufprozesses. Für Anbieterunternehmen, die in der Grünstrombranche tätig sind, ist diese Phase von entscheidender Bedeutung, denn das Thema ist für Kunden von einer hochgradigen Komplexität geprägt. So sind beispielsweise unterschiedliche Erzeugungsarten des Stroms und deren Vor- und Nachteile zu vermitteln, die regionale Herkunft des Stroms zu belegen sowie unterschiedliche Zertifizierungen zu erklären. Anbieterunternehmen sollten, um potenzielle Kunden in der Phase der *Informationssuche* optimal zu unterstützen und die sich dort bietenden Potenziale auszuschöpfen, die Informationen zu ihren Produkten didaktisch hochwertig aufbereiten und sie möglichst leicht auffindbar im Netz bereithalten. Zudem sollten sie deutlich erkennen lassen, für den Kunden und seine Fragen stets erreich- und ansprechbar zu sein. Um dies umzusetzen, ist der Einsatz unterschiedlicher Social-Media-Plattformen empfehlenswert, die idealerweise aufeinander verweisen und miteinander verknüpft werden sollten. Gerade die oben beschriebenen Medienplattformen und hier allen voran Videoplattformen wie Youtube eignen sich gut zur Verbreitung von Bewegtbildinhalten, mit denen auch komplexe Inhalte verständlich vermittelt werden können. Neben Videoinhalten eignen sich vor allem Wikis dazu, komplexe Themen zu verdichten und auf den Punkt zu bringen. Sie kommen daher für die Unterstützung der *Informationssuche* ebenso in Betracht wie die Einrichtung und Pflege von Kundenforen, auf die noch in der Nachkaufphase eingegangen wird.

10.4.1.3 Vergleich unterschiedlicher Alternativen

In der dritten Phase findet der *Vergleich der unterschiedlichen Alternativen* statt, die der Kunde im Laufe der Informationssuche gefunden hat. Da das Ergebnis dieser Phase die Kaufentscheidung in erheblichem Maße beeinflusst, kommt ihr eine besondere Bedeutung zu. Bezogen auf die sozialen Medien und das Grünstrom-Marketing ist hierbei zu beachten, dass Onlinebewertungen anderer Nutzer die Onlinekaufentscheidungen potenzieller Kunden in erheblichem Maße beeinflussen (IfD Allensbach 2014). Dieser Effekt tritt umso stärker in Erscheinung, je häufiger die Nutzer online einkaufen (ebd.). Anbieterunternehmen müssen daher einerseits auswerten, welche Kundenbewertungen in Bewertungs- und Vergleichsportalen zu ihren Produkten und Dienstleistungen verfasst werden. Andererseits finden sich auch auf anderen Social-Media-Plattformen, aber auch in den großen Onlineshops Bewertungsfunktionen, die ebenfalls zum Vergleich der Alternativen herangezogen werden können. Aufgrund des hohen Wertes der Onlinebewertungen sollten Anbieterunternehmen alle Möglichkeiten ausschöpfen, um die Anzahl positiver Bewertungen zu erhöhen. Dringend abzuraten ist dabei von allen Formen der Manipulation oder Fälschung von Onlinebewertungen. Derartige Aktivitäten haben in der Vergangenheit bereits bei vielen Unternehmen zu erheblichen Imageschäden und Glaubwürdigkeitsverlusten geführt. Sinnvoll kann es hingegen sein, den Wert der Onlinebewertungen gegenüber zufriedenen Kunden deutlich zu machen und sie an die Möglichkeit zu erinnern, Onlinebewertungen zu verfassen.

Auf dem Markt der Vergleichsportale für Stromanbieter hat sich im deutschsprachigen Raum eine gewisse Vielfalt etabliert. Die bekanntesten Portale sind stromtipp.de, toptarif.de, check24.de und verivox.de. Gerade das letztgenannte Portal hat in der Vergangenheit immer wieder Kritik auf sich gezogen, die darauf abzielte, dass die Tarifvergleiche in einigen Fällen keine für den Kunden optimalen Ergebnisse lieferten. Auch diese Kritik findet sich in den sozialen Medien wieder, so zum Beispiel ausführlich auf der Wikipedia-Seite von Verivox. Auch die Stiftung Warentest hat im Jahr 2013 die großen Vergleichsplattformen getestet und ihnen allgemein ein schlechtes Zeugnis ausgestellt. Hauptkritikpunkt sind dabei die Voreinstellungen der Filter auf den Portalen, die bewirken, dass „viele unfaire Tarife auf den vorderen Plätzen, wenn man die Voreinstellungen nicht ändert" (Stiftung Warentest 2013, S. 60).

10.4.1.4 Kaufentscheidung

Die Phase der *Kaufentscheidung* besteht aus der Verdichtung des Alternativenvergleichs zu einer konkreten Entscheidung und aus deren operativer Umsetzung. Die Überzeugung des Kunden von der Überlegenheit des eigenen Produkts muss dem Anbieterunternehmen also bereits in den Phasen zuvor gelungen sein. Trotzdem bieten die sozialen Medien Ansatzpunkte, um auch die Phase der Kaufentscheidung zu unterstützen. So sollten die operativen Kaufprozesse in bereits bestehenden Onlineshops optimiert werden, um Absprungraten zu minimieren. Gleichzeitig können die technischen Prozesse der Onlineshops in die sozialen Medien hinein verlängert werden, was derzeit unter den Begriffen *Social Shopping* und *Social Commerce* diskutiert wird. Dabei werden Shop-Frontends beispielsweise in Facebook-Seiten integriert, um Social-Media-Nutzern den Produktabschluss direkt über Facebook zu ermöglichen. Vorteilhaft ist hierbei, dass über die sogenannten sozialen Funktionen die Kaufentscheidung eines Kunden gleich zu Bedürfnisweckung (Phase 1) anderer potenzieller Kunden beitragen kann, da es für das *Social Shopping* charakteristisch ist, dass Personen, die mit dem Käufer über soziale Netzwerke verbunden sind, über dessen Kauf informiert werden.

Die Überzeugungskraft solcher Empfehlungseffekte sollte dabei nicht unterschätzt werden. Es mag zwar auf den ersten Blick zwar etwas seltsam anmuten, seine Freunde über Social Media über den Kauf von Stromtarifen zu informieren. Man darf aber nicht vergessen, dass es sich bei Grünstrom eben nicht mehr um eine Low Involvement Commodity handelt. Bei Grünstrom handelt es sich gerade in der Social-Media-Kommunikation um ein Produkt, über das hoch involviert und mit großer Emotion diskutiert wird. Der Abschluss eines Grünstromvertrags erzeugt für den Konsumenten daher neben dem Hauptnutzen (dem Strom) einen durchaus relevanten emotionalen Zusatznutzen, denn er zeigt sich selbst und anderen damit, dass er auch hinsichtlich seines Stromverbrauchs langfristige nachhaltige Werte gegenüber kurzfristigem monetären Gewinn bevorzugt.

10.4.1.5 Nachkaufverhalten

Obwohl der Kaufprozess mit der Kaufentscheidung bzw. mit der operativen Umsetzung dieser Entscheidung eigentlich abgeschlossen ist, ist die Betrachtung der Phase des *Nachkaufverhaltens* in der Marketingtheorie etabliert, da sie einen erheblichen Einfluss auf die Erreichung von Geschäftszielen hat. In vielen Onlineshops und Social-Media-Plattformen werden nach Abschluss des Kaufes spezielle Schaltflächen (sog. Share Buttons) angezeigt, mit denen der Kunde die Nachricht über den Kauf ganz bequem mit anderen Social-Media-Nutzern teilen kann. Auch hier ist der bereits zuvor genannte Zusatznutzen des Grünstroms entscheidend. Grünstrom weist damit Merkmale eines Luxusprodukts auf, denn er ist teurer als herkömmlicher Graustrom, obwohl der Hauptnutzen beider Produkte exakt identisch ist, da beide Produkte dafür sorgen, dass Strom aus der Steckdose kommt. Für den Abschluss eines Grünstromvertrags sind also andere Werte entscheidend als die persönliche Gewinnmaximierung, denn der Konsument muss bereit sein, für das gute Gefühl, umweltfreundlich zu handeln, Mehrkosten in Kauf zu nehmen. Auf diese Weise gewinnt der Grünstrom an Bedeutung und Relevanz, die durchaus eine Meldung auf Facebook oder einen Tweet rechtfertigt, denn man informiert sein soziales Netzwerk in diesem Falle nicht nur über den Abschluss eines Stromvertrages, sondern kommuniziert darüber auch die eigene ökologische Einstellung. Dies ist in der heutigen Zeit, in der ökologische und nachhaltige Lebensstile an Bedeutung gewinnen, in breiten Schichten sozial erwünscht und unterstützt nicht nur die Vermarktung von Grünstrom, sondern auch zahlreicher anderer Produkte mit positiven ökologischen und nachhaltigen Merkmalen.

Dies ist aber nicht die einzige Möglichkeit, in der Phase des Nachkaufverhaltens soziale Medien einzusetzen. Aus Sicht von Anbieterunternehmen sollte in der Nachkaufphase der Kontakt zum Kunden nicht abbrechen, sondern das Anbieterunternehmen sollte für den Kunden erreichbar sein und bei vorheriger Einwilligung des Kunden auch aktiv auf ihn zugehen, um ihn bei der optimalen Verwendung des Produkts zu unterstützen. Für die Etablierung und Aufrechterhaltung von stabilen Kundenbeziehungen eignen sich ebenfalls Social-Media-Plattformen. Viele Anbieterunternehmen richten Kundenforen ein, in denen sich Kunden untereinander austauschen und helfen können. Die in Kundenforen gewonnenen Erkenntnisse können für Unternehmen überaus wertvoll sein, da sie Hinweise für die Weiterentwicklung des eigenen Produktangebots geben und gleichzeitig potenzielle Kunden mit Informationen über die Produkte des Unternehmens versorgen können.

10.4.2 Kontinuierliche Verbesserung

Beim Einsatz von Social Media im Grünstrom-Marketing ist zu beachten, dass die Etablierung von Social-Media-Aktivitäten und deren Verankerung im Unternehmen keine einmalige Aufgabe ist. Die Entscheidung, soziale Medien als Kommunikationskanal zu nutzen, muss bewusst getroffen und professionell vorbereitet werden. Es ist zu empfehlen, zunächst mit kleineren Aktivitäten zu starten, um Lernprozesse anzustoßen und Erfahrungen darüber zu sammeln, auf welchen Plattformen, mit welchen Inhalten und mit welcher Tonalität man potenzielle Kunden im Grünstrommarkt am effektivsten erreichen kann. Entscheidend für die Implementierung einer erfolgreichen Social-Media-Strategie ist dabei auch eine gewisse Risikobereitschaft, denn die im Vergleich zu traditionellen Medien offenere Sprache und die Interaktivität birgt neben den enormen Chancen auch Risiken für die Kommunikation. Daher ist es für das Social-Media-Marketing besonders wichtig, auf Krisen früh zu reagieren und aus Kommunikationsfehlern zu lernen, um die Qualität der eigenen Social-Media-Aktivitäten kontinuierlich zu verbessern.

> **Fazit**
> Der Einsatz von Social Media bei der Vermarktung von Grünstrom ist heutzutage praktisch ohne Alternative. Sie bieten den Unternehmen enorme Vermarktungschancen, bergen allerdings auch erhebliche Risiken. Um die Vorteile voll auszuschöpfen, müssen Grünstromunternehmen transparent und extrem kundenorientiert sein. Social-Media-Nutzer erwarten schnelle Reaktionen und eine offene und authentische Kommunikation. Unternehmen können das Bild, dass sie in der Öffentlichkeit abgeben, in Zeiten der weit verbreiteten Social-Media-Nutzung nicht mehr kontrollieren. Daher sind Kommunikationsstrategien, die darauf abzielen, das Unternehmen anders erscheinen zu lassen als es wirklich ist, langfristig nicht durchzuhalten. Im Grünstrom-Marketing besteht in sozialen Medien dabei vor allem die Gefahr, dass Kampagnen als „Greenwashing" wahrgenommen werden, also als Versuch gewertet werden, das Unternehmen „grüner" erscheinen zu lassen. Grünstromunternehmen, die in diesem wettbewerbsintensiven Markt ihre Positionierung festigen und verbessern wollen, bieten sich durch den systematischen Aufbau eines proaktiven Social-Media-Marketings gleichwohl gute Chancen, ihren Marktanteil auszubauen, wenn es ihnen gelingt, Kundenorientierung, Transparenz und Authentizität als Werte im Unternehmen zu verankern und zu leben.

Literatur

Engel, J., R. Blackwell, und P. W. Miniard. 1994. *Consumer behavior.* Fort Worth: Dryden.
Grabs, A., und J. Sudhoff. 2013. *Empfehlungsmarketing im Social Web: Social Commerce, Empfehlungsmarketing und mobile Strategien.* Bonn: Galileo Press.
Hagel, J., und A. Armstrong. 1997. *Net gain: Expanding markets through virtual communities.* Boston: Harvard Business School Press.
Howard, J., und J. Sheth. 1969. *The theory of buyer behavior.* New York: Wiley.
Howe, J. 2009. *Crowdsourcing: Why the power of the crowd is driving the future of business.* New York: Random House.
IfD Allensbach. 2014. Das Urteil der Anderen. In Frankfurter Allgemeine Sonntagszeitung (FAS), 13.07.2014, 17.
Kotler, P. 2009. *Marketing management.* Harlow: Pearson.
Levine, R., C. Locke, D. Searls, und D. Weinberger. 2009. *The Cluetrain Manifesto.* New York: Basic Books.
Li, C., und J. Bernoff. 2011. *Groundswell.* Boston: Harvard Business School Publishing.
O'Reilly, T. 2005. What is Web 2.0. http://oreilly.com/web2/archive/what-is-web-20.html. Zugegriffen: 22. Sept. 2014.
Patalong, F. 2009. Airbus-Unglück auf Twitter: „Da ist ein Flugzeug im Hudson River. Verrückt." http://www.spiegel.de/netzwelt/web/airbus-unglueck-auf-twitter-da-ist-ein-flugzeug-im-hudson-river-verrueckt-a-601588.html. Zugegriffen: 22. Sept. 2014.
Richter, A., und Koch M. 2008. Funktionen von Social-Networking-Diensten, Universität der Bundeswehr München. http://www.kooperationssysteme.de/docs/pubs/RichterKoch2008-mkwi-sns.pdf. Zugegriffen: 22. Sept. 2014.
Schäfer, M. 2012. ‚Hacktivism'? Online-Medien und Social Media als Instrumente der Klimakommunikation zivilgesellschaftlicher Akteure. *Neue Soziale Bewegungen* 25 (2): 68–77.
Schneller, J. 2013.Nutzung digitaler Medien und die Chancen des E-Publishing, ACTA 2013, Institut für Demoskopie Allensbach. http://www.ifd-allensbach.de/fileadmin/ACTA/ACTA_Praesentationen/2013/ACTA2013_Schneller_Handout.pdf. Zugegriffen: 22. Sept. 2014.
Schulz, D. 2009. Bloggen für eine Nachhaltige Entwicklung? *uwf UmweltWirtschaftsForum* 17 (1): 149–154.
de Sombre, S. 2013. Smartphone und Tablet verändern Märkte und Nutzer, ACTA 2013, Institut für Demoskopie Allensbach. http://www.ifd-allensbach.de/fileadmin/ACTA/ACTA_Praesentationen/2013/ACTA2013_deSombre_Handout.pdf. Zugegriffen: 22. Sept. 2014.
Sterne, J. 2011. *Social Media Monitoring, Analyse und Optimierung ihres Social Media Marketings auf Facebook, YouTube, Twitter und Co.* mitp Verlag, Heidelberg.
Surowiecki, J. 2009. *Weisheit der Vielen.* Bertelsmann, Gütersloh.
Stiftung Warentest. 2013. Im Wirrwarr der Tarife. test 3/2013, ISSN: 00403946, 60–65
Tapscott, D., und Williams, A. D. 2010. *Wikinomics.* New York: Portfolio Trade; Expanded edition.

Prof. Harald Eichsteller ist Professor für Internationales Medienmanagement und Studiendekan des Masterstudiengangs Elektronische Medien an der Hochschule der Medien (HdM) in Stuttgart. Der studierte Betriebswirt (WHU Koblenz, Northwestern University, ESC Lyon) war vor seinem Wechsel zurück an die Hochschule 20 Jahre in Medienunternehmen, Agenturen und der Industrie tätig, zuletzt als Strategiechef von RTL Television und als Geschäftsführer Strategie/Online der Aral AG. Die Schwerpunkte seiner Praxis- und Forschungsprojekte liegen in den Bereichen kundenorientierte Strategien, Innovationsmanagement, CRM, Social Media und Multichannel Retailing. Als Referent und Chairman ist er auf Kongressen und Workshops weltweit unterwegs, er publizierte zahlreiche Studien, Fachartikel und Buchbeiträge und ist gefragter Interviewpartner der Fachpresse.

Prof. Dr. Patrick Godefroid lehrt und forscht seit dem Jahr 2012 an der Hochschule der Medien in Stuttgart, wo er die Professur für Digitale Medienproduktionen in den Studiengängen „Medienwirtschaft" (Bachelor) und „Elektronische Medien" (Master) inne hat. Vor dem Ruf an die Hochschule der Medien war er als Programmierer, Projektleiter und Produktmanager in erfolgreichen Internet- und Mobile-Start-ups tätig. Darüber hinaus forschte er als wissenschaftlicher Mitarbeiter am Institute of Electronic Business (IEB) in Berlin zu Themen der „Digitalen Kommunikation" mit Schwerpunkten auf Mobile Services und Mobile Marketing.

Teil III
Besondere Absatzmärkte

Erneuerbare Energien im Contracting-Markt

11

Ralf Klöpfer und Ulrich Kliemczak

▶ Contracting ist ein innovatives Dienstleistungsmodell, bei dem Aufgaben aus dem Bereich der Energie- und Medienversorgung auf einen Contractor übertragen werden. Daraus ergibt sich für mögliche Kunden eine Vielzahl von Vorteilen. Am Markt haben sich unterschiedliche Contracting-Varianten etabliert, die sich im Wesentlichen durch den Dienstleistungsumfang des Contractors unterscheiden. Erneuerbare Energien (EE) finden in Contracting-Konzepten vor allem bei der Wärmelieferung ihren Einsatz. Allerdings sind die unterschiedlichen Formen der EE nicht gleichermaßen geeignet und bieten unterschiedliche Einsatzpotenziale. Um den Anteil von EE bei der Energienutzung weiter zu erhöhen und somit die Energiewende erfolgreich umzusetzen, gibt es zwar unterschiedliche Fördermaßnahmen, aber auch eine Vielzahl von Herausforderungen und Risiken, die mit der Nutzung der EE verbunden sind. Contracting bietet potenziellen Anwendern die Möglichkeit, diese Hürden zu überwinden und EE für die Energieversorgung zu nutzen. Über den Einsatz von EE im Rahmen einer Contracting-Lösung entscheiden im Regelfall der Kunde durch die Anforderungen, die er an seine Versorgungsaufgabe stellt, und der Gesetzgeber durch verpflichtende Vorgaben für die Nutzung von EE bzw. die Gestaltung der Fördermöglichkeiten für EE. Üblicherweise bieten sich für EE nur dann Ein-

---

R. Klöpfer (✉)
MVV Energien AG, Luisenring, 49, 68159
Mannheim, Deutschland
E-Mail: ralf.kloepfer@mvv.de

U. Kliemczak
MVV Enamic Contracting GmbH, Luisenring, 49, 68159
Mannheim, Deutschland
E-Mail: u.kliemcznk@mvv.de

© Springer Fachmedien Wiesbaden 2015
C. Herbes, C. Friege (Hrsg.), *Marketing Erneuerbarer Energien*,
DOI 10.1007/978-3-658-04968-3_11

satzmöglichkeiten, wenn diese kostengünstige Versorgungskonzepte oder die Einhaltung der gesetzlichen Vorgaben ermöglichen.

11.1 Grundlagen Contracting

11.1.1 Definition und Vorteile Contracting

Der Begriff „Contracting" steht für das Kontrahieren, also das Abschließen eines Vertrages, bei dem Aufgaben aus dem Bereich der Energie- und Medienversorgung durch den sog. Contracting-Nehmer auf einen Dienstleister, den sog. Contractor, übertragen werden. Im Rahmen des Vertrages übernimmt der Contractor für eine bestimmte Zeit die Versorgung der Liegenschaft oder Produktionsstätte des Contracting-Nehmers mit der benötigten Energie und den notwendigen Medien, wie z. B. Wärme, Kälte, Strom, Druckluft, Wasser oder Stickstoff. Daneben besteht die Möglichkeit, dass der Contracting-Nehmer nur die Betriebsführung der Energie- und Medienversorgung auf den Contractor überträgt und sich ggf. zusätzlich die erforderliche Anlagentechnik bereitstellen lässt.

Für den Contracting-Nehmer ergibt sich aus der Übertragung von eigenen Aufgaben auf einen darauf spezialisierten Dienstleister eine Vielzahl von Vorteilen. Dazu können zählen:

- Nutzung des Dienstleister-Know-hows bei der Anlagenkonzeption und Planung, beim Einkauf, bei der Anlagenerrichtung, Betriebsführung und Anlagenoptimierung
- Planbare Kosten
- Vermeidung von eigenen Investitionen für die Energie- und Medienversorgung
- Gewährleistung hoher Anlagenverfügbarkeiten
- Contractor als Partner für ganzheitliche Optimierung und Effizienzsteigerung
- Senkung des Primärenergieverbrauchs
- Auslagern von wirtschaftlichen und technischen Risiken sowie von Planungs- und Investitionsrisiken
- Verbesserung des Carbon-Footprints und
- Gegebenenfalls Personalübertragung auf den Contractor im Rahmen der Betriebsführung

Im Gegenzug bindet sich der Contracting-Nehmer vertraglich für mehrere Jahre an den Contractor. Je nach Contracting-Variante sind Vertragslaufzeiten zwischen 5 und 15 Jahren üblich. Um zu verhindern, dass aus der langen Vertragslaufzeit für den Contracting-Nehmer Nachteile entstehen, ist es wichtig, einen kompetenten Contractor auszuwählen, der den Vertrag als partnerschaftliches Verhältnis sieht und gewillt und in der Lage ist, auf gesetzliche und marktwirtschaftliche Änderungen flexibel reagieren zu können.

11.1.2 Contracting-Varianten

In Abhängigkeit der Dienstleistungen, die durch den Contractor erbracht werden, unterscheidet man verschiedene Contracting-Varianten, für die sich am Markt jeweils eigene und zum Teil unterschiedliche Bezeichnungen etabliert haben. Nachfolgend sollen die vier wesentlichen, in der DIN 8930–5 beschriebenen Contracting-Varianten kurz vorgestellt werden. In Abb. 11.1 ist eine Übersicht zu den Elementen der Wertschöpfungskette der unterschiedlichen Contracting-Varianten dargestellt.

Energieliefer-Contracting
Bei dieser Variante des Contractings übernimmt der Contractor auf Basis langfristiger Verträge die vollständige Energie- und Medienversorgung seines Kunden einschließlich des Betriebs, der Optimierung, Wartung und Instandhaltung der Anlagen. Der Contractor trägt damit alle mit der Belieferung des Kunden verbundenen wirtschaftlichen, genehmigungsrechtlichen und technischen Risiken. Mit dem Anlagenbetrieb ist im Regelfall auch ein Eigentumsübergang der Anlagen auf den Contractor verbunden. Im Falle einer Erneuerung oder eines Neubaus der Energie- und Medienversorgung plant, errichtet und finanziert der Contractor die Anlagen auf eigenes Risiko und auf eigene Kosten. Neben der Anlagenverantwortung übernimmt der Contractor auch den Einkauf der Einsatzenergie und verkauft dem Contracting-Nehmer die benötigten Nutzenergien und Medien. Die Abrechnung erfolgt üblicherweise anhand von Grund- und Arbeitspreisen. Diese Contracting-Variante ist mit einem Anteil von rund 84 % (http://www.energiecontracting.de/6-verband/wir-ueber-uns/vfw-in-zahlen.php) am gesamten Contracting-Markt die mit Abstand am häufigsten verwendete Vertragsform.

Energieliefer-Contracting	Projektentwicklung, Analyse, Beratung, Konzepterstellung	Planung	Finanzierung	Bau	Betrieb/ Betriebsführung	Energie- und Medienlieferung
Einspar-Contracting	Projektentwicklung, Analyse, Beratung, Konzepterstellung	Planung	Finanzierung	Bau	Betrieb/ Betriebsführung	Energie- und Medienlieferung
Finanzierungs-Contracting	Projektentwicklung, Analyse, Beratung, Konzepterstellung	Planung	Finanzierung	Bau	Betrieb/ Betriebsführung	Energie- und Medienlieferung
Technisches Anlagenmanagement	Projektentwicklung, Analyse, Beratung, Konzepterstellung	Planung	Finanzierung	Bau	Betrieb/ Betriebsführung	Energie- und Medienlieferung

Aufgaben Contractor
Aufgaben Contractingnehmer

Abb. 11.1 Elemente der Wertschöpfungskette der unterschiedlichen Contracting-Varianten

Einspar-Contracting (Energie-Einspar-Contracting)
Im Falle des Einspar-Contractings, dessen Marktanteil rund 6 % (http://www.energiecontracting.de/6-verband/wir-ueber-uns/vfw-in-zahlen.php) beträgt, werden durch den Contractor Energieeinsparpotenziale beim Kunden identifiziert und konkrete Energieeinsparungen vertraglich zugesichert. Der Contractor plant, finanziert und realisiert die dafür notwendigen Optimierungsmaßnahmen an den Energie- und Medienversorgungsanlagen bzw. den nachgelagerten Verteil- und Nutzungsanlagen, die einen Einfluss auf den Energieverbrauch haben. Die Anlagen verbleiben dabei im Regelfall im Eigentum des Contracting-Nehmers. Der Anlagenbetrieb und die Anlagenoptimierung erfolgen hingegen durch den Contractor. Dieser finanziert seinen Aufwand, indem er an den eingesparten Energiekosten beteiligt wird. Für den jährlichen Nachweis der Energieeinsparungen ist es wichtig, zu Vertragsbeginn die Bezugsbasis des Energiebedarfs gemeinsam festzulegen, da gerade bei Produktionsanlagen, aber auch im Immobilienbereich der jährliche Energiebedarf zum Teil sehr großen Schwankungen unterliegt.

Technisches Anlagenmanagement (Betriebsführungs-Contracting)
Beim technischen Anlagenmanagement übernimmt der Contractor lediglich den Betrieb und die Optimierung der Energie- und Medienversorgungsanlagen. Diese bleiben im Eigentum und in der rechtlichen Verantwortung des Contracting-Nehmers und werden von ihm auch finanziert.

Darüber hinaus können vom Contractor auch Beratungs- und Planungsleistungen für Optimierungs- oder Modernisierungsmaßnahmen erbracht werden. Der Marktanteil dieser Contracting-Variante liegt bei rund 7 % (http://www.energiecontracting.de/6-verband/wir-ueber-uns/vfw-in-zahlen.php).

Finanzierungs-Contracting
Projekte, bei denen der Contractor die Anlagen zur Energie- und Medienversorgung plant, finanziert und errichtet, werden als Finanzierungs-Contracting bezeichnet. Der Betrieb und damit das Betreiberrisiko verbleiben beim Contracting-Nehmer. Diese Form des Contractings spielt mit einem Marktanteil von 3 % (http://www.energiecontracting.de/6-verband/wir-ueber-uns/vfw-in-zahlen.php) eher eine untergeordnete Rolle, da maßgebliche Vorteile des Contractings, die mit der Übernahme der Anlagen- und Lieferverantwortung verbunden sind, nicht zum Tragen kommen.

Als besondere Form des Finanzierungs-Contractings sei an dieser Stelle das sog. Pachtmodell erwähnt. Diese spezielle Contracting-Variante hat sich in den letzten Jahren bewährt, um Kunden auch wirtschaftlich interessante Lösungen für eine effiziente, dezentrale Eigenstromerzeugung anbieten zu können. Dabei plant, finanziert und baut der Contractor die Eigenstromerzeugungsanlage und verpachtet diese dem Contracting-Nehmer. Dieser profitiert als Eigentümer und Betreiber der Anlage vom sog. Eigenstromprivileg, bei dem er in der Vergangenheit von der EEG-Umlage für den selbst erzeugten Strom komplett befreit war und nach aktueller Gesetzeslage eine reduzierte EEG-Umlage zahlt. Der Contractor kann auf Kundenwunsch zusätzlich die komplette Betriebsführung der Eigenstromerzeugungsanlage übernehmen und so dem Kunden auch die Vorteile des technischen Anlagenmanagements bieten.

11.2 EE-Formen im Contracting

Einen Überblick über den Anteil von Erneuerbaren Energien (EE) an der Bereitstellung von Wärme und Strom im Contracting-Markt liefern die Zahlen des Verbandes für Wärmelieferung e.V. Demnach werden deutschlandweit bei Contracting-Projekten knapp 7 % der Wärme und knapp 3 % des Stroms aus EE geliefert. Dabei stellt der Einsatz von fester Biomasse in Form von Holz den mit Abstand größten Anteil der EE dar, gefolgt von Biogas und Photovoltaik (Abb. 11.2). Windkraft spielt nur eine untergeordnete Rolle.

In den folgenden Kapiteln soll auf die einzelnen Formen der EE und deren Eignung für einen Einsatz im Contracting-Geschäft im Detail eingegangen werden.

11.2.1 Photovoltaik (PV)

Mittels PV-Anlagen wird ausschließlich elektrischer Strom erzeugt. Dieser kann sowohl ins Stromnetz eingespeist als auch zur Deckung des Eigenstrombedarfs genutzt werden. Für beide Varianten gibt es am Markt eine Reihe von Geschäftsmodellen, die sowohl für Gewerbe- und Industriekunden als auch für private Haushalte angeboten werden. Alle Modelle eint das Ziel, nutzbare Flächen von potenziellen Kunden zur Erzeugung von Solarstrom zu nutzen und den Kunden die Hürde der Anlagenfinanzierung sowie das Betriebs- und Instandhaltungsrisiko zu nehmen. Um Contracting handelt es sich jedoch nur

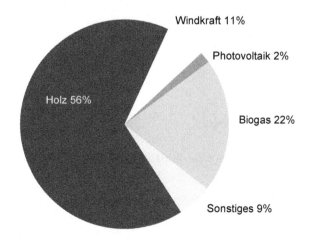

Abb. 11.2 Prozentualer Anteil eingesetzter Energieträger im Bereich der EE im Contracting-Markt Stand 2014 (http://www.energiecontracting.de/6-verband/wir-ueber-uns/vfw-in-zahlen.php)

dann, wenn der in der Solaranlage erzeugte Strom auch vom Kunden selbst genutzt wird. Hierbei findet im Regelfall das in Abschn. 11.1.2 beschriebene Pachtmodell Anwendung.

War vor wenigen Jahren aufgrund der hohen Vergütungssätze noch die Einspeisung des Solarstroms in das Stromnetz die wirtschaftlich attraktivere Variante, haben die in den vergangen Jahren vorgenommenen starken Kürzungen der Solarstromförderung auf der einen und der starke Anstieg der Strombezugspreise (im Wesentlichen der EEG-Umlage geschuldet) auf der anderen Seite dazu geführt, dass neue PV-Anlagen häufig nur noch dann wirtschaftlich darstellbar sind, wenn der erzeugte Strom primär für den Eigenbedarf genutzt und so der Fremdstrombezug reduziert wird.

Grundsätzlich ist der Einsatz von Photovoltaikanlagen nach wie vor stark abhängig von den gesetzlichen Rahmenbedingungen, zu denen neben der Höhe der Solarstromförderung auch die Höhe der EEG-Umlage für eigenerzeugten Strom zählt. Da jedoch mittelfristig mit einer weiteren Senkung der Stromgestehungskosten aus PV-Anlagen zu rechnen ist, verringert sich auch deren Abhängigkeit von Fördermaßnahmen.

11.2.2 Solarthermie

Bei solarthermischen Anlagen ist eine Nutzung der erzeugten Wärme im näheren Umfeld der Anlage alternativlos. Damit sind solarthermische Anlagen für Contracting-Lösungen zur Wärmelieferung grundsätzlich geeignet. Um eine ausreichend hohe, von der Witterung unabhängige Versorgungssicherheit zu erzielen, ist jedoch die Kombination mit anderen Wärmeerzeugungsanlagen unabdingbar. Dies hat eine im Vergleich zur Photovoltaik komplexere Anlagentechnik zur Folge und lässt für Contracting-Lösungen vor allem kommunale und industrielle Kunden infrage kommen. Allerdings findet die Solarthermie dort nur in sehr begrenztem Maße Anwendung. Gründe dafür sind die deutlich höheren spezifischen Wärmegestehungskosten infolge der hohen Investitionen im Vergleich zum Einsatz konventioneller Energieträger, wie z. B. Erdgas und die geringeren Fördermöglichkeiten (Marktanreizprogramm).

Wesentlicher Antrieb für den Einsatz von Solarthermieanlagen sind die Vorgaben des Erneuerbare-Energien-Wärmegesetzes (EEWärmeG), das die anteilige Erzeugung von Wärme und Kälte aus EE fordert. Diese Vorgaben gelten jedoch nur für öffentliche Gebäude und Wohngebäude.

11.2.3 Biogas

Für den Einsatz von Biogas[1] kann man folgende zwei Einsatzmöglichkeiten unterscheiden:

---

[1] Klär-, Deponie- und Grubengas stellen Sonderformen von Biogas dar, die an dieser Stelle nicht separat betrachtet werden sollen. Grundsätzlich können diese Energieträger genauso wie Biogas im Rahmen von Contracting genutzt werden.

a. Einsatz als Biomethan (Bioerdgas), welches direkt ins Erdgasnetz eingespeist wird und bilanziell an einer beliebigen Abnahmestelle zum Zwecke der Strom- und Wärmeerzeugung genutzt werden kann.
b. Einsatz als Biogas zur direkten Nutzung in einer in unmittelbarer räumlicher Nähe der Biogasanlage befindlichen Versorgungsanlage (Strom und Wärme).

Im Falle der Biomethanerzeugung ist ein höherer technischer Aufwand notwendig, um die erforderliche Gasqualität für eine Einspeisung ins Erdgasnetz zu erzielen. Diese Variante bietet allerdings den Vorteil, dass auch Kunden mit Strom und Wärme aus biogasgefeuerten Energieversorgungsanlagen versorgt werden können, die sich nicht in unmittelbarer Nähe der Biogasanlage befinden.

Grundsätzlich sind beide Varianten für Contracting-Lösungen geeignet, wobei die Wärmeversorgung des Kunden im Regelfall die Grundlage für das Contracting darstellt und der Strom ins Netz eingespeist und auf Basis des EEG vergütet wird. Aufgrund der deutlich höheren Brennstoffpreise von Biogas im Vergleich zu Erdgas ist bislang die Einspeisevergütung auch Voraussetzung, um wirtschaftliche Versorgungslösungen auf Basis von Biogas darstellen zu können. Die in der aktuellen Novelle des EEG (2014) vorgenommenen Förderkürzungen für Biogas führen jedoch dazu, dass künftig biogasbasierte Versorgungslösungen nur noch in besonderen Fällen wirtschaftlich darstellbar sind und damit kaum noch Potenzial für Contracting-Lösungen bieten.

11.2.4 Feste Biomasse

Der Einsatz von fester Biomasse in Form von Holz und Altholz zur energetischen Verwertung hat in den letzten Jahren enorm an Bedeutung gewonnen. Während es auf dem Altholzmarkt in Deutschland mittlerweile praktisch keine freien Brennstoffmengen mehr gibt, bieten Holzbrennstoffe je nach Qualität und Region noch Potenzial für einen weiteren Ausbau der energetischen Biomasseverwertung.

Die zur Verfügung stehende Anlagentechnik lässt den Einsatz von sehr unterschiedlichen Brennstoffqualitäten zu und bietet für nahezu jeden Holzbrennstoff eine maßgeschneiderte Verbrennungstechnologie. Die energetische Nutzung erfolgt dabei entweder in Form einer gekoppelten Strom- und Wärmeerzeugung oder einer reinen Wärmeerzeugung. Insbesondere die Nutzung der Wärmeenergie zur Beheizung von Wohngebäuden und öffentlichen Gebäuden bietet entsprechende Einsatzpotenziale für Holzkesselanlagen, um die Vorgaben des EEWärmeG einzuhalten.

Vor dem Hintergrund einer sehr großen Flexibilität bei der Erzeugung von unterschiedlichen Wärmeniveaus bzw. Wärmemedien ist der Brennstoff Holz sehr gut für den Einsatz in Contracting-Lösungen geeignet. Diese beschränken sich jedoch nahezu ausschließlich auf industrielle oder kommunale Kunden sowie große Wohngebäude. Das bei der energetischen Verwertung von fester Biomasse erforderliche Know-how und die Erfahrung beim Betrieb von komplexen Anlagen können dabei gemeinsam mit der Finanzierung solcher Anlagen und dem Brennstoffeinkauf dem Kunden als attraktiver Mehrwert angeboten werden. Hinzu kommt, dass der Contractor auch die Qualitätssicherung des Brennstoffes als eine der wesentlichen Voraussetzungen für eine ausreichend hohe Anlagenverfügbarkeit übernimmt. Über die weiteren Einsatzpotenziale für Biomasse wird allerdings nicht zuletzt auch die Preisentwicklung der Holzpellets und Holzhackschnitzel sowie der konventionellen Energieträger wie Erdgas und Heizöl entscheiden.

11.2.5 Biogene Reststoffe

Als Sonderform der festen Biomasse soll an dieser Stelle die Möglichkeit der energetischen Nutzung von biogenen Reststoffen erwähnt werden, die vorwiegend in der Getränke- und Lebensmittelindustrie anfallen. Dazu zählen u. a. Getreidemühlenabfälle wie Spelzen, Reststoffe aus Ölmühlen und Traubentrester. Aufgrund der an den einzelnen Produktionsstandorten anfallenden Reststoffmengen und Reststoffqualitäten eignen sich diese Einsatzstoffe vorwiegend für die Wärmeerzeugung und -nutzung am jeweiligen Standort und bieten damit eine gute Basis für Contracting-Lösungen. Für die thermische Verwertung der sehr unterschiedlichen Reststoffe sind im Regelfall maßgeschneiderte Feuerungstechnologien erforderlich, die zwar am Markt von unterschiedlichen Anlagenherstellern angeboten werden, für die es aber deutlich weniger Betriebserfahrungen gibt als für holzgefeuerte Biomasseanlagen. Contracting kann gerade bei solchen Anlagenkonzepten dem Kunden klare Vorteile bringen, da erfahrene Contractoren über das erforderliche Know-how für die Planung und den Betrieb solcher Anlagen verfügen, um die mit dem Einsatz der biogenen Reststoffe verbundenen Risiken zu beherrschen.

Ob sich jedoch für die energetische Verwertung solcher Reststoffe wirtschaftliche Konzepte darstellen lassen, hängt neben dem Wärmebedarf am jeweiligen Produktionsstandort sehr stark davon ab, ob für diese Reststoffe andere Verwertungsmöglichkeiten (stoffliche Verwertung) existieren und wie das Verhältnis von technischem Aufwand zur Vermarktung des Produktes und den möglichen Erlösen aussieht.

11.2.6 Geothermie

Die Nutzung von geothermaler Energie erfolgt in Deutschland vor allem für die Wärme- und Kälteerzeugung und bietet damit grundsätzlich auch die Möglichkeit für einen Einsatz in Contracting-Lösungen. Mit einer installierten Kapazität von rund 4,2 GW thermischer Leistung zur Wärmeerzeugung belegt Deutschland damit im internationalen Vergleich bereits den 5. Rang (http://www.geothermie.de/aktuelles/geothermie-in-zahlen.html). Die

Erzeugung von Strom aus geothermalen Quellen hat hingegen in Deutschland aufgrund seiner geologischen Gegebenheiten derzeit noch eine untergeordnete Bedeutung.

Unter den gegenwärtigen politischen Rahmenbedingungen können größere Geothermieanlagen in Deutschland in vielen Gebieten wirtschaftlich betrieben werden (http://de.wikipedia.org/wiki/Geothermie). Allerdings sind diese Anlagen auch mit einer Reihe von Risiken behaftet und haben in der Vergangenheit zum Teil zu nicht unerheblichen Bauschäden in ihrer näheren Umgebung geführt. Die oberflächennahe Erdwärmenutzung für die Heizung oder Kühlung von Gebäuden mittels Wärmepumpen kann bisher im Hinblick auf die Vollkosten trotz Förderung durch das Marktanreizprogramm nur in Einzelfällen unter optimalen Bedingungen mit der Wärmeerzeugung auf Basis konventioneller Energieträger konkurrieren, wird aber dennoch bereits vielfach genutzt. Insbesondere durch die Vorgaben des EEWärmeG gibt es vor allem im privaten und kommunalen Bereich Potenzial für den Einsatz von Erdwärmepumpenanlagen. Im industriellen Bereich hingegen spielen Erdwärmepumpen bzw. Geothermieanlagen im Allgemeinen nur eine sehr untergeordnete Rolle. Hier steht im Regelfall die Nutzung von industriellen Abwärmequellen im Vordergrund.

Am Markt gibt es daher zwar Anbieter für Contracting-Lösungen von Geothermieanlagen, der Anteil solcher Anlagen am Contracting-Markt dürfte jedoch derzeit noch eher gering sein.

11.2.7 Windenergie

Bei Windkraftanlagen handelt es sich um reine Stromerzeugungsanlagen. Der Strom wird beim Einsatz herkömmlicher Windräder mit einer Leistung > 100 kW im Regelfall ins Stromnetz eingespeist und nicht zweckgebunden von einem speziellen Kunden genutzt. Damit bieten klassische Windkraftanlagen keine Grundlage für Contracting.

Seit einigen Jahren gewinnen allerdings Kleinwindanlagen mit einer elektrischen Leistung < 100 kW zunehmende Bedeutung für die Nutzung der Windenergie. Meist handelt es sich dabei um Vertikalturbinen, die sehr leise sind und bereits bei geringen Windgeschwindigkeiten anspringen. Aufgrund ihrer Baugröße sind diese Anlagen sogar für den Einsatz im privaten Bereich interessant. Die Zahl solcher Kleinwindanlagen wächst in windreichen Gegenden rasant. Im Jahr 2010 waren in Deutschland schätzungsweise bereits 10.000 Anlagen installiert (http://www.klein-windkraftanlagen.com). Ob jedoch diese Anlagen künftig auch eine größere Rolle bei Contracting-Lösungen spielen werden, bleibt abzuwarten. Grundsätzlich sind vergleichbare Contracting-Modelle wie für PV-Anlagen möglich.

11.2.8 Wasserkraft

Wasserkraftanlagen sind ebenfalls reine Stromerzeugungsanlagen, bei denen der erzeugte Strom im Regelfall in das Stromnetz eingespeist wird. Solche Anlagen bieten damit keine Grundlage für Contracting. Eine Ausnahme stellen Kleinwasserkraftanlagen dar, die auch für eine Eigenstromerzeugung genutzt werden können. In diesen Fällen sind zwar vom Grundsatz her Contracting-Lösungen denkbar; allerdings ist das Potenzial für solche Anlagen in Deutschland zu hinterfragen und hängt u. a. vom Vorhandensein entsprechender Wasserrechte ab.

11.3 Der Einsatz von EE im Contracting – Einflussfaktoren und Herausforderungen

Die Steigerung des Anteils von EE an der Energienutzung und der damit verbundene Ausbau der dezentralen Energieversorgung ist zentraler Bestandteil der Energiewende in Deutschland. Um die Energiewende erfolgreich umzusetzen, wurde von staatlicher Seite eine Reihe von Fördermaßnahmen geschaffen, die neben dem verstärkten Einsatz von EE auch die Steigerung der Energieeffizienz und die Einsparung von Energie zum Ziel haben. Die Fördermaßnahmen sollen die Grundlage für einen wirtschaftlichen Einsatz von EE bilden.

Trotz der vielfältigen Fördermöglichkeiten für EE gibt es jedoch für die Umsetzung entsprechender Vorhaben häufig eine Reihe von Hürden, die es zu überwinden gilt. Dazu zählen:

- Mangelndes Vertrauen in die Wirtschaftlichkeit
- Fehlendes Know-how
- Fehlender Zugriff auf ggf. notwendige Brennstoffe
- Finanzierung
- Bereitstellung von qualifiziertem Betriebspersonal
- Technische, genehmigungsrechtliche und wirtschaftliche Risiken
- Organisatorischer Aufwand

Contracting bietet potenziellen Anwendern die Möglichkeit, diese Hürden zu überwinden und damit den Weg für den Einsatz von EE zu ebnen (s. Abschn. 11.1.1).

Die Entscheidung darüber, ob für eine Versorgungsaufgabe überhaupt EE zum Einsatz kommen, obliegt allerdings im Regelfall nicht dem Contractor. Er hat auf Basis des Kundenbedarfs bzw. der Kundenanforderung ein maßgeschneidertes Anlagenkonzept zu konzipieren, das ihn in die Lage versetzt, den Kunden nach dessen Bedürfnissen gesichert mit Energie und Medien zu versorgen. Im Regelfall steht dabei eine kostengünstige Energie- und Medienversorgung für den Kunden im Vordergrund. Im Rahmen seiner Anlagen-

Tab. 11.1 Entscheidungskriterien für die Auswahl des Anlagenkonzeptes bzw. für den Einsatz von EE

Kundengruppe	Entscheidungskriterien
Industriekunden	Energie- und Medienbedarf, *Carbon-Footprint, Kosten*, Risiken, Anlagenkomplexität, Verfügbarkeit
Immobilienkunden	Energiepass (Aufwertung Gebäude), Vorgaben *EEWärmeG*, Kosten
Kommunale Kunden	Energiepass (Aufwertung Gebäude), Vorgaben *EEWärmeG*, ggf. Kosten, Klimaschutzziele

konzeption prüft der Contractor, ob unter den gesetzlichen Rahmenbedingungen auch ein wirtschaftlicher Einsatz von EE möglich ist.

Neben dem Kostenaspekt gibt es je nach Kundengruppe weitere Kriterien, die maßgeblichen Einfluss auf die Wahl des Anlagenkonzeptes und den Einsatz von EE haben. Eine Unterscheidung kann beispielsweise zwischen Industriekunden, Kunden aus dem Immobilienbereich und kommunalen Kunden, wie in Tab. 11.1 dargestellt, vorgenommen werden.

Während bei Immobilienkunden und kommunalen Kunden vorwiegend gesetzliche Vorgaben (EEWärmeG) den Einsatz von EE begründen, spielen im industriellen Bereich primär die Kosten der Energie- und Medienversorgung eine entscheidende Rolle. Insbesondere wenn Unternehmen im internationalen Wettbewerb stehen, liegt der Fokus in erster Linie auf niedrigen Energie- und Medienpreisen. In diesem Fall kommen EE nur dann zum Einsatz, wenn durch deren Nutzung und unter Ausschöpfung aller Fördermöglichkeiten kostengünstige Versorgungskonzepte realisiert werden können.

Seitens der Contractoren spielen bei der Preisgestaltung der Energie- und Medienversorgung vor allem die Finanzierungsanforderungen eine wesentliche Rolle. Diese hängen in erster Linie davon ab, auf welche Weise die erforderlichen Investitionen finanziert werden. Unter Umständen haben die potenziellen Contracting-Nehmer zwar günstigere Finanzierungsmöglichkeiten als der Contractor, dafür liefert dieser seinen Kunden einen Mehrwert gegenüber einer Eigenlösung, die ganzheitlich betrachtet für den Kunden nicht günstiger ist.

Eine Herausforderung beim Einsatz von EE stellt die Gestaltung von Preisgleitklauseln in Contracting-Verträgen dar, wenn stromseitig eine Förderung durch das EEG erfolgt. Preissteigerungen beim Brennstoff können in diesem Fall ausschließlich über den Erlös auf der Wärmeseite kompensiert werden, da die EEG-Vergütung für den Strom über die gesamte Förderdauer fix ist. Insbesondere wenn die EEG-Vergütung einen hohen Anteil an den Gesamterlösen besitzt, können die daraus resultierenden überproportionalen Preissteigerungen auf der Wärmeseite bei Brennstoffpreiserhöhungen den Kunden schwer vermittelt werden. Diesen Nachteil hat der Kunde jedoch unabhängig von einer Contracting-Lösung in jedem Falle zu tragen.

Im Hinblick auf die gesetzlichen Rahmenbedingungen bestehen vor allen Dingen Risiken durch Änderungen der entsprechenden Fördergesetze. Allerdings beschränken sich diese Risiken aufgrund des bisher noch gültigen Bestandsschutzes von bereits in Betrieb befindlichen Anlagen auf die Zeiträume, innerhalb derer Gesetzesänderungen erarbeitet und beschlossen werden. In diesen Zeiträumen werden üblicherweise keine Investitionsentscheidungen gefällt oder bereits in Planung befindliche Projekte schneller realisiert, um die alten Förderregelungen noch nutzen zu können. Sollte allerdings bei künftigen Gesetzesänderungen auch der Bestandsschutz angetastet werden, kann dies durch die damit verbundene Verunsicherung auf der Investorenseite unabsehbare Folgen für den weiteren Ausbau von EE und deren Einsatz im Contracting-Markt nach sich ziehen.

11.4 EE-Contracting in der Praxis – ausgewählte Praxisbeispiele

11.4.1 Solarthermie

Der Neubau einer Gastronomie im Jahre 2010 erforderte u. a. die Installation einer Energiezentrale für die Wärmeversorgung der Gaststätte. Das Gebäude sollte auf Wunsch der Stadt die Anforderungen des „Green Building"-Standards erfüllen und im Rahmen eines Energieliefer-Contractings vollständig mit Wärme aus EE versorgt werden. Zu den Aufgaben des Contractors gehörten Konzeption, Planung, Errichtung und Finanzierung der erforderlichen Anlagentechnik und die Wärmeversorgung der Gaststätte.

Wegen des hohen Brauchwarmwasserbedarfs und der Mindestvorlauftemperatur von 65 °C wurde für die Grundlastversorgung eine direkt auf die Heizungspufferspeicher geschaltete CPC-Vakuumröhrenkollektoranlage gewählt. Mittel- und Spitzenlast werden durch einen Holzpelletkessel abgedeckt. In Tab. 11.2 sind einige ausgewählte Projektdaten zusammengefasst.

Das Projekt wurde 2010 durch MVV Enamic realisiert und zeigt einen klassischen Contracting-Ansatz für die Wärmebelieferung eines Kunden auf Basis von EE. Ausschlaggebend für den Einsatz von EE waren in diesem Fall die städtischen Vorgaben. Ein wirtschaftlicher Vergleich zu konventionellen Energieträgern wurde damit nicht vorgenommen.

Tab. 11.2 Ausgewählte Projektdaten des Contracting-Konzeptes für die Energieversorgung eines Gastronomiebetriebs

Projektdaten	Wert
Anlageninvest	194 k€ (144 k€ Fördermittel)
Vertragslaufzeit	15 Jahre
Installierte Wärmeleistung	100 kW Holz; 60 m² Kollektorenfläche
Pelletsbedarf	20 t/a
Wärmeabsatz	100 MWh (26 MWh Solar)
CO_2-Einsparung	55 t/a
Abrechnung	Grund- und Arbeitspreise

11.4.2 Biogas (Biomethan)

Grundlage für das hier aufgeführte Biogasprojekt war die Ausschreibung einer öffentlichen Einrichtung, die die Übernahme der kompletten Wärmeversorgung im Rahmen eines Energieliefer-Contractings zum Inhalt hatte. Durch den Contractor sollte das Versorgungskonzept geplant, die erforderliche Anlagentechnik installiert und finanziert sowie die Wärmeversorgung der Liegenschaften des Kunden übernommen werden. Das Gebäude für die Energiezentrale wäre durch das Land zur Verfügung gestellt worden.

Als Ausschlusskriterien für das Versorgungskonzept galten die Einhaltung des EEWärmeG sowie ein Primärenergiefaktor der Wärmeversorgung ≤ 0,5. Aus logistischen Gründen wurde kundenseitig der Einsatz fester Biomasse ausgeschlossen, sodass die Anforderung an den Primärenergiefaktor nur durch Einsatz von Biomethan erfüllt werden konnte.

Infolge der vom Kunden definierten Randbedingungen und der Fördermöglichkeiten wurde von MVV Enamic ein Konzept angeboten, bei dem die Wärmeversorgung durch zwei Biomethan-BHKW mit einer elektrischen Leistung von jeweils 750 kW und zwei Erdgaskesseln sichergestellt werden sollte.

Die BHKW sollten zeitlich im Abstand von einem Jahr installiert werden, damit beide BHKW jeweils als Einzelanlage nach geltendem EEG bewertet werden. Dies hätte eine höhere EEG-Vergütung garantiert und damit einen günstigeren Wärmepreis ermöglicht.

Der erzeugte Strom aus den BHKW sollte vollständig in das Netz der allgemeinen Versorgung eingespeist und nach gültigem EEG über 20 Jahre konstant vergütet werden.

Im Endausbau hätten die BHKW knapp 60 % der gewünschten Wärme bereitgestellt. Ausgewählte Projektdaten sind in Tab. 11.3 zusammengestellt.

Das Projekt wurde zwar nicht realisiert, zeigt aber ebenfalls einen klassischen Contracting-Ansatz für die Wärmebelieferung eines Kunden auf Basis von EE. Ausschlaggebend für den Einsatz von Biomethan waren auch in diesem Fall die Kundenvorgaben.

Tab. 11.3 Ausgewählte Projektdaten des Contracting-Konzeptes für die Energieversorgung einer öffentlichen Einrichtung

Projektdaten	Wert
Geplanter Anlageninvest	2,9 Mio. €
Geplante Vertragslaufzeit	15 Jahre
Installierte Wärmeleistung	9,6 MW
Installierte elektrische Leistung	1,5 MW
Erdgaseinsatz	6 GWh/a
Biomethaneinsatz	23 GWh/a
Stromerzeugung (EEG)	8.626 MWh/a
Wärmeabsatz	14.000 MWh/a
CO_2-Minderungspotenzial	3.200 t/a
Abrechnung	Grund- und Arbeitspreise

11.4.3 Feste Biomasse

Ausgehend von der Notwendigkeit, ihre vorhandene Energiezentrale aufgrund auslaufender Genehmigungen umzubauen, wurde 2009 durch eine öffentliche Einrichtung die Wärmeversorgung ihrer Liegenschaften im Rahmen eines Energieliefer-Contractings ausgeschrieben. Neben Wärme in Form von Heißwasser war auch die Lieferung von Permeat und Konzentrat sowie der Betrieb und die Instandhaltung des lokalen Heißwassernetzes Bestandteil der Anfrage. Das erforderliche Betriebspersonal für das Heizwerk sollte im Rahmen eines Personalgestellungsvertrages durch den Kunden zur Verfügung gestellt werden. Darüber hinaus wollte der Kunde, dass der Contractor mit der Erneuerung der Wärmeerzeugungsanlagen die seit Januar 2009 in Kraft getretenen gesetzlichen Forderungen zur Nutzung von EE beim Neubau von weiteren Gebäuden (EEWärmeG) erfüllt. Die erforderliche Planung und Finanzierung, der Umbau sowie die Betriebsführung der Energiezentrale waren durch den Contractor zu realisieren.

Ausgehend von den definierten Randbedingungen der Anfrage wurde von MVV Enamic ein Konzept auf Basis fester Biomasse angeboten und umgesetzt. Das technische Konzept beinhaltete im Wesentlichen folgende Maßnahmen:

- Demontage vorhandener, mit fossilen Brennstoffen betriebener Gas-/Ölkessel
- Neubau von zwei Holzkesseln à 10 MWth auf Basis fester Biomasse (Holz) zur Grundlastsicherung
- Neubau eines Holzlagers
- Installation eines neuen Gas-/Ölkessels (16 MWth) zur Spitzenlastabdeckung
- Weiternutzung eines vorhandenen Gas-/Ölkessels als Reservekessel
- Installation eines Wärmespeichers
- Sukzessive Sanierung des Wärmenetzes

Die Biomassekessel wurden so dimensioniert, dass hohe Betriebszeiten und Vollbenutzungsstunden erreicht werden, während gleichzeitig die planmäßig erforderlichen Revisionen ohne zusätzlichen Aufwand an teurerem Zweitbrennstoff (Gas oder HEL) vorgenommen werden können. Nach vollständigem Umbau der Energiezentrale wird nun die Wärme zu über 95 % aus dem Brennstoff Holz und die übrigen Mengen aus leichtem Heizöl oder Erdgas bereitgestellt. Die ausgewählten Projektdaten zeigt Tab. 11.4.

Mit dem realisierten Konzept können nicht nur die Anforderungen des EEWärmeG sicher eingehalten werden, sondern es kann auch die Wärmeversorgung kostengünstiger als bisher erfolgen. Damit profitiert der Contracting-Nehmer in diesem Fall nicht nur aus ökologischer, sondern auch aus wirtschaftlicher Sicht von einem nachhaltigen Versorgungskonzept auf Basis von EE. Dies konnte jedoch nur erreicht werden, da zum Zeitpunkt des Vertragsabschlusses durch den Contractor entsprechende Holzmengen zu günstigen Konditionen gesichert werden konnten und eine Anlagentechnik geplant und installiert wurde, die die zum Einsatz kommende Brennstoffqualität mit hoher Verfügbarkeit verwerten kann.

Tab. 11.4 Ausgewählte Projektdaten des Contracting-Konzeptes für die Energieversorgung einer öffentlichen Einrichtung

Projektdaten	Wert
geplanter Anlageninvest	12 Mio. €
geplante Vertragslaufzeit	20 Jahre
installierte Wärmeleistung (Holz)	20 MW
installierte Wärmeleistung (Gas/Öl)	51 MW
Holzeinsatz	132 GWh/a
Gas-/Öleinsatz	3 GWh/a
Wärmeabsatz	95.000 MWh/a
CO_2-Einsparung	24.000 t/a
Abrechnung	Grund- und Arbeitspreise
jährliche Energiekosteneinsparung Kunde	20 %

11.4.4 Biogene Reststoffe

Auf Kundenwunsch wurde für einen Getreidemühlenbetreiber 2014 ein Konzept zur thermischen Verwertung von Getreideschalen an einem neuen Produktionsstandort erarbeitet und sollte Basis für ein Contracting-Angebot werden.

Grundlage für das technische Konzept waren die beim Mahlen als Abfallprodukt anfallenden Getreideschalen, die bisher als Beimischung zu Futtermitteln verwertet wurden. Der Aufbereitungsaufwand (Mahlen) ist dafür jedoch relativ hoch und für den Kunden besteht die Schwierigkeit, die Getreideschalen in der Menge des täglichen Anfalls (ca. 20–35 t/d) verkaufen zu können.

Gleichzeitig benötigt die Getreidemühle Dampf, welcher derzeit aus einem Erdgaskessel bereitgestellt werden soll. Der Dampfbedarf beträgt in der ersten Ausbaustufe konstant 1 t/h und soll nach einem weiteren Ausbau der Produktionsanlage auf 2 t/h steigen.

Die Aufgabe bestand nun darin zu prüfen, ob die Getreideschalen unter den gegebenen Randbedingungen zur Dampferzeugung eingesetzt werden können und ein wirtschaftliches Verwertungskonzept ermöglichen. Als Brennstoffkosten sollten für die Getreideschalen dieselben Kosten angesetzt werden, die für die bisherige Verwertung als Futtermittelzusatzstoff abzgl. der vermiedenen Aufbereitungskosten durch den Kunden erlöst werden. Eine Förderung der Wärmeerzeugung ist diesem Fall nicht möglich.

Im Ergebnis der Untersuchungen konnte dem Kunden aufgezeigt werden, dass bei ausreichend hohem Dampfbedarf die Dampfversorgung durch den Einsatz von Getreideschalen kostengünstiger erfolgen kann als es mit Erdgas möglich ist. Wesentliche Projektdaten der Untersuchung zeigt Tab. 11.5.

Der wirtschaftliche Einsatz von Getreideschalen setzt allerdings einen Mindestdampfbedarf von 2 t/h voraus, der in der ersten Produktionsphase noch nicht erreicht wird. Aus diesem Grund wurde das Projekt auch vorerst nicht weiterverfolgt. Dennoch zeigt es, dass

Tab. 11.5 Wesentliche Projektdaten der Untersuchung zur Getreideschalenverbrennung als Basis der Dampfversorgung eines Mühlenbetreibers

Projektdaten	1 t/h Dampf	2 t/h Dampf
Erforderlicher Anlageninvest	1,0 Mio. €	1,5 Mio. €
Vermiedene Erdgaskosten	235 k€/a	470 k€/a
Brennstoffkosten Getreideschalen inkl. Ascheentsorgung	78 k€/a	155 k€/a
Betriebskosten	70 k€/a	77 k€/a
Getreideschaleneinsatz	1.260 t/a	2.530 t/a
Dampfbedarf	6.500 t/a	13.000 t/a
Jährliche Einsparung Kunde	−35 k€	60 k€

unter optimalen Randbedingungen auch eine Wärmeversorgung auf Basis nachwachsender Brennstoffe wirtschaftlich möglich ist und Potenzial für Contracting-Lösungen bietet.

Fazit

Der Ausbau der EE ist wesentliche Voraussetzung für die erfolgreiche Umsetzung der Energiewende. Trotz staatlicher Fördermöglichkeiten gibt es jedoch eine Vielzahl von Herausforderungen und Risiken, denen sich potenzielle Nutzer von EE stellen müssen. Contracting als ein innovatives Dienstleistungsmodell ist ein Weg, Kunden zu helfen, vorhandene Hürden zu überwinden und den Einsatz von EE für ihre Energie- und Medienversorgung zu ermöglichen.

Am Markt haben sich unterschiedliche Contracting-Modelle etabliert und bieten den Kunden eine hohe Flexibilität bei der Gestaltung der Energie- und Medienversorgung durch einen Dienstleister. Die damit verbundenen Vorteile für den Kunden macht Contracting zu einem wichtigen Instrument, das zum Gelingen der Energiewende beitragen kann.

Über den Einsatz von EE im Rahmen einer Contracting-Lösung entscheidet allerdings im Regelfall nicht der Contractor, sondern zum einen der Kunde durch die Anforderungen, die er an seine Versorgungsaufgabe stellt, und zum anderen der Gesetzgeber durch verpflichtende Vorgaben für die Nutzung von EE bzw. die Gestaltung der Fördermöglichkeiten für EE. Im Regelfall spielen die Energie- und Medienpreise für den Kunden die ausschlaggebende Rolle bei der Auswahl der Contractoren, sodass sich Einsatzmöglichkeiten für EE nur dann bieten, wenn diese kostengünstige Versorgungskonzepte ermöglichen. Verlässliche und angemessene Fördermöglichkeiten durch den Gesetzgeber spielen hierbei auch mittelfristig noch eine wichtige Rolle.

Ralf Klöpfer ist seit 2013 Mitglied des Vorstands der MVV Energie AG in Mannheim und verantwortet dort den Vertriebsbereich, zu dem auch der Contracting-Dienstleister MVV Enamic GmbH gehört. Vor seinem Eintritt in die MVV Energie AG war er geschäftsführender Gesellschafter der enevio GmbH. Davor war er mehr als 15 Jahre bei der EnBW in Karlsruhe in verschiedenen leitenden Positionen tätig. Zuletzt war er Sprecher der Geschäftsführung der EnBW Vertrieb GmbH. Er hat Elektrotechnik mit dem Schwerpunkt Energietechnik an der Universität Stuttgart studiert.

Dr. Ulrich Kliemczak ist Mitarbeiter der MVV Enamic Contracting GmbH in Mannheim und beschäftigt sich in seiner Funktion als Planungsingenieur und Projektentwickler seit mehr als zehn Jahren mit den unterschiedlichsten Contracting-Projekten. Neben der Erstellung von Versorgungskonzepten und der Verhandlung mit den Kunden hat er in verschiedenen Projekten auch die technische Projektleitung übernommen und die Planung, Errichtung und Inbetriebnahme der Versorgungsanlagen begleitet bzw. verantwortet. Vor seinem Eintritt in die MVV Enamic Contracting GmbH war er zwei Jahre als Planungsingenieur in der MVV Energie AG tätig. Er hat Umweltverfahrenstechnik an der TU Bergakademie Freiberg studiert und dort anschließend auf dem Gebiet der Energieverfahrenstechnik promoviert.

Erneuerbare Energien im Marketing von Tourismusunternehmen

12

Susanne Gervers

▶ Tourismusunternehmen befinden sich in einer besonderen und im Hinblick auf das Ziel der Nachhaltigkeit schwierigen Situation, weil sie perfekt inszenierte Gegenwelten zum Alltag verkaufen: Die touristische Erfahrung beinhaltet in ihrem Kern „Grenzüberschreitung" – räumlich, sozial, aber auch moralisch. Das Postulat eines „nachhaltigen" Tourismus, auch zukünftigen ökonomischen, sozialen und ökologischen Erfordernissen „in vollem Umfang" Rechnung zu tragen, erweist sich vor diesem Hintergrund als Quadratur des Kreises –, jedenfalls für diejenigen Unternehmen, die nahe an den Bedürfnissen ihrer Kunden ein „schlüssiges Gesamtbild" erarbeiten. Reiseveranstalter haben daher besondere Schwierigkeiten, die in der touristischen Leistungskette durchaus bestehenden positiven Ansätze für das Marketing Erneuerbarer Energien angemessen in ihre kundenorientierten Leistungsbündel zu integrieren und den Minimalanforderungen eines „nachhaltigen" Tourismus, den Kriterien des „Global Sustainable Tourism Council", zu genügen. Diese Problematik lässt sich selbst bei einem Benchmark-Unternehmen der Tourismusbranche, Studiosus Reisen München GmbH, aufzeigen und regt über das Unternehmensbeispiel hinaus kritisches Nachfragen an: Was ist erforderlich, um die vielzitierte *Green Gap* im Tourismus in Zukunft „nachhaltig" zu verringern?

S. Gervers (✉)
Hochschule für Wirtschaft und Umwelt, Parkstr., 4, 73312
Geislingen, Deutschland
E-Mail: susanne.gervers@hfwu.de

© Springer Fachmedien Wiesbaden 2015
C. Herbes, C. Friege (Hrsg.), *Marketing Erneuerbarer Energien*,
DOI 10.1007/978-3-658-04968-3_12

12.1 Zur Einführung

Anlässlich des ersten fvw Online Marketing Day am 07. Mai 2014 in Köln wurden die besten Online-Marketing-Kampagnen von Tourismusunternehmen ausgezeichnet. Auffällig war, dass keiner der zwölf besten Kandidaten auch nur ansatzweise das Thema „Erneuerbare Energien" intonierte, ebenso wenig wie das Thema „Klimawandel" oder „Nachhaltigkeit" (s. fvw, 09.05.2014, S. 28 f.). Marketing orientiert sich primär an den Kundenwünschen oder daran, was Anbieter dafür halten: Was glauben touristische Anbieter, was ihre Kunden wollen? Offenbar jedenfalls nicht an den Klimawandel und andere Probleme erinnert werden – im Tourismus spielt die perfekt inszenierte Gegenwelt zum Alltag eine besondere Rolle oder, wie ein Reisebürochef im Branchenmagazin *fvw* pointiert formulierte: „Wir wollen doch die schönsten Wochen des Jahres verkaufen und nicht die optimale Bewältigung von Krisen und Problemen" (fvw, 27.02.2014, S. 13).

Es ist keineswegs so, dass Klimawandel und Nachhaltigkeit an sich nicht in der Branche thematisiert werden. Produkte wie die grüne, CO2-neutrale Bahncard gelten ebenso als Vorreiter wie neue Produkte der *Sharing Economy* im Bereich Verkehrsträger oder Unterkünfte. Ökologisch korrekte Naherholung oder gar ein Trend zur Reisevermeidung hingegen entsprechen jedoch eher nicht den tief sitzenden Wünschen und Bedürfnissen des Gastes: CO2-Emissionen lassen sich möglicherweise durch „Klimaspenden" kompensieren, nicht aber der für den Reisenden so wichtige interkulturelle Austausch, das Erlebnis des Anderen, Fremden (und dadurch des Selbst), welches ohne in mehrfacher Hinsicht grenzüberschreitende Mobilität nicht zu realisieren ist. Und das bedeutet ggf. auch, Standards und Errungenschaften der eigenen Gesellschaft, etwa hinsichtlich Klimaschutz und Nachhaltigkeit, für „die schönsten Wochen des Jahres" zu vergessen.

„Bei der Buchungsentscheidung spielt Nachhaltigkeit keine Rolle" (fvw, 14.03.2014, S. 74), es gehe eher darum, Nachhaltigkeit für den Gast vor Ort nach den Prinzipien des *Storytellings* erlebbar zu machen, wobei das Luxussegment im Fazit mehrerer Podiumsdiskussionen auf dem ITB Kongress 2014 in Berlin das meiste Potenzial für einen „nachhaltigen" Tourismus biete (s. ebd., S. 72–74). Menschen und deren Geschichte vor Ort zu erleben, etwa die Energiegewinnung in einem kalabrischen Dorf, ermöglicht es eher, dem Reisenden Strukturen und Probleme zu verdeutlichen und durch den Kontakt zu den Menschen Engagement und Verantwortung zu fördern. Was bedeutet „nachhaltiger" Tourismus, wie wird dieser offiziell definiert und welche Akteure umfasst die touristische Leistungskette? Das Marketing welcher Unternehmen ist von entscheidender Bedeutung, um das Thema „Erneuerbare Energien im Tourismus-Marketing" zu untersuchen?

12.2 Tourismusunternehmen und „nachhaltiges" Marketing

Meffert et al. (2012, S. 15) weisen auf die Vertriebsorientierung der Praktiker im Tourismus hin, obgleich Marketing mittlerweile einen viel umfangreicheren, generischen Bedeutungszusammenhang aufweist. Die im Juli 2013 offiziell verabschiedete Definition[1] der American Marketing Association bezieht sich expressis verbis auf die Gesellschaft im Ganzen – *society at large* (AMA) – in der Gestaltung von Wertebeziehungen. Insbesondere Tourismusunternehmen müssten sich hier eigentlich wiederfinden, denn Netzwerke verschiedenster Art bilden die zentralen Bezugspunkte ihrer täglichen Arbeit. Netzwerkarbeit ist für Touristiker unverzichtbar, da sie mit verschiedenen anderen Unternehmen, gesellschaftlichen Gruppen und auch sogar direkt mit ihren Gästen im Leistungserstellungsprozess zusammenarbeiten (müssen). Pechlaner et al. (2011) weisen daher zu Recht auf die Bedeutung kompetenter Kooperation und Netzwerkbildung hin, insbesondere in Regionen und Destinationen.

Was ist nun „nachhaltiges" Marketing und was bedeutet dieses genau in der Tourismusbranche? Pomering et al. (2011, S. 959) beschreiben „nachhaltiges" Marketing als eine Entwicklungsstufe mit geringerer Zielorientierung als ein „Nachhaltigkeitsmanagement". Um das Ziel der Nachhaltigkeit klar herauszustellen und auch zweifelsfrei anzuerkennen, ist nach El Dief und Font (2010, S. 159) eine „ganzheitliche Sicht" erforderlich –, sie sehen hier das entscheidende Kriterium einer Unterscheidung von *Green* Marketing und dem in der Tourismusbranche viel zitierten *Greenwashing*. Das bedeutet, systematisch und auf allen Ebenen im Unternehmen das Ziel der Nachhaltigkeit zu verfolgen, nicht nur im Marketing. Für die Tourismusbranche existieren mittlerweile international akzeptierte Kriterien mit klaren Handlungsanweisungen, welche Einordnung und Bewertung ermöglichen (s. GSTC 2012, 2013), um dieses Ziel nicht zu verfehlen.

Was ist nun aber unter „nachhaltigem" Tourismus zu verstehen? Die Umweltorganisation der UNO erarbeitete gemeinsam mit der Welttourismusorganisation folgende Formulierung:

▶ **„Tourism that takes full account of its current and future economic, social and environmental impacts, addressing the needs of visitors, the industry, the environment and host communities"** (UNEP/WTO 2005, S. 12)

Die daraus resultierenden Ansprüche an das Tourismus-Marketing, neben sozialen und ökonomischen Belangen den Umweltbelangen gegenüber in vollem Umfang Rechnung zu tragen und gleichzeitig auf die Bedürfnisse der Gäste einzugehen, erscheinen vor dem eingangs skizzierten Branchenhintergrund allerdings eher unrealistisch, da die touristische Erfahrung in ihrem Kern „Grenzüberschreitung" beinhaltet – räumlich, sozial, aber auch moralisch gesehen. In allen Bereichen der multidisziplinären Tourismusforschung werden Grenzen und Grenzerfahrungen thematisiert, Pomering et al. (2011, S. 957) verweisen hier auch explizit auf die Bedeutung für das Marketing der Tourismusunternehmen. Grenzen

---

[1] „Marketing is the activity, set of institutions, and processes for creating, communicating, delivering, and exchanging offerings that have value for customers, clients, partners, and society at large." (AMA 2014).

strukturieren eine Reise, das Zeitempfinden, und ermöglichen das Verlassen der alltäglichen Welt, des Gewohnten, Normalen. Der Reisende, so zeigen etwa tourismuspsychologische Beiträge, tritt ein in eine andere Welt:

> The various forms of Otherness consumed in tourism seem able (and are often purposely produced) to satisfy desires that are hidden or otherwise repressed in tourists' everyday lives. (Picard und Di Giovine 2014, S. 23).

Dieses Verlassen der alltäglichen Welt, der „Konsum" des Anderen, Fremden, und dadurch auch eine Selbstvergewisserung kennzeichnen die touristische Erfahrung. Welche Arten von Reisen und welche Unternehmenstypen geben nun am ehesten Aufschluss über das Thema „Erneuerbare Energien im Marketing von Tourismusunternehmen"? Als „Tourismus" werden nicht alle Aktivitäten von Reisenden verstanden, Tourismus ist definiert durch ein zeitweises Verlassen des üblichen Lebensmittelpunktes. Für die internationale statistische Erfassung des sozialen, kulturellen und wirtschaftlichen Phänomens Tourismus gilt die offizielle Eingrenzung der UNWTO[2]:

▶ **„A visitor is a traveler taking a trip to a main destination outside his/her usual environment, for less than a year, for any main purpose (business, leisure or other personal purpose) other than to be employed by a resident entity in the country or place visited. These trips taken by visitors qualify as tourism trips. Tourism refers to the activity of visitors."** (UN/UNWTO 2010, S. 10)

Nach dieser Definition gelten zweckfreie Reisen (*leisure travel*) und Reisen, welche einen bestimmten Zweck verfolgen (z. B. *business travel*), unterschiedlos als „Tourismus", wenn die weiteren Voraussetzungen erfüllt werden, etwa die Begrenzung auf ein Jahr. Diejenigen Reisen jedoch, welche keinen klar definierten Zweck verfolgen, wie etwa die klassische Urlaubsreise, die relativ unbestimmt der Erholung dient, zeigen vermutlich eher ein „schlüssiges Gesamtbild" des Phänomens Tourismus. Im Geschäftsreisebereich nimmt das Marketing Erneuerbarer Energien hingegen einen prominenten Platz ein als Teil des Marketings der beteiligten Unternehmen. Das Konzept der *Green Meetings*, die Planung, Organisation und Durchführung „umweltgerechter" Veranstaltungen, avanciert immer mehr zu einem Aushängeschild der Unternehmen und für das Reiseland Deutschland. Geschäftsreisen zählen zwar auch zur Tourismuswirtschaft, sind jedoch von Tourismus im engeren Sinne abzugrenzen als sich dieser auf die außeralltägliche Erfahrung des Reisenden, die Bedeutung des Fremden für die eigene Identität bezieht.

Welche Arten der Unternehmung müssten nun untersucht werden, welche repräsentieren vermutlich ein schlüssiges Gesamtbild vom Reisen und vom Tourismus, und: Wer wären dann die Gäste dieser Unternehmungen? Reiseveranstalter übernehmen organisatorische, informatorische, vertriebs- und gesellschaftspolitische Aufgaben im Quell- und

---

[2] Abk. für World Tourism Organization mit Status einer UN-Sonderorganisation, die UNWTO hat ihren Sitz in Madrid.

Zielgebiet. Je nach Art und Anlass der Reise umfasst die touristische Leistungskette unterschiedliche Leistungsträger, i. d. R. jedoch Transport- und Beherbergungsunternehmen, wobei die Veranstalter hier eine zentrale Rolle spielen, indem sie aus den Teilleistungen ein Gesamtleistungsbündel erstellen, welches sie eigenverantwortlich vermarkten. Zwar nimmt der Anteil „klassischer" Pauschalreisen seit Jahren konstant ab und die selbständige Information und Buchung von Teilleistungen im Internet durch den Reisenden selbst seit Jahren entsprechend zu, aber die Veranstalterreise bleibt mit 42 % im Jahr 2013[3] die wichtigste Form der Urlaubsorganisation (s. FUR, S. 4). Um ein schlüssiges Gesamtbild vom Reisen und vom Tourismus zu erhalten, müsste zunächst also das Angebot der Veranstalter beleuchtet werden, genauer: das Veranstalterangebot im Bereich *Leisure Travel*, denn in der Tourismusbranche werden Touristik (mit den Veranstaltern im Zentrum) und *Business Travel* voneinander abgegrenzt.

Mit ihrem Angebot beziehen sich Veranstalter auf diverse weitere touristische Unternehmen: Inwiefern bieten diese potenziellen Kooperationspartner günstige Voraussetzungen für ein „grünes" Produkt des Veranstalters? Welchen Stellenwert besitzen „nachhaltige" Ziele wie eine Erhöhung des Anteils Erneuerbarer Energien für diese Unternehmen? Bei den touristischen Leistungsträgern bietet sich aktuell ein fragmentarisches Bild in Bezug auf das Themenfeld „Klimawandel und Erneuerbare Energien", welches sich wie folgt skizzieren lässt:

Exkurs: Leistungsträger
Verkehrsträger
- Mit ihrer Strategie DB 2020 positioniert sich die **Deutsche Bahn AG** als „grünes" Unternehmen und vermarktet sich offensiv als „Umwelt-Vorreiter" (Deutsche Bahn AG 2014): Bis zum Jahr 2050 sollen demnach alle Züge der Deutschen Bahn AG zu 100 % mit Strom aus regenerativen Quellen fahren.
- Die Aussage, dass der Fernreisebus das umweltfreundlichste Transportmittel nach der Bahn sei, ist unter Touristikern zwar ein stehender Topos, findet sich so aber nicht im Marketing wieder. Für die Anbieter und ihre Verbände steht vielmehr ein möglicher Imagewechsel im Fokus, nachdem seit der Liberalisierung des Fernbusverkehrs im Jahr 2013 neue, attraktive Zielgruppen den Bus als Transportmittel (wieder)entdecken. Redner des vom **Internationalen Bustouristik Verband RDA** organisierten jährlichen Branchentreffens in Köln verweisen denn auch an erster Stelle darauf, dass der Bus als Verkehrsmittel günstig und sicher sei, und erst danach darauf, dass er eine „umweltfreundliche Alternative zu Pkw, Flugzeug und Bahn" (RDA 2013) darstelle, und der Deutsche Tourismusverband als Dachverband der Tourismuswirtschaft in Deutschland hält einen

---

[3] 2005 waren es noch 48 % (s. FUR, S. 4).

Imagewechsel für erreichbar, da der Fernbus zum „neuen Reiseverhalten" passe: „umweltfreundlich, öfter und kürzer verreisen" (DTV 2014).
- Für die Luftverkehrsunternehmen gestaltet sich der Anpassungsprozess an die veränderte Umweltsituation besonders schwierig (s. hierzu auch Buras und Cowlishaw 2014): Um dem steigenden Kosten- und Wettbewerbsdruck zu begegnen, fokussieren sich diese derzeit noch auf technische Lösungen („Fuel Efficiency"), passen aber bislang nicht ihre Geschäftsmodelle an, auch nicht die hinsichtlich ihres Engagements im UN Global Compact vorbildliche **Deutsche Lufthansa AG**. Eine gemeinsame PR-Kampagne soll die „hohe Ökoeffizienz der deutschen Fluggesellschaften" (Deutsche Lufthansa AG 2014) den Menschen in Deutschland bewusst machen. Der Leiter des ITB Berlin Kongresses und Präsident des Fachverbandes DGT[4], Roland Conrady, selbst ursprünglich Luftverkehrsmanager, bringt es in einem Vortrag vor zahlreichen Vertretern der Branche auf den Punkt:

> Ohne gravierende Veränderungen des Transportsektors wird es in Zukunft wohl nicht gehen. (Conrady 15.05. 2014)

Gastgewerbe
- Im Beherbergungswesen sind energiesparende Maßnahmen bis hin zu Zero-Emission-Hotels angesichts des hohen Fixkostenblocks ebenfalls ein wichtiges Thema (s. DEHOGA 2012a), werden aber etwa im Kontext Naturschutz keineswegs offensiv vermarktet, wie das Beispiel der Marketing-Kooperation „Die Biosphärengastgeber" zeigt (s. Biosphärengastgeber 2014).
- Andere werben vielleicht etwas zu offensiv, etwa das Boutiquehotel Stadthalle Wien, nach eigenen Angaben das weltweit erste Stadthotel mit Null-Energie-Bilanz:

> Innerhalb eines Jahres wird im Boutiquehotel Stadthalle in Wien gleich viel Energie mit Grundwasserwärmepumpe, Photovoltaikanlage, Solaranlage und drei Windrädern* erzeugt wie verbraucht wird. Eine Rechnung, die garantiert aufgeht! (Hotel Stadthalle 2014b).

- Allerdings muss das Unternehmen, das in den letzten Jahren mit einer Vielzahl von Umwelt- und Innovationspreisen ausgezeichnet wurde, einräumen, für die drei Windräder noch nicht die erforderliche Genehmigung der Stadt erhalten zu haben, was auch mitten in einer Metropole wie Wien nur schwer vorstellbar erscheinen mag. An der Rezeption ist auf Nachfrage ein *Fact Sheet* erhältlich,

---

[4] Deutsche Gesellschaft für Tourismuswissenschaft e. V.

welches den Satz enthält: „Wir hoffen weiter auf die Bewilligung" (Hotel Stadthalle 2014c), während für die Website im Präsens formuliert wurde:

Das neue Gebäude erweitert nicht nur das liebevoll renovierte Jahrhundertwendehaus, sondern weist zudem auch noch eine Null-Energie-Bilanz auf (Hotel Stadthalle 2014b).

- Das Boutiquehotel Stadthalle arbeitet sehr erfolgreich mit diesem Konzept und ist Mitglied der Marketing-Kooperation *Sleep Green* (s. Sleep Green 2014; s. hierzu auch Lee et al. 2010). Nach Angaben des Hotels schätzen die eigenen Gäste, internationale Städtetouristen, aber auch Geschäftsreisende, dieses Engagement und entscheiden sich ganz bewusst:

Wir sind uns bewusst, dass jeder etwas für die Umwelt tun kann, und deshalb schlafen unsere Gäste bei uns mit ruhigem Gewissen (Hotel Stadthalle 2014a).

- Auf der Rechnung liest man danach den Satz, durch den Aufenthalt „im Null-Energie-Bilanz-Hotel" habe man etwas für die Umwelt getan (s. Hotel Stadthalle 2014d).

Destinationen
- Während die **Deutsche Zentrale für Tourismus e. V.** das Reiseland Deutschland im Ausland verstärkt als „nachhaltige" Destination vermarktet, vor allem auf dem wichtigen Geschäftsreisemarkt[5] (s. DZT 2014), herrscht bei den regionalen Tourismusorganisationen eine gewisse Skepsis vor, ob z. B. Windräder potenzielle Gäste vom Besuch der Region abhalten könnten: Insbesondere für die deutschen Mittelgebirge ist es schwierig, Besucher an sich zu binden; das Thema „Erneuerbare Energien" an sich bietet zwar auch touristisches Potenzial, allerdings in viel zu geringem Umfang (s. SAT 2012; DEHOGA 2012b; s. SWT 2011, 2012). Die deutschen Mittelgebirge konkurrieren vermehrt mit internationalen Destinationen und bis auf wenige Ausnahmen existiert weltweit ein Überangebot an touristischen Dienstleistungen.
- Neue Destinationen wie Costa Rica versuchen sich auf dem wichtigen deutschen Quellmarkt als ökologisches **Trendreiseziel** (s. CST 2014) zu positionieren, was angesichts der CO2-Bilanz des Ferntourismus seltsam erscheinen mag. Es besteht zwar theoretisch die Möglichkeit einer freiwilligen Kompensation der eigenen CO2-Emissionen, z. B. über atmosfair bzw. über myclimate bei Buchung einer

---

[5] Deutschland ist als Messedestination weltweit führend und steht als Tagungs- und Kongressstandort in Europa an erster Stelle, mit einem Wachstum von 12,1 % bei Kongressreisen im MICE-Segment (GCB 04.03.2014) wurde 2013 diese Position weiter ausgebaut.

> TUI-Reise, aber praktisch geht es wohl nicht ohne einen gewissen Zwang, vorab inkludiert in den Reisepreis. Die Möglichkeit einer Kompensation ist allerdings auch kritisch zu sehen, wenn dadurch für den Reisenden der Eindruck entsteht, das eigene Verhalten nicht ändern zu müssen und unnötige Langstreckenflüge einem *Greenwashing* unterzogen werden (s. Schmücker 2011, S. 140).

Dieses fragmentarische Bild auf Leistungsträgerebene zeigt unterschiedliche Strategien und Verhaltensweisen der touristischen Anbieter: Ein breites Spektrum möglicher Geschäftspartner (s. hierzu auch Baddeley und Font 2011) bietet sich hier dem eigenverantwortlich handelnden Veranstalter, insoweit dieser die Reise als schlüssiges Ganzes gestaltet und in Interaktion mit dem Gast durchführt. Inwieweit berücksichtigen Reiseveranstalter bei der Angebotserstellung, der Bündelung der Teilleistungen, diese positiven Ansätze auf Leistungsträgerseite? Die Veranstaltung von Reisen gehört zu den kreativsten Tätigkeiten im weiten Feld der Tourismusbranche: Inwieweit nutzen Veranstalter ihren Spielraum, inwieweit sprechen sie das Thema „Erneuerbare Energien" gegenüber dem Gast an? Im folgenden Abschnitt ist zu überlegen, welche Veranstalter(typen) nach welchen Kriterien untersucht werden sollten, nachdem deutlich wurde, dass Reiseveranstalter wesentlich mit verantwortlich sind für ein Gesamtbild der touristischen Leistung aus Sicht des Gastes.

Die Kundenpräferenz für umweltfreundliche Angebote ist grundsätzlich gegeben, wenn keine zusätzlichen Belastungen entstehen: „Nachhaltigkeit darf nichts kosten" (Conrady 2014, S. 36), aber immerhin 22 % der Kunden gelten als nachhaltigkeitsaffin und stellen ein attraktives Marktsegment für Tourismusunternehmen dar (s. ebd., S. 5). In der Praxis wissen Veranstalter allerdings oftmals viel zu wenig über ihre Zielgruppen und auch über Möglichkeiten einer gezielten Marktbearbeitung. Wie erfolgreiche Kundenansprache mit dem Ziel der Nachhaltigkeit im Tourismus aussehen könnte, und welcher Veranstalter, welche Art der Unternehmung überhaupt diese „erzieherische Aufgabe" annehmen könnte, nicht zuletzt auch, welche Werte und Visionen hier wichtig werden könnten – es zeigen sich etliche Forschungslücken, und insbesondere fehlt eine theoretische Rahmung (s. hierzu auch Goodwin 2011; Khoo-Lattimore und Prideaux 2013; Lund-Durlacher 2012; Mundt 2011; Wehrli 2013).

12.3 Einheitliche Kriterien für „nachhaltigen" Tourismus

Dörnberg et al. (2013, S. 13) beziffern die Zahl der Reiseveranstalter[6] in Deutschland mit 1500, das Veranstalter-Ranking der *fvw* (Dossier 13.12.2013) listet für den deutschen Reisemarkt 57 nennenswerte Veranstalter. Es ist wenig bekannt, wie diese arbeiten und

---

[6] Mit Reiseveranstaltung als Haupterwerb, ohne die Zahl derer, die Reisen im Nebenerwerb, gelegentlich oder nicht kommerziell veranstalten.

was sie eigentlich unterscheidet; auffällig ist jedenfalls das breite Spektrum derartiger Unternehmungen in Deutschland: von kleinen, durchaus sehr professionell arbeitenden Personen- oder Kapitalgesellschaften mit 2000 Reisenden im Jahr bis zu vertikal integrierten Konzernen wie der TUI AG mit TUI Deutschland und 7,5 Mio. Teilnehmern im Jahr 2013 (ebd., S. 5). Hinsichtlich ihres Portfolios und ihrer Qualitätspolitik unterscheiden sich diese Unternehmen ebenfalls; einige dieser Anbieter kommen sich aber auch trotz aller Andersartigkeit in ihrem eigenen Anspruch, Vorreiter in Sachen Nachhaltigkeit zu sein, wiederum sehr nahe. Hierfür stehen so unterschiedliche Unternehmungen wie die TUI AG, Studiosus Reisen München GmbH und forum anders reisen, eine Marketing-Kooperation kleiner Veranstalter (s. hierzu forum anders reisen 2014).

Ein direkter Vergleich dieser drei Unternehmungen mag zwar sehr reizvoll sein, im Rahmen dieses Beitrags ist jedoch an einem Unternehmensbeispiel zu verdeutlichen, wie schwierig die „Umsetzung" der eigenen Ziele in der geschäftlichen Praxis dann tatsächlich ist. In Bezug auf das Thema dieses Beitrags ist genauer zu fragen: Inwieweit ist das Thema „Erneuerbare Energien" präsent im Marketing der ausgewählten Unternehmung? Inwieweit gehen die Verantwortlichen direkt, explizit auf das Thema ein, inwieweit gehen sie indirekt durch eine Thematisierung des Klimawandels darauf ein? Reiseveranstalter befinden sich hier in einer schwierigen Position, einerseits sehr nahe an den Bedürfnissen und Wünschen ihrer Kunden, andererseits weit entfernt von diesen mit nur geringen Einflussmöglichkeiten, denn, so Dörnberg et al. (2013, S. 228):

> Der Kunde erfährt bei einer Urlaubsreise eine derartige Reizüberflutung, dass er in der Regel nicht mehr in der Lage ist zu unterscheiden, welcher Leistungsfaktor dieses komplexen Dienstleistungspaketes als Marke oder Image dominiert.

Vor der Erstellung des eigentlichen Leistungsbündels, in der Angebots- und Informationsphase, müssten daher die Veranstalter ganz besonders darauf achten, dass sie einen Zugang zu ihren Kunden erhalten und etwa auch ihren Webauftritt entsprechend planen und gestalten.

Für eine systematische Verankerung „grüner" Themen im Kundendialog stehen für Hotels und Reiseveranstalter seit 2012 mit den Kriterien des „Global Sustainable Tourism Council" internationale, weithin anerkannte Kriterien zur Verfügung. Diese Kriterien bilden ein globales Bezugssystem und werden seit 2007 in einem kooperativen Prozess mit insgesamt 27 Organisationen – darunter die UNWTO und die TUI AG – in einem öffentlichen Diskurs ständig weiterentwickelt, um Minimalanforderungen zu verdeutlichen: „The minimum that any tourism business should aspire to reach" (GSTC 2012). Diese „Global Sustainable Tourism Criteria for Hotels and Tour Operators" formulieren nun einerseits international anerkannte Standards, geben andererseits aber auch wichtige Hinweise, wie eine Umsetzung konkret aussehen könnte. In Bezug auf die Relevanz des Themas „Erneuerbare Energien" bzw. die Problematik des Klimawandels im Marketing der ausgewählten Unternehmung müssten folgende **Kriterien und Indikatoren** im Webauftritt des Reiseveranstalters sichtbar werden:

D1.3 Energy consumption is measured, sources are indicated, and measures are adopted to minimize overall consumption, and encourage the use of renewable energy.
IN-D1.3.a Total energy consumed, per tourist specific activity (guest-night, tourists etc.) per source. Percentage of total energy used which is renewable versus non-renewable fuel (…).
D2.1 Greenhouse gas emissions from all sources controlled by the organization are measured, procedures are implemented to minimize them, and offsetting remaining emissions is encouraged.
IN-D2.1.a Total direct and indirect greenhouse gas emissions are calculated as far as practical. The Carbon Footprint (emissions less offsets) per tourist activity or guest-night is monitored (…).
D2.2 The organization encourages its customers, staff and suppliers to reduce transportationrelated greenhouse gas emissions.
IN-D2.2.a Customers, staff and suppliers are aware of practical measures/opportunities to reduce transport related greenhouse gas emissions (GSTC 2013).

Da das Thema „Erneuerbare Energien" auch eine starke gesellschaftspolitische Relevanz ausweist durch Aspekte der Regionalität und der Entstehung lokaler Selbstversorgermärkte, wäre darüber hinaus noch wichtig:

B1 The organization actively supports initiatives for local infrastructure and social community development (…) (ebd.).

Erfüllt die ausgewählte Unternehmung diese Minimalanforderungen des „Global Sustainable Tourism Council" und inwiefern nehmen die Verantwortlichen in ihrem Webauftritt direkt oder indirekt Bezug auf das Thema „Erneuerbare Energien"? Der folgende Abschnitt stellt die Ergebnisse der Webanalyse vor und leitet über zu einer Reflexion und Einordnung dieser Ergebnisse.

12.4 Unternehmensbeispiel

Sowohl die TUI AG als auch Studiosus Reisen München GmbH und forum anders reisen sehen sich als Vorreiter in Sachen Nachhaltigkeit. Von diesen drei ganz unterschiedlichen Unternehmungen sticht vor allem das Beispiel von Studiosus heraus, das als eines der ganz wenigen Tourismusunternehmen und bis zum Sommer 2014 als einziger Reiseveranstalter in Deutschland den Global Compact der Vereinten Nationen aktiv unterstützt und dieses auch sichtbar dokumentiert (s. Global Compact 2014). Im Gegensatz zu TUI Deutschland und zu forum anders reisen ist Studiosus ein reiner Studienreiseveranstalter, woraus sich bestimmte Ansprüche an die Qualität des Reiseprogramms und seine Vermittlung durch vornehmlich eigene Studienreiseleiter ableiten. Der tadellose Ruf des Unternehmens in Bezug auf sein Engagement für Nachhaltigkeit rührt allerdings auch von positiven Zuschreibungen für ein solides mittelständisches Unternehmen in einem sehr wechselhaften, mitunter auch unseriösen Umfeld her. Von einem Verdacht auf *Greenwashing* scheinen Studienreiseveranstalter generell und gerade auch Studiosus am weitesten entfernt zu sein.

Studiosus Reisen München GmbH
Studiosus ist ein mittelständisches Unternehmen im Familienbesitz, das bereits 1954 in München gegründet wurde und heute in der zweiten Generation unvermindert erfolgreich auf dem Markt agiert. Studiosus ist der größte Studienreiseveranstalter in Deutschland, der sich durch innovative Konzepte, („Extratouren") ebenso auszeichnet wie durch eine glaubhaft vermittelte Orientierung am Ziel der Nachhaltigkeit. Studiosus ist seit 2007 Mitglied im UN Global Compact, gilt in der Branche, aber auch darüber hinaus, als Benchmark für eine Umsetzung des Nachhaltigkeitsgedankens und erhält deswegen seit Jahren viele Preise und Auszeichnungen. 2013 wurde Studiosus der CSR-Preis der Bundesregierung in der Kategorie „Mittlere Unternehmen" (50–499 Mitarbeiter) verliehen, wodurch erstmals „vorbildliche und innovative Unternehmen [ausgezeichnet wurden, d. Verf.], die sich auf den Weg gemacht haben, ihre gesamte Geschäftstätigkeit sozial, ökologisch und ökonomisch verträglich zu gestalten." (Studiosus 2014h).

Studiosus Reisen steht mit Marco Polo im Veranstalter-Ranking der *fvw* (Dossier 13.12.2013, S. 5) an elfter Stelle und weist einen Umsatz von 233 Mio. € und 90.620 Teilnehmer auf. Nach eigenen Angaben werden rund 83 % (Studiosus 2014g) der eigenen Studienreisen über Reisebüros in Deutschland, Österreich und der Schweiz vertrieben. Bei den Studiosus-Produkten handelt es sich um hochwertige Studienreisen mit speziellen Reiseleitern, die Studiosus zumeist selbst ausbildet.

Eine Analyse des Webauftritts von Studiosus zeigt allerdings, dass die Problematik des Klimawandels und andere Aspekte des Themas „Erneuerbare Energien" auf der Produktebene eher zurückhaltend beschrieben werden.

- Der Suchbegriff „Klimawandel" liefert von der Startseite aus einen Eintrag: Im Jahr 2008 erhielt Studiosus die Goldene Palme von GEO SAISON für die Reise „Die Alpen und der Klimawandel", (s. Studiosus 2014b). Diese Reise existiert nicht mehr im Angebot.
- Der Suchbegriff „Erneuerbare Energien" liefert auf dem gleichen Weg einen Eintrag: In einer Mitteilung an die Presse weist Studiosus auf ein neues Reiseangebot, eine Wanderstudienreise nach Kalabrien mit dem Titel „Italiens wilde Stiefelspitze" hin. Darin findet sich der Satz:

> Zudem lenkt der Studiosus-Reiseleiter den Blick auch auf gesellschaftliche Themen dieser Region: Welche Rolle spielen alternative Energien und Umweltschutz im Süden Italiens? Und wie groß ist der Einfluss der kalabrischen Mafia? (Studiosus 2014d).

Der Katalog lässt keine derartigen Suchbegriffe zu, mit „Kalabrien" geht es weiter:

- Das Reiseangebot enthält zunächst keinen Hinweis auf „alternative Energien und Umweltschutz", und es handelt sich um eine Flugreise (acht Tage), wobei auf der Katalogseite auch kein Hinweis auf die CO_2-Bilanz dieser Reise platziert wurde (s. Studiosus 2014e). Zwar fehlen an dieser Stelle Hinweise auf die Möglichkeiten einer Kompensa-

tion des Fluges, die Bus- und Bahnfahrten werden aber als klimaneutral „durch CO2-Ausgleich" (ebd.) bezeichnet.
- Die detaillierte Reisebeschreibung ist nicht leicht auffindbar (unter „Druckfunktion"), enthält dann aber einen Hinweis auf Erneuerbare Energien. Bei der als anspruchsvoll beschriebenen „Gratwanderung auf dem Monte Tiriolo" können die Gäste am Ende ein 360-Grad-Panorama erleben ...

> ... und in der Ferne Windräder erspähen. Welche Rolle spielen alternative Energien und Umweltschutz im Süden Italiens? Fragen Sie Ihren Reiseleiter! Im Dorf klappern die Webstühle wie in alten Zeiten. (Studiosus 2014c).

Nach Müller und Mezzasalma (s. Müller 2007, S. 169 f.) gelten Minimalanforderungen an einen ökologisch orientierten Marketing-Mix für Reiseveranstalter:

1. Es besteht eine Wahl ressourcenschonender, emissionsarmer Transportmittel (PRODUKT).
   - Studiosus ermöglicht diese Wahl, aber verweist weder in der Darstellung des Reiseangebots darauf noch in der detaillierten Reisebeschreibung, sondern erst in den allgemeinen Informationen zur Anreise. Zu diesem Zeitpunkt ist die Reiseentscheidung praktisch gefallen.
2. Das Unternehmen fördert umweltschonende Produkte, z. B. durch eine Mischkalkulation zugunsten dieser oder durch eine in der Preisdarstellung inkludierte CO2-Kompensation (PREIS).
   - Mit 1440 € pro Person (ggf. zuzüglich Flugzuschlag) für acht Tage mit erlebnisreichem Programm und Studienreiseleitung, d. h. 180 € Tagespreis, ist diese Reise zwar für den Veranstalter gut kalkuliert, aus Sicht des Gastes ist diese Reise aber auch nicht vergleichsweise teuer. Ein finanzieller Anreiz, stattdessen eine Reise mit erdgebundener Anreiseart als Standardvariante zu wählen, besteht nicht, und es ist auch kein CO2-Ausgleich inkludiert.
3. Der Vertrieb spielt hier eine eher untergeordnete Rolle, z. B. durch umweltschonende Katalogproduktion. McKercher et al. (2014) weisen jedoch für Hongkong nach: Sowohl Countermitarbeiter als auch Vertriebsmanager neigen dazu, die Problematik des Klimawandels durchweg auszublenden, sehr wahrscheinlich weil teure Fernreisen wegen der höheren Provision[7] bevorzugt vermittelt werden (DISTRIBUTION).
   - Wenn Studiosus nun 83 % (Studiosus 2014g) der Reisen im Reisebüro verkauft und weitere Reisen über andere Vermittlungsstellen (Non Traditional Outlets), dann verringern sich die eigenen Einflussmöglichkeiten erheblich.
4. Das Unternehmen bietet seinen Gästen gut nachvollziehbare Entscheidungshilfen, z. B. Umweltzertifikate, die CO2-Bilanz der Reise, Berichte über die Umweltsituation am Reiseziel, Verhaltensanregungen (KOMMUNIKATION).

---

[7] Reisebüros arbeiten als Vermittler und erhalten eine Provision von durchschnittlich 10 %.

- Reisen, insbesondere Studienreisen, sind hoch erklärungsbedürftige Produkte. Studiosus informiert einerseits sehr transparent, geht auf die Problematik des Klimawandels aber nicht direkt bei der Vorstellung der einzelnen Reisen ein, sondern erst viel später. Eine interessante Frage wäre hier, inwieweit dieses Vorgehen das Ziel der Nachhaltigkeit ins Auge fasst und inwieweit es planvoll erfolgt. Ein Studienreiseveranstalter würde es vermutlich auch verstehen, seine Gäste zu „erziehen", ohne dass sich diese gestört fühlen würden.

Der Suchbegriff „Grüne Energie" liefert unter „Anreise" dann Hinweise auf ökologisch verträgliche Anreisearten und den möglichen Ausgleich von Treibhausgasemissionen der Flüge, unter Hinweis darauf, dass das Flugzeug das Klima von allen Transportmitteln am meisten belastet (s. Studiosus 2014a). Der hierfür notwendige Kompensationsbetrag wurde bereits ausgerechnet und wäre unkompliziert mit zu buchen, alternativ wären die individuellen Werte jeder Reise und die erforderlichen Ausgleichszahlungen mit wenigen Klicks auszurechnen. Bei dieser Gelegenheit betont Studiosus, dass alle Geschäftsreisen der eigenen Mitarbeiter ebenfalls berechnet und ausgeglichen werden. Sämtliche CO_2-Kompensationen des Unternehmens und seiner Kunden finanzieren über einen eigenen, gemeinnützigen Verein (Studiosus Foundation e. V.) und in Zusammenarbeit mit der Schweizer Klimaschutzorganisation „myclimate" den Bau von Biogasanlagen in Südindien, was das eigene Bemühen um Klimaschutz sichtbar werden lässt.

Die Suchbegriffe „Umweltschutz", „Ökologie" und „Nachhaltigkeit" liefern keine Treffer direkt im Angebotsbereich, jedoch z. B. unter allgemeinen Informationen zum Unternehmen recht ausführliche Hinweise zu einer ökologisch verträglichen Programmplanung. Studiosus veranstaltet Flugreisen ab drei Tagen Aufenthalt und bietet längere Aufenthalte im Zielgebiet, nach eigenen Angaben 25 % mehr als üblich, was aber angesichts der Nachfrage älterer Zielgruppen nach Studienreisen nur ökonomisch vernünftig erscheinen mag.

Die hier relevanten Kriterien des „Global Sustainable Tourism Council" wurden demnach nur bedingt erfüllt: Die Kriterien D1.3 und D2.1 mit den Indikatoren IN-D1.3.a und IN-D2.1.a (s. Abschn. 1.3) wurden nicht erfüllt, das Kriterium D2.2 mit dem Indikator IN-D2.2.a (s. ebd.) nur sehr zurückhaltend; das Kriterium B.1 hingegen, welches sich auf sozial nachhaltige Initiativen wie die Verwendung von Klimaspenden für den Bau von Biogasanlagen in Südindien bezieht, wurde offensichtlich erfüllt. Dieses Kriterium passt perfekt zum Selbstverständnis und Marktauftritt von Studiosus:

> Wir sehen unsere Aufgabe darin, im Sinne einer echten Völkerverständigung Brücken zu schlagen über innere und äußere Grenzen hinweg. (Studiosus 2014f).

> **Fazit**
>
> Über Reiseveranstalter wurde bislang nur sehr wenig geforscht, weswegen diese auch innerhalb der Tourismusbranche als eine Art „Blackbox" angesehen werden. Bleiben diese bewusst oder unbewusst vage, wenn es um die Überbrückung der *Green Gap* im Tourismus geht? Zwar weisen viele Studien, etwa auch die jährliche Reiseanalyse (s. FUR 2014, S. 6), auf die Relevanz „grüner" Themen für die Kunden der Tourismusunternehmen hin, gleichzeitig aber existiert nur wenig Bereitschaft, mehr zu zahlen oder freiwillige CO_2-Kompensationen zu leisten (s. Conrady 2014, S. 5, 36). Die einzelnen touristischen Akteure entlang der Leistungskette, ebenso der Kunde, sehen die Verantwortung bei den jeweils anderen, im Zweifel bei den politischen Akteuren. Reiseveranstalter, so argumentieren diese auf Fachtagungen zuweilen selbst, hätten aber auch eine „erzieherische Funktion", was bedingt durch ihre exponierte Stellung in der Leistungskette und die Nähe zu den Bedürfnissen und Wünschen ihrer Kunden sicher richtig ist.
>
> Woran fehlt es also? Veranstalter gestalten Begegnungen und vieles mehr, sind in diesen dann aber selbst praktisch nicht sichtbar, sondern nur die Menschen und Gegebenheiten vor Ort; während und nach der Reise werden sie i. d. R. nur aus Anlass der Beschwerde kontaktiert. Veranstalter müssten sich die Frage stellen, mit welchen Themen und auf welchen Wegen sie in intensivere Interaktionen mit ihren Kunden eintreten könnten, welche Methoden hierfür geeignet und ethisch vertretbar wären. Hierfür wäre aber einiges erforderlich, nicht zuletzt auch Offenheit, Kreativität und unternehmerischer Wagemut.

Literatur

American Marketing Association. Hrsg. Definition of marketing. https://www.ama.org/AboutAMA/Pages/Definition-of-Marketing.aspx., zit. als AMA 2014. Zugegriffen: 20. Juni. 2014.

Baddeley, J., und X. Font. 2011. Barriers to tour operator sustainable supply chain management. *Tourism Recreation Research* 36:205–214.

Biosphärenhotels & Biosphärenwirte GmbH/Die Biosphärengastgeber, Hrsg. Hotels & Restaurants in und um das Biosphärengebiet Schwäbische Alb bieten regionalen und nachhaltigen Genuss. http://www.biosphaerengastgeber.de/cms/index.php. zit. als Biosphärengastgeber 2014. Zugegriffen: 22. Juni. 2014.

Boutiquehotel Stadthalle Wien. Hrsg. 2014a. Das umweltbewusste Hotel mitten in Wien. http://www.hotelstadthalle.at/nachhaltigkeit, zit. als: Hotel Stadthalle. Zugegriffen: 9. Sept. 2014.

Boutiquehotel Stadthalle Wien. Hrsg. 2014b. Das weltweit 1. Stadthotel mit Null-Energie-Bilanz. http://www.hotelstadthalle.at/null-energie-bilanz, zit. als: Hotel Stadthalle. Zugegriffen: 9. Sept. 2014.

Boutiquehotel Stadthalle Wien. Hrsg. 2014c. Fact Sheet, o. J., unveröff. Masch.manuskr., zit. als: Hotel Stadthalle, [Vor-Ort-Anfrage d. Verf., 26.08.2014].

Boutiquehotel Stadthalle Wien. Hrsg. 2014d. Rechnung Nr. 63338, 27.08. 2014, unveröff. Masch. manuskr., zit. als Hotel Stadthale.

Burns, P. M., und Ch. Cowlishaw. 2014. Climate change discourse: how UK airlines communicate their case to the public. *Journal of Sustainable Tourism* 22:750–767.

Conrady, Roland. 2014. Corporate Social Responsibility in der touristischen Wertschöpfungskette: Status Quo, Trends, Herausforderungen, Keynote zur Jubiläumstagung „Verantwortliche Gestaltung der Zukunft – Innovative Ansätze für die Destinations- und Standortentwicklung" des Lehrstuhls Tourismus/Zentrum für Entrepreneurship der Katholischen Universität Eichstätt-Ingolstadt in Ingolstadt am 15. 05. 2014, Präsentation veröff. http://www.ku.de/fileadmin/150306/css/Jubil%C3%A4umstagung/Conrady.pdf. Zugegriffen: 21. Juni. 2014.

Instituto Costarricense de Turismo. Hrsg. 2014 Nachhaltigkeit CST. http://www.visitcostarica.com/ict/paginas/sostenibilidad.asp?tab=4, zit. als: CST. Zugegriffen: 22. Juni. 2014.

Deutsche Bahn AG. Hrsg. 2014. Erneuerbare Energien. http://www.deutschebahn.com/de/nachhaltigkeit/oekologie/klimaschutz/Erneuerbare_Energien/. Zugegriffen: 21. Juni. 2014.

Deutsche Lufthansa AG. Hrsg. 2014. Die-Vier-Liter-Flieger: Gemeinsame Kampage der deutschen Luftfahrt. http://www.lufthansagroup.com/de/themen/die-vier-liter-flieger.html. Zugegriffen: 21. Juni. 2014.

Deutscher Hotel- und Gaststättenverband e. V. Hrsg. 2012a. Energiesparen leicht gemacht. http://www.dehoga-bundesverband.de/fileadmin/Inhaltsbilder/Publikationen/Broschuere_Energiesparen_leicht_gemacht_Okt_2012_final.pdf, zit. als: DEHOGA,. Zugegriffen: 22. Juni. 2014.

Deutscher Hotel- und Gaststättenverband Rheinland-Pfalz e. V./Tourismus- und Heilbäderverband Rheinland-Pfalz e. V. Hrsg. 2012b Stellungnahme [im Rahmen des Beteiligungs- und Anhörungsverfahrens gem. § 8 Abs. 1 LplG], 26.04.2012, unveröff. Masch.manuskript, zit. als: DEHOGA.

Deutscher Tourismusverband e. V. Hrsg. 2014. Der Fernbus rollt durch Deutschland. http://www.deutschertourismusverband.de/themen/bustouristik.html, zit. als: DTV. Zugegriffen: 21. Juni. 2014.

Deutsche Zentrale für Tourismus e. V. Hrsg. 2014. Naturally unique. http://viewer.zmags.com/publication/f5a29dae#/f5a29dae/1, zit. als: DZT. Zugegriffen: 22. Juni. 2014.

Dörnberg, A. von, et al. 2013. *Reiseveranstalter-management. Funktionen, strukturen, management.* München: Oldenbourg.

El Dief, M., und X. Font. 2010. The determinants of hotels' marketing managers' green marketing behavior. *Journal of Sustainable Tourism* 18:157–174.

FUR Forschungsgemeinschaft Urlaub und Reisen e. V. Hrsg. 2014. ReiseAnalyse 2014. Erste Ausgewählte Ergebnisse der 44. Reiseanalyse zur ITB 2014. http://www.fur.de/fileadmin/user_upload/RA_Zentrale_Ergebnisse/RA2014_ErsteErgebnisse_DE.PDF, zit. als: FUR. Zugegriffen: 14. Juni. 2014.

fvw-Dossier „Deutsche Veranstalter 2013". 2013. (13.12.2013), zit. als: Dossier

fvw-magazin 10/14 (09.05.2014)

fvw-magazin 06/14 (14.03.2014)

fvw-magazin 05/14 (27.02.2014)

forum anders reisen. Hrsg. 2014. Reiseperlen. http://konradinheckel.tpk6.de/smart2/pub/reiseperlen-2014-/. Zugegriffen: 23. Juni. 2014.

GCB German Convention Bureau e. V. Hrsg. 2014. Reiseland Deutschland behauptet Spitzenplatz als Reiseziel für promotable Geschäftsreisen der Europäer (04. 03. 2014). http://www.gcb.de/article/newsroom/newsblog/reiseland-deutschland-behauptet-spitzenplatz-als-reiseziel-fuer-promotable-geschaeftsreisen-der-europaer, zit. als: GCB. Zugegriffen: 21. Juni. 2014.

Goodwin, H. 2011. *Taking responsibility for tourism. Responsible tourism management.* Oxford: Goodfellow Publishers.

Global Sustainable Tourism Council, Washington. Hrsg. 2012. Global sustainable tourism criteria for hotels and tour operators, Version 2, 23 February 2012. http://www.gstcouncil.org/images/pdf/gstc-hto-indicators_v2.0_10dec13%20.pdf, zit. als: GSTC 2012. Zugegriffen: 14. Juni. 2014.

Global Sustainable Tourism Council, Washington. Hrsg. 2013. Global sustainable tourism criteria for hotels and tour operators – suggested performance indicators, Draft Version 2.0, 10 December 2013. http://www.gstcouncil.org/images/pdf/global%20sustainable%20tourism%20criteria%20h-to%20version%202_final.pdf, zit. als: GSTC 2013. Zugegriffen: 14. Juni. 2014.

Khoo-Lattimore, C., und B. Prideaux. 2013. ZMET: A psychological approach to understanding unsustainable tourism mobility. *Journal of Sustainable Tourism* 21:1036–1048.

Krull, Ch. 2012. Bedeutung der Energiewende für den Schwarzwald – Am Beispiel der Windenergie, Präsentation mit Datum 08. 03. 2012, unveröff. Masch.manuskript, zit. als: SWT, [Autor GF Schwarzwald Tourismus GmbH].

Lee, J.-S., et al. 2010. Understanding how consumers view green hotels: How a hotel's green image can influence behavioural intentions. *Journal of Sustainable Tourism* 18:901–914.

Lund-Durlacher, D. 2012. CSR und nachhaltiger Tourismus. In *Corporate Social Resonsibility. Verantwortungsvolle Unternehmensführung in Theorie und Praxis*, Hrsg. A. Schneider und R. Schmidpeter. Berlin: Springer Berlin Heidelberg.

McKercher, B., et al. 2014. Does climate change matter to the travel trade? *Journal of Sustainable Tourism* 22:685–704.

Meffert, H., et al. 2012. *Marketing. Grundlagen marktorientierter Unternehmensführung. Konzepte – Instrumente – Praxisbeispiele.* 11., überarb. und erw. Aufl., Wiesbaden: Gabler.

Mundt, J. W. 2011. *Tourism and sustainable development. Reconsidering a concept of vague policies.* Berlin: E. Schmidt.

Müller, H. 2007. *Tourismus und Ökologie. Wechselwirkungen und Handlungsfelder.* 3., überarb. Aufl. München: Oldenbourg.

Pechlaner, H., et al. Hrsg. 2011. *Kooperative Kernkompetenzen. Management von Netzwerken in Regionen und Destinationen.* Wiesbaden: Gabler.

Picard, D., und M. Di Giovine. 2014. Introduction: Through other worlds. In *Tourism and the power of otherness. Seductions of difference*, Hrsg. D. Picard und M. Di Giovine. Bristol: Channel View.

Pomering, A., et al. 2011. Conceptualizing a contemporary marketing mix for sustainable tourism. *Journal of Sustainable Tourism* 19:953–969.

Ram, Y., et al. 2013. Happiness and limits to sustainable tourism mobility: A new conceptual model, *Journal of Sustainable Tourism* 21:1017–1035.

RDA Workshop Touristik Service GmbH. Hrsg. 2013. Fernlinienbusverkehr in Deutschland – Erste Bestandsaufnahme der Betreiber und Portale auf dem RDA-Workshop 2013. http://www.rda-workshop.de/presse/detailseite-pressemeldungen/article/fernlinienbusverkehr-in-deutschland-erste-bestandsaufnahme-der-betreiber-und-portale-auf-dem-rda-w-1//104.html, zit. als: RDA. Zugegriffen: 21. Juni. 2014.

Schmücker, D. J. 2011. Freiwillige Kompensation von Flugreisenemissionen als nachfrageinduzierte Anpassungsstrategie – ein empirischer Anbietervergleich. In *Themenheft: Tourismus und Klimawandel: Langfristige Strategien für einen kurzfristig handelnden Sektor. Mit Beiträgen von Hansruedi Müller et al., Zeitschrift für Tourismuswissenschaft, 3*, Hrsg. R. Bachleitner, et al., 139–149.

Schwäbische Alb Tourismusverband e. V. Hrsg. 2012. Position SAT zur Nutzung der Windenergie auf der Schwäbischen Alb, Bad Urach, 10.07.2012, unveröff. Masch.manuskript, zit. als: SAT.

Schwarzwald Tourismus GmbH. Hrsg. 2011. Energiewende darf nicht zu Lasten des Tourismus gehen, 2011. http://www.schwarzwald-tourismus.info/presse/Basismeldungen/Archiv/Energiewende-darf-nicht-zu-Lasten-des-Tourismus-gehen, zit. als: SWT. Zugegriffen: 22. Juni. 2014.

Sleep Green. Hrsg. 2014. Sleep Green Hotels. http://www.sleepgreenhotels.com/de/hotels/sleep-green-hotels.html. Zugegriffen: 9. Sept. 2014.

Studiosus Reisen München GmbH. Hrsg. 2014a. Ausgleich der Treibhausgas-Emissionen der Flüge. http://www.studiosus.com/Informationen/WichtigeInformationen/Saison_2014/Anreise, zit. als: Studiosus. Zugegriffen: 21. Juni. 2014.

Studiosus Reisen München GmbH. Hrsg. 2014b. Auszeichnungen und Preise für das ökologische Engagement. http://www.studiosus.com/Ueber-Studiosus/Unternehmensprofil/Auszeichnungen, zit. als Studiosus. Zugegriffen: 23. Juni. 2014.

Studiosus Reisen München GmbH. Hrsg. 2014c. Druckansicht [Detailansicht WanderStudienreise Kalabrien], 23. 06. 2014. http://www.studiosus.com/pdf/0469.pdf?opsid=1689521, zit. als: Studiosus. Zugegriffen: 23. Juni. 2014.

Studiosus Reisen München GmbH. Hrsg. 2014d. Italiens wilde Stiefelspitze entdecken: Kalabrien ist neu im Wanderprogramm von Studiosus, 17.04.2014. http://www.studiosus.com/Presse/Pressemitteilungen/Italiens-wilde-Stiefelspitze-entdecken-Kalabrien-ist-neu-im-Wanderprogramm-von-Studiosus, zit. als: Studiosus, 2014d. Zugegriffen: 23. Juni. 2014.

Studiosus Reisen München GmbH. Hrsg. 2014e. Kalabrien – Italiens wilde Stiefelspitze. WanderStudienreise Italien. http://www.studiosus.com/Reiseangebote/Reisefinder/%28ops_id%29/1689521/%28Reise%29/Kalabrien/?f=b, zit. als: Studiosus, 2014e. Zugegriffen: 21. Juni. 2014.

Studiosus Reisen München GmbH. Hrsg. 2014f. Unternehmensleitbild. http://www.studiosus.com/Ueber-Studiosus/Unternehmensleitbild, zit. als: Studiosus. Zugegriffen: 29. Juni. 2014.

Studiosus Reisen München GmbH. Hrsg. 2014g. Mittelständisches Unternehmen mit Tradition. http://www.studiosus.com/Ueber-Studiosus/Unternehmensprofil/Daten-Fakten, zit. als: Studiosus. Zugegriffen: 23. Juni 2014.

Studiosus Reisen München GmbH. Hrsg. 2014h. Studiosus gewinnt begehrte Auszeichnung der Bundesregierung. http://www.studiosus.com/Ueber-Studiosus/Unternehmensprofil/Auszeichnungen, zit. als: Studiosus. Zugegriffen: 21. Juni. 2014.

TUI AG. Hrsg. 2013. AG notiert erneut mit Bestplatzierung im Dow Jones Sustainability Nachhaltigkeitsindex, 12.09.2013. https://www.tui-group.com/de/presse/presseinformationen/archiv/2013/20130912_Dow_Jones_Sustainability_Index. Zugegriffen: 23. Juni. 2014.

United Nations Environment Programme/World Tourism Organization. Hrsg. 2012. Tourism in the Green Economy. Background Report, Madrid. http://www.unep.org/greeneconomy/Portals/88/documents/ger/ger_final_dec_2011/Tourism%20in%20the%20green_economy%20unwto_unep.pdf, zit. als: UNEP/UNWTO. Zugegriffen: 20. Juni. 2014.

United Nations Environment Programme/World Tourism Organization. Hrsg. 2005. Making tourism more sustainable. A Guide for Policy Makers, Paris/Madrid. http://www.unep.fr/shared/publications/pdf/DTIx0592xPA-TourismPolicyEN.pdf, zit. als: UNEP/WTO. Zugegriffen: 14. Juni. 2014.

United Nations, Department of Economic and Social Affairs, Statistics Division/World Tourism Organization. Hrsg. 2010. International Recommendations for Tourism Statistics 2008, Studies in Methods, Series M, No. 83/Rev. 1, New York. http://unstats.un.org/unsd/publication/Seriesm/SeriesM_83rev1e.pdf#page=21, zit. als: UN/UNWTO. Zugegriffen: 14. Juni. 2014.

United Nations Global Compact. Hrsg. 2014. Participants & stakeholders. http://www.unglobalcompact.org/participants/search, zit. als: Global Compact. Zugegriffen: 21. Juni. 2014.

Wehrli, R. 2013. Advertising sustainable tourism products: Research findings for higher Sales, Presentation at the 2013 ITB in Berlin. http://www.itb-kongress.de/media/global/global_image/global_apps/global_edb/global_edb_upload_2013/global_edb_events_itbk_1/edb_261878.pdf. Zugegriffen: 20. Juni. 2014.

World Tourism Organization/UNWTO. Hrsg. 2014. Understanding tourism: Basic glossary. http://media.unwto.org/en/content/understanding-tourism-basic-glossary, zit. als: UNWTO. Zugegriffen: 14. Juni. 2014.

Prof. Dr. Susanne Gervers ist seit 2010 Professorin für Tourismusmanagement an der Hochschule für Wirtschaft und Umwelt Nürtingen-Geislingen. Als Gründerin und Geschäftsführerin eines Kulturreiseveranstalters war Gervers elf Jahre lang unternehmerisch tätig, nachdem sie bereits während der Studienjahre erste berufliche Erfahrungen im Tourismus gesammelt hatte. In Bamberg, vor allem aber in Heidelberg, York/England und Hamburg hatte sie Politische Wissenschaft, Öffentliches Recht, Geschichte und Soziologie studiert, an der Universität der Bundeswehr in Hamburg gearbeitet und mit einem Stipendium der Friedrich-Naumann-Stiftung an der Universität Lüneburg zum Doktor der Wirtschafts- und Sozialwissenschaften promoviert. Als Hochschullehrerin setzt sie sich mit Fragen der Fachdidaktik und Kreativitätsforschung ebenso auseinander wie mit neuen Tourismusarten der Sharing Economy oder der Grundlegung einer Theorie des Tourismus. Daneben befasst sie sich mit Problemen der Ethik und des Managements von Innovationen.

Teil IV
EE als Grundlage neuer Geschäftsmodelle

Elektromobilität als Absatzmarkt für Strom aus Erneuerbaren Energien: Möglichkeiten und Grenzen des Geschäftsmodells „Grüne Mobilität" 13

Marc Ringel

▶ Bis 2020 sollen in Deutschland 1 Mio. Elektrofahrzeuge zugelassen sein. Damit ist Elektromobilität ein zentraler Bestandteil der deutschen Energiewende. Der volle ökologische Nutzen der Elektromobilität erschließt sich jedoch erst dann, wenn die gelieferte Antriebsenergie durch Erneuerbare Energien bereitgestellt wird. Entsprechend bietet die Nutzung Erneuerbarer Energien ein wesentliches Verkaufsargument für die gegenwärtig mit hohen Kaufpreisen verbundenen Elektrofahrzeuge. Zunehmend geraten aber auch andere Formen des Zusammenspiels von E-Mobility und Erneuerbaren Energien in den Blickpunkt, etwa die Bereitstellung von Speicherkapazität oder Möglichkeit der Rückspeisung in das Versorgungsnetz zur Sicherstellung der Netzstabilität. Der vorliegende Beitrag analysiert das Zusammenspiel von regenerativen Energien und Elektromobilität und zeigt nach einer Darstellung der Grundlagen die aktuelle Marktentwicklung und politische Rahmenbedingungen auf. Anschließend werden die verschiedenen Verknüpfungen von Erneuerbaren Energien und Elektromobilität eingehend beleuchtet, um ein Fazit zu Möglichkeiten und Grenzen des neu entstehenden Geschäftsmodells „Grüne Mobilität" zu ziehen.

13.1 Einleitung: Energiewende im Verkehrsbereich

Die Bundesregierung hat sich 2009 das Ziel gesetzt, bis zum Jahr 2020 die Zielmarke von einer Million zugelassener Elektrofahrzeuge in Deutschland zu erreichen (BMBF 2009). Hiermit soll Deutschland sich international als Leitanbieter und Leitmarkt für E-Mobili-

M. Ringel (✉)
Hochschule für Wirtschaft und Umwelt, Energiewirtschaft, Parkstr. 4,
73312 Geislingen/Steige, Deutschland
E-Mail: marc.ringel@hfwu.de

© Springer Fachmedien Wiesbaden 2015
C. Herbes, C. Friege (Hrsg.), *Marketing Erneuerbarer Energien*,
DOI 10.1007/978-3-658-04968-3_13

tät etablieren. Aus energiepolitischer Sicht bietet die Markteinführung von Elektrofahrzeugen eine Möglichkeit, die Energiewende auch im Verkehrssektor umzusetzen, indem verstärkt Erneuerbare Energien als Antriebsquelle eingesetzt werden (Agentur für Erneuerbare Energien 2014, S. 67 ff.). Zudem gilt die Zielvorgabe des Energiekonzepts, den spezifischen Endenergieverbrauch des Verkehrssektors bis 2020 um 10% bzw. bis 2050 um 40% gegenüber dem Wert des Jahres 2005 zu senken (Bundesregierung 2010, S. 5; Bertram und Bongard 2014, S. 26 f.).

Durch den Einsatz Erneuerbarer Energien kann die Abhängigkeit von importierten fossilen Energieträgern gesenkt und die Treibhausgasbilanz der deutschen Automobilflotte verbessert werden (Hüttl et al. 2010, S. 7). Gemäß verschiedener Studien (Pehnt et al. 2007, S. 6; Kreichel 2013, S. 54) können Elektrofahrzeuge mit regenerativem Antriebsstrom pro Kilowattstunde (kWh) zwischen 600 und 800 g Treibhausgase vermeiden. Damit wäre ein wesentlicher Beitrag geleistet, den Schadstoffausstoß bis 2050 auf 43 g CO_2/km je Pkw zu begrenzen, was mit dem 2-Grad-Erwärmungsziel der Klimaschutzpolitik kompatibel ist (BMUB 2013, S. 4). Auch weitere lokale Schadstoffe können so effektiv vermieden werden.

Industriepolitisch bedeutet die Erschließung der Leitmarktfunktion, dass Modelle deutscher Hersteller den wachsenden Bedarf von Elektrofahrzeugen in Wachstumsmärkten wie etwa den USA oder Asien decken könnten. Angesichts des Vorsprungs asiatischer bzw. anderer europäischer Produzenten bedeutet dies eine extrem ambitionierte Zielsetzung. Eine Verknüpfung der Fahrzeugtechnologie mit einem stimmigen Konzept der Belieferung durch Antriebsenergie aus Erneuerbaren Energien kann hierbei ein tragendes Absatzargument sein. So belegen aktuelle Studien, dass viele Kunden in Deutschland einen Zusatznutzen in Elektrofahrzeugen nur dann sehen, wenn diese durch Erneuerbare Energien angetrieben werden (Bozem et al. 2013, S. 66 ff.). Das Erzielen eines wahrgenommenen Zusatznutzens ist ein wesentliches Absatzargument für Elektromobilität (Fazel 2014, S. 293 f.). Das zeigt, dass Elektromobilität zu einem wesentlichen Abnahmesegment für Ökostrom werden könnte bzw. ihre Existenzberechtigung aus Sicht der Kunden stark von der Nutzung von Ökostrom abhängt. Im Gegenzug könnte die Versorgung mit „grüner Mobilität" als Geschäftsmodell wesentlich dazu beitragen, einige Barrieren, die gegenwärtig einer flächendeckenden Nutzung von Elektrofahrzeugen entgegenstehen, zu beseitigen. Diese werden vor allem in den hohen Anschaffungspreisen (vor allem Batteriekosten), der langen Ladedauer und mangelnder Markttransparenz gesehen.

Angesichts der positiven Symbiose von Elektromobilität und Erneuerbaren Energien stellt sich die Frage, ob und wieweit die Einführung von Elektromobilität gleichzeitig auch mit einem steigenden Absatz von Elektrizität aus Erneuerbaren Energien einhergehen könnte. Dies soll nachfolgend untersucht werden. Hierfür werden zunächst im Abschn. 13.2 einige Grundlagen der Elektromobilität erläutert, gefolgt von einem Überblick über die aktuellen Marktentwicklungen und politischen Rahmensetzungen in Abschn. 13.3. Abschnitt 13.4 analysiert die verschiedenen Verknüpfungen von Erneuerbaren Energien und Elektromobilität, bevor Abschn. 13.5 ein Fazit zu Möglichkeiten und Grenzen des neu entstehenden Geschäftsmodells „Grüne Mobilität" zieht.

13.2 Elektrofahrzeuge – Elektromobilität: Einige Grundlagen

Auch wenn Elektrofahrzeuge in der Öffentlichkeit als technische Innovation wahrgenommen werden, steckt dahinter eine Technologie, die bereits älter als 100 Jahre ist. So existierte bereits 1891 das elektrisch angetriebene Dreirad des Franzosen Gustave Trouvé. Kurze Zeit später erreichte das elektrisch angetriebene Auto „La Jamais Contente" des Belgiers Camille Jenatzy als erstes Automobil der Welt eine Geschwindigkeit von 100 km pro Stunde (BMBF 2013, S. 2; Ruppert 2013, S. 10). Der Elektroantrieb geriet allerdings schnell ins Hintertreffen gegenüber dem Verbrennungsmotor, da Letzterer eine erhöhte Flexibilität, eine einfachere Tankinfrastruktur und einen vergleichsweise günstigeren Betrieb bot –, gerade in Zeiten kostengünstiger fossiler Treibstoffe. Da diese Zeiten des billigen Öls nach übereinstimmender Analyse der Europäischen Kommission und der Internationalen Energieagentur vorbei sein dürften (Europäische Kommission 2014a, S. 13 ff., 2014b, S. 56; IEA 2012, S. 81 ff.), scheint es zunehmend geboten, genauer auf den primärenergetischen Wirkungsgrad der verschiedenen Fahrzeugtechnologien zu schauen.

Wie Abb. 13.1 zeigt, gehen bei einem herkömmlichen Otto-Verbrennungsmotor in der Prozesskette von der Primärenergiegewinnung zu dem als Energiedienstleistung „Fahrzeugantrieb" eingesetzten Brennstoff rund 81 % Primärenergie verloren. Demgegenüber schneidet ein Antrieb mit Brennstoffzelle mit einem Verlust von „nur" 74 % deutlich besser ab. Unangefochtener Sieger dieser Betrachtungsweise ist allerdings das Elektroauto

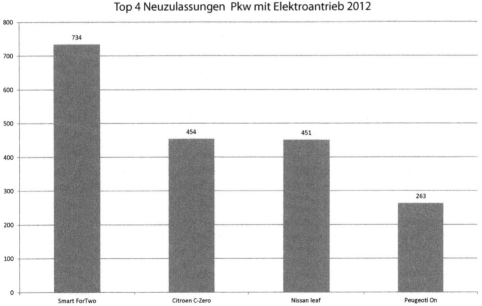

Abb. 13.1 Energieflussdiagramme verschiedener Antriebssysteme. (Eigene Darstellung basierend auf BMUB 2013, S. 5)

mit lediglich 30 % primärenergetischem Verlust. Dies gilt umso mehr, wenn der für den Antrieb benötigte Strom aus Erneuerbaren Energien, wie Wind oder Photovoltaik, mit einem Wirkungsgrad von statistisch 100 % gewonnen wird.

Ganz im Sinne dieser Analyse konzentriert sich die Bundesregierung in ihrer Definition von Elektromobilität auf Fahrzeuge, die 1) einen Elektromotor als Antrieb nutzen und 2) ihre Energie überwiegend durch das öffentliche Elektrizitätsnetz beziehen. Es erfolgt damit eine Fokussierung auf Elektrizität als Treibstoff (vgl. BMUB 2013).

13.3 Politik und Märkte

13.3.1 Strategien, Akteure und Fördermaßnahmen

Das Thema „Elektromobilität" fand 2007 durch die Aufnahme in das Integrierte Energie- und Klimaschutzprogramm („Meseberg-Paket") ihren Eingang in den politischen Zielkatalog. Regierungskritiker vermuteten in der Aufnahme zunächst eine Kompensation der Stromkonzerne für die geplante Abschaffung der Nachtspeicherheizungen („Nachtspeicherheizung auf Rädern"; Greenpeace 2009, S. 5). Dennoch konkretisierte die Bundesregierung ihre Förderbemühungen in den beiden darauffolgenden Jahren durch weitere Strategiedokumente. Von zentraler Bedeutung war der Nationale Entwicklungsplan Mobilität 2009 (BMBF 2009), der wesentliche Rahmenbedingungen setzt, um bis 2020 die Markteinführung von Elektrofahrzeugen durch Fortschritte in der Batterietechnologie, der Nutzung Erneuerbarer Energien sowie der Netzintegration zu erleichtern und beschleunigen.

Weiter konkretisiert werden Strategien und Maßnahmen zur Förderung der Elektromobilität im Regierungsprogramm Elektromobilität von 2011 (Regierungsprogramm Elektromobilität; BMBF 2011) sowie im Koalitionsvertrag der 18. Legislaturperiode von November 2013 (Bundesregierung 2013, S. 44). Demnach bekräftigt die Bundesregierung das Ziel von 1 Mio. zugelassener Elektrofahrzeuge bis 2020 bzw. 6 Mio. bis 2030. Deutschland soll damit zum Innovations- und Marktführer im Bereich der Elektromobilität aufsteigen. Für Forschung und Entwicklung haben Bund und Länder zahlreiche Förderprogramme und Modellregionen etabliert, um einzelne technische Aspekte und den Aufbau der Infrastruktur zu optimieren (BMVI 2011, S. 19 ff.). Über sogenannte „Leuchtturmprojekte" und den Aufbau „regionaler Schaufenster" konnten bereits bis heute wesentliche Erkenntnisse zum Zusammenspiel von Elektromobilität und Erneuerbaren Energien gewonnen werden (vgl. BMVI 2013, S. 72 ff.; BMWi 2014a).

Entsprechend umfasst die Förderstrategie des Bundes folgende Fahrzeugtechnologien:

- *Batteriebetriebene Elektrofahrzeuge* („battery electric vehicle", BEV): Fahrzeuge, die ausschließlich mit einem Elektromotor ausgestattet sind, der per Batterie angetrieben wird. Die Batterie ist alternativ fest eingebaut und wird über das öffentliche Stromnetz an Stromtankstellen aufgeladen oder es erfolgt ein Austausch der leeren Batterien an speziellen Batteriewechselstationen.

- *Batterie-Elektrofahrzeuge mit Reichweitenverlängerer* („range extended electric vehicle", REEV): Zur Erhöhung der weiterhin geringen Reichweite der verfügbaren Batterien liefert ein kleiner Verbrennungsmotor („range extender") bei schwacher Batterie zusätzlichen Strom. Ein direkter Antrieb des Fahrzeugs durch den „range extender" erfolgt jedoch nicht.
- *Hybridfahrzeuge* („hybrid electric vehicles", HEV): die Kombination aus Verbrennungsmotor und Elektroantrieb bzw. „plug-in-hybrid electric vehicles" (PHEV), die Hybridfahrzeuge mit einem direkten Anschluss an das Stromnetz ausstatten.

Ferner zielt die Förderstrategie nicht allein auf Personenkraftwagen, sondern einen weitaus umfassenderen Katalog an Elektrofahrzeugen wie E-Bikes, E-Busse oder den Gütertransport. Zunehmend hat sich auch das Bewusstsein durchgesetzt, dass die Einführung der Elektromobilität in Deutschland nicht ausschließlich die Substitution des Verbrennungsmotors durch Elektromotoren bedeutet. So geraten neue Mobilitätskonzepte wie Car- und Bikesharing oder neue Intermodalitätsverbindungen einzelner Verkehrsträger in die Betrachtung (BMWi 2014a; BMBF 2013; Canzler 2010, S. 52 ff.). Auch stehen deutlicher als früher die Verknüpfungen zwischen Fahrzeugindustrie und der Energiebranche im Fokus. Dies könnte speziell bei der Bereitstellung von „grünem Fahrstrom" ein wichtiger Erfolgsfaktor für die Akzeptanz der Elektromobilität werden.

Die Strategien des Bundes werden mittlerweile durch zahlreiche Initiativen und Programme auf Länder- und Kommunalebene unterstützt (vgl. etwa Landesagentur für Elektromobilität und Brennstoffzelltechnologie Baden-Württemberg 2011, S. 35 ff.).

Ein nicht zu unterschätzender Erfolgsfaktor für den Ausbau der Elektromobilität ist die Koordinierung der zahlreichen Akteure, da das Thema „Elektromobilität" sowohl innerhalb der Ministerien der Bundesregierung wie auch innerhalb der Industrie ein Querschnittsthema mit zahlreichen Facetten ist. Neben der internen Koordinierung der Ministerien wurde 2010 eine Gemeinsame Geschäftsstelle Elektromobilität (GGEMO) geschaffen, die als einheitliche Anlaufstelle der Bundesregierung den Bereich Elektromobilität koordiniert. Die Nationale Plattform Elektromobilität unterstützt als Beratungsgremium von Fachexperten in sieben thematischen Arbeitsgruppen die Bundesregierung durch eine fortwährende Marktanalyse und die Erarbeitung von Empfehlungen in Fortschrittsberichten.

Nach erfolgter Strategieentwicklung, Ausrichtung der Grundlagen- und Anwendungsforschung sowie der Einrichtung einer effektiven Governance-Struktur geht es in einem nächsten Schritt um die Einführung von Anreizprogrammen, um die Marktdurchdringung von Elektrofahrzeugen zu steigern. Neben Maßnahmen der öffentlichen Beschaffung soll dies aus Sicht des Verkehrsministeriums durch eine Kombination von monetären und nichtmonetären Komponenten erfolgen. Zusätzlich zu einem im Koalitionsvertrag angekündigten Programm der KfW-Bank mit zinsgünstigen Krediten zur Anschaffung besonders umweltfreundlicher Fahrzeuge, sollen nichtmonetäre „Privilegien" die Nutzung von Elektromobilität fördern. Hierbei handelt es sich etwa um die Erlaubnis zum Nutzen der Busspuren oder speziell ausgewiesene Parkplätze für Elektrofahrzeuge, um den Kauf von Elektrofahrzeugen mit einem Zusatznutzen zu versehen (Spiegel Online 2014). Damit würden unter anderem die Forderungen des Bundesverbandes Erneuerbarer Energien aufgegriffen (BEE 2010). Ob diese Maßnahmen allerdings für eine beschleunigt voranschreitende Markteinführung von Elektrofahrzeugen in Deutschland ausreichend sein werden, bleibt vor dem Hintergrund der aktuellen Marktentwicklung abzuwarten.

13.3.2 Status quo und Entwicklung der Elektromobilität in Deutschland

Das Erreichen der Zielmarke von 1 Mio. Elektrofahrzeugen bis 2020 ist im Wesentlichen nur durch ein exponentielles Wachstum bei den Neuzulassungen von Elektroautos möglich. Wie Abb. 13.2 zeigt, deutet die aktuelle Statistik der Neuzulassungen an Elektrofahrzeugen an, dass der Anfang dieser exponentiellen Wachstumskurve gemacht ist (Trendlinie). Während im Jahr 2005 nur 1931 Elektrofahrzeuge in Deutschland gemeldet waren und diese Zahl bedingt durch die Wirtschaftskrise im Jahr 2008 auf 1452 Fahrzeuge zurückging, entwickelt sich die Branche stetig. So sind aktuell (Stichtag 01. Januar 2014) 12.156 Elektrofahrzeuge in Deutschland zugelassen. Die Zahl der Hybridfahrzeuge beläuft

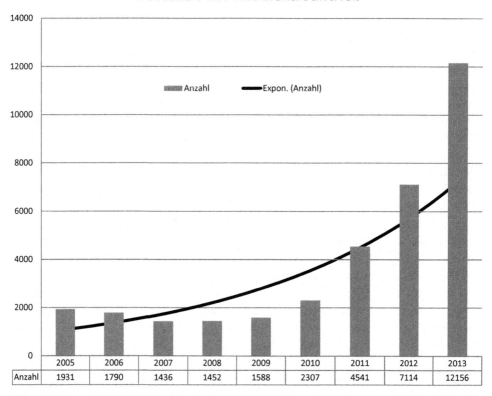

Abb. 13.2 Anzahl Elektrofahrzeuge in Deutschland 2005–2013. (Darstellung basierend auf KFB 2014)

sich nach Zahlen des Kraftfahrtbundesamtes zum gleichen Stichtag auf 85.575. Dies bedeutet insgesamt lediglich eine Wachstumsrate von 26% über den Betrachtungszeitraum. Bereinigt man die Betrachtung allerdings über die Delle der Wirtschaftskrise, zeigt sich ein durchschnittliches jährliches Wachstum von 66% für die Jahre 2010–2013. Laut Kraftfahrtbundesamt ist die Zahl der Neuzulassungen zwischen 2012 und 2013 um 6500 Fahrzeuge gestiegen, was einem Wachstum von 71% entspricht. Die meisten Zulassungen sind in den Ländern Bayern, Baden-Württemberg und Nordrhein-Westfalen erfolgt.

Die meisten Neuzulassungen in Deutschland entfielen 2012 auf den Smart Fortwo Electric Drive der Daimler AG, gefolgt von den Modellen C-Zero und Leaf von Citroën bzw. Nissan (vgl. Abb. 13.3).

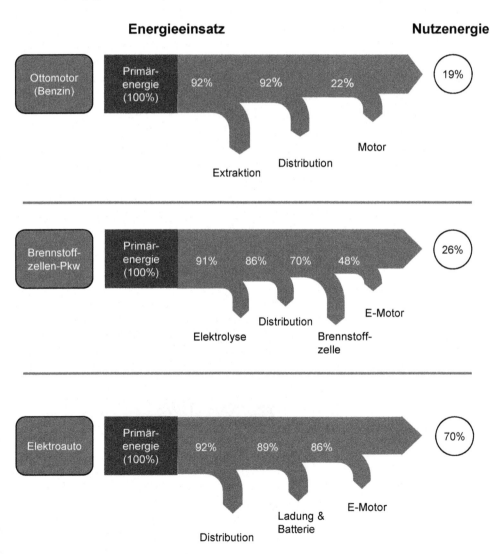

Abb. 13.3 Anzahl der Neuzulassungen von Elektroautos im Jahr 2012 in Deutschland nach Marke. (Eigene Darstellung basierend auf Statista 2014 UBA 2014)

Der aufgezeigte Wachstumstrend scheint den Ruf der Elektromobilität als Innovationsmarkt zu bestätigen. Allerdings sollten die bisher erzielten Ausbauerfolge nicht darüber hinwegtäuschen, dass zum Erreichen des von der Bundesregierung gesetzten Ziels für 2020 erhebliche weitere Anstrengungen erforderlich sind. So wäre eine kontinuierliche jahresdurchschnittliche Wachstumsrate von 88 % bis 2020 erforderlich, um 1 Mio. Elektroautos in Deutschland auf die Straße zu bringen. Eine solche Wachstumsrate ist nur dann zu erreichen, wenn die Elektromobilität zunehmend Serienreife erlangt und von einer breiten Käuferschicht nachgefragt wird.

Neben sinkenden (Batterie-)Kosten belegt die Studie „Future Mobility", dass die Einbindung von Erneuerbaren Energien in die Elektromobilität ein wesentliches Kaufargument ist, das klar vonseiten der Nachfrager eingefordert wird. So zeigen die Erhebungen der Studie, dass 93 % der Befragten Elektrofahrzeuge nur dann als umweltfreundlich ansehen, sofern die benötigte Antriebselektrizität aus Erneuerbaren Energien erzeugt wurde (Bozem et al. 2013, S. 66 f.). Dies scheint umso mehr für das Kundensegment zu gelten, das bereits der Nutzung Erneuerbarer Energien aufgeschlossen ist. 90 % der Befragten, die Elektrizität mit Photovoltaik erzeugen, geben an, dass es wichtig sei, ein Elektrofahrzeug mit dem selbst erzeugten Strom beladen zu können (vgl. Abb. 13.4).

Innovative Lösungen zur Verknüpfung von Elektromobilität und Erneuerbaren Energien werden nach Auffassung der Studie sowie anderer Autoren (Proff und Proff 2013, S. 154) auch durch die Verwischung der Branchengrenzen zwischen Automobil- und Energiewirtschaft entstehen. So wird erwartet, dass regionale und überregionale Energiekonzerne zunehmend die Beteiligung an der Elektromobilität durch die Bereitstellung von Elektrizitätsdienstleistungen in ihr Portfolio aufnehmen. Die Einbindung Erneuerbarer

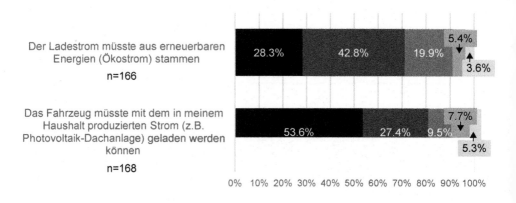

Abb. 13.4 Ergebnisse der Studie „Future Mobility" zur Verbindung zwischen Elektromobilität und Erneuerbaren Energien. (Bozem et al. 2013)

Energien ist hierbei von herausragender Bedeutung (vgl. GGEMO 2012, S. 39). Daher soll nun ein vertiefter Blick auf die Verknüpfung von Elektromobilität und der Stromerzeugung aus Erneuerbaren Energien geworfen werden.

13.4 Das Zusammenspiel von Elektromobilität und Erneuerbaren Energien

Die vordergründigste Verbindung von Erneuerbaren Energien und Elektromobilität stellt der Betrieb der Fahrzeuge mit „grünem" Strom dar. Daneben ergeben sich allerdings im Zug des Ausbaus der Erneuerbaren Energien mindestens drei zusätzliche Möglichkeiten des Zusammenspiels (Pehnt et al. 2010, S. 9), die als Systemdienstleistungen für die Elektrizitätsnetze im Rahmen der Energiewende bezeichnet werden können:

- Elektrofahrzeuge als Lastabnehmer für eine zeitweise Überproduktion an Elektrizität
- Nutzung von Elektrofahrzeugen als Speichermedien
- Bereitstellung von positiver und negativer Regelleistung zur Stabilisierung der Frequenz des Stromnetzes durch Elektrofahrzeuge

Daneben werden weitere Dienstleistungen wie die Reduzierung dezentraler Einspeisungen durch Photovoltaik in die allgemeinen Versorgungsnetze bei steigendem Eigenverbrauch durch Nutzer von Elektromobilen oder ökologische Dienstleistungen wie die Substitution von Biokraftstoffen mit Konkurrenznutzung im Ernährungssektor diskutiert, die hier allerdings nicht näher verfolgt werden.

13.4.1 Bereitstellung von Antriebselektrizität

Die volle ökologische Vorteilhaftigkeit von Elektrofahrzeugen erschließt sich, sofern die Fahrzeuge ihre Antriebsenergie aus Erneuerbaren Energien beziehen. Physisch kann dies gewährleistet werden, indem die Ladesäulen für Elektrofahrzeuge über eine Direktleitung an Windparks oder Photovoltaikanlagen angeschlossen werden. Sofern die Kapazität der Erzeugungsanlagen ausreicht, den benötigten Fahrzeugstrom zu decken, wird das Fahrzeug zu 100% mit Erneuerbaren Energien angetrieben. Aktuell gibt es bereits mehrere Leuchtturmprojekte, die diese direkte Leitungsverbindung umsetzen. Das Verkaufsargument „100% Grünstrom" hat in Einzelfällen nicht zuletzt auch Automobilhersteller wie Volkswagen bewegt, in erneuerbare Erzeugungstechnologien zu investieren (VWK 2013). Eine direkte Verknüpfung von Elektromobilität und Erneuerbaren Energien wird aufgrund der gestiegenen Dezentralität der Stromerzeugung zunehmend realistischer. Dennoch gilt zum aktuellen Zeitpunkt weiterhin, dass eine solche Direktvernetzung in der Regel volkswirtschaftlich ineffizient sein dürfte (Pehnt et al. 2007) bzw. dass das Aufkommen und die

Abnahme von regenerativem Strom nicht räumlich oder zeitlich vollständig in Einklang gebracht werden können (Linssen et al. 2013 S. 122 ff.).

Damit dürfte auf absehbare Zeit die allgemeine Elektrizitätsversorgung die Antriebsenergie für die überwiegende Anzahl von Elektrofahrzeugen bereitstellen. Da aufgrund physikalischer Gegebenheiten die Zuordnung einer Erzeugungstechnologie zu einem Abnehmer nicht möglich ist („Das erneuerbare Elektron"; Pehnt et al. 2007), gilt auch hier das in der Elektrizitätswirtschaft herrschende Bild des Strompools: Die Endkunden beziehen ihre Elektrizität aus einem Stromsee, der von unterschiedlichen Zuläufen (sprich: Kraftwerken) gespeist wird. Entsprechend entscheidet die Erzeugungsstruktur der allgemeinen Versorgungswirtschaft über den Anteil der Erneuerbaren Energien in diesem Pool.

Nach den Zahlen des Bundeswirtschaftsministeriums und der AG Energiebilanzen hatten Erneuerbare Energien 2013 einen Anteil von 23,4 % an der allgemeinen Elektrizitätsversorgung. 45,5 % des bereitgestellten Stroms wurden durch Kohle erzeugt (Braunkohle 25,8 %, Steinkohle 19,7 %), 15,4 % durch Kernenergie sowie 10,4 % durch Erdgas. Mineralöl und sonstige Brennstoffe trugen einen Anteil von 5,2 % zur Elektrizitätserzeugung bei (BMWi 2014b; BMUB 2013). Dieser Erzeugungsmix liefert die Zusammensetzung des Treibstoffs für Elektrofahrzeuge, die an die allgemeine Elektrizitätserzeugung angeschlossen sind. Damit wird deutlich, dass die Zunahme des Anteils Erneuerbarer Energien in der allgemeinen Elektrizitätsversorgung eine direkte Auswirkung auf die ökologische Bilanz der Elektromobilität hat.

Eine stärkere Ausrichtung der Aufladung an Strom aus Erneuerbaren Energien kann physisch erfolgen, indem an das Netz angeschlossene Fahrzeuge durch Informations- und Kommunikationstechnologie(IKT)-Verbindungen mit der Erzeugungsseite dann ein Signal zur Aufladung erhalten, wenn das Dargebot Erneuerbarer Energien besonders hoch ist („Starkwindzeiten") und somit einen hohen Beitrag zur Speisung des allgemeinen Stromsees decken (vgl. auch Kap. 4.2). Eine zeitliche Passgenauigkeit zwischen diesen Spitzenzeiten und dem Ladevorgang bzw. dem Nutzerverhalten zur Aufladung/Nutzung von Elektrofahrzeugen erfordert eine komplexe Systemsteuerung (Linnsen et al. 2013). Alternativ denkbar wäre – wie vom Bundesverband Erneuerbare Energien gefordert (BEE 2010) – eine Ausstattung der Elektrofahrzeuge mit digitalen Stromzählern (Smart Meter). Diese könnten einen Abgleich informationstechnisch ermöglichen bzw. bei Carsharingkonzepten per Chipkarte analog zu den Dialler-Modellen der Telekommunikation die vertragliche Belieferung einer Fahrt durch einen Ökostromanbieter sicherstellen.

Neben einer physischen Bereitstellung der Antriebsenergie durch Erneuerbare Energien ist ein Grünstrombezug per Handelsbeziehung denkbar. So kann durch den zusätzlichen Erwerb von Herkunftsnachweisen (grüne Stromzertifikate) in Höhe der Aufladung sichergestellt werden, dass zertifizierter Ökostrom zusätzlich zu dem EEG-geförderten Anteil an Erneuerbaren Energien der allgemeinen Versorgungswirtschaft in den für die Aufladung angezapften Pool einspeist. Stellvertretend für viele Beispiele sei hier etwa die Kooperation von Audi mit dem Energieversorger LichtBlick SE genannt (Audi Energie) (Lichtblick 2014).

Die bislang bestehenden freiwilligen Kennzeichnungen durch Öko-Label galten lange Zeit als unübersichtlich bzw. von teilweise fragwürdiger Qualität. Dies dürfte sich schrittweise nach der Einführung des Herkunftsnachweisregisters des Umweltbundesamtes im Jahr 2013 ändern. Dort werden Herkunftsnachweise auf Basis der Anforderungen der Europäischen Richtlinie für Erneuerbare Energien erfasst (sog. EECS, benannt nach dem European Energy Certificate System, das durch die europäische Richtlinie 2009/28/EG eingeführt wurde) und deren Transaktionen verfolgt (Seebach und Mohrbach 2013). Die Frage von Ausgestaltung und Nutzung der Herkunftsnachweise wird jedoch weiterhin kritisch diskutiert (Kübler 2014, S. 43). Herkunftsnachweise und grüne Zertifikate als Beleg für nachhaltigen Antriebsstrom bieten allerdings unzweifelhaft eine denkbare und zunehmend genutzte Absatzstrategie für die Direktvermarktung Erneuerbarer Energien.

Das hierdurch zusätzlich erschließbare Marktvolumen an erneuerbarem Antriebsstrom dürfte nach übereinstimmenden Abschätzungen verschiedener Akteure (BEE 2010; Pehnt et al. 2007) dennoch verhältnismäßig begrenzt bleiben. So wird geschätzt, dass die anvisierte Million Elektrofahrzeuge mit einem Verbrauch von 2–3 Terawattstunden (TWh) verbunden ist. Im Verhältnis zu der aktuellen Bruttostromerzeugung von 629 TWh (Jahr 2013; BMWi 2014b) ist dieser Verbrauch vergleichsweise nachrangig bzw. von einem überschaubaren Anlagenpark an Erneuerbaren Energien abdeckbar. Somit wird klar, dass es geboten ist, Absatzmöglichkeiten jenseits der puren Bereitstellung von Antriebsenergie ebenfalls in Erwägung zu ziehen.

13.4.2 Systemdienstleistungen als Stromabnehmer bzw. Stromspeicher

Netzstabilität und technische Ausgestaltung der Netzinfrastruktur sind zentrale Themen der Energiewende. Der rasante Ausbau Erneuerbarer Energien und der damit gestiegene Bedarf an Infrastruktur und Einspeisemanagement hat diesen Themenbereich stärker als zunächst angenommen in den Blickpunkt gerückt. Durch die Zunahme fluktuierender und dezentraler Einspeisungen von insbesondere Windenergie und Photovoltaik ist es in den letzten Jahren immer häufiger zu Situationen mit einem Stromüberangebot (verbunden mit negativen Marktpreisen an den Strombörsen und einem Bedarf an Lastabnahme/negativer Regelenergie) bzw. einem Unterangebot (verbunden mit einem stark gestiegenen Bedarf an sogenannter positiver Regelenergie) gekommen. Beide Situationen wirken destabilisierend auf das Gesamtsystem.

Demgegenüber bietet die Anwendung moderner Informations- und Kommunikationstechnologie (IKT) im Netzbereich durch sogenannte Smart Meter bzw. Intelligente Netze (Smart Grids) neue Möglichkeiten der Anbindung der Verbraucher an die Elektrizitätsversorgung (Kampker et al. 2013, S. 135; Siebenpfeiffer 2014, S. 96; Linsen et al. 2013, S. 121 ff.). Über eine zweiseitige Datenübermittlung von Markt- und Verbraucherdaten können Angebot und Nachfrage besser in Einklang gebracht und neuartige Formen der Systemsteuerung umgesetzt werden. Die Aufladung von Elektrofahrzeugen kann hierbei einen Beitrag zur Systemstabilisierung liefern.

So können Elektrofahrzeuge zur gezielten Aufnahme und Speicherung von überschüssigem Windenergiestrom genutzt werden. Mittels eingebauter Smart Meter können

Signale an die Fahrzeugelektronik gesendet werden, die eine bevorzugte Aufladung in Überangebotszeiten einleiten. Erforderlich sind hierbei IKT-Lösungen, die wesentliche Fahrzeugdaten (Ladestand, Standort, Bilanzkreise, Verknüpfung von Aufladevorgängen und Ladetarife) übermitteln und abgleichen. Umgekehrt können Signale gesendet werden, Aufladevorgänge bei Schwachlastzeiten zu unterbinden bzw. zu verlangsamen, sofern eine noch ausreichende Batteriereichweite vorhanden ist. Entsprechende Anreize für Kunden, ihre Fahrzeuge zu den jeweiligen Zeiten zur Aufladung bereitzustellen bzw. vom Netz zu nehmen, können z. B. über flexible Stromtarife („price response") gesetzt werden.

Diese Bereitstellung zusätzlicher Lasten ist für sich genommen zunächst kein unmittelbares Argument für den Absatz Erneuerbarer Energien. Mittelbar wirkt sich die Systemstabilisierung allerdings begünstigend aus, da das fluktuierende Dargebot aus Erneuerbaren Energien stabilisiert und gespeichert werden kann (Gohla-Neudecker et al. 2010, S. 81 ff.). Destabilisierung und die Akzentuierung der generellen Nichtspeicherbarkeit von Strom sind bislang die stärksten Argumente gegen einen weiteren ambitionierten Ausbau der Erneuerbaren Energien in Deutschland.

Auch in diesem Bereich gilt es allerdings, den Beitrag der Speicherfunktion für einen verstärkten Absatz Erneuerbarer Energien nicht zu überschätzen. Für eine optimale Aufnahme überschüssiger Windenergielasten müssten die Elektrofahrzeuge direkt an den Windkraftparks bzw. deren Bilanzkreisen angeschlossen sein, um zu einem Bilanzausgleich beitragen zu können. Dies dürfte logistisch und mengenmäßig schwer darstellbar sein (Pehnt et al. 2007). Geht man von einer Speicherkapazität von 12 kWh pro Fahrzeug aus, würde dies eine theoretische maximale Speichermenge von 12 GWh bei 1 Mio. Elektrofahrzeugen implizieren. Demgegenüber gehen Studien im Auftrag der Bundesregierung in Starkwindregionen an der norddeutschen Küste bzw. auch zunehmend bundesweit von deutlich höheren Überkapazitäten aus. So schätzt die Deutsche Energieagentur (dena 2012, S. 19), dass ab 2020 zunehmend mit negativer Residuallast, d. h. Überschussstrom, zu rechnen ist. Für das Jahr 2050 werden negative Residuallasten von 66 TWh und mehr prognostiziert –, wobei der in der Studie bzw. Vorgängerstudien (Nitsch 2007; Wietschel 2006) geschätzte Anteil an fluktuierenden Energieträgern an der Bruttostromerzeugung für das Jahr 2050 bereits aktuell zur Hälfte erreicht ist. Damit wird klar, dass die Speicherfunktion nur ein Argument bzw. Baustein für einen verstärkten Absatz Erneuerbarer Energien sein kann. Die Bedeutung dieses Themenkomplexes für einen verstärkten Absatz von Erneuerbaren Energien wird im Wesentlichen durch Innovationen bei der Batterietechnologie (größere Speicherkapazität) determiniert.

13.4.3 Bereitstellung von Regelenergie

Durch den Anschluss an das allgemeine Versorgungsnetz und eine intelligente Netzinfrastruktur, die eine zweiseitige Kommunikation zwischen Netzbetrieb und Fahrzeugelektronik ermöglicht, ergibt sich eine weitere Systemdienstleistung: die Ausspeisung von Batteriestrom in das öffentliche Versorgungsnetz als Bereitstellung von sogenannter Regelenergie zur kurzfristigen Netzfrequenzstabilisierung. Durch die zunehmende Fluktuation der Einspeisungen Erneuerbarer Energien ist der Bedarf an Regelenergie in den letzten Jahren kontinuierlich gestiegen (BNetzA 2014). Ein weiterer Anstieg für die kommenden Jahre wird allgemein erwartet.

Die Rückspeisung von Fahrzeugbatterien in das öffentliche Versorgungsnetz wurde zunächst in den USA unter dem Schlagwort „Vehicle to Grid" (V2G) diskutiert (Garcia-Valle et al. 2013, S. 100 ff.). Mittlerweile laufen auch in Deutschland und Europa Tests zur Anwendung in verschiedenen Forschungsprojekten. Die Nutzungsmöglichkeit von Elektrofahrzeugen als Stromquelle bzw. -senke ist im Fall der Bereitstellung von Regelenergie ungleich größer als bei der Funktion als Stromspeicher. Regelenergie wird im europäischen Stromverbund bereitgestellt. Damit ist der Regelbedarf in der überwiegenden Zahl der Fälle volumenmäßig deutlich begrenzt, da zahlreiche Kraftwerke zur Bereitstellung der sog. Sekunden- und Minutenreserve beitragen.

Ein Betrag von Elektrofahrzeugen zur Regelenergiebereitstellung ist umso wahrscheinlicher, wenn man nicht das einzelne Fahrzeug betrachtet, sondern vielmehr eine Reihe von Fahrzeugen, die mittels IKT zu einem virtuellen Regelkraftwerk gekoppelt werden. Theoretisch könnten 1 Mio. Elektrofahrzeuge eine Regelleistung von etwa 3 Gigawatt (GW) bereitstellen. Im Vergleich zu den gegenwärtig standardmäßig genutzten Regelkraftwerken wie etwa Pumpspeicherkraftwerken ist diese Kapazität mengenmäßig bedeutsam (siehe Tab. 13.1 für die verfügbare Kapazität an Pumpspeicherkraftwerken).

Insbesondere für Stadtwerke oder Regionalversorger, die einen großen Anteil unter den 53 deutschen Regelenergieanbietern (Anbieterliste von regelleistung.net; Stand Juni 2014) ausmachen, kann diese Option in zweierlei Hinsicht interessant sein. Zum einen betreiben diese Versorger – genannt seien hier stellvertretend etwa die Stadtwerke München oder enercity (Stadtwerke Hannover) – oftmals eigene E-Mobility-Programme und können diese entsprechend den Gedanken der Regelenergiebereitstellung vergleichsweise einfach bei der Auslegung der Ladeinfrastruktur berücksichtigen. Zum anderen sind Stadtwerke und Regionalversorger als Betreiber der Verteilnetze direkt von den fluktuierenden Einspeisungen erneuerbarer Energiequellen in der Nieder- und Mittelspannungsebene betroffen. Allerdings gilt auch in diesem Bereich, dass die Entwicklung und Umsetzung vor allem der IKT-Infrastruktur (Smart Meter und Smart Grids) notwendige Bedingung für die Erschließung des Marktsegments (regenerative) „Regelenergie von Elektrofahrzeugen" ist. Zudem gilt es zahlreiche offene rechtliche Fragen zu klären (Mayer und Klein 2013, S. 73 ff.).

Tab. 13.1 Installierte Leistung und Zubau an Pumpspeicherkraftwerken in Deutschland. (Quelle: BNetzA 2014, S. 51)

Jahr	2008	2009	2010	2011	2012
Installierte Leistung (Bestand) [GW]	9,16	9,23	9,23	9,24	9,24
Bau und Planung [GW]	0,07	1,40	1,40	1,87	4,46

13.5 Geschäftsmodell „Grüne Mobilität": Möglichkeiten und Grenzen

Wie die vorangegangene Diskussion zeigt, kann die Entwicklung der Elektromobilität in verschiedener Hinsicht einen erhöhten Absatz von Elektrizität aus Erneuerbaren Energien befördern: direkt über den Bezug von Antriebskraft aus Erneuerbaren Energien; indirekt über die Bereitstellung von Speicher- und Regelenergiedienstleistungen, die mittelbar über eine Netzstabilisierung den weiteren Ausbau der Erneuerbaren Energien in Deutschland begünstigen. Insbesondere über die zunehmende Dezentralität der Stromerzeugung können Erneuerbare Energien und Elektrofahrzeuge eine interessante Kombination ergeben.

Allerdings zeigt die Analyse auch, dass die Absatzmöglichkeiten eng mit einer weiteren technischen Entwicklung wesentlicher Systemkomponenten verbunden sind. Das gilt zum einen auf Abnehmerseite mit der Entwicklung der Batterietechnologie und einer allgemeinen Senkung der Herstellungskosten von Elektrofahrzeugen (Williamson 2013, S. 65 ff.). Es gilt gleichsam auf der Anbieterseite durch die Entwicklung von intelligenten Stromnetzen (Smart Grids), die eine IK-technische Abstimmung von Angebot und Nachfrage nach regenerativer Antriebsenergie ermöglichen können.

Tarifstrukturen der Versorger können ein wesentliches Hemmnis für die Entwicklung grüner Mobilität darstellen, etwa wenn zusätzlich zu den hohen Anschaffungskosten eines Elektrofahrzeugs ein teurer Ökostromtarif zu hohen variablen Kosten führt und somit die Fixkosten der Anschaffung nicht im Laufe der Zeit relativiert werden.

Insgesamt scheint es zumindest in einer ersten Phase unwahrscheinlich, dass durch Erneuerbare Energien angetriebene Elektrofahrzeuge private Pkw mit Verbrennungsmotoren in einem flächendeckenden Ausmaß substituieren werden.

Anders – und deutlich positiver – fällt das Bild allerdings aus, sofern man nicht das einzelne Fahrzeug betrachtet, sondern vielmehr Elektromobilität, d. h. die Bereitstellung von Transportdienstleistungen. Diese Mobilitätsdienstleistungen werden in der Regel zunächst im städtischen Raum entwickelt (Brand und Schmidt 2014, S. 107; Institute for Mobility Research 2013). Beispiele sind etwa die Angebote von Car2Go (Daimler AG) oder Multicity (Citroën). Hier sind eine Reihe von E-Mobility-Dienstleistungen denkbar, die sich auf die Geschäftsfelder Fahrzeuge, Strom und Infrastruktur sowie Zusatzdienste erstrecken könnten (Birnhäupl 2014, S. 126). Dabei ist zu erwarten, dass sich die Grenzen zwischen der Automobil- und der Energiebranche in diesem Segment zunehmend vermischen. Der Umfang der Dienstleistungen unter Einbezug Erneuerbarer Energien kann hierbei breit angelegt sein. So wäre denkbar, zur Steigerung der Akzeptanz von Windenergieanlagen die Anwohner mit der Bereitstellung von direkt geliefertem, frei verfügbarem Antriebsstrom zu versorgen. Auch wenn es sich dabei im Wesentlichen um eine Marketing-Maßnahme handelt, könnte der indirekte Absatzeffekt für Erneuerbare Energien speziell in dicht besiedelten Gebieten durchaus tangibel sein. Allerdings ist auffällig, dass bei den bestehenden Angeboten an Transportdienstleistungen die Verknüpfung mit Erneuerbaren Energien aktuell noch im Hintergrund steht bzw. nicht aktiv genutzt wird. Wesentliches Hemmnis dürfte hierbei die Kombination der kostspieligen Fahrzeugtechnologie mit einem erhöhten Strompreis für Erneuerbare Energien sein, was insgesamt für eine breite Markteinführung mit einem zu großen Kostennachteil verbunden ist.

Dieses voraussichtlich auch in den nächsten Jahren wirkende Hemmnis kann durch eine weitere Marktsegmentierung zumindest schrittweise abgebaut werden. Ein entsprechendes Geschäftsmodell ist die gezielte Bereitstellung bzw. Belieferung mit regenerativ erzeugtem Antriebsstrom. Über Energieliefer-Contracting könnten die Energieversorger die Nutzer von Elektrofahrzeugen mit zertifiziertem Ökoantriebsstrom versorgen. Dies gilt sowohl für die Versorgung von Privatkunden (B2C) wie auch von Geschäftskunden (B2B für Wirtschaft und öffentlichen Sektor). Eine solche Versorgung, die mittels Smart Meter und Ökostromzertifikaten bzw. Herkunftsnachweisen sichergestellt werden kann, wäre auch an „spezialisierten" Ladesäulen für grünen Antriebsstrom denkbar, indem ein Ökostromanbieter solche Ladesäulen betreut. Für eine vermutlich fernere Zukunft wäre auch eine Differenzierung der Stromlieferung nach differenzierten Erzeugungsformen denkbar. Dies würde eine weitere Marktsegmentierung des Antriebsstroms bedeuten, was die Schaffung bzw. Etablierung von „Premiummarken" für Antriebstrom („100 % solar power") ermöglichen könnte.

Zuletzt kann Antriebsenergie aus Erneuerbaren Energien auch von etablierten Dienstleistern als Zusatznutzen zu ihrem Kerngeschäft vermarktet werden. So ist vorstellbar, dass Parkhäuser oder Supermärkte ihren Kunden eine Dienstleistung „recharge as you park/recharge as you shop" anbieten. Hier würde die Verweilzeit im Parkhaus oder im Supermarkt zum Aufladen der Batterie der Elektrofahrzeuge genutzt. In Zeiten von Übereinspeisungen könnte diese Dienstleistung sogar gratis angeboten werden. Neben dem Marketing-Effekt könnten die Anbieter die Aufladung gleichzeitig als Systemdienstleitung anbieten und zusätzliche Einnahmen erzielen. Die Zusatzeinnahmen wiederum könnten gleichzeitig angebotene Ökostromtarife quersubventionieren und damit deutlich verbilligen.

> **Fazit**
>
> Zusammenfassend wird deutlich, dass Elektromobilität zu einem zusätzlichen Absatz von Erneuerbaren Energien führen kann bzw. dass die Nutzung Erneuerbarer Energien für den Antrieb und die entsprechend positive Ökobilanz der Fahrzeuge ein zentrales Kriterium für den Erfolg der Elektromobilität ist. Auch wenn gegenwärtig die zusätzlichen Absatzmöglichkeiten für Erneuerbare Energien noch stark begrenzt sind, dürfte sich dies durch weitere technische Entwicklungen deutlich ändern. Insbesondere wenn der Wechsel zu Elektromobilität mit einem Wechsel zu innovativen Mobilitätskonzepten verknüpft wird, ergeben sich zahlreiche innovative Geschäftsmodelle für die Vermarktung von Strom aus regenerativen Energiequellen.

Literatur

Agentur für Erneuerbare Energien e. V. 2014. Energiewende im Verkehr. Potenziale für erneuerbare Mobilität. *Renews Spezial* **71**:1–80.

BEE – Bundesverband Erneuerbare Energie e. V. 2010. Elektromobilität und Erneuerbare Energien; BEE-Position.

Bertram M., und S. Bongard. 2014. *Elektromobilität im motorisierten Individualverkehr; Grundlagen, Einflussfaktoren und Wirtschaftlichkeitsvergleich*. Wiesbaden: Springer.

Birnhäupl L. 2013. Elektromobilität – der Weg zum Kunden. *Energiewirtschaftliche Tagesfragen* 63:125–127.

BMBF – Bundesministerium für Bildung und Forschung. 2009. *Nationaler Entwicklungsplan Mobilität der Bundesregierung*. Bonn: BMBF.

BMBF – Bundesministerium für Bildung und Forschung. 2011. *Regierungsprogramm Elektromobilität*. Bonn: BMBF.

BMBF – Bundesministerium für Bildung und Forschung. 2013. *Elektromobilität – das Auto neu denken*. Bonn: BMBF.

BMUB – Bundesministerium für Umwelt, Naturschutz. 2013. *Bau und Reaktorsicherheit: Erneuerbar mobil; Marktfähige Lösungen für eine klimafreundliche Elektromobilität*. Berlin: BMUB.

BMVI – Bundesministerium für Verkehr und digitale Infrastruktur. 2011. *Elektromobilität – Deutschland als Leitmarkt und Leitanbieter*. Berlin: BMVI.

BMVI – Bundesministerium für Verkehr und digitale Infrastruktur. 2013. *Die Mobilitäts- und Kraftstoffstrategie der Bundesregierung*. Berlin: BMVI.

BMWi – Bundesministerium für Wirtschaft und Energie. 2014a. *Smart Energy made in Germany: Erkenntnisse zum Aufbau und zur Nutzung intelligenter Energiesysteme im Rahmen der Energiewende*. Berlin: BMWi.

BMWi – Bundesministerium für Wirtschaft und Energie. 2014b. Energiedaten – Gesamtausgabe. http://bmwi.de/DE/Themen/Energie/Energiedaten-und-analysen/Energiedaten/gesamtausgabe,did=476134.html. Zugegriffen: 1. Juli 2014.

BNetzA – Bundesetzagentur. 2014. *Zweiter Monitoring-Bericht „Energie der Zukunft"*. Bonn: BMWi.

Bozem K., et al. 2013. *Elektromobilität: Kundensicht, Strategien, Geschäftsmodelle; Ergebnisse der repräsentativen Marktstudie Future Mobility*. Berlin: Springer.

Brand M., und A. Schmidt. 2014. Herausforderung Elektromobilität: Lehren aus den Entwicklungen des Strom-, Bahn- und Mobilfunkmarktes. *Energiewirtschaftliche Tagesfragen* 64:105–107.

Bundesregierung. 2010. Energiekonzept für eine umweltschonende, bezahlbare und sichere Energieversorgung. http://www.bundesregierung.de/ContentArchiv/DE/Archiv17/_Anlagen/2012/02/energiekonzept-final.pdf. Zugegriffen: 23. Juni 2014.

Bundesregierung. 2013. Deutschlands Zukunft gestalten. Koalitionsvertrag zwischen CDU, CSU und SPD. 18. Legislaturperiode. http://www.bundesregierung.de/Content/DE/_Anlagen/2013/2013-12-17-koalitionsvertrag.pdf?__blob=publicationFile. Zugegriffen: 23. Juni 2014

Canzler W. Mobilitätskonzepte der Zukunft und Elektromobilität. 2010. In *Elektromobilität*, Hrsg. R Hüttl, B Pischetsrieder, und D Spath, 39–61. Berlin: Springer.

dena – Deutsche-energie-Agentur GmbH. 2012. *Integration der erneuerbaren Energien in den deutsch-europäischen Strommarkt*. Berlin: dena.

Europäische Kommission. 2014a. Mitteilung. Ein Rahmen für die Klima- und Energiepolitik im Zeitraum 2020–2030. Europäische Kommission. http://eur-lex.europa.eu/legal-content/DE/TXT/HTML/?uri=CELEX:52014DC0015&from=EN. Zugegriffen: 23. Juni 2014.

Europäische Kommission. 2014b. Report on energy prices and costs. Staff Working Document. SWD(2014) 20. http://eur-lex.europa.eu/legal-content/EN/TXT/?uri=CELEX:52014SC0020. Zugegriffen: 25. Juni 2014

Fazel L. 2014 *Akzeptanz von Elektromobilität; Entwicklung und Validierung eines Modells unter Berücksichtigung der Nutzungsform des Carsharing*. Springer, Wiesbaden.

Garcia-Valle R., und J. Lopes 2013. *Electric vehicle integration into modern power networks*. New York: Springer.

GGEMO – Gemeinsame Geschäftsstelle Elektromobilität der Bundesregierung. 2012. Fortschrittsbericht der Nationalen Plattform Elektromobilität (Dritter Bericht). *Bundesministerium für Verkehr* Bonn: Bau und Stadtentwicklung.

Gohla-Neudecker B., H. Roth, und U. Wagner. 2010. Nachhaltige Mobilität: Anwendungsscharfe Bereitstellung von erneuerbarer Energie für Elektroautos. *Energiewirtschaftliche Tagesfragen* 60:81–86.

Greenpeace. E-Mobilität und Klimaschutz; Greenpeace – Position zu Elektroantrieb im PKW. http://gruppen.greenpeace.de/wuppertal/service_files/infoliste_files/klima_verkehr/elektroantrieb_september_2009.pdf. Zugegriffen: 1. Juli 2014.

Hüttl R., B. Pischetsrieder, und D. Spath (Hrsg). 2010. *Elektromobilität*. Berlin: Springer.

Institute for Mobility Research. 2013. *Megacities mobility; How cities move on in a diverse sworld*. Berlin: Springer.

International Energy Agency. 2012. *World energy outlook 2012*. Paris: OECD.

Kampker A., D. Vallée, und A. Schnettler. 2013. *Elektromobilität; Grundlagen einer Zukunftstechnologie*. Berlin: Springer Vieweg.

Keichel M. (Hrsg). 2013. *Das Elektroauto; Mobilität im Umbruch*. Wiesbaden: Springer.

Kraftfahrtbundesamt. 2014. Statistik Fahrzeugbestand; Statistik Neuzulassungen. http://www.kba.de/DE/Statistik/Fahrzeuge/fahrzeuge_node.html. Zugegriffen: 2. Juli 2014.

Kübler K. 2014. Leistet man durch den Kauf von „Ökostrom" einen Beitrag zur Energiewende in Deutschland?. *Energiewirtschaftliche (Tagesfragen* 64:43–46.

Landesagentur für Elektromobilität und Brennstoffzelltechnologie Baden-Württemberg. 2011. Strukturstudie BW e-mobil 2011. Baden-Württemberg auf dem Weg in die Elektromobilität. Landesagentur für Elektromobilität, Stuttgart.

LichtBlick. 2014.Audi Energie: Audi und LichtBlick bieten Ökostrom an. http://www.lichtblick.de/medien/news/?detail=293&type=press. Zugegriffen: 23. Aug. 2014.

Linsen, J., et al. 2013. Netzintegration von Elektrofahrzeugen und deren Auswirkungen auf die Energieversorgung. *Energiewirtschaftliche Tagesfragen* 63:121–124.

Mayer C., und C. Klein. 2013. Ladeinfrastruktur für Elektrofahrzeuge – rechtliche Fragestellungen und Herausforderungen. *Energiewirtschaftliche Tagesfragen* 63:73–75.

Nitsch J. 2007. Leitstudie. „Ausbaustrategie Erneuerbare Energien"; Studie im Auftrag des Bundesumweltministeriums, Stuttgart.

Pehnt M., U. Hoepfner, und F. Merten. 2007. Elektromobilität und erneuerbare Energien. Arbeitspapier Nr. 5 im Rahmen des Projektes „Energiebalance – Optimale Systemlösungen für Erneuerbare Energien und Energieeffizienz. Heidelberg: Wuppertal Institut, ifeu.

Proff H., und H. Proff. 2012. *Dynamisches Automobilmanagement; Strategien für international tätige Automobilunternehmen im Übergang in die Elektromobilität*. Wiesbaden: Gabler.

Ruppert W. 2013. Herrschaft über Raum und Zeit – Zur Kulturgeschichte des Automobils. In *Das Elektroauto. Mobilität im Umbruch*, (Hrsg). M Keichel, 9–44. Springer, Wiesbaden.

Seebach D., E. Mohrbach. 2013. Wie können Herkunftsnachweise zur Differenzierung des Ökostrommarktes in Deutschland beitragen?. *Energiewirtschaftliche Tagesfragen*, 63:62–64.

Siebenpfeiffer W. 2014. *Vernetztes Automobil; Sicherheit – Car-IT – Konzepte*. Wiesbaden: Springer Vieweg.

Spiegel Online. 2014. Bundesregierung will E-Auto-Förderung schnell einführen. http://www.spiegel.de/auto/aktuell/elektromobilitaet-bundesregierung-will-ladeinfrastruktur-ausbauen-a-961240.html. Zugegriffen: 18. Juni 2014.

UBA – Umweltbundesamt. 2012. Daten zum Verkehr. Ausgabe 2012. http://www.umweltbundesamt.de/sites/default/files/medien/publikation/long/4364.pdf. Zugegriffen: 16. Juni 2014.
VWK – Volkswagen Kraftwerks GmbH. 2013. Lagebericht. http://www.volkswagenag.com/content/vwcorp/content/de/investor_relations/annual_general_meeting/Aktionaersversammlung_2014/Ordentliche_Hauptversammlung/Top7.bin.html/contentparsys/superteaser/tabs/tab_0/teaserlists/teaserlist_2/teasers/talksandpresentation_50/file/VW+Kraftwerk+GmbH+Lagebericht+GJ+2013.pdf. Zugegriffen: 1. Juli 2014.
Wietschel, M., et al. 2006. Ein Vergleich unterschiedlicher Speichermedien für überschüssigen Windstrom. *Zeitschrift für Energiewirtschaft* 30:103–114.
Williamson S. 2013. *Energy management strategies for electric and plug-in hybrid electric vehicles.* New York: Springer4.

Prof. Dr. Marc Ringel ist Professor für Energiewirtschaft an der Hochschule für Wirtschaft und Umwelt Nürtingen-Geislingen. Er studierte Volkswirtschaftslehre mit Schwerpunkt „Umwelt- und Ressourcenökonomie" an der Johannes Gutenberg-Universität Mainz und der Université d'Angers; Promotion zum Thema „Energieversorgung und Klimaschutz" an der TU Chemnitz. Von 2001 bis 2004 Referent beim Wissenschaftlichen Beirat der Bundesregierung „Globale Umweltveränderungen"; 2004 bis 2009 Referent im Bundesministerium für Wirtschaft und Technologie in verschiedenen Referaten der Abteilung Energie. 2009 bis 2013 nationaler Sachverständiger bei der Europäischen Kommission, Generaldirektion Energie, Referat Energieeffizienz und Intelligente Energie Europa. Hier arbeitete er an verschiedenen Strategiedokumenten (Europa 2020, Energiefahrplan 2050, Aktionsplan Energieeffizienz) sowie dem Entwurf und der Verhandlung der Energieeffizienzrichtlinie. Marc Ringel verfügt über Arbeitserfahrung mit mehreren internationalen Organisationen wie UNIDO, Internationale Energieagentur (IEA) und Energiegemeinschaft Südosteuropa. Er ist Berichterstatter der Europäischen Kommission für den Energieteil des Forschungsrahmenprogramms „Horizon 2020"; Mitglied im Team Europe der Vertretung der Europäischen Kommission Berlin und Beiratsmitglied des Studiengangs Energiemanagement der International School of Management Dortmund.

Biogas als Treiber des Bioabfallmarkts

14

Henning Friege, Christina Dornack und Nils Friege

▶ Biogas aus erneuerbaren Rohstoffen kann entweder zur Erzeugung von Strom und Wärme vor Ort genutzt oder über eine Aufbereitungsanlage zu Biomethan weiterverarbeitet werden. Die entsprechenden Techniken stehen zur Verfügung und sind im Markt eingeführt. Bei allen Prozessschritten ist darauf zu achten, dass die Emissionen von Methan bzw. kritischen Nebenprodukten minimiert werden. Da der Neubau von Biogasanlagen auf Basis von Gülle und nachwachsenden Rohstoffen nach Kürzung von Subventionen im EEG kaum noch ökonomisch sinnvoll zu realisieren sind, richtet sich die Aufmerksamkeit auf bisher noch in geringem Umfang genutzte Siedlungs- und Industrieabfälle. Hier muss die Qualität von der Sammlung der Bioabfälle über die Vergärung bis zur Biogasherstellung sichergestellt werden. Eine Ergänzung der bestehenden Kompostierungsanlagen durch vorgeschaltete Vergärungsstufen, eine Ausdehnung der getrennten Sammlung von Bioabfällen und die Verringerung der Investitionskosten für solche Anlagenkombinationen könnten zu einem neuen Schub für die Produktion von Biogas bzw. Biomethan führen. Die Vermarktung

---

H. Friege (✉)
Dr. Friege & Partner, N3 Nachhaltigkeitsberatung, Scholtenbusch 11, 46562 Voerde, Deutschland
E-Mail: friege@n-hoch-drei.de

C. Dornack
Inst. für Abfallwirtschaft + Altlasten, Pratzschwitzer Str. 15, 01796 Pirna, Deutschland
E-Mail: christina.dornack@tu-dresden.de

N. Friege
Raesfeldstr. 84, 48149 Münster, Deutschland
E-Mail: nils.friege@rwth-aachen.de

© Springer Fachmedien Wiesbaden 2015
C. Herbes, C. Friege (Hrsg.), *Marketing Erneuerbarer Energien*,
DOI 10.1007/978-3-658-04968-3_14

auf regionaler Ebene bietet interessante Chancen für einen „Biomassekreislauf" und für die dezentrale Energieerzeugung aus erneuerbaren Ressourcen.

14.1 Einleitung

Gasförmige Kohlenwasserstoffe, vom Methan (CH_4) angefangen bis zum Isobutan (i-C_4H_{10}), werden vor allem zur Wärmeerzeugung (Prozessenergie, Heizen, Kochen) genutzt und seit etwa zwanzig Jahren auch als Kraftfahrzeugtreibstoffe eingesetzt. Methan, das einfachste organische Molekül, ist der Hauptbestandteil des Erdgases und gleichzeitig Haupt- bzw. Endprodukt aller biologischen Abbauprozesse unter Ausschluss von Luftsauerstoff. Erdgas enthält je nach Herkunft neben Methan weitere Kohlenwasserstoffe wie Ethan, Propan, Butan oder Ethen. Wichtigste Nutzer von aus Erdgas erzeugter Prozessenergie sind Gaskraftwerke. Sie erreichen heute in Form der GuD-Kraftwerke bei der Stromerzeugung einen Wirkungsgrad von über 60 %. Die kurzkettigen Moleküle dienen auch der Chemieindustrie als wichtige und nicht substituierbare Grundstoffe.

Die Nutzung von Methan aus regenerativen Quellen hat gegenüber Erdgas den Vorteil, klimaneutral zu sein. Auf der anderen Seite ist Methan ein Treibhausgas, das 25-mal wirksamer ist als CO_2. Es darf daher keinesfalls unverbrannt freigesetzt werden, diffuse Emissionen sind unbedingt zu vermeiden. Für die Herstellung von Methan aus regenerativen Quellen (im Folgenden auch als Biomethan bezeichnet) kann man auf organische Reststoffe zurückgreifen. Da diese Abfälle – je nach Konsistenz – nur begrenzt lagerfähig sind und Methan selbst gasförmig gelagert werden kann, hat man damit den einzigen regenerativen Energieträger, der neben seiner Grundlastfähigkeit auch flexibel nach Bedarf eingesetzt werden kann. Im Folgenden wollen wir der Frage nachgehen,

- wie und woraus Biogas erzeugt werden kann,
- welche Mengen heute und mittelfristig aus unterschiedlichen Quellen zur Verfügung gestellt werden können,
- wie die Abfallwirtschaft diesen Prozess vorantreiben kann,
- welche wirtschaftlichen Randbedingungen es dabei zu beachten gilt.

14.2 Was alles zählt zu den Bioabfällen?

Wir subsumieren unter Bioabfälle alle abbaubaren, organischen Abfälle natürlichen Ursprungs einschließlich entsprechender Abfallfraktionen aus dem Gewerbe. Bioabfälle können grundsätzlich auf unterschiedlichen Wegen verwertet werden:

- Aerober Abbau unter Sauerstoff- und Energiezufuhr, vor allem in Kompostierungsanlagen, mit den wesentlichen Endprodukten Kohlendioxid, Wasser und Kompost

- Anaerober Abbau unter Sauerstoffabschluss und Energiegewinnung in Fermentations- oder Vergärungsanlagen zu Methan, diversen Zwischen- bzw. Nebenprodukten und einem Vergärungsrückstand
- Verbrennung des gesamten Bioabfalls oder heizwertreicher Fraktionen (Holz) unter Energierückgewinnung
- Stoffliche Verwertung, sofern entsprechende Strukturen vorliegen bzw. isoliert werden können

Organische Reststoffe stellen ein breites Spektrum an Substraten unterschiedlicher Herkunft dar, die aufgrund von Siedlungsstrukturen, individuellem Verhalten, in- oder externer Verwertung organischer Reststoffe in der regionalen Industrie nicht nur in unterschiedlichen Mengen anfallen, sondern auch unterschiedliche Eigenschaften besitzen. Daher gibt es keine allgemein gültigen Konzepte, die auf alle Regionen oder die verschiedenen organischen Abfälle immer angewendet werden können. Vielmehr verlangt eine konkrete Strategie für die Behandlung von Bioabfall regional angepasste Lösungen, beeinflusst durch den geografischen Umkreis und Transportwege, politische Grenzen, Siedlungsstrukturen u. a. m.

Biomasse zersetzt sich „von selbst" – je nach Struktur und äußeren Bedingungen wie Temperatur und Feuchtigkeit in unterschiedlicher Geschwindigkeit und zu mannigfachen Abbauprodukten. So führt die in vielen EU-Ländern noch anzutreffende Deponierung von organischen Reststoffen zu unkontrollierbaren Reaktionen im Deponiekörper. Unter anaeroben Bedingungen finden im Deponiekörper die gleichen biochemischen Reaktionen der einzelnen Reaktionsphasen (Hydrolyse, Versäuerung, Methanisierung) statt wie im Biogasfermenter. Der Prozess verläuft im Deponiekörper wesentlich langsamer als in einer Biogasanlage und ist nicht steuerbar. Die Gasemissionen werden über Gasbrunnen gefasst, können jedoch nur zu max. etwa 50 % erfasst und genutzt werden. Daher entweichen auch aus geordneten Deponien für Siedlungsabfall große Mengen an Methan und problematischen Nebenprodukten in die Umwelt.

Nicht alle Biomassereststoffe sind für die Produktion von Biogas geeignet. Zum Beispiel eignen sich holzige Strukturen nicht für die Vergärung. Bei strukturreichen Materialien, die einen Wassergehalt von über 50 % und hohe Anteile an Lignin und Zellulose aufweisen, ist die Kompostierung das Verfahren der Wahl zur Reduzierung der organischen Bestandteile. Bei ligninhaltigen biogenen Reststoffen (Holz), die einen Wassergehalt unter 30 % aufweisen, ist die Verbrennung in Biomasseheizkraftwerken der effizienteste Weg einer energetischen Nutzung, da diese ohne Zufeuerung verheizt werden können. Reststoffe mit hohem Proteingehalt sind für die Kompostierung ungeeignet, können aber zusammen mit einem geeigneten Co-Substrat im Fermenter behandelt werden. Auf der anderen Seite sind z. B. Speiseabfälle, die einen mittleren Wassergehalt von ca. 65 % aufweisen, nicht ohne Weiteres kompostierbar. Biomassen mit einem geringen Ligninanteil und einem hohen Wassergehalt über 50 % eignen sich sehr gut zur Erzeugung von Biogas. Die grundsätzliche Eignung verschiedener Substrate für die Vergärung ist Abb. 14.1 zu entnehmen. Da viele Bioabfälle unterschiedliche Verwertungswege gehen können bzw. wegen rechtlicher Restriktionen – z. B. Schlachtabfälle, Klärschlamm – nur bestimmte

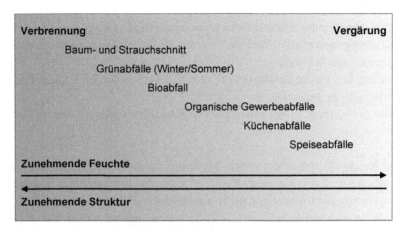

Abb. 14.1 Eignung von Substraten für die energetische Nutzung in Vergärungs- oder Verbrennungsanlagen, verändert nach Kern et al. (2003)

Wege genutzt werden dürfen, stehen als wesentliche Rohmaterialien neben den sogenannten Energiepflanzen wie Mais für die Biogasgewinnung

- Bioabfälle aus Haushalten,
- Abfälle aus der Gastronomie und Kantinen,
- Abfälle aus der Lebensmittelindustrie,
- Abfälle aus der Tierhaltung (Gülle)

zur Verfügung.

Während mit dem Hausmüll gesammelte Biomasse unter Gewinnung von Energie verbrannt wird, konkurrieren bei der Verwertung von getrennt erfasster Biomasse aus dem Siedlungsabfall Kompostierung und Vergärung. Kompostierungsanlagen sind auf die Reduzierung der organischen Masse und die Gewinnung von Kompost ausgerichtet. Im Gegensatz dazu soll über die Vergärung Biogas als heizwertreicher Energieträger produziert werden; der Gärrest muss so weit behandelt werden, dass er ebenfalls in der Landwirtschaft als Bodenverbesserer bzw. organischer Dünger eingesetzt werden kann. Während beim Kompostierungsvorgang keine Energie gewonnen werden kann, sondern vor allem Strom für die Aggregate der Anlage benötigt wird, wird der entsprechende Aufwand bei der Vergärung von der erzeugten Energie gedeckt und es entsteht ein Energieüberschuss. Es bleibt nach Abzug von betrieblich benötigtem Strom bzw. Wärme ein Nettoenergieertrag über, den man „über den Daumen" mit mindestens 100 kWh je Mg Input beziffern kann –, je nach Anlagentyp, Inputmaterial und Fahrweise der Anlage können auch weitaus höhere Nettoerträge erzielt werden. Die Kombination von Vergärung und Kompostierung an einem Standort ist eine besonders interessante und zunehmend praktizierte Lösung. Das bei der Vergärung erzeugte Biogas kann vor Ort verstromt werden und zusammen mit der anfallenden Abwärme den Energiebedarf beider Anlagen decken, wobei der verbleibende Stromüberschuss ins Netz eingespeist wird. Bei Verwendung von

Abfällen aus der Biotonne ist eine Hygienisierung erforderlich. Für die Gärreste besteht in der Kombination von aerober und anaerober Technik die Möglichkeit der weiteren Behandlung in der Kompostierungsanlage („Nachrotte") zur weiteren Reduzierung der organischen Substanz und damit verbunden zur Vermeidung von Treibhausgasemissionen.

14.3 Gewinnung von Biogas und Biomethan

14.3.1 Vergärung zu Biogas

Der anaerobe biochemische Abbau in der Vergärungsanlage verläuft in drei voneinander abhängigen Schritten. Dabei werden organische Substanzen zu den Endprodukten Methan (CH_4), Kohlendioxid (CO_2), verschiedenen gasförmigen Nebenprodukten und einem festen Gärrest abgebaut. Hohe Methanausbeute und stabil laufende Prozesse sind das Ziel; dagegen steht ein zunehmender technischer Aufwand. Für die Vergärung müssen Temperaturen von ca. 33–38 °C oder alternativ von 50–55 °C im Reaktionsraum eingestellt werden. Zudem ist ein Feuchtgehalt des Materials von in der Regel 70–90 % erforderlich. Nur dann laufen mikrobiologische Vorgänge effizient ab. Für Vorbehandlung und die Konstruktion des Fermenters, des Herzstücks der Anlage, müssen die Eigenschaften des jeweiligen Substrats berücksichtigt werden. In der Regel benötigt der Abbau des Substrats zwischen 15 und 30 Tagen. Einzelheiten sind (FNR 2013) zu entnehmen.

Biogasanlagen können ein- und mehrstufig betrieben werden. Bei einer einstufigen Prozessführung laufen alle mikrobiologischen Abbauschritte gleichzeitig in einem Reaktor ab. Die Bedingungen sind nicht für alle am Prozess beteiligten Mikroorganismen gleich optimal, sodass Reaktionen langsamer und mit geringerer Methanausbeute verlaufen (Stegmann et al. 2001; Fricke und Franke 2002). Bei mehrstufigen Prozessen findet eine apparative Trennung der Hydrolyse und Gärung von der Bildung von Essigsäure und der darauf folgenden Methanbildung statt, sodass die Prozessbedingungen an die jeweils beteiligten Mikroorganismen angepasst werden können (Fricke 2002). Damit erreicht man eine höhere Prozessstabilität und höhere Ausbeuten (Weiland 2001). Für die Vergärung von Siedlungsabfällen werden meist einstufige Anlagen eingesetzt.

Für die Behandlung von Bioabfällen stehen Nass- und Trockenvergärungsanlagen zur Verfügung. In den letzten Jahren hat sich die Trockenvergärung durchgesetzt, wobei zwei Anlagentypen unterschieden werden:

- Kontinuierliche Vergärung, vorwiegend als Pfropfenstromverfahren ausgeführt
- Diskontinuierliche Vergärung mit mehreren parallel betriebenen Faulräumen

Einer Kapazität von etwa 350.000 Mg Nassvergärung steht über 1.000.000 Mg Kapazität an Trockenvergärung gegenüber mit etwa gleich großen Kapazitäten im kontinuierlichen bzw. diskontinuierlichen Verfahren. Über 90 % der Anlagen sind einstufig ausgeführt. Die spezifisch höchsten Biogaserträge in einstufigen Anlagen lassen sich mit der kontinuierlichen Trockenvergärung erzielen, die etwa 30 % über dem diskontinuierlichen Verfahren liegen. Die Nassvergärung liegt dazwischen. Da der Eigenstrombedarf des diskontinuierlichen Verfahrens geringer ist als der Verbrauch der konkurrierenden Verfahren, liegt die Differenz bei der Nettostromerzeugung noch bei etwa 20 % (Fricke et al. 2013).

Sofern Vergärungsanlagen nach der dreißigsten Verordnung zur Durchführung des Bundes-Immissionsschutzgesetzes (30. BImSchV) genehmigt werden (für Anlagen < 1 MW gilt bei Einhaltung weiterer Begrenzungen, wie z. B. < 10 Mg Abfallinput pro Tag, das Baurecht), gelten Vorgaben für die Emission der Gesamtmenge an Kohlenstoffverbindungen, also auch Methan, in den Abluftströmen. Emissionen müssen aber über alle Verfahrensschritte betrachtet werden, zumal CH_4 als Treibhausgas weitaus kritischer ist als CO_2. Neben den gefassten Abluftströmen muss die Emission aus diffusen Quellen, von der Anlieferung über die Lagerung, die Öffnung der Faulbehälter (vor allem bei diskontinuierlich arbeitenden Anlagen), die Gärrestlagerung und die Weiterverarbeitung der Gärreste betrachtet werden. Die Gärreste können ausschließlich in der Vegetationsperiode der Pflanzen ausgebracht werden, was eine fünfmonatige Lagerkapazität für die Gärreste erforderlich macht. Neue Gärrestlager werden ausschließlich geschlossen mit Gasabzug ausgeführt, bei Altanlagen gibt es noch eine Vielzahl offener Gärrestlager, die ein hohes Treibhauspotenzial haben.

14.3.2 Aufbereitung von Biogas zu Biomethan

Das durch Vergärung gewonnene Biogas enthält neben CH_4 und CO_2 noch Schwefelwasserstoff (H_2S), Ammoniak (NH_3) sowie weitere Spurengase. Zudem ist es mit Wasserdampf gesättigt. Je nach anschließender Weiterverwendung des Biogases sind verschiedene Aufbereitungsschritte erforderlich.

Das erzeugte Biogas kann vor Ort genutzt, in ein lokales Netz oder das allgemeine Gasnetz eingespeist werden. Die direkte Nutzung an der Anlage, am sinnvollsten in Form von Kraft-Wärme-Kopplung (KWK), wird derzeit am häufigsten realisiert. Das Biogas kann mit geringem Reinigungsaufwand über einen Gasmotor verstromt werden (ATV/DVWK 2002). Optimal wird die entstehende Abwärme ganzjährig in Form von „Nahwärme" genutzt. Ideale Abnehmer, am besten in Kombination, sind neben dem Eigenbedarf der Anlage Schwimmbäder, Krankenhäuser und Holztrocknungsanlagen. Beim Neubau großer Vergärungsanlagen wird zunehmend eine Aufbereitung zu Erdgasqualität und eine anschließende Einspeisung ins Gasnetz realisiert.

Bei einer Verwendung in einem BHKW sind nur die Abtrennung von H_2S und Trocknung des Gases erforderlich. Bei unzureichender Abtrennung von H_2S kommt es in der Anlage zu Korrosionsprozessen. Soll eine Einspeisung ins allgemeine Gasnetz erfolgen, sind zusätzliche Aufbereitungsschritte nötig. Die Zielparameter werden durch die Gasnetzzugangsverordnung (GasNZV) sowie durch die DVWG, Datenblätter G260 und G262, festgelegt. Die Aufbereitung des Gases auf L-Gas bzw. H-Gas-Qualität lässt sich in drei Teilschritte, die nahezu vollständige Entschwefelung, Kohlendioxidabscheidung und die Trocknung, auftrennen. Einzelheiten zu den in Deutschland angewandten Verfahrenskombinationen enthält Tab. 14.1.

Tab. 14.1 Charakterisierung gängiger Verfahren zur Herstellung von Biomethan (dena 2014b)

Kriterien	PSA	DWW	Genosorb®	Amin Wäsche	Membran	Kryotechnik
Trenneffekt	Adsorption	Physikalische Adsorption	Organisch physikalische Adsorption	Chemische Absorption	Permeation	Rektifikation
An/durch	KMS	Wasser	Genosorb®	Amine	Membrane	Tiefe Temperaturen
Abtrennung von	CO_2, H_2S, H_2O	CO_2, H_2S, NH_3	CO_2, H_2S, NH_3, H_2O	CO_2, H_2S	CO_2, H_2S, H_2O	CO_2, H_2S
Prozessdruck [bar]	4–7	4–7	4–7	0,050–0,5	4–8	>60
Prozesstemperatur	10–20 °C	10–25 °C	10–40 °C	10–15 °C	10–40 °C	−80 (−110) °C
Max. Methananteil Produktgas	95–98 Vol%	95–98 Vol%	95–98 Vol%	96–99,9 Vol%	96–99 Vol%	>99,9 Vol%
Methanschlupf	1–10 %	1–2 %	<1 %	0,1–0,5 %	0,4–1,2 %	<0,1 %
Realisierte Projekte	>30	>30	>10	>30	>5	4

Für die Verstromung genügt eine Reduzierung der H_2S-Konzentration auf 500 mg/Nm^3, während für die Einspeisung ins Gasnetz maximal 30 mg/Nm^3 Gesamtschwefel bzw. 5 mg H_2S gestattet sind. Für die Abtrennung des Schwefels stehen mehrere Verfahren zur Verfügung, wie z. B. die biologische Entschwefelung zur Umwandlung von H_2S unter Sauerstoffzufuhr in elementaren Schwefel und Wasser. Diese Entschwefelung kann sowohl im Fermenter als auch in externen Reaktoren geschehen. Eine chemische Alternative ist die Zugabe von Eisensalzen direkt im Fermenter, wobei ausfallende Eisensulfide anschließend aus dem Reaktor ausgeschleust werden. Ferner gibt es noch die biochemische Gaswäsche.

Für die Einspeisung ins Gasnetz muss CO_2 bis auf eine zulässige Restkonzentration von max. 4 % abgeschieden werden. Der „Methanschlupf", d. h. der Anteil an Methan, der durch die Aufreinigung verloren geht, ist unterschiedlich hoch. Aus wirtschaftlichen und ökologischen Gründen ist auf einen möglichst geringen Methanschlupf zu achten. Nach einer Umfrage (BNA 2013) haben in Deutschland die Druckwechseladsorption (PSA), die Druckwasserwäsche (DWW) und chemische Waschverfahren (Aminwäsche) etwa gleiche Marktanteile. Zudem gibt es noch physikalisch-organische Waschverfahren (Genosorb) und das Membranverfahren. Die Möglichkeit der kryogenen Abtrennung des CO_2 spielt aufgrund des hohen technischen Anspruchs und des Energiebedarfs bisher keine Rolle.

Die Druckwechseladsorption arbeitet mit mehreren parallel geschalteten Reaktionsbehältern, in denen zeitgleich die Schritte Adsorption, Desorption, Evakuierung und Druckaufbau durchgeführt werden. Als Adsorptionsmittel kommen Aktivkohle und Molekularsiebe zum Einsatz.

Bei der Druckwasserwäsche wird das Gas zunächst zweistufig verdichtet, um dann eine Absorptionskolonne zu durchlaufen. Bei der anschließenden Entspannung werden die Schadstoffe aus dem System entfernt.

Bei der Aminwäsche wird das Gas mit einer Waschflüssigkeit vermischt. Das jeweils eingesetzte Amin reagiert mit CO_2 zu einer wasserlöslichen Verbindung, sodass es aus dem Gas entfernt wird. Die Amine werden über eine Desorptions- bzw. Regenerationsstufe im Kreislauf gefahren.

Die physikalisch-organischen Wäschen ähneln der Druckwasserwäsche. Statt Wasser wird dem verdichteten Gas ein Glykolether (Selexol oder Genosorb) beigemischt. Durch Kreislaufführung ist eine Rückgewinnung der Waschlösung möglich.

Membranverfahren nutzen die unterschiedlich hohen Diffusionskoeffizienten der im Gas befindlichen Stoffe. Die Gasreinheit wird durch die gewählte Membran (Celluloseacetat oder aromatische Polyamide), die Membranoberfläche und die Anzahl der Trennstufen gesteuert.

Zur Trocknung des Gases werden Kondensations-, Absorptions- und Adsorptionsverfahren eingesetzt. Die Kondensationstrocknung findet üblicherweise in gekühlten Gasleitungen statt. Dabei werden auch weitere wasserlösliche Gase und Aerosole abgeschieden. Bei der Adsorptionstrocknung wird das Gas durch ein Adsorbens, (z. B. Kieselgele, Aluminiumoxid) geleitet. Zur weiteren Verwendung muss das Adsorbens regeneriert werden. Bei der Absorptionstrocknung wird dem Gas im Gegenstrom eine Waschlösung (z. B.

Glykol) zugeführt. Wie bei der Adsorptionstrocknung ist eine anschließende Regeneration der Lösung nötig.

Die Gesamtkosten der Gasaufbereitung hängen von vielen Variablen ab, angefangen vom Substrat für die Vergärung bis zu den Qualitätsanforderungen an Biomethan, und liegen bei 1,8 bis 8,3 ct/kWh (BNA 2013).

14.4 Verwertung von Bioabfällen

Wie sieht die energetische Verwertung von Bioabfällen heute aus? Der Verbrauch an Primärenergie lag in Deutschland 2013 bei insgesamt 14.005 PJ, davon lieferten erneuerbare Energieträger 11,8 %, der Löwenanteil stammte aus fester und gasförmiger Biomasse (7,2 %), flüssigen Biokraftstoffen (1,2 %) und Abfällen (0,7 %) (BMWiE 2014). Der Beitrag biogener Stoffe zum gesamten Primärenergieverbrauch liegt demnach bei etwa 9 %. Angesichts der stark steigenden Nutzung von Holz im Wärmemarkt kann dieser Anteil mittelfristig noch einmal deutlich zunehmen und damit über 10 % wachsen.

Bei der Stromerzeugung wurde von insgesamt 631,4 TWh (2013) ein Anteil von 42,5 TWh aus Biomasse gedeckt, dazu kommt die energetische Verwertung biogener Abfälle in Abfallverbrennungsanlagen mit 5,2 TWh (AGEB 2014). Die etwa 7800 Biogasanlagen hatten an der Stromerzeugung einen Anteil von 24,3 TWh bei einer installierten Kapazität von rd. 3500 MW. Damit sind 80 % der Anlagenkapazität im Jahr 2013 verfügbar gewesen.

Die Anzahl der Biogasanlagen hat sich in den letzten 15 Jahren etwa verzehnfacht, deren Gesamtkapazität liegt aufgrund der großen hinzugebauten Anlagen sogar fast um den Faktor 30 höher. Treiber war das EEG mit Einspeisungsvorrang und garantierten Einspeisungspreisen. Grenzt man im Strommarkt die Erneuerbaren Energien ab, dann ergibt sich der in Tab. 14.2 dargestellte Beitrag diverser Energieträger biogenen Ursprungs (Bergs 2013).

Neben der Biogaserzeugung aus Biomasse hat die Nutzung von Holz vor allem in mittelgroßen Heizkraftwerken einen großen Anteil an der Stromerzeugung aus Biomasse. Das Klärgasaufkommen bleibt begrenzt, die Menge an Deponiegas wird tendenziell sinken, da die Hausmülldeponien mittlerweile schon zehn Jahre geschlossen sind, und die

Tab. 14.2 Anteil der Biomasse am Markt der Verstromung erneuerbarer Energieträger. (Bergs 2013)

Biogener Anteil des Abfalls (MVA)	4,0 %
Deponiegas	0,5 %
Klärgas	0,9 %
Biogas	14,2 %
Biogene Festbrennstoffe	9,2 %
Biogene Flüssigbrennstoffe	1,1 %
Andere EE (PV, Wind etc.)	70,1 %

Methanproduktion langsam abnehmen wird. Bei der Aufbereitung von Biogas zu Biomethan war ein erhebliches Wachstum zu verzeichnen; allerdings handelt es sich heute erst (Stand: Juli 2014) um etwa 170 Anlagen, von denen ca. 20 noch im Bau sind (dena 2014a). Die Einspeisekapazität lag 2013 bei 665 Mio. Nm^3, etwa 11 % des von der Bundesregierung für 2020 geplanten Wertes. Der Energiegehalt der Biomethaneinspeisung entspricht etwa 6,6 Mrd. kWh. Der gesamte deutsche Erdgasverbrauch betrug 2013 945 Mrd. kWh.

Das Biogasaufkommen aus der Vergärung von Siedlungsabfällen ist noch vergleichsweise gering. Die getrennt gesammelte Biomasse aus den Siedlungsabfällen – immerhin etwas über 100 kg pro Einwohner und Jahr, eine im europäischen Vergleich hohe Quote – wird heute überwiegend kompostiert. 63 Vergärungsanlagen[1], die etwa 0,55 TWh Strom erzeugen, stehen nahezu 1000 Kompostierungsanlagen gegenüber. Allerdings sind Kompostierungsanlagen z. T. sehr klein; bei offenen Anlagen für Grünabfall sind Jahreskapazitäten unter 5000 Mg anzutreffen. Die Gesamtkapazität an Kompostierungsanlagen liegt bei etwa 12 Mio. Mg. Das Statistische Bundesamt gibt für 2010 Sammelmengen von 4,3 Mio. Mg an Bioabfall und 4,6 Mio. Mg an Grünabfall an, in Summe 8,9 Mio. Mg (Destatis 2013). Nach einer Erhebung des Humus- und Erden-Fachverbands wurden insgesamt 9,5 Mio. Mg/a getrennt gesammelt, dies allerdings unter Einschluss von knapp 0,8 Mio. Mg organischen Abfällen aus anderen Herkunftsbereichen (Schneider 2013). Mit Stand des Jahres 2012 wurden etwas mehr als 1 Mio. Mg Bio- und Grünabfälle über Vergärungsanlagen in Biogas umgewandelt, während etwa 8,5 Mio. Mg kompostiert wurden; eine Zusammenfassung findet sich in Tab. 14.3 (Fricke et al. 2013).

Geht man davon aus, dass ca. 50 % der getrennt gesammelten Bio- und Grünabfälle vergärbar sind, so beträgt das zu erschließende Potenzial für die Biogasherstellung etwa 5 Mio. Mg Input (Fricke et al. 2013); Einzelheiten sind Tab. 14.4 zu entnehmen. Aufgrund der vorhandenen Infrastruktur der Kompostierungsanlagen könnten also der Kompostierung vorgeschaltete Vergärungsstufen diese Menge zusätzlich zu Biogas umsetzen.

Der Anschlussgrad an die Biotonne liegt derzeit bei etwa 44 Mio. Bürgern.

Tab. 14.3 Status der Bio- und Grünabfallverwertung 2012 in Deutschland. (Fricke et al. 2013)

Bio- und Grünabfallverwertung	
Installierte Behandlungskapazität	12,0 Mio. Mg/a
Anzahl Kompostanlagen	990
Verarbeitete Mengen	9,6 Mio. Mg/a
Anzahl Vergärungsanlagen	63
Verarbeitungskapazität auf Standorten Vergärung und Kompostierung	1,84 Mio. Mg/a
Verarbeitungskapazität Vergärungsstufen	1,36 Mio. Mg/a
Der Vergärung zugeführte Bio- und Grünabfälle	*1,15 Mio. Mg/a*

---

[1] Hinzu kommen Co-Vergärungsanlagen. Insgesamt kommt man damit auf rd. 100 auf Bioabfall basierende Biogasanlagen, was einer Verdreifachung zwischen 2001 und 2011 entspricht (Kern 2011).

Tab. 14.4 Heutige Struktur der Behandlung von Bioabfällen aus Haushalten und potenzielle Erhöhung des Inputs der Vergärung (Fricke et al. 2013)

	Bioabfälle (Mg/a)	Grünabfälle (Mg/a)	Gesamt (Mg/a)
Zurzeit erfasste Bio- und Grünabfälle	3.764.000	4.964.000	8.728.000
Davon vergärbar • Bioabfall 85 % • Grünabfall 65 %	3.199.400	3.226.600	6.426.000
Zurzeit vergorener Bio- und Grünabfall	1.021.578	49.349	1.070.927
Zusätzlich vergärbarer Bio- und Grünabfall aus schon erfassten Mengen	2.177.822	3.177.251	5.355.073

Der heute von den Kommunen nicht getrennt erfasste Bio- bzw. Grünabfall

- wird im eigenen Garten verarbeitet („Eigenkompostierung"),
- wird von den Bürgern in der Restabfalltonne entsorgt und trägt zur Energiegewinnung in Müllheizkraftwerken bei,
- wird im Garten bzw. auf dem Feld verbrannt,
- wird bei privaten Entsorgern abgegeben (Kompostierungsanlagen),
- wird illegal im Wald oder am Wegrand entsorgt.

Eine Zusammenstellung der Ergebnisse zahlreicher Untersuchungen zu den noch aktivierbaren Mengen an Bioabfällen findet sich in der sächsischen Bioabfallpotenzialstudie (Wagner et al. 2012). Die Gesamtmenge an Bioabfällen wird in einer soeben veröffentlichten Arbeit (Oetjen-Dehne et al. 2014) wie folgt abgeschätzt:

- Bioabfall: 6,6 Mio. Mg
- Grünabfall: 14,5 Mio. Mg

In dieser Studie wird eine mittelfristig erreichbare zusätzliche „Abschöpfung" an Bioabfall von 4,7 bis 4,9 Mio. Mg angenommen; maximal sei mit 6,7 bis 9,1 Mio. Mg zu rechnen, wobei dabei unterstellt wird, dass Mengen aus der Eigenkompostierung zugunsten der Biotonne abgezogen werden (Oetjen-Dehne et al. 2014). Gerade im ländlichen Raum spielt die Eigenkompostierung eine große Rolle. Im Laufe der 1990er-Jahre wurde die Kompostierung im eigenen Garten, ja auch auf dem Balkon, in einigen Städten als Abfallverwertungsmaßnahme populär gemacht. Andere Autoren sehen die Umsteuerung von der Eigenkompostierung in die Biotonne als kritisch an. Nach einer Studie des Witzenhausen-Instituts ist mit einem deutlich geringeren verbleibenden Potenzial in Höhe von 4 bis 5 Mio. Mg zu rechnen, von dem mittelfristig 1 bis 2 Mio. Mg mobilisierbar sein sollen (Kern 2013). In einer weiteren Untersuchung zur flächendeckenden Einführung der Biotonne wird ein zusätzliches Aufkommen von 2 Mio. Mg geschätzt (Fricke et al. 2013). Man geht davon aus, dass auch bei optimierter Getrennterfassung ca. 10 kg Bioabfall je Einwohner im Restabfall verbleiben. Das gesamte Potenzial lässt sich also nicht ausschöpfen. Die Gründe liegen neben der Eigenkompostierung auch in der Schwierigkeit bei der Erfassung von qualitativ hochwertigem Bioabfall in verdichteten Innenstädten und in der ökologisch und ökonomisch nicht vertretbaren Sammlung von Streusiedlungen im ländlichen Raum (VKU 2014).

Wir können daher insgesamt von der Möglichkeit der Vergärung von etwa 5,3 Mio. Mg bereits getrennt gesammelten Bioabfalls und der zusätzlichen Erfassung von bis zu 2 Mio. Mg ausgehen. Mit einer ersten Abschätzung ergibt sich dadurch eine Primärenergieausbeute von 3 bis 4 TWh bzw. bei Verstromung von etwa 1 TWh netto. Dies gilt für den Vergleich mit der Kompostierung; bei der Verbrennung steht eine Reduzierung der dort erzielten Energieausbeute gegenüber.

14.5 Ökonomische Perspektiven: Wo bzw. wann rechnet sich Biogas?

Mit der Novelle des EEG im Jahr 2014 ergeben sich wesentliche Änderungen für den Biogasmarkt im Vergleich zum „alten" EEG bzw. der Novelle 2012. In Tab. 14.5 findet sich ein Vergleich der Einspeisevergütungen. Hinzu kommt der eingezogene „Deckel" für geförderte neue Anlagen von 100 MW pro Jahr. Die Autoren sehen den Sinn der letzten und der angekündigten weiteren EEG-Reform darin,

- die steigenden Umlagen für die Stromverbraucher einzudämmen,
- die Erneuerbaren Energien stärker an den Markt heranzuführen,
- den Ausbau so zu gestalten, dass die Versorgungssicherheit durch fluktuierende Einspeisung nicht gefährdet wird,
- und aus ökologischer Sicht nicht überzeugende Entwicklungen zu stoppen.

Bioenergie aus Pflanzen ist flächenintensiv und stößt in dicht besiedelten Regionen an Grenzen. Durch die Streichung des Gasaufbereitungsbonus und der Einsatzstoffvergütungsklassen vor allem für Energiepflanzen wie Mais verschlechtert sich die EEG-Vergütung für die Stromerzeugung aus Biomethan gegenüber dem EEG 2012 für diese Substrate um bis zu 40 %. Daher kommen nun Fraktionen aus dem Siedlungsabfall in den Fokus für die Biogaserzeugung. Rest- und Abfallstoffe sind kostengünstige Alternativen im Vergleich z. B. zu Energiemais. Branchenvertreter schätzten unmittelbar nach der EEG-Reform die Chancen für ein erneutes Wachstum des Biogasmarkts mithilfe von Rest- und Abfallstoffen pessimistisch ein (dena 2014a). Es wird vielmehr ein Ersatz der Energiepflanzen durch biogene Reststoffe erwartet, der die Gesamtproduktion an Biogas bestenfalls kompensieren kann. Die Frage stellt sich, ob die Mengen aus dem Siedlungsabfall

- zum einen für die weitere Entwicklung des Biogasmarkts bedeutend genug sind,
- zum anderen genügend Geld mitbringen, um die entfallenen Subventionen auszugleichen.

Tab. 14.5 Vergleich der Förderung von Biomasseanlagen nach EEG vor und nach der Reform 2014 (Anlage)

Bemessungs-leistung kW	Biogasanlagen nach EEG 2014 (2012)[a]				Kleine Gülleanlagen[d]	Bioabfallanlagen[c]
	Grundvergütung[b]	Einsatzstoffklasse I[f]	Einsatzstoffklasse II[f]	Gasaufbereitungsbonus[e]		
<=75	13,66 (14,30)	-	-	-	23,73 (25,00)	15,26 (16,00)
<=150	11,78 (12,30)	(6,00)	(8,00)	(3,00 bis≤700 mm³/h)	(-)	
<=500				(2,00 bis≤1000 mm³/h)		
<=750	10,55 (11,00)	(5,00)	(8,00/6,00)	(1,00 bis≤1400 mm³/h)		13,38 (14,00)
<=5000		(4,00)				
<=20000	5,85 (6,00)	-	(-)	(-)		

[a] Förderung für die Dauer von 20 Kalenderjahren zuzüglich Inbetriebnahmejahr der Anlage (§ 22 EEG 2014)
  a) Brutto-Zubau soll 100 MW installierte Leistung pro Jahr nicht übersteigen (§ 28(1) EEG 2014)
  b) Vierteljährliche Degression von 0,55555 % (§ 28(2) EEG 2014), Erhöhung auf, 27 % möglich bei Überschreitung Brutto-Zubau (§ 28(3) EEG
  c) Förderanspruch nur bis zur Hälfte der theoretisch möglichen Bemessungsleistung (§ 47(1) EEG 2014) bei Anlangen > 100 kW, danach weiterhin vorrangige Abnahme/Transport/Verteilung
  d) Einsatzstoffnachweis nötig (§ 47(2) EEG 2014)
[b] Grundvergütung aus § 44 EEG 2014
[c] Bioabfallanlagen aus § 45 EEG 2014
  a) mehr als 90 m-% Bioabfälle in der Vergärung
  b) Einrichtung zur Nachrotte der festen Gärreste verpflichtend und anschließende stoffliche Verwertung der Gärreste
[d] Gülleanlagen aus § 46 EEG 2014
  a) Strom muss am Standort der Biogaserzeugungsanlage erzeugt werden
  b) mindestens 80 m-% des Substratinputs im jährlichen Mittel muss Gülle sein
[e] Gasaufbereitungsbonus gestrichen nach „Besonderer Teil zu § 45 Absatz 8" (S. 218 EEG 2014 (kommentierte Version), vgl. § 27c Absatz 2 EEG 2012 bzw. Anlage 1 EEG 2012)
[f] Einsatzstoffklasse gestrichen nach „Besonderer Teil zu § 42" (S. 213 EEG 2014 (kommentierte Version), vgl. § 27 Abs. 2 EEG 2012)

Das Biogaspotenzial aus Gülle, Energiepflanzen und Feldnebenprodukten übersteigt mit über 20 Mrd. m^3 pro Jahr das aus Siedlungsabfällen und Industrie mit etwa 1 Mrd. m^3 (Hüttner et al. 2006). Ein vergleichbarer Boom für Biogas aus Haushalten ist also nicht zu erwarten. Allerdings sind die Potenziale hier weitgehend noch zu erschließen. Erhebliche Mengen an Bio- und Grünabfällen werden heute kompostiert. Die kommunalen oder privaten Kompostierungsanlagen wurden zu einem großen Teil bis zum Inkrafttreten des Verbots der Deponierung nicht vorbehandelter Siedlungsabfälle im Jahr 2005 errichtet. Viele davon kommen ans Ende der Abschreibungszeit und müssen ohnehin technisch auf neuen Stand gebracht werden. Dies führt zu einem Nachdenken über kombinierte Lösungen von Vergärung und Kompostierung, die teurer sein können als die ausschließliche Erzeugung von Kompost. Sie müssen daher ökologisch überzeugen. Eine wichtige Voraussetzung für ökologische Vorteile besteht in der Minimierung des Methanschlupfs. Denn der direkte Methanausstoß aus diffusen Quellen in die Umwelt aus der anaeroben Stufe samt Gärrestelager sowie einer eventuellen Gasaufbereitungsanlage darf nicht die ökologischen Vorteile wieder zunichtemachen, die durch energetische Nutzung der Biomasse generiert werden. Daher sollte die Vergärungsanlage technisch und ökonomisch optimiert werden:

- Die Anlage ist auf geeignetes Substrat durch Abtrennung von holzigen Bestandteilen und deren energetische Nutzung auszurichten. Bioabfälle aus Haushalten können z. B. durch Reste der Lebensmittelherstellung (Molkereien, Großbäckereien, Schlachthofabfälle, Brauereien etc.), so weit verfügbar, ergänzt werden.
- Sofern die Verstromung vor Ort erfolgt, ist eine optimierte Wärmenutzung notwendig.
- Im Fall der Einspeisung ins Gasnetz muss die Aufbereitungsanlage hinsichtlich Kapital- und Betriebskosten minimiert werden, was in einem sich entwickelnden Markt durchaus möglich ist. Allerdings sind die Fixkosten der Aufbereitungsanlagen so hoch, dass sie sich bei kleinen Vergärungsanlagen nicht rechnen.
- Das Gärproduktlager muss gasdicht abgedeckt werden (Fördervoraussetzung nach EEG 2012), was gleichzeitig die Chance bietet, daraus einen Gasspeicher zu machen.
- Gärprodukte sind (ggf. in der Kompostierungsanlage) nachzubehandeln, wobei die Bildung von Methan, Ammoniak und Lachgas durch Primärmaßnahmen unterdrückt wird; u. U. ist eine Nachverbrennung der Abluft vorzusehen.
- Der Methanschlupf aus der Gasaufbereitung ist durch Nachverbrennung zu beseitigen (u. U. gemeinsame Fackel oder katalytische Nachreinigung mit der Vergärungsstufe).
- Der Nettostromexport kann um 10 bis 15 % durch Verbesserung des Wirkungsgrads der Gasmotoren sowie Minimierung des Eigenverbrauchs erhöht werden.

Daneben bieten sich zwei weitere ökonomische Chancen auf dem Strommarkt: Zum einen die Direktvermarktung, wobei die Marktprämie monatlich neu aus den Börsenpreisen der EPEX errechnet wird, zum anderen die Lieferung von Regelenergie. Hierzu bedarf es einiger technischer Investitionen, vor allem beim Gasspeicher. Bei seiner Auslegung ist zu beachten, dass Bioabfälle zwar das ganze Jahr über anfallen, allerdings in wechselnder saisonaler Zusammensetzung. Grünabfälle sind begrenzt lagerfähig, während die nassen Küchenabfälle, Marktabfälle etc. möglichst rasch verarbeitet werden sollten. Der Flexibilitätszuschlag nach EEG beträgt jetzt noch 40 EUR/kW gegenüber 130 EUR/kW nach früherer Rechtslage.

Bei der Vermarktung des Biogases als Treibstoff kann wegen der Verdopplung der Quote bei Einsatz von Bioabfällen und einigen anderen Reststoffen, z. B. aus der Zellstoffindustrie (36. BImSchV, § 7 Abs. 1), eine höhere Kostendeckung erzielt werden als bei bloßer Einspeisung ins Gasnetz. Dies hängt u. a. von der Länge notwendiger Gasleitungen, Tanks etc. ab. Die Situation für die Verwertung im Verkehr wird durch Verdopplung der Anrechenbarkeit abfallstämmigen Biomethans für die Biokraftstoffquote ab 2015 deutlich günstiger.

Ein wichtiger Treiber für Biogas ist die Abfallgesetzgebung. Nach § 11 Abs. 1 KrWG ist ab dem Jahr 2015 die flächendeckende Erfassung von Bioabfällen vorgeschrieben. Dies bedeutet nicht eine Biotonne vor jeder Haustür, aber eine Ausweitung des heutigen Angebots der Bio- und Grünabfallsammlung. Die Interessenvertretung der kommunalen Unternehmen (VKU) denkt an eine Erfassungsmenge von durchschnittlich 130 kg Bio- und Grünabfall pro Einwohner. VKU wie auch die Organisation der privaten Entsorgungsunternehmen (BDE) sprechen sich für einen Einstieg in die Biogaserzeugung aus. Das NRW-Umweltministerium möchte die Vergärung als Mindeststandard für die biologische Abfallbehandlung etablieren (MKUNLV 2013). Ob dies die kommunalen Entscheidungsträger tatsächlich bindet, bleibt abzuwarten. Das eindeutige Verbot der offenen Verbrennung von Gartenabfällen und dessen Überwachung durch die Ordnungsbehörden würde eine weitere Ausdehnung der getrennten Bioabfallsammlung unterstützen, ein unter ökologischen Gesichtspunkten dringend notwendiger Schritt.

14.6 Vermarktung von Biogas

Die Erzeugung von Biogas aus Abfallprodukten hat auch und vor allem in Deutschland weiterhin große Chancen, vor allem wenn technisch effiziente und einfache Lösungen realisiert werden. Der Boom der Anlagen auf Basis von Mais als Co-Substrat ist allerdings mit den letzten EEG-Reformen vorbei. Deutsche Biogastechnik kann in anderen Ländern erfolgreich verkauft und adaptiert werden,

- in denen die zentrale Energieversorgung nicht gesichert ist und landwirtschaftliche Restprodukte bisher nicht zur lokalen Energiegewinnung eingesetzt wurden, oder
- in denen die Bevölkerungsdichte die Nutzung großer Flächen für den Anbau von Energiepflanzen erlaubt.

Die Nutzung von Siedlungsabfällen für die Erzeugung von Biogas bzw. Biomethan wird durch die Aufgeschlossenheit der deutschen Bevölkerung für Erneuerbare Energie und den Charme regional wirksamer Konzepte begünstigt. Biogas aus Energiepflanzen erfreut sich wegen „Tank oder Teller"-Diskussionen keines so guten Rufs. Allerdings ist die Bereitschaft, für eine Abfallverwertung zu Biogas mehr Geld zu bezahlen, gering. Daher müssen neue Planungen durch Optimierung aller Bedingungen auf der Input-, Betriebs- und Outputseite zu kostengünstigeren Lösungen führen als zu Zeiten hoher Subventionen. Bei der Biogasverstromung ist zur Kostenoptimierung eine Nutzung der Abwärme erforderlich und ökologisch sinnvoll. Der Vertrieb von Biomethan über das Gasnetz kann und muss intensiv beworben werden, wobei der vertrauensbildende Begriff Biomethan angesichts der Herkunft des Gases aus erneuerbaren Rohstoffen wie auch der Produktion durch Vergärung korrekt gewählt ist. Angesichts der Veränderungen im EEG wird allerdings Biomethan vermutlich stärker in den Verkehrssektor eindringen (dena 2014a), auch wenn dies angesichts der erzeugbaren Mengen ein regional bestimmter Nischenmarkt bleiben dürfte.

Die Ausdehnung der getrennten Sammlung und Verarbeitung von Bioabfällen bedarf der Akzeptanz von Komposten und aufbereiteten Gärresten in der Landwirtschaft. Dafür muss eine hohe, am besten zertifizierte Qualität[2] im Hinblick auf Hygienisierung und Nährstoffgehalt sichergestellt werden. Vor allem muss die Biogasbranche beweisen, dass sie bei der Nutzung von Rest- und Abfallstoffen die Emissionen in der gesamten Prozesskette „im Griff hat"[3]. Das ist eine entscheidende Voraussetzung für die Vermarktung von Energie aus Biogas bzw. von Biomethan, was ja bei regionalen Lösungen mit der Bioabfallsammlung beginnt. Vor Ort müssen Kommunalverwaltungen zusammen mit Unternehmen, die mit der getrennten Sammlung von Bioabfall betraut sind, viel Überzeugungsarbeit leisten, um entsprechend hochwertiges Material in guter Qualität zu bekommen – „Biogut" ist ein Anspruch! Dabei spielen die Qualität von Vergärungsanlage und Gasaufbereitung eine entscheidende Rolle für die Motivation der Bürger bei der Abfalltrennung. Eine regionale Lösung kann zu einer hervorragenden Marktposition von Biomethan gegenüber Erdgas führen –, aber die dauerhafte Sicherung der Akzeptanz gelingt nur bei glaubwürdiger Organisation der Aufbereitungskette.

Kommunen können eventuelle Mehrkosten der Anaerob-Technik gegenüber der Kompostierung durch Gebühren für die Abfallbeseitigung decken. Wenn man dies als Beitrag zum Klimaschutz betrachtet, lassen sich die u. U. höheren Kosten politisch rechtfertigen. Ein für die Bürger anschauliches Beispiel, wie in Berlin realisiert, geben die bisher noch wenigen Müllsammelfahrzeuge mit Gasmotoren, die Biomethan als Treibstoff nutzen. Durch deren zentrale Betankung bei begrenztem Einsatzradius sind die Einstiegskosten für die Tankstellen im Vergleich zu einem öffentlich zugänglichen Netz geringer. Inwieweit sich der Einsatz gasbetriebener Nutzfahrzeuge durchsetzt, muss die Zukunft zeigen. Bei der Beschaffung ist zwischen den Vorteilen der Biogasbetankung und dem Nachteil größerer Tanks und verminderter Zuladung abzuwägen.

---

[2] Leider werden in der EU derzeit Diskussionen über ein „Ende der Abfalleigenschaft" für Mischabfallkomposte oder unbearbeitete Gärrückstände geführt; dies ist für die Akzeptanz kontraproduktiv.
[3] In einer kritischen Studie (ICU 2014) wird dazu angemerkt: „Es ist aber nicht zu erkennen, dass die neuen oder nachgerüsteten Vergärungen leistungsfähige Komponenten z. B. zur Methanreduzierung enthalten oder sogar die von der TA-Luft geforderten 50 mg TOC/m³ Abluft erfüllen (bei deren Einhaltung eine Reduzierung der Methanemission auf rd. 20 % der von […] für die Biogutvergärung genannten Werte erzielbar wäre)."

> **Fazit**
>
> Eine nachhaltige Nutzung von Abfallbiomasse wird in Zukunft mehr und mehr durch Kaskaden bestimmt werden, also eine mehrfache Verwendung, in der Regel beginnend mit der stofflichen Verwertung vor allem von chemisch interessanten Strukturen. Daraus hergestellte neue Massenprodukte können nach Gebrauch in Biogas umgewandelt bzw. direkt energetisch genutzt werden. Diese Kaskaden sind exemplarisch zum Teil in der Lebensmittelindustrie realisiert. Der Erfolg der Ausweitung der Kaskadennutzung von Biomasse bis zur energetischen Verwertung in Biogasanlagen hängt von der in den einzelnen Stufen erreichbaren Wertschöpfung ab. Die Biogasbranche muss diese Entwicklung antizipieren und proaktiv nach Synergien suchen. Bisher sind diese Entwicklungen eher industriell getrieben von der Vermeidung bzw. Verminderung von Entsorgungskosten und der Deckung des Energiebedarfs für den eigenen Produktionsprozess.

Literatur

AGEB. 2014. Stromerzeugung nach Energieträger. Stand 14. 6. 2014. http://www.ag-energiebilanzen.de/. Zugegriffen: 17. Juli 2014.

ATV/DVWK. 2002. Herkunft, Aufbereitung und Verwertung von Biogasen. Merkblatt ATV-DVWK-M 363. Eigenverlag.

Bergs C.-G. 2013. Konsequenzen der neuen Bioabfallverordnung und Ausblick auf die Weiterentwicklung der Getrennt-Erfassung von Bioabfällen. *Müll und Abfall* 45 (3): 112–119.

BMWiE. 2014. Energiedaten, Gesamtausgabe, Berlin 2014. http://www.bmwi.de/BMWi/Redaktion/PDF/E/energiestatistiken-grafiken. Zugegriffen: 19. Juli 2014.

BNA. 2013. Bericht der Bundesnetzagentur über die Auswirkungen der Sonderregelungen für die Einspeisung von Biogas in das Erdgasnetz, Bonn 2013. http://www.bundesnetzagentur.de/DE/Sachgebiete/ElektrizitaetundGas/Unternehmen_Institutionen/ErneuerbareEnergien/Biogas/Biogasmonitoring/biogasmonitoring-node.html. Zugegriffen: 19. Juli 2014.

dena. 2014a. Branchenbarometer Bio-Methan 1/2014. http://www.biogaspartner.de/fileadmin/biogas/documents/Branchenbarometer/Branchenbarometer_Bio-Methan_I_2014.pdf. Zugegriffen: 20. Juli 2014.

dena. 2014b. http://www.biogaspartner.de/Bio-Methan/wertschoepfungskette/aufbereitung/co2-abtrennung.html. Zugegriffen: 21. Aug. 2014.

Destatis. 2013. Abfallbilanz 2011. https://www.destatis.de/DE/ZahlenFakten/GesamtwirtschaftUmwelt/Umwelt/UmweltstatistischeErhebungen/Abfallwirtschaft/Tabellen/Abfallbilanz2011.pdf?blob=publicationFile. Zugegriffen: 10. Juli 2014.

FNR – Fachagentur für nachwachsende Rohstoffe. 2013. Leitfaden Biogas. Von der Gewinnung zur Nutzung, ISBN 3-00-014333-5, FNR-Mediathek, Gülzow 2013. http://mediathek.fnr.de/leitfaden-biogas.html. Zugegriffen: 31. Jan. 2015.

Fricke, K., und H. Franke 2002. Biologische Verfahren zur Bio- und Grünabfallverwertung und Restabfallbehandlung. *ATV-Handbuch: Mechanische und biologische Verfahren der Abfallbehandlung*, Hrsg. ATV-DVWK. Ernst und Sohn, Berlin.

Fricke, K., W. Bauer, Ch. Heusner, und Th. Turk. 2013. Ausbaupotenzial der Vergärung von Bio- und Grünabfällen, Vortrag beim 74. ANS-Symposium 2013.

Hüttner, A., Th. Turk, und K. Fricke. 2006. Stellenwert der Anaerobverfahren bei der energetischen Biomassenutzung im Abfallbereich. *Müll und Abfall* 38 (1): 20–26.

ICU. 2014. Erweiterte Bewertung der Bioabfallsammlung, Studie im Auftrag der ITAD, Berlin. https://www.itad.de/information/studien/ICUBioabfall24.03.2014.pdf. Zugegriffen: 15. Sept. 2014.

Kern, M. et al. 2003. Energiepotenzial für Bio- und Grünabfall. *Die Zukunft der Getrenntsammlung von Bioabfällen*, Hrsg. K. Fricke et al. *Schriftenreihe des ANS*, 355–374.

Kern M. 2011. (zitiert nach Dornack, C. (2011)): Biogasanlagen in der Abfallwirtschaft – die Prozesskette von der Sammlung bis zur Produktnutzung, Habilitationsschrift, Dresden.

Kern M. 2013. Biotonne vs. Eigenkompostierung – Stand und Perspektiven. *Müll und Abfall* 45 (3): 120–124.

MKUNLV. 2013. Entwurf – Abfallwirtschaftsplan Nordrhein-Westfalen. http://www.umwelt.nrw.de/umwelt/pdf/abfallwirtschaftsplan_nrw_entwurf.pdf. Zugegriffen: 15. Sept. 2014.

Oetjen-Dehne, R., P. Krause, D. Dehnen, und H. Erchinger. 2014. Verpflichtende Umsetzung der getrennten Bioabfallerfassung. *Müll und Abfall* 46 (6): 309–316.

Schneider, M. 2013. Ressourceneffizienz durch die Verwertung von Kompost- und Gärprodukten, 46. Essener Tagung für Wasser- und Abfallwirtschaft „Ressourcenschutz als interdisziplinäre Aufgabe". (Hrsg.: Gesellschaft zur Förderung der Siedlungswasserwirtschaft an der RWTH Aachen e. V.).

Stegmann, R., K. Hupe, und K.-U. Heyer. 2001. Biologische Bioabfallverwertung: Kompostierung kontra Vergärung. Hamburg: Ingenieurbüro für Abfallwirtschaft, 2001. http://www.ifas-hamburg.de/pdf/bioabfal.pdf. Zugegriffen: 12. Sept. 2014.

VKU. 2014. VKU-Positionen zur Abfallwirtschaft. Internet-Info 14, Zugegriffen: 10. Aug. 2014.

Wagner, J., T. Kügler, K. Heidrich, J. Baumann, M. Günther, C. Dornack, V. Grundmann, A. Zentner, U. Lange, A. Zehm, K. Heinke, M. Mitschke, S. Zinkler, und H. Scholz. 2012. Potenzial biogener Abfälle im Freistaat Sachsen. Schriftenreihe des Sächsischen Staatsministeriums für Umwelt und Landwirtschaft des Freistaates Sachsen, Heft 10.

Weiland. 2001. Grundlagen der Methangärung – Biologie und Substrate. VDI-Bericht. 2001, Bd. 1620, S. 19–29.

Dr. rer. nat. habil. Henning Friege arbeitet seit 35 Jahren in verschiedenen Bereichen des Umweltschutzes mit Schwerpunkten in den Bereichen Abfallwirtschaft, Abwasser, Altlasten, Ressourcenmanagement, Stoffbewertung, Umweltplanung, Umweltanalytik, Gewässerschutz, Innenraumluft. Er hatte Leitungsfunktionen sowohl in öffentlichen Verwaltungen, u. a. als Beigeordneter der Landeshauptstadt Düsseldorf, wie auch in Unternehmen inne, u. a. als Geschäftsführer der AWISTA GmbH. 2014 gründete er zusammen mit weiteren berufserfahrenen Kollegen die N3 Nachhaltigkeitsberatung Dr. Friege & Partner, die sich u. a. mit Ressourcenmanagement in der Ver- und Entsorgung beschäftigt. Gleichzeitig ist er als Lehrbeauftragter an der TU Dresden sowie an der Leuphana Universität Lüneburg tätig.

Prof. Dr. Ing. Habil. Christina Dornack hat den Lehrstuhl für Abfallwirtschaft an der TU Dresden inne und ist Direktorin des Instituts für Abfallwirtschaft und Altlasten. Ihre früheren Stationen waren: J. Leiterin des Kompetenzzentrums Recycling und Rohstoffe an der Papiertechnischen Stiftung (PTS) von 2013 bis Ende 2014, Juniorprofessorin für Abfall- und Bioenergiewirtschaft an der TU Cottbus (2010–2013) mit Fokus auf die Biogasproduktion aus Abfall, Materialflussanalyse von abfallwirtschaftlichen Prozessen; Leiterin der Bioabfall-Arbeitsgruppe am Institut für Abfallwirtschaft und Altlasten der TU Dresden (2004–2010), Wissenschaftlerin in der Fraunhofer-Gesellschaft mit Fokus auf die anaerobe Klärschlammbehandlung und Bioabfallvergärung (2001–2004), Doktorandin am Institut für Siedlungswasserwirtschaft an der TU Dresden (1997–2001).

Dipl.-Ing. Nils Friege hat Maschinenbau mit der Fachrichtung Energietechnik an der TH Aachen studiert und 2013 mit einer Diplomarbeit über Sicherheitsfragen von Nuklearanlagen abgeschlossen.

Erneuerbare Energien als Grundlage für Prosumer-Modelle

15

Uli Huener und Michael Bez

▶ Die Entwicklung Erneuerbarer Energien hat dazu geführt, dass mittlerweile statistisch gesehen jeder sechzigste Deutsche ein Energieerzeuger ist. Zudem vollzieht sich aktuell ein weltweiter Trend hin zu einer dezentraleren Energiewelt. Das Wachstum Erneuerbarer Energien und die immer stärkere Durchdringung des Energiesektors mit Informations- und Kommunikationstechnik führen dazu, dass sich außerdem die Rolle des Kunden verändert: Der klassische Kunde wird zum Prosumer und damit zu einem Individuum, welches aktiv in die Wertschöpfungskette der Energieversorgung integriert ist. Dieses Kapitel diskutiert die technologische Grundlage, die Motivation und mögliche Rollen des Prosumers in der heutigen und zukünftigen Energiewelt. Zudem sollen weitere mit diesem Phänomen zusammenhängende Entwicklungen im Energiesektor und deren Auswirkungen auf einen klassischen Energieversorger diskutiert werden.

15.1 Entwicklung Erneuerbarer Energien

In vielen industriell geprägten Staaten existieren Umwelt- und Naturschutzbewegungen schon viele Jahre. Sie bilden weltweit die Basis für den Siegeszug der Erneuerbaren Energien. Deutschland steht aktuell, im Zuge des Kernenergieausstiegs und mit dem Ziel, die

---

U. Huener (✉)
EnBW Energie Bad. Württ. AG, Siegburger Straße, 229, 50679 Köln, Deutschland
E-Mail: u.huener@enbw.com

M. Bez
EnBW Energie Bad. Württ. AG, Schiffbauerdamm, 1, 10117 Berlin, Deutschland
E-Mail: m.bez@enbw.com

CO_2-Emissionen bis zum Jahr 2050 im Vergleich zum Basisjahr 1990 um 80 % zu senken, vor einem grundlegenden Umbau seines Energiesystems. Mittlerweile hat sich das deutsche Wort „Energiewende" in den Sprachgebrauch vieler Länder eingefügt und zeigt, mit welcher Aufmerksamkeit das Projekt im Ausland verfolgt wird.

Die Akzeptanz in der Bevölkerung, mit welcher die Transformation des Energiesystems begleitet wird, ist trotz aller Diskussionen um Kosten und Versorgungssicherheit noch immer sehr hoch.

Die Energiewende stellt nicht nur Deutschland vor einen Paradigmenwechsel. War das Energiesystem früher durch große, zentrale und möglichst effiziente Kraftwerke geprägt, kommt es nun im Zuge des rapiden Zubaus Erneuerbarer Energien zu einer starken Dezentralisierung der Energiewelt – ein Phänomen, das in dieser Art und Weise bereits in anderen Sektoren, beispielsweise der Computerbranche, zu beobachten war. Dabei ändern sich nicht nur die Anzahl und die Größe der Erzeugungseinheiten, sondern auch die Besitzverhältnisse der Anlagen und die Zusammenstellung der Marktakteure, wie in Abb. 15.1 dargestellt wird. Ein Großteil der regenerativen Erzeugungskapazitäten ist mittlerweile in der Hand von Privatpersonen (insb. Photovoltaik), Gewerbetreibenden und Landwirten. Die vormals dominanten Energieversorgungsunternehmen (EVU) tragen nur einen kleinen Anteil der regenerativen Erzeugungskapazitäten, wobei festgestellt werden kann, dass dieser Anteil tendenziell sogar abnimmt (Trend Research 2013). Der Kunde, welcher vormals reiner Abnehmer war, erzeugt Energie immer häufiger selbst und wird damit zum sog. „Prosumer".

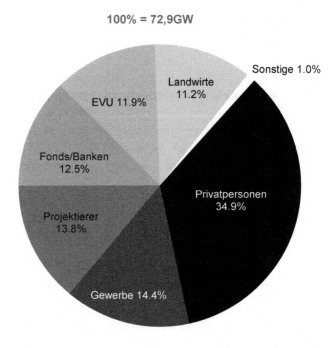

Abb. 15.1 Eigentumsverhältnisse regenerativer Erzeugungskapazitäten. (Trend Research 2013)

Aktuell gibt es in Deutschland rund 450 Großkraftwerke, gleichzeitig sind jedoch mehr als 1,4 Mio. dezentrale Photovoltaikanlagen (BNetzA 2014; BSW 2014) mit dem Netz verbunden. Getragen von der politischen Akzeptanz, führte eine sich wechselseitig beeinflussende Mischung aus regulatorischen Anreizen wie dem Erneuerbare-Energien-Gesetz (EEG) und dem technischen Fortschritt dazu, dass die Erneuerbaren Energien mehr und mehr aus der Nische in den Mainstream wachsen. Die Kombination dieser Anreize bewirkte, dass zwischen 1990 und 2014 eine Gesamtkapazität von über 80 GW zugebaut wurde, was in etwa der Jahreshöchstlast des deutschen Stromversorgungssystems entspricht.

Abbildung 15.2 verdeutlicht diesen Umstand: Zwischen 1990 und 2014 nahm durch den Zubau an Erzeugungskapazität, welcher vornehmlich durch den Ausbau von Photovoltaik und Windenergie erfolgte, auch der Anteil der Erneuerbaren Energien an der Stromversorgung deutlich zu. Wie in Abb. 15.2 zu erkennen, vervielfachten sich Kapazität und Erzeugung der Erneuerbaren Energien und erreichten einen Anteil von fast 24 % an der deutschen Bruttostromerzeugung im Jahr 2013 nach nur 3,1 % in 1990 (BMWi 2014).

Dieser rapide Ausbau in Deutschland und auch weltweit trug wiederum dazu bei, dass die Lernkurven der Technologien sehr schnell durchschritten wurden. Dadurch kam es zu einer drastischen Reduktion der Stromgestehungskosten. Dies kann in Abb. 15.3 am Beispiel der Photovoltaik nachvollzogen werden. Innerhalb von nur sieben Jahren (2006–2013) reduzierten sich Modul- und Systempreise um mehr als 80 % (EuPD 2013).

Während die Nutzung der Technologien in einer ersten Phase (1990–2000) insbesondere durch Ideologie oder technische Neugierde und Experimentierfreudigkeit motiviert war, standen in einer zweiten Phase, die zwischen 2000 und 2014 eingeordnet werden kann, insbesondere finanzielle Interessen im Kern der Zubaubemühungen. In dieser Zeit konnten durch Investitionen in erneuerbare Erzeugungsanlagen signifikante Renditen mit einer garantierten Laufzeit von vielen Jahren erzielt werden.

Um den durch das EEG induzierten Kosten entgegenzuwirken, wurde auch das EEG selbst immer wieder reformiert. Dabei änderte sich die Art der Vergütung grundlegend. Während durch die fixe Einspeisevergütung vor allem der Ausbau der erneuerbaren Energieträger angekurbelt werden sollte (der Erzeuger konnte seinen Strom quasi risikolos am Strommarkt absetzen), wurden in jüngerer Zukunft immer mehr Instrumente eingeführt, um diese Energieträger an die Bedürfnisse des Marktes heranzuführen. Die Abkehr von sehr hohen Einspeisetarifen war deshalb möglich, weil die meisten Energieträger durch den regulatorisch angereizten Zubau mittlerweile eine signifikante Lernkurve durchlaufen hatten und nun Schritt für Schritt marktfähig werden.

Damit ist die Schwelle erreicht, an der die Nutzung der Erneuerbaren Energie nicht mehr nur durch Umweltbewusstsein bzw. Protest, technische Tüftler oder in der zweiten Phase durch monetäre Anreize getrieben wurde, sondern nunmehr im Mainstream angekommen ist. Insbesondere ein Blick auf die Absatzzahlen von PV-Stromspeichern zeigt, dass sich das Motiv jedoch stark hin zu einem Streben nach Autarkie gewandelt hat. Die Kostenstruktur der Erneuerbaren Energien hat viel früher als erwartet Grid-Parität erreicht, was bedeutet, dass die Eigenerzeugung je produzierter Kilowattstunde günstiger

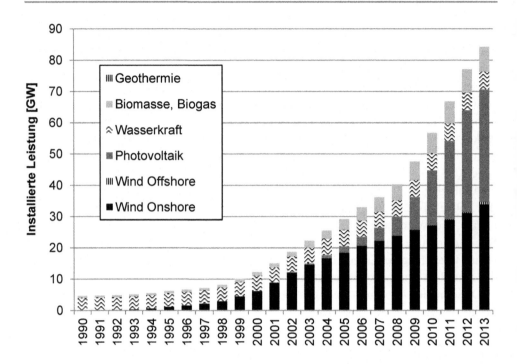
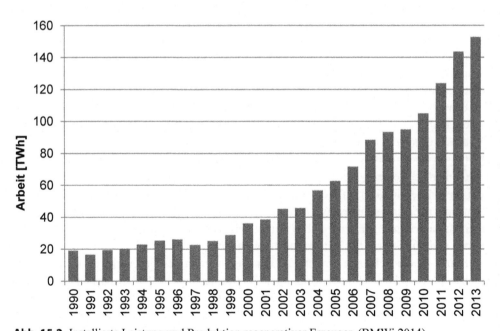

Abb. 15.2 Installierte Leistung und Produktion regenerativer Erzeuger. (BMWi 2014)

15 Erneuerbare Energien als Grundlage für Prosumer-Modelle

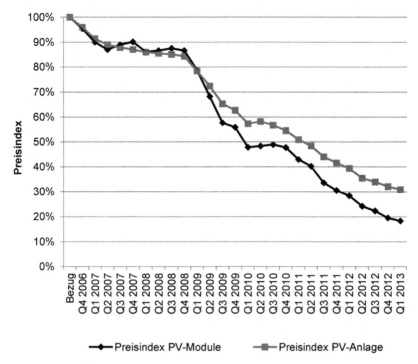

Abb. 15.3 Preisindex für Photovoltaikmodule. (Solarwirtschaft 2014)

ist als der Fremdbezug aus dem Stromnetz. Hierdurch entsteht ein natürlicher Anreiz für die Steigerung der Eigenverbrauchsquote des individuellen Erzeugers. Die Entwicklung der Eigenverbrauchsquoten in den letzten Jahren und die Entwicklung der technischen Möglichkeiten zur Erhöhung derselben reflektiert dies eindrucksvoll.

Der Kunde wandelt sich in dieser neuen Phase zunehmend vom reinen Konsumenten und Abnehmer einer Commodity zu einem Marktteilnehmer. Der Prosumer wird zukünftig nicht nur zu einem Erzeuger und Vermarkter werden, sondern kann darüber hinaus auch einen wesentlichen Teil zur Stabilisierung eines Energiesystems beitragen, in dem sich Erzeugung und Nachfrage geografisch, aber auch zeitlich immer weiter voneinander entfernen. Bedingt durch den Umstand, dass mit Wind (On-, aber auch Offshore) und Photovoltaik vornehmlich stark wetterabhängige Energieträger zugebaut wurden, sind die Anforderungen an das Stromversorgungssystem signifikant gestiegen. Abbildung 15.4 stellt eine Berechnung des Jahresverlaufs der residualen Last im Jahr 2033 dar (Bez 2013) dar. Diese Ganglinie kommt unter der Annahme zustande, dass die Erneuerbaren Energien nach dem Leitszenario der ÜNB weiter ausgebaut werden.

Während die residuale Last, also die Last, welche nach Abzug der Einspeisung aus Erneuerbaren Energien zu decken ist, heute sehr selten oder nur regional begrenzt negativ wird (und damit Überschuss im System herrscht), kommt es nach dem Jahr 2020 zunehmend zu Überschüssen und Engpässen. Gleichzeitig ändern sich die Systemzustände immer schneller. Anlagen müssen in der Lage sein, auf diese Gradienten zu reagieren. Es

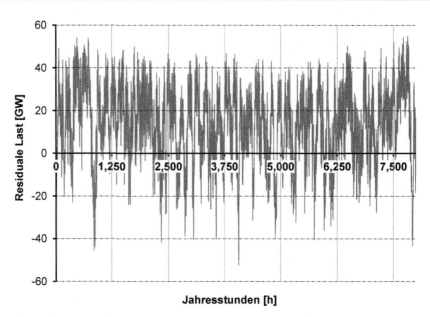

Abb. 15.4 Prognose: Ganglinie der residualen Last 2033. (Bez 2013)

wird also ein System benötigt, das in der Lage ist, diese Schwankungen auszugleichen. In einem derartigen Szenario gewinnt die Fähigkeit, flexibel am Markt agieren zu können, zunehmend an Wert. Damit entstehen wiederum Anreize für den Kunden, seinen Verbrauch entsprechend der Einspeisung aus Erneuerbaren Energien auszurichten. Dies bildet ein Marktumfeld für gänzlich neue Geschäftsmodelle für den Prosumer.

Die Erneuerbaren Energien werden das Energiesystem nicht nur verändern, sie tun dies jetzt schon. Getragen von einer großen politischen Zustimmung und den damit aufgelegten Rahmenbedingungen und Anreizen, sind die Erneuerbaren Energien mittlerweile in der Lage, eine Stromversorgung zu marktfähigen Preisen zu bieten. Die zunehmende Dezentralität und die Digitalisierung der Energiewelt führen jedoch dazu, dass sich die Rolle des Kunden vom reinen Konsumenten hin zum aktiven Player am Energiemarkt verändert. Die Erneuerbaren Energien und die Informations- und Kommunikationstechnologie (IKT) werden zukünftig ein intelligentes Energiesystem prägen, das diesen Trend weiter verstärkt.

15.2 Der Prosumer – Definition und Einordnung

Die Beziehung zwischen Kunde und einem Energieversorger war in einem auf zentrale Anlagen optimierten System dadurch geprägt, dass sowohl Energie- als auch Informationsflüsse einseitig vom Energieversorger zum Kunden flossen. Gleiches galt für Zahlungsströme, allerdings in umgekehrter Form. Die einzige Interaktion zwischen einem Energieversorger und dem Kunden kam durch die jährliche Rechnungsstellung zustande.

Durch die zunehmende Durchdringung des Energiesektors mit moderner IKT sowie den rapiden Zubau der Erneuerbaren Energien beginnt sich dieses Bild jedoch stark zu verändern.

▶ Der Prosumer im Energiemarkt ist eine aktive oder passive Instanz in der Wertschöpfungskette, welche Energie nicht nur konsumiert, sondern zu einem gewissen Grad auch produziert oder mit seinen Assets durch Dienstleistungen Dritter am Energieversorgungssystem teilnimmt.

Der Begriff „Prosumer" bezeichnet im Kern eine Person, die gleichzeitig Konsument, aber auch Produzent ist und stammt aus dem Buch *The third Wave* von Alvin Toffler (1981). Toffler erkannte die zunehmende Bedeutungslosigkeit der Massenproduktion von Standardprodukten gegen Ende der 1970er-Jahre. Der Markt schien durch standardisierte Ware gesättigt und die Befriedigung der Kundenbedürfnisse verlangte ein neues Vorgehen, welches die Produkte und Energielösungen deutlich individueller auf die Kundenbedürfnisse ausrichten musste. Eine Kombination von Massenproduktion und einem hohen Grad an Komplexität der Produkte schien jedoch nicht möglich. Die einzige Möglichkeit, diese Faktoren zu kombinieren, bestand für Toffler darin, den Kunden an einem beliebigen Punkt in die Wertschöpfungskette zu integrieren, wodurch der Kunde direkt an der Produktentstehung beteiligt und somit vom reinen Konsumenten zum Prosumer wurde (Toffler 1981).

Konkrete Beispiele lassen sich schon heute im Internet vorfinden. Bedingt durch die zunehmende digitale Vernetzung tritt auch der Nutzer über das Internet in verschiedenen Rollen global mit Milliarden von anderen Nutzern in verschiedenste Interaktionsarten. Don Tapscott beschreibt dieses Phänomen in seinem Buch *The digital Economy* als Schwarmintelligenz. Dabei verschmelzen Technik (Services, Software, Hardware) und Inhalte jeglicher Form menschlicher Kommunikation und Interaktion immer weiter miteinander (Tapscott 1997). Tapscott beschreibt damit nicht nur die Vernetzung der Menschen untereinander, sondern eine völlig neue Form, wie Menschen mit der Hilfe von Technologie ihr Wissen und ihre Kreativität verbinden können, um so Wohlstand und neue soziale Maßstäbe schaffen zu können.

Auch im Energiesystem vollzieht sich dieser Wandel. Analog zur digitalen Welt wie sie von Tapscott beschrieben wurde, ist der Prosumer durch die disruptive Entwicklung von Erzeugungstechnologien nicht nur in der Lage, Energie selbst zu produzieren, sondern darüber hinaus hat der Prosumer völlig neue Möglichkeiten am Energiesystem zu partizipieren. Einerseits ermöglicht die Technologie dem Kunden, seine Anlagen und auch sein Wissen mit anderen zu vernetzen und zu optimieren, andererseits hat sie das Potenzial, selbst durch Daten, Algorithmik und Steuerungssoftware ein System zu schaffen, welches selbständig kommuniziert und dadurch automatisiert. Dieses System wird meist als das Smart Grid bezeichnet. Dabei ist zu beachten, dass die Systemgrenze um das Energiesystem selbst verschwindet und dieses durch die Einbettung in das „Internet of Everything"

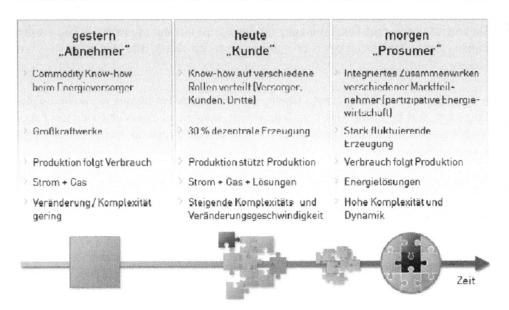

Abb. 15.5 Wandel des Kunden zum Prosumer und der Rolle der EVU (EnBW)

(Cisco 2014) mehr und mehr Teil eines digitalen technologisch-sozialen Gesamtgefüges wird.

Abbildung 15.5 illustriert den Wandel vom Abnehmer über den Kunden zum Prosumer. Dabei ist besonders relevant, dass sich nicht nur die Erzeugungskapazitäten weg von den zentralen Energieversorgern bewegen, sondern durch die zunehmende Digitalisierung auch das Know-how und die Intelligenz der einzelnen Instanzen. Die Gesamtentwicklung erfolgt weg von einer rein singulären Instanz, hin zu einem System dezentraler und zentraler Intelligenz. Die dezentrale Intelligenz ermöglicht es dem Prosumer, sich und seine Anlagen selbst zu optimieren und am Energiesystem zu partizipieren. Damit ändert sich auch die Rolle der klassischen Energieversorger hin zu einem Lösungs- und Dienstleistungsanbieter, welcher in der Lage sein muss, die hohe Massenkomplexität der Produkte in immer kürzeren Produktlebenszyklen umzusetzen. Die Verknüpfung der dezentralen Optimierungsinstanzen der Prosumer und damit die Optimierung des Gesamtsystems unter dem Gesichtspunkt der Systemstabilität und Kosteneffizienz wird heutzutage zumeist unter dem Begriff „Virtuelles Kraftwerk" zusammengefasst.

Im Falle des Energieversorgungssystems lassen sich Prosumer-Ansätze insbesondere seit dem massiven Preisverfall der regenerativen Erzeugungskapazitäten im Bereich der PV-Nutzung erkennen. Im Energiesystem ist ein Prosumer nicht nur Eigenerzeuger, sondern vielmehr Teilnehmer am Energiemarkt. Durch den zunehmenden Ausbau der Erneuerbaren Energien und die damit stetig steigende Anzahl der Prosumer verändert sich das Energiesystem in einer Weise, die es weiteren potenziellen Prosumern möglich macht, am Energiemarkt Services bereitzustellen. Der Kunde tritt in einem derartigen Energiesystem nicht nur als Erzeuger auf, sondern hat durch die zunehmende Vernetzung von Anlagen,

Geräten und dezentralen Speichereinheiten auch die Möglichkeit, einen Beitrag zur notwendigen Flexibilisierung des Energieversorgungssystems zu leisten, und wird damit zu einer Instanz in der Wertschöpfungskette des Systems.

Durch den immer weiter steigenden Bedarf an Flexibilität und die Weiterentwicklung der Geräte und Anwendungen ergeben sich für den Mainstream-Prosumer abermals neue Möglichkeiten, durch die Vermarktung eigener Assets am Energiemarkt zu partizipieren. Gleichzeitig wird jedoch ein zunehmender Grad an Automatisierung zu beobachten sein. Der Prosumer wird entweder nicht in der Lage sein, aktiv am Markt teilzunehmen, oder, was wahrscheinlicher ist, kein Interesse daran haben, einen Großteil seiner Zeit mit der Optimierung des privaten Energiesystems zu verbringen. Dennoch ist denkbar, dass der Markt Anreize sendet und Produkte entstehen, die es dem Kunden sinnvoll erscheinen lassen, seine Komfortzone gegen eine (monetäre) Gegenleistung zu verlassen, oder bei gleichbleibendem Komfort eine Optimierung seiner Assets durch Dritte zu veranlassen. So muss der Begriff „Versorgungssicherheit" zukünftig möglicherweise neu definiert werden. Versorgungssicherheit ist nicht mehr dann zu unterstellen, wenn Energie alle 8760 h des Jahres zur Verfügung steht, sondern dann, wenn der Kunde Energie entweder für die Befriedigung seiner Bedürfnisse zur Verfügung hat oder ein hinreichender (monetärer) Anreiz den Kunden zu einer Verschiebung seiner Bedürfnisse bewegt.

Gerade in der ersten Phase des Ausbaus der Erneuerbaren Energien war zu beobachten, dass der überwiegende Teil der Nutzer derartiger Anlagen in die Segmente Pioniere oder Early Adopter fiel. Personen, die sich mit der Ausgestaltung des Energieversorgungssystems und der Oligopolstellung der Energiekonzerne nicht abfinden wollten, versuchten, sich unabhängig vom Energieversorgungssystem zu machen. Hierzu waren sie bereit, nicht nur einen zumeist deutlich höheren monetären Aufwand zu akzeptieren, sondern mussten sich auch auf technologischer Ebene deutlich stärker mit den Anlagen beschäftigen als dies heute der Fall ist. Gerade Bastler und Tüftler fanden sich zu Kommunen zusammen und auch die ersten Genossenschaften bildeten sich.

Im deutlichen Gegensatz hierzu bedurfte es im Industriebereich nicht der Starthilfe durch die Erneuerbaren Energien. Vielmehr war es hier durchaus üblich, Energie auf dem werkseigenen Gelände selbst zu erzeugen. Zunehmend machte es jedoch auch in diesem Bereich für die Betreiber aus ökologischen oder ökonomischen Gründen Sinn, regenerative Erzeugungsanlagen zu nutzen.

Im Privatkundenbereich entstand neben diesen First Movern mit der Einführung des EEG in Deutschland im Jahr 2000 eine neue Art von Prosumer. Angereizt durch eine fixe Einspeisevergütung, die zu Beginn zum Teil ein Vielfaches des Großhandelspreises betrug, und unterstützt durch eine garantierte Abnahme der Strommenge, war es nicht nur risikolos, diese Anlagen zu betreiben, sondern oftmals auch sehr lukrativ. Dies führte dazu, dass plötzlich Prosumer in Milieus entstanden, welche vor Einführung des EEG nicht zwingend mit Erneuerbaren Energien in Verbindung gebracht wurden. Insbesondere die Photovoltaik (PV) erlebte einen beispiellosen Boom. Gerade im süddeutschen Raum wechselten viele Dächer auf Häusern und Scheunen die Farbe – hin zu dem glänzenden Dunkelblau der PV-Anlagen. Da die Anlagen noch immer außerhalb des Marktes vergütet wurden, wurde die EEG-Umlage, über welche die Ausbaukosten abgegolten wurden, schon bald zu einer wesentlichen Komponente des Strompreises.

Der rapide Ausbau und die Tatsache, dass dieses Modell überall auf der Welt kopiert wurde, sodass sich auch der Preis der Anlagen reduzierte, führte dazu, dass die Kosten für die Stromerzeugung aus Erneuerbaren Energien immer schneller verfielen. Ein Großteil der Neuanlagen liegt mittlerweile deutlich unter dem Niveau der Netzparität, was bedeutet, dass die Stromgestehungskosten der regenerativen Energieträger auf einem niedrigeren Niveau liegt als der Strom, der aus dem Stromnetz bezogen wird. Die dritte Phase wird somit geprägt sein von der Tatsache, dass die Eigenerzeugung mittels Erneuerbarer Energien – sei es auf dem eigenen Dach oder durch Beteiligungen über soziale Plattformen – bei stark degressivem Fördervolumen im Mainstream ankommt.

Hinzu kommt, dass der Anreiz, Strom aus Erneuerbaren Energien zu produzieren, nicht mehr nur einem nachhaltigen Lebensstil, einer Lebenseinstellung oder monetären Gründen entspringt, sondern weitere Anreize hinzukommen. Gerade hierdurch ergeben sich in Bezug auf die Definition eines Prosumers wesentliche Änderungen, denn hier machen sich auch neue technologische Trends, getrieben durch weitere Megatrends, bemerkbar. Zusätzlich zu bereits bestehenden Anreizen wird die Interaktion mit dem Energieversorgungssystem beispielsweise spielerisch durch Gamification-Ansätze ermöglicht, so entsteht immer mehr eine soziale oder sogar emotionale Komponente. So ist es denkbar, dass Kunden, die mittels einer PV- und einem Batteriespeichersystem nach einem hohen Autarkiegrad streben, sich spielerisch mit sich selbst oder einer Community vergleichen könnten. Damit einhergehend kommt es zu einer Transformation der Ware Energie von einer Commodity hin zu hochkomplexen Dienstleistungen.

15.3 Mögliche Rollen des Prosumers im Stromversorgungssystem der Zukunft

Nachfolgend sollen mögliche Rollen des Prosumers, welcher dieser teilweise schon jetzt einnimmt – in einem Stromversorgungssystem der Zukunft jedoch noch viel stärker einnehmen wird –, diskutiert werden. Grundlage für mögliche Rollen sind technische Entwicklungen, der regulatorische Rahmen sowie die weitere Entwicklung des Ausbaus der Erneuerbaren Energien, was sich allerdings zu einem gewissen Grad wechselseitig beeinflusst.

15.3.1 Der Erzeuger und (teil-)autarke Prosumer

Im Bereich industrieller Anlagen war der Prosumer-Ansatz durch die Motivation, sich von den Energiepreisen unabhängig zu machen, aber auch standortspezifische Besonderheiten zu nutzen, schon vor dem Boom regenerativer Energien nicht unüblich. Gerade Kraft-

Wärme-Kopplungsanlagen machten es möglich, Strom zu erzeugen und die gleichzeitig anfallende Wärme für Produktionsprozesse zu nutzen.

Insbesondere die starke Förderung der Erneuerbaren Energien, der gesetzlich garantierte Einspeisevorrang und die stetig sinkenden Kosten der Eigenerzeugung aus regenerativen Anlagen führten dazu, dass zunehmend Privatkunden als Prosumer auftraten und Erneuerbare Energien den industriellen und gewerblichen Sektor durchdrangen.

Der Prosumer tritt als Erzeuger auf, wenn er Anlagen betreibt und diesen Strom entweder direkt in das Stromnetz einspeist oder einen Teil des Stroms selbst verbraucht. Letzteres bezeichnet ein autarkes oder teilautarkes Verhalten des Kunden. Von vollkommener Autarkie kann gesprochen werden, wenn es dem Kunden möglich ist, seinen Verbrauch zu jeder Zeit durch die eigene Erzeugung abdecken zu können –, in manchen Fällen erzeugt der Kunde darüber hinaus zusätzlichen Strom, der wiederum zurück ins Netz gespeist werden kann. Ein teilautarker Kunde versucht, über die Optimierung seines Eigenverbrauchs einen überwiegenden Teil der selbsterzeugten Arbeit selbst zu nutzen oder je nach Strompreisniveau am Strommarkt zu verkaufen.

Interessant in diesem Kontext ist eine Betrachtung der Weiterentwicklung des regulatorischen Rahmens und insbesondere des EEG. Dieses reizt durch seine Ausgestaltung immer stärker die bedarfsorientierte Vermarktung der Erzeugung durch verpflichtende Direktvermarktung an und unterstützt so den Prosumer-Ansatz. Darüber hinaus wird die Eigenerzeugungsquote durch zunehmende Anreize für die Erhöhung des Eigenverbrauchs und den Verfall der Gestehungskosten für Strom aus Erneuerbaren Energien bewusst nach oben getrieben. Hierdurch und durch den zunehmenden Verfall der Preise von dezentralen Speichereinheiten wird der Kunde zukünftig versuchen, einen möglichst großen Teil der selbst erzeugten Energie zu speichern und zu verbrauchen, um sich damit beispielsweise unabhängig von steigenden Strompreisen zu machen oder (teil-)autark zu werden. Dem Kunden ist es damit möglich, die zeitliche Differenz zwischen Erzeugung und Verbrauch durch eine Speichereinheit zu überbrücken. So ist es dem Prosumer beispielsweise möglich, seinen ungenutzten Strom, welcher durch eine PV-Anlage in den Mittagsstunden produziert wurde, in einer Batterie zu speichern und am Abend zu nutzen.

15.3.2 Der Prosumer als Anbieter von Dienstleistungen zur Flexibilisierung des Stromversorgungssystems

Die zunehmende Durchdringung des Energieversorgungssystems mit Erneuerbaren Energien induziert, wie in Kap. 1.1 bereits erläutert, einen höheren Bedarf an Flexibilität. Hier gilt wie für die Eigenerzeugung auch, dass industrielle Player bereits heute aktiv zur Flexibilisierung des Energieversorgungssystems beitragen. Um Angebot und Nachfrage auszugleichen, bieten diese positive und negative Regelleistung im Regelleistungsmarkt an und unterbrechen ihre Produktion, wenn der Markt dies anreizt. Dies war insbesondere dadurch bedingt, dass eine größere Blockleistung ansteuerbar war und die Anbindung der

Anlagen durch Informations- und Kommunikationsinfrastruktur nicht mehr notwendig war.

Künftig ist davon auszugehen, dass die spezifische Anlagengröße auf Nachfrage- und Angebotsseite immer kleiner wird. Durch den stetigen Preisverfall im Bereich IKT werden Geschäftsmodelle möglich, die sich bisher nicht gelohnt haben. Die immer kleinteiligeren Anlagen der Kunden werden zunehmend aggregiert und in sog. Pools zusammengeschlossen. Diese Pools können am Energiemarkt vermarktet und beliebig optimiert werden. Es ist gerade beim Endkunden davon auszugehen, dass eine Vielzahl dieser Prozesse automatisch ablaufen wird.

Durch den zukünftig steigenden Bedarf an derartiger Flexibilität kann der Wert von Flexibilität im Energiemarkt deutlich zunehmen und damit weitere Kapazitäten und neue Produkte/Dienstleistungen anreizen. Durch die Preisdegression der Infrastruktur zur Anbindung der Anlagen oder dadurch, dass viele der Geräte und Anlagen schon ab Werk „smart" sind, wird gleichzeitig ein immer größer werdendes theoretisches Flexibilisierungspotenzial zur Verfügung stehen.

So steht allein durch Nachtspeicher und Wärmepumpen schon heute ein beträchtliches Lastmanagementpotenzial im Haushaltssektor zur Verfügung. Auch Haushaltsgeräte sind zum Teil schon heute in der Lage, einen Beitrag zur Flexibilisierung des Energieversorgungssystems zu leisten, indem der Betrieb der Anlagen in einen Zeitraum mit niedriger residualer Last verschoben wird. Bei einer Überproduktion können regenerative Erzeugungsanlagen abgeregelt werden, um die Systemstabilität zu gewährleisten. Batteriespeicher können zukünftig über die Optimierung des Eigenstromverbrauchs auch für Lastmanagementservices genutzt werden. Bereits heute haben diverse Anbieter nicht nur die technische Realisierbarkeit derartiger Ansätze nachgewiesen, sondern optimieren dezentrale Flexibilitäten in Kombination mit Erzeugungsanlagen an Großhandels- und Regelleistungsmärkten.

Über den Handelsaspekt hinaus kann auch eine intelligente Netzinfrastruktur dazu beitragen, einen kostenoptimalen Betrieb der Netzbetriebsmittel sicherzustellen. Anstatt das Netz auf eine maximale Kapazität auszulegen, kann es sinnvoll sein, Erzeugung und Verbrauch so zu harmonisieren, dass eine optimale Auslastung der Betriebsmittel sichergestellt werden kann. Damit können Prosumer durch eine Optimierung an verschiedenen Energiemärkten einen Beitrag zur bestmöglichen Nutzung sowie einem kostenoptimalen Ausbau der Netzinfrastruktur leisten. In diesem Kontext existieren Pilotprojekte, welche durch intelligente Steuerung eines Anlagenkollektivs nicht nur die Handelsseite optimieren, sondern darüber hinaus auch die Netzebene und deren Freiheitsgrade aktiv einbinden. In Pilotversuchen wird dieser Ansatz mittels einer intelligenten Steuerung von Wärmepumpen und Nachtspeichern bereits heute verprobt.

Zukünftig wird mit dem Aggregator, welcher kleinteilige Erzeugungs- und Flexibilisierungskapazitäten einsammelt und vermarktet, eine neue Rolle am Energiemarkt entstehen. Auch die Rolle des Verteilnetzbetreibers wird sich je nach regulatorischem Rahmen grundlegend ändern, da ein Großteil der Erneuerbaren Energien und dezentraler Flexibilität im Haushaltssektor im Verteilnetz angeschlossen ist.

15.3.3 Der Prosumer als aktiver Player auf dem Energiemarkt

Der rasante Fortschritt im Bereich der Informations- und Kommunikationstechnologie erlaubt es dem Kunden, zukünftig neben der Erzeugung und der Bereitstellung von Flexibilität als Händler am Energiemarkt aufzutreten.

Soziale Plattformen ermöglichen es schon heute Genossenschaften oder Mieterverbünden, die komplette Abwicklung einer oder mehrerer Anlagen in einem Softwaretool sicherzustellen. Derartige Softwareplattformen können Individuen und Gruppen darüber hinaus die Möglichkeit bieten, als aktiver oder passiver Player am Energiemarkt aufzutreten. Eine aktive Rolle wird dann eingenommen, wenn die Energie oder Kapazität selbst an den jeweiligen Märkten vermarktet wird. Wird dieser Part durch Dritte übernommen – beispielsweise durch einen Aggregator oder eine Handelsabteilung –, tritt der Prosumer passiv am Energiemarkt auf. Der Prosumer selbst ist in diesem Fall Betreiber oder Inhaber der Anlage und nutzt die Handelsabteilung Dritter, um seinen Strom zu vermarkten. Dies kann unter Umständen automatisiert geschehen. Weitergehend ist davon auszugehen, dass Prosumer auch untereinander Energiemengen handeln werden. Analog zu Geschäftsmodellen wie Uber ist es vorstellbar, dass der Prosumer schon bald in der Lage sein wird, durch eine Vermarktungssoftware Peer-to-Peer-Stromvertriebe aufzubauen und seine eigenen Kapazitäten oder die Kapazitäten Dritter über diese Plattformen zu handeln.

In einem System mit immer kleinteiligeren individuellen Kapazitäten und Arbeitsmengen sowie einer je nach regulatorischem Rahmen immer stärker zunehmenden Volatilität im Energiemarkt ist ein hoher Automatisierungsgrad sehr wahrscheinlich. Im Prinzip ähnelt dieses Vorgehen dem eines Trading-Bots, welche schon heute an der Börse Handelsgeschäfte abschließen.

15.3.4 Der Prosumer als digitale Instanz im Energiesystem

Da die Erneuerbaren Energien zunehmend im Mainstream ankommen, steigt damit auch der Kreis der möglichen Prosumer stetig an. Getrieben durch die soziale und emotionale Komponente sowie die Vernetzung des Wissens und der Kapazitäten, steigt auch die Anzahl der Schnittstellen, die es anderen Sektoren und Lösungen ermöglichen, sich an das Energiesystem anzuschließen. Damit wird es für den Prosumer nicht mehr nur interessant, zu erzeugen, Flexibilität bereitzustellen oder zu handeln, sondern darüber hinaus selbst Energiedienstleistungen für den Endkunden oder für Prosumer selbst bereitzustellen.

Dies kann sich in der Weise äußern, dass Marktteilnehmer dahingehend auftreten, dass sie Plattformen und Apps selbst konzipieren, welche dem Prosumer einen Mehrwert versprechen. Damit gibt es eine Rolle, die den ehemaligen Abnehmer selbst als Plattformbetreiber, Vernetzer und Servicedienstleister auftreten lassen und ihn damit zu einem Teil der Wertschöpfungskette werden lassen.

Eine einfache Anwendung ist die Programmierung von Apps, welche es dem Kunden beispielsweise ermöglichen, sich mit seinem eigenen Stromverbrauch auseinanderzusetzen. Darüber hinaus ist denkbar, dass der Prosumer Plattformen für Energiedienstleistungen bereitstellt oder sich über diese Plattformen mit weiteren Prosumern austauscht. Im ersten Fall tritt der Prosumer als Softwareentwickler auf und deckt mit seiner Software eine Kompetenz in der energiewirtschaftlichen Wertschöpfungskette ab –, beispielsweise eine Abrechnungsplattform für Genossenschaften. Über eine Schnittstelle kann sich diese Plattform wiederum mit weiteren Services, die von anderen Anbietern, beispielsweise EVU, in einer Art Cloud-Lösung angeboten werden, austauschen. Andererseits kann der Prosumer auf derartigen Plattformen oder Software aktiv werden, ohne diese bereitzustellen. Analog zu sozialen Plattformen ist denkbar, dass Menschen, Firmen oder andere Instanzen (auch auf sozialen Plattformen wie Facebook) im Themenfeld „Energie" miteinander interagieren. Auf diesen Plattformen können spielerische Ansätze, welche die Instanzen zur Teilnahme incentivieren, dazu führen, dass diese sich spielerisch dem Thema „Energie" nähern.

Die Vernetzung der Menschen durch Technologie hat es möglich gemacht, dass Wissensaustausch und Kommunikation deutlich besser stattfinden kann und unseren Alltag durchdringt. Damit steigt auch die Möglichkeit, Wissen, Beratungsdienstleistungen oder simple Kommunikation im Kontext des Energieversorgungssystems möglich zu machen. Damit wird Software es ermöglichen, dass Energie die Chance bekommt, ein Teil des digitalen Lifestyles des 21. Jahrhunderts zu werden.

15.4 Aktuelle Trends und deren Auswirkungen

Megatrends zeichnen sich dadurch aus, dass sie in der Lage sind, soziale, politische und ökonomische Systeme neu zu definieren und nachhaltig zu verändern. Einer dieser Megatrends ist ein neues Bewusstsein für das Klima und die Umwelt. Megatrends zeichnen sich auch dadurch aus, dass sich ihre Aktualität nicht nur auf eine Dekade beschränkt. Dabei ist zu beobachten, dass die initial treibenden Kräfte hinter der Transformation des Energiesystems zwar auf eine Art Neo-Ökologie zurückzuführen sind, die aktuell treibenden Kräfte hinter einem neu entstehenden Energiesystem jedoch auch anderen Trends entspringen.

Neue Formen der Mobilität werden die Grenze zwischen Energie- und Mobilitätssektor mehr und mehr verschwimmen lassen. Darüber hinaus haben Trends, wie die Urbanisierung und neue Formen der Individualisierung, auch direkte Implikationen auf die Gestaltung von Produkten. Enabler für diese Entwicklung sind die Entwicklungen im IT- und Kommunikationssektor. Nur hierdurch ist die Schaffung einer vernetzten digitalen Gesellschaft möglich, die sich allen Aspekten und Funktionalitäten des „Internet of Everything" bedienen kann, die schlussendlich die Brücke vom Sektor Energie in alle weiteren Sektoren schlagen kann und somit dem Kunden völlig neue Möglichkeiten zur aktiven oder passiven Partizipation am Energiesystem ermöglicht.

Getrieben durch diese Megatrends, werden sich neben dem Zubau der regenerativen Erzeugungskapazitäten weitere technologische Trends am Markt abzeichnen, die in ihrer

Gesamtheit dazu führen werden, dass der Kunde deutlicher als bisher als Prosumer am Markt auftritt. Schon heute ist statistisch jeder sechzigste deutsche Bundesbürger ein Energieerzeuger. Der Ausbau der Erneuerbaren Energien wird sich auch zukünftig weiter fortsetzen, Abb. 15.6 beschreibt diesen Trend. Bereits heute sind allein in Deutschland mehr als 72 GW an Wind- und Photovoltaikleistung installiert. Damit werden auch zukünftig stark volatile Energieträger die Erzeugungslandschaft dominieren. Allein bis zum Jahr 2023 werden Schätzungen der Übertragungsnetzbetreiber zufolge rd. 124 GW in Deutschland installiert sein (Bez 2013; NEP 2013).

Analog zu historischen Entwicklungen in Sektoren wie der IT-Branche wird es auch in der Energiewelt der Zukunft zu einer immer stärkeren Dezentralisierung immer kleinerer Erzeugungseinheiten und Flexibilisierungskapazitäten kommen. Zudem wird sich auch die Intelligenz des Versorgungssystems immer weiter dezentralisieren und die Einheiten viel stärker als heute untereinander kommunizieren. So ist es vorstellbar, dass es zukünftig möglich sein wird, Strom vom Nachbarn zu beziehen und diesen im eigenen Speicher zwischenzuspeichern, um zusätzlich eine Optimierung gegenüber einer zentralen Großhandelsinstanz zu erreichen. Hierdurch wird die Erzeugung aus ständig wachsenden regenerativen Erzeugungskapazitäten immer stärker zum sozialen Gut und rückt in die digitale Community.

Durch diese Trends wird auch die individuell installierte Kapazität immer geringer werden und Strom wird an Orten erzeugt werden, wo dies bis vor Kurzem noch als vollkommen undenkbar galt. Bereits heute können Photovoltaik-Zellen auf smarte Uhren oder Kleidung gedruckt werden und durch Microharvesting verschiedenste geringfügige Impulse in Strom umgewandelt werden.

Aufgrund der hohen Wetterkorrelation der Einspeisung aus Erneuerbaren Energien und der damit verbundenen Volatilität der Einspeisung wird die Bereitstellung von Flexibilität an Bedeutung hinzugewinnen. Nach den stark gefallenen Kosten für Erzeugung aus regenerativen Erzeugungseinheiten werden sich auch die Preise für die Anbindung von Anlagen und Geräten sowie der zur Nachfrageflexibilisierung ausgestatteten Geräte selbst deutlich verringern. Durch diesen Kostenverfall der dafür notwendigen Technologie bzw. aufgrund der Tatsache, dass eine Vielzahl an Geräten zukünftig ab Werk ein smartes Innenleben haben wird, wird es einem immer größeren Gerätepool möglich, am Energiesystem der Zukunft teilzunehmen. Insbesondere im Batteriesektor ist es durch Synergien im Mobilitätsbereich absehbar, dass sich über hohe Produktionskapazitäten rapide Lerneffekte einstellen werden. Wie bei den Erzeugungsanlagen selbst kommt es somit auch bei den Flexibilisierungskapazitäten zu einer immer stärkeren Dezentralisierung, was sich aktuell in der Hochlaufphase der Batteriespeicher beobachten lässt. Speicher tragen in Kombination mit der eigenen dezentralen Erzeugungseinheit zur Steigerung der Eigenverbrauchsquote bei und helfen den Kunden damit, energieautark zu werden. Je nach Kundensegment kann die Motivation für eine autarke Energieversorgung durchaus unterschiedlich sein. Während sich Kunden im industriellen Bereich vor allem gegen (volatile) Marktpreise absichern und Planungssicherheit erhalten wollen, kommt gerade im privaten Bereich eine neue Komponente zum Tragen, die durchaus als Lebensgefühl beschrieben werden kann.

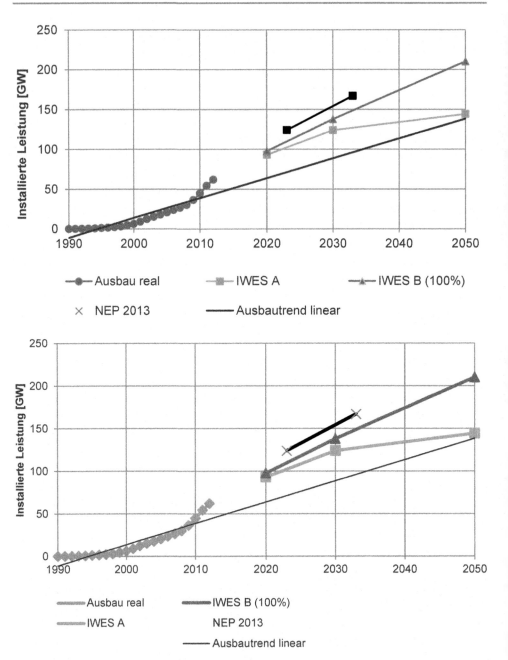

Abb. 15.6 Ausbauszenarien regenerativer Energien. (Bez 2013; BMWi 2014; NEP 2013; DLR IFNE IWES 2012)

Damit werden zukünftige Produkte über die reine Stromlieferung hinaus stärker von einer emotionalen bzw. Lifestylekomponente geprägt sein und so das Potenzial hat auch das Auto als Statussymbol abzulösen. Neben diesen Entwicklungen unterstützen auch aktuelle Trends in weiteren Sektoren und die darin stattfindende Weiterwicklung der Technologie den Prosumer-Ansatz.

Durch die Tatsache, dass Mangel und Überschusssituation im Stromversorgungssystem zur Regel werden, wird Flexibilität zur neuen Effizienz. Bereits heute setzen sich gerade stromintensive Betriebe intensiv mit dem eigenen Erzeugungs- und Anlagenpark auseinander und optimieren diesen gegen den Börsenstrompreis. Darüber hinaus wird der Trend zum „Internet of Things", branchengerecht auch als Industrie 4.0 bezeichnet, als Enabler für die Erschließung eines erheblichen, zusätzlichen Lastverschiebungspotenzials führen. Produktionsprozesse, die nicht mehr nur auf Auftragseingang und Qualität, sondern vielmehr hinsichtlich Stromverfügbarkeit und Strompreis optimiert werden, führen auch in diesem Segment zu signifikanten Stromkosteneinsparungen im Gegensatz zu starren Systemen. So müssen beispielsweise energieintensive Prozesse nicht zwingend in Hochpreisfenstern durchgeführt werden und je nach Eigenschaft des Prozesses können Produktionsanlagen auch kurzfristig hoch- oder runtergefahren werden. Die hierdurch gewonnene Flexibilität kann der Kunde wiederum am Energiemarkt in Form von verschiedenen Produkten vermarkten.

Sensoren und Thermostate im Haushalt werden immer beliebter. Geräte zur Erhöhung des Eigenverbrauchs werden in einem zweiten Schritt durch intelligente Software und Regeltechnik aktiv zur Flexibilisierung eingesetzt. Damit Optimieren sich dezentrale Ökosysteme, wie das Smart Home oder die Smart Factory des Prosumers, nicht nur selbst, sondern immer stärker auch im Rahmen des Gesamtsystems.

Daneben werden die Cross-Commoditiy-Verbindungen die Sektoren Wärme, Strom und Gas, aber auch Mobilität immer weiter zusammenwachsen lassen. Im Falle der Nachfrageflexibilisierung kann es dem Prosumer damit möglich sein, durch Wärme und Strom eine Dienstleistung auf dem Energiemarkt anbieten zu können. Schon heute wird überschüssiger Strom durch Elektroheizungen in Wärme umgewandelt, welche dann sofort oder (mittels eines Speichers) zu einem späteren Zeitpunkt genutzt werden kann. Damit scheint es nicht unrealistisch, dass auch die Rolle von elektrischen Speicherheizungen und Wärmepumpen neu überdacht werden muss. Zukünftig werden diese nicht nur Strom verbrauchen, sondern, wie in Modellversuchen bereits erprobt, einen Beitrag zur Flexibilisierung des Systems leisten können. Zudem wird es durch technischen Fortschritt möglich sein, durch thermoelektrische Bauteile aus Wärme Strom zu erzeugen.

Diese Cross-Commodity-Verwebungen werden immer stärker auch im Bereich von chemischen Energieträgern wie Wasserstoff oder Erdgas zu beobachten sein, da diese Energieträger indirekt in der Lage sind, das Stromversorgungssystem zu flexibilisieren. Überschüssige Energie kann durch sie in andere Energieträger umgewandelt werden. Diese können dann direkt nutzbar gemacht oder bei hoher residualer Last wieder verstromt werden. Erneuerbare Energien und eine intelligente Infrastruktur ermöglichen es dem Kunden zukünftig, nicht nur seinen Strom dezentral selbst zu erzeugen, zu nutzen und zu vermarkten. Dem Kunden wird es darüber hinaus möglich sein, über ehemals getrennte Sektoren wie Wärme, Mobilität und Gas seinen Strom für derartige Produkte und Dienstleistungen zu nutzen und in diesen Märkten möglicherweise sogar neue Absatzmärkte zu generieren.

Möglich wird die immer weiter voranschreitende Vernetzung der Anlagen und Geräte durch die sich immer schneller entwickelnde Informations- und Kommunikationstechnologie. Interessant ist, dass die Komplexität insbesondere durch die zunehmende Kleinteiligkeit und IT-getriebene Infrastruktur zwar erhöht wird, im gleichen Zug jedoch Ressourcen und Möglichkeiten auf der Frontendseite für den Kunden immer leichter zu erschließen sein werden. Dabei ist zu beachten, dass die Systemlandschaft des Energieversorgungssystems im Gegensatz zur reinen Telekommunikationsinfrastruktur einen anderen Grad der Systemkritikalität aufweist und ein zu großes Ungleichgewicht im System dieses nachhaltig schädigen kann. Spannend wird daher zu beobachten sein, von wem und auf welche Art und Weise dieses Anlagenkollektiv zukünftig gesteuert werden wird, deren Erzeugungseinheiten kaum oder keine Grenzkosten aufweisen –, eine Abkehr vom Preis pro Arbeitseinheit als zentrale Steuergröße ist daher als eine durchaus realistische Option anzusehen. Aus Gründen der Systemsicherheit und Gesamteffizienz scheint es sinnvoll, dass neben den dezentralen Optimierungsinstanzen auch zentrale Optimierungen Angebot und Nachfrage unter Einhaltung von Freiheitsgraden im Stromnetz in Einklang bringen. Dieser Ansatz findet schon heute unter dem Begriff „Virtuelles Kraftwerk" bei einer Vielzahl von Anbietern auf der Energiehandelsseite Anwendung.

Sowohl die Industrie als auch Haushalte werden immer stärker durch IKT miteinander verbunden sein. Die dezentrale Vernetzung im Haushalt des Endkunden wird beispielsweise durch Smart-Home-Applikationen ermöglicht. Der Kunde erhält über die Darstellung seiner Energieverbrauchsdaten hinaus die Möglichkeit, mit geringem Aufwand seine Anlagen selbst zu steuern, um so seinen Eigenverbrauch dezentral zu optimieren, aber unter Umständen auch eine Optimierung seiner Anlagen am Energiemarkt zu verwirklichen. Dieser mit Smart Home umschriebene Markt ist spätestens seit der Nest-Übernahme durch Google hoffähig und als Wachstumsmarkt anerkannt. Automatisches Wohlfühlambiente im Zusammenhang mit intelligenter („smarter"), zur Kundenerwartung passender Steuerung treiben diesen neuen Markt an. Damit einhergehend zeigt sich an dieser Stelle, dass Energie nicht mehr losgelöst von anderen Bedürfnissen des Kunden wie Entertainment oder Sicherheit gedacht werden kann.

Dazu wird es nicht nur erforderlich sein, diese Anlagen zu vernetzen, auch Daten und Software wird eine neue Rolle im Energiesystem der Zukunft zukommen. Neben monetären Anreizen oder „einer Lebenseinstellung" werden zukünftige Entwicklungen in Smart Grids und bei Endgeräten wie Smartphones und Apps dafür sorgen, dass weitere Anreize hinzukommen werden. Denkbar sind Crowdfunding-Ansätze, soziale Plattformen oder Gamification, was einen spielerischen Umgang mit Energie ermöglicht. Denkbar ist, wie z. B. in Rollenspielen, die Sammlung von Erfahrungspunkten, Wettbewerbe im Kontext Energie oder durch Handel virtueller Energiegüter mittels Fantasiewährungen oder Tauscheinheiten am Energiesystem teilzunehmen. Schon heute ist es über Plattformen möglich, an der Entstehung von Erneuerbare-Energien-Projekten zu partizipieren –, auch nur beobachtend. Zukünftig wird sich der Grad der möglichen Partizipation weiter ausweiten und auch dem Individuum die Möglichkeit geben, kommunikativ oder beratend am Energiesystem teilzunehmen.

Über weitere Plattformen im Internet können sich User nicht nur in eine Erzeugungs- oder Flexibilitätenlandschaft einkaufen und partizipieren –, vielmehr sind sie darüber hinaus sogar in der Lage, beispielsweise durch Crowdfunding ausgewählte Technologien durch monetäre Unterstützung voranzubringen. Software kann es Unternehmen, Genossenschaften oder Privatkunden ermöglichen, Strom durch die Services Dritter mit sehr geringen Markeintrittskosten selbst zu vermarkten oder als Händler am Strommarkt aufzutreten. So ermöglichen Plattformen dem potenziellen Prosumer auch, durch kleine Beträge und auf fremden Flächen überall auf der Welt selbst zum Erzeuger zu werden. Damit kommen die Erneuerbaren Energien auch in sozial schlechter gestellten Bevölkerungsschichten an. Heute geschieht dies bereits durch Abwicklungssoftware für Energiegenossenschaften und im Pilotstadium auch durch Crowdfunding-Plattformen.

Spätestens an dieser Stelle wird deutlich, welche Rolle Apps, Cloud-Lösungen, Kundenportale, Plattformen, Daten und analytische Methoden haben und somit, welche Rolle die IT in den Märkten der Zukunft hat. Die Digitalisierung hält auf diesem Weg immer stärker auch in der Energiebranche Einzug und ist für die Marktentwicklung nicht mehr wegzudenken. Immer stärker werden Geräte und Netze von Sensorik, Aktorik und Software durchzogen werden und das Energienetz zu einem Internet der Energien, das in das „Internet of Things" eingebunden ist, transformieren. Damit wird die IT neben den Erneuerbaren Energien zum Schlüssel für Prosumer-Modelle. Anwendungen, die in der Lage sind, Massendaten zu verarbeiten, intelligent zu verknüpfen und entsprechende Signale an die jeweiligen Anlagen und Prozesse (oder Servicepartner) zu initiieren, werden erfolgskritisch für Marktplayer werden.

Eine lokale bzw. regionale Energieerzeugung leistet einen Beitrag zur Unabhängigkeit des jeweiligen Verbrauchers oder ganzer Kommunen. Prosumer werden sich in immer kleineren Einheiten dezentral optimieren. Aus Gründen der Effizienz und der Systemstabilität wird es dennoch auch zukünftig zentrale Instanzen – virtuelle Kraftwerke – geben, welche all diese Aktivitäten schlussendlich bündeln und vermarkten.

Hierdurch ergeben sich jedoch nicht nur völlig neue Rollen für den Kunden in jeglicher Ausprägung, sondern es entstehen auch auf Betreiberseite zunehmend neue Aufgaben. Eine dieser Rollen ist der Aggregator. Dadurch, dass sich Einheiten wie Haushalte, Industrieanlagen oder ganze Stadtquartiere zukünftig dezentral immer stärker optimieren und ihre produzierte Energie vermarkten, entsteht eine Marktrolle, welche die kleinteilige Erzeugungs- und Lastmanagementkapazität einsammelt, zu einem Pool zusammenfasst und vermarktet.

Energie wandelt sich vom Commodity („Hauptsache, das Licht brennt") zunehmend zu einem Lifestylethema. In diesem Zusammenhang werden Bedienbarkeit, Einfachheit und das Management von Anlagen und Geräten im Haushalt aus Sicht der Kunden immer wichtiger und dadurch erfolgskritisch für alle Firmen, die sich in diesem Markt bewegen wollen. Dies gilt ebenso für Gewerbe- und Industriekunden. So müssen sich beispielsweise Effizienzverbesserungen, die zu Einsparungen führen, in einer für den Kunden einfachen (und möglichst automatisierten) Logik ergeben, Komplexität muss vollständig in den Hintergrund verdrängt und somit unsichtbar für den Kunden sein.

Um diese Entwicklungen zu ermöglichen und ein Energieversorgungssystem zu schaffen, welches den Kunden in die Mitte seiner Bemühungen setzt, werden sich auch die regulatorischen Rahmenbedingungen grundlegend verändern müssen. Dabei muss die bereits aufgeführte Tatsache berücksichtigt werden, dass ein Großteil der regenerativen Erzeugungsanlagen in den unteren Spannungsebenen und damit im Verteilnetz angeschlossen ist. Im Gegensatz zum Übertragungsnetz sind diese Netzebenen weitestgehend durch eine geringe Durchdringung mit moderner IKT geprägt. Die Energiewende wird im Übertragungsnetz, insbesondere aber im Verteilnetz, stattfinden. Damit muss die Infrastruktur, welche bisher zweifellos ihren Zweck für eine zentral geprägte Energiewelt erfüllt hat, sich zu einem System wandeln, das auf allen Spannungsebenen ausgebaut und mit moderner IKT durchsetzt ist. Weiterhin gilt es, dem Kunden durch intelligente Messtechnik zu ermöglichen, am Energiesystem teilzunehmen. Schlussendlich wird damit der Grundstein gelegt werden, durch Digitalisierung der Energielandschaft die Infrastruktur für das Energieversorgungssystem von morgen zu bauen.

Hinzu kommt, dass auch Diskussionen um ein mögliches Marktdesign stets im Kontext der sich abzeichnenden technischen Entwicklung des Systems geführt werden sollten, anstatt zu versuchen, unter dem vorgeschobenen Argument der Versorgungssicherheit Rahmenbedingungen zu schaffen, welche ein inkompatibles System in die neue Energiewelt retten sollen. Die Energieversorgung der Zukunft wird geprägt sein von hoher Volatilität, Imbalance und der Vernetzung von Millionen dezentralen Akteuren. Ein derartiges System lebt von der Fähigkeit, dass es (kleinteilige und dezentrale) Flexibilität anreizt –, auch um zentrale Einheiten im Schwarm zu stützen. Diese Flexibilität wird schlussendlich nur durch Knappheit am Markt angereizt. Ein Markt, der beispielsweise durch Kapazitätsmechanismen in einer bestimmten Ausgestaltung Überkapazitäten künstlich im Netz hält, reizt keine Flexibilität an. Um die benötigte Flexibilität zu minimieren, wird es notwendig sein, bis zum Wegfall der Förderung Erneuerbarer Energien Lösungen zu definieren, welche eine bedarfsgerechtere Produktion incentivieren und damit stärker als heute auf Direktvermarktungsansätze oder die Erhöhung der Eigenverbrauchsquote setzen.

Diese Rahmenbedingungen schaffen Raum für neue Möglichkeiten, Produkte am Markt anzubieten, und es wird darüber hinaus entscheidend sein, zu welchem Grad und auf welche Weise der Prosumer schlussendlich am Markt auftreten wird. Vor dem Hintergrund dieses Prosumer-Ansatzes wird zu beobachten sein, wer in einem Markt, dessen Produktzyklen immer kürzer werden, in der Lage ist, die Bedürfnisse des Kunden am besten zu befriedigen. Gerade kleine Player wie Start-ups sind in der Lage, sich aufgrund ihrer Agilität schneller dem Markt anzupassen und werden diesen stärker beeinflussen. Durch ihre Fähigkeit, sich mit Methodik sehr viel schneller beim Kunden auszuprobieren, und die daraus resultierenden kürzeren Produktentwicklungszeiten werden diese zu den wahren Konkurrenten der Energieversorgungsunternehmen werden. Die Summe aller Trends hat eins gemeinsam: Sie alle kannibalisieren das klassische Geschäft der Branche.

15.5 Rolle eines klassischen EVU in der Prosumer-Welt

Jedes Unternehmen, das sich über Jahre mit seinem Kerngeschäft in seinem Markt behauptet, hat bewiesen, dass es in der Lage ist, sein Produkt kontinuierlich zu verbessern und gegenüber Wettbewerbern in seinem Kernmarkt zu verteidigen. Auf diesem Weg werden Prozesse verbessert, Effizienz und Kostenpotenziale gehoben, Funktionen ergänzt und die Produkte für das Zielsegment optimiert. Durch die radikale Veränderung der Marktbedingungen sind diese Versorger gezwungen, ihr Marktmodell grundlegend zu verändern. Sie müssen dies tun, weil sich das Energieversorgungssystem als Ganzes nicht nur auf technischer Ebene verändert, sondern auch weil der Kunde völlig neue Bedürfnisse und Erwartungen an den Markt adressiert (vgl. Abb. 15.7).

Neben der Frage, in welche und wann in bestimmte Märkte eingestiegen werden soll, müssen sich EVU mit immer geringeren Margen zufrieden geben, welche durch ein neues Massengeschäft kompensiert werden sollen.

Historisch gesehen gab es bei allen signifikanten Marktveränderungen Gewinner und Verlierer. Gewinner sehen Marktveränderungen als Chance für neue Produkte und neue Dienstleistungen. Verlierer halten am bestehenden Geschäft so lange wie möglich fest und verpassen damit die Chancen, die sich aus der Veränderung ergeben.

Abb. 15.7 Übersicht Kundenbedürfnisse aus Sicht eines EVU. (EnBW 2014)

Die beschriebenen Trends, Technologieentwicklungen und Rollenveränderungen führen zu neuen Bedürfnissen in den unterschiedlichsten Segmenten, die alle Eines gemein haben: Produkte und Lösungen zur Erfüllung dieser Bedürfnisse bedingen Kompetenzen über die gesamte Wertschöpfungskette hinweg. Für EVU bedeutet dies, über die energiewirtschaftliche Kompetenz hinaus neue Fähigkeiten zu entwickeln und über die Integration dieser Fähigkeiten neue Geschäftsmodelle zu entwickeln. Dies alles muss in einem Tempo ablaufen, das der Markt diktiert – also immer schnellere Entwicklungszyklen und eine hochgradige Komplexität der Endprodukte. Durch die hochgradige Digitalisierung der Geschäftsmodelle wird sich auch die Innovationsagenda traditioneller EVU deutlich verändern. Sie wird nicht wie bisher vom Effizienzgedanken oder neuen Erzeugungstechnologien getrieben sein, sondern vielmehr werden Innovationen durch Informationstechnologie neue Produkte und Services ermöglichen.

Innovative, auf den Kunden ausgerichtete Geschäftsmodelle und Lösungen bedingen allerdings auch ein Umfeld, das bereit ist, neue Wege zu gehen, Risiken in Kauf zu nehmen und schnell und flexibel zu sein. Der Anteil der energiewirtschaftlichen Kompetenz wird kleiner, andere Kompetenzen erstrecken sich über die gesamte Wertschöpfungskette hinweg und neue werden erfolgskritisch. Dies hat insbesondere zur Konsequenz, dass sich die EVU der Zukunft auch als Partner im Markt positionieren müssen, denn als Alleinerzeuger werden sie im Markt untergehen.

Die Chancen in diesem neuen Markt sind zuerst gleich verteilt. Allein die Kultur eines gewachsenen, etablierten und über Jahre mit ähnlichem Rezept erfolgreichen Unternehmens in der Energiebranche spricht erst einmal dagegen.

Dennoch überwiegen die Chancen. EVU haben einen treuen Kundenstamm – ein nicht zu unterschätzendes Asset. Sie haben über viele Jahre hinweg ihre Kunden sicher und stabil mit Energie versorgt und haben dadurch einen guten Track Record. Sie genießen (etwas, was jedes neue Unternehmen gerne hätte) Vertrauen bei ihren Kunden, Vertrauen in die Versorgungssicherheit, aber insbesondere auch Vertrauen im Umgang mit den Daten der Kunden. All dies ist genügend Basispotenzial und zeugt von Fähigkeiten, um auch in diesem neuen Markt mitzuspielen. Verändern wird sich die Rolle der Energieversorger, weg von Betreibern –, weg von vollintegrierten EVU mit großen zentralen Anlagen hin zu einem Lösungsdienstleister, der die Energiewende des Individuums ermöglicht. Auch wenn große EVU weiterhin eine eigene Erzeugung besitzen werden, wird sich ihre Rolle tendenziell weg von der Erzeugung und hin zu einem Serviceprovider wandeln, welcher das Management der Systemkomplexität und damit auch für die Plattform der Player bietet.

Fazit

Die fluktuierende Erzeugung von Erneuerbarer Energie hat zur Entstehung von Prosumer-Modellen geführt, deren Verbreitung sowohl durch das Wachstum der Erneuerbaren Energien als auch durch die sich schnell weiterentwickelnde Informations- und Kommunikationstechnologie befördert wird. Die dadurch entstehenden fundamentalen

Veränderungen in der Energiewirtschaft sind für etablierte EVU eine Herausforderung. Diese birgt Risiken, etwa aus der gewachsenen Unternehmenskultur oder dem bestehenden Geschäftsmodell einschließlich des Kraftwerksparks. Es überwiegen aber die Chancen, nicht zuletzt aus den über Jahre gefestigten Kundenbeziehungen, dem Vertrauen in etablierte Marken, vor allem, wenn es um die Überlassung von Informationen und Daten geht und wenn Fragen der Versorgungssicherheit tangiert werden. Deswegen werden etablierte EVU auch bei Prosumer-Modellen führend im Markt bleiben, wenn auch mit einer veränderten Rolle: von vollintegrierten Unternehmen mit großer zentraler Erzeugung hin zu einem Lösungsdienstleister, der die Energiewende des Einzelnen ermöglicht. Große EVU werden als Serviceprovider das Management der Systemkomplexität übernehmen. Die „Old Economy" ist deshalb auch in der Energieversorgungsbranche nicht zu unterschätzen und noch lange nicht „out".

Literatur

Bez, M. 2013. Ansätze zur Steigerung der Flexibilität der deutschen Elektrizitätsversorgung angesichts wachsender volatiler Einspeisung aus Erneuerbaren Energien – Bedarf, Potenziale und Kosten, IER Universität Stuttgart, Band 649.

BMWi. 2014. Bundeswirtschaftsministerium: Energiedaten – Stand Juli 2014. http://www.bmwi.de/DE/Themen/Energie/Energiedaten-und-analysen/energiedaten.html. Zugegriffen: 01. Okt. 2014.

BNetzA. 2014. Bundesnetzagentur: Kraftwerksliste Stand 16.07.2014. http://www.bundesnetzagentur.de/cln_1421/SharedDocs/Downloads/DE/Sachgebiete/Energie/Unternehmen_Institutionen/Versorgungssicherheit/Erzeugungskapazitaeten/Kraftwerksliste/Kraftwerksliste_2014.html. Zugegriffen: 29. Sept. 2014.

BSW. 2014. Bundesverband Solarwirtschaft: Statistische Zahlen der deutschen Solarstrombranche. http://www.solarwirtschaft.de/fileadmin/media/pdf/2013_2_BSW_Solar_Faktenblatt_Photovoltaik.pdf. Zugegriffen: 28. Sept. 2014.

Cisco. 2014. The internet of everything. http://www.cisco.com/web/about/ac79/innov/IoE.html. Zugegriffen: 02. Okt. 2014.

DLR IFNE IWES. 2012. Langfristszenarien und Strategien für den Ausbau erneuerbarer Energien in Deutschland bei Berücksichtigung der Entwicklungen in Europa und global, BMU-FKZ 03MAP146, März 2012.

EuPD Research. 2013. Photovoltaik Preismonitor Deutschland – Ergebnisse Q1. http://www.solarwirtschaft.de/fileadmin/media/pdf/130218_EuPD_Preismonitor_q1_13.pdf. Zugegriffen: 28. Sept. 2014.

NEP. 2013. ÜNB: Netzentwicklungsplan. http://www.netzentwicklungsplan.de. Zugegriffen: 28. Sept. 2014.

Solarwirtschaft. 2014. EuPD Preismonitor. http://www.solarwirtschaft.de/fileadmin/media/pdf/130218_EuPD_Preismonitor_q1_13.pdf. Zugegriffen: 02. Okt. 2014.

Tapscott, D. 1997. *The digital economy – promise and peril in the age of networked intelligence.* New York: Mcgraw-Hill Professional (New Edition (Juni 1997)).

Toffler, A. 1981. *The third Wave: The classic study of tomorrow.* New York: Bantam Books (Bantam Edition) (April 1981).

Trend Research. 2013. Anteile einzelner Marktakteure an Erneuerbare Energien-Anlagen in Deutschland. 2. Aufl. http://www.trendresearch.de/studie.php?s=569.

Uli Huener war Geschäftsführer der Yello Strom GmbH von September 2009 und ab März 2012 Geschäftsführer der EnBW Vertrieb GmbH. Die Verantwortung für das Innovationsmanagement bei der EnBW AG übernahm er am 1. Oktober 2013. Uli Huener studierte an den Universitäten Bielefeld und Hamburg Mathematik und BWL und erlangte am California Institute of Technology den Master of Science in Angewandter Mathematik. Vor seinem Wechsel in die Energiebranche war Uli Huener bei der Deutschen Telekom verantwortlich für die Sparten DSL und Festnetz. Insgesamt blickt er auf 25 Jahre internationaler Erfahrung in verschiedenen Managementfunktionen in der IT- und Telekommunikationsbranche zurück – vom Start-up bis zum Großkonzern.

Michael Bez ist Manager Business Development and Regulation, EnBW Energie Baden-Württemberg AG. Bevor Michael Bez im Mai 2014 Teil des Teams im zentralen Innovationsmanagement der EnBW wurde, arbeite er sowohl auf politischer, als auch auf Konzernebene an der Weiterentwicklung regulatorischer Rahmenbedingungen und der Entwicklung neuer Märkte im Rahmen der Energiewende auf nationaler und europäischer Ebene. In Istanbul war Michael Bez für das Business Development eines Start-ups im Bereich Smart Home verantwortlich. In seiner jetzigen Funktion beschäftigt er sich mit der Entwicklung innovativer Geschäftsmodelle sowie der EnBW-Innovationsstrategie im Kontext der Weiterentwicklung des regulatorischen Rahmens sowie mit der Start-up-Szene. Michael Bez hat Technologiemanagement an der Universität Stuttgart und der Technischen Universität Istanbul studiert.

Printed by Printforce, the Netherlands